Teubner-Reihe Umwelt

Ulrich Stottmeister

Biotechnologie zur Umweltentlastung

Teubner-Reihe Umwelt

Herausgegeben von

Prof. Dr. mult. Dr. h. c. Müfit Bahadir, Braunschweig
Prof. Dr. Hans-Jürgen Collins, Braunschweig
Prof. Dr. Bertold Hock, Freising

Diese Buchreihe ist ein Forum für Veröffentlichungen zum gesamten Themenbereich Umwelt. Es erscheinen einführende Lehrbücher, Monographien und Forschungsberichte, die den aktuellen Stand der Wissenschaft wiedergeben.

Das inhaltliche Spektrum reicht von den naturwissenschaftlich-technischen Grundlagen über umwelttechnische Fragestellungen bis hin zu juristisch, sozial- und gesellschaftswissenschaftlich ausgerichteten Titeln. Besonderer Wert wird dabei auf eine allgemeinverständliche, dennoch exakte und präzise Darstellung gelegt. Jeder Band ist in sich abgeschlossen.

Die Autoren der Reihe wenden sich vorwiegend an Studierende, Lehrende sowie in der Praxis tätige Fachleute.

Ulrich Stottmeister

Biotechnologie zur Umweltentlastung

B. G. Teubner Stuttgart · Leipzig · Wiesbaden

Bibliografische Information der Deutschen Bibliothek
Die Deutsche Bibliothek verzeichnet diese Publikation in der Deutschen Nationalbibliographie;
detaillierte bibliografische Daten sind im Internet über <http://dnb.ddb.de> abrufbar.

Prof. Dr. habil. Ulrich Stottmeister
Geboren 1939 in Kyritz (Prignitz). Von 1959 bis 1968 Chemiestudium und Assistent an den chemischen Instituten der Universität Leipzig, 1968 Dr. rer. nat. Wissenschaftlicher Mitarbeiter und Abteilungsleiter im Institut für Biotechnologie Leipzig der Akademie der Wissenschaften bis 1989. 1986 Dr. sc. nat. auf dem Gebiet der mikrobiellen Produktsynthesen. 1987 Facultas docendi an der Universität Leipzig, Honorardozent. 1990 Ass. Professor University of Waterloo, Canada, 1991 Habilitation. Seit 1992 Sektionsleiter „Sanierungsforschung" am UFZ-Umweltforschungszentrum Leipzig-Halle. Seit 1995 o. Professor für Biotechnologie an der Universität Leipzig, Institut für Technische Chemie. Seit 1996 o. Mitglied der Sächsischen Akademie der Wissenschaften zu Leipzig sowie seit 2002 Mitglied der akatech, Konvent für Technikwissenschaften.

Der Autor dankt dem UFZ-Umweltforschungszentrum Leipzig-Halle für vielfältige Unterstützung.

1. Auflage Juli 2003

Umschlaggestaltung: Ulrike Weigel, www.CorporateDesignGroup.de

Gedruckt auf säurefreiem und chlorfrei gebleichtem Papier.

ISBN-13:978-3-519-00412-7   e-ISBN-13:978-3-322-80045-9
DOI: 10.1007/978-3-322-80045-9

Geleitwort

Die Aussage „Böden sollten der Funktion angepasst werden, für die sie gebraucht werden: In der Landwirtschaft als Substrat für die Produktion und an anderer Stelle vielleicht auch für ökologische Belange" ist ein eindeutiges Plädoyer für die Anpassung der Umwelt an unsere Bedürfnisse. Demgegenüber stehen die Stimmen für eine rigorose Rückentwicklung zur „Natürlichkeit" unserer Umwelt.

Beides sind Extrempositionen, mit denen sich die moderne Umweltforschung auseinandersetzen muss, denn der Konflikt zwischen den modernen Kulturlandschaften, die in erster Linie dem Nutzen dienen, und den noch verbliebenen naturnahen Ökosystemen zeigt sich tagtäglich auf politischer und wirtschaftlicher Ebene. Dies ist der Konflikt, mit dem sich die moderne Umweltforschung beschäftigt.

Gerade in den neuen Bundesländern finden sich Kulturlandschaften, an denen auffällig und wissenschaftlich interessant das unmittelbare Nebeneinander von industriell, bergbaulich und landwirtschaftlich übernutzten Flächen und noch intakten naturnahen Landschaftsresten untersucht werden kann. Eine solche Komplexität erfordert umfassende Sanierungskonzepte und unterstreicht die Notwendigkeit für interdisziplinäre Zusammenarbeit.

In der Auseinandersetzung mit den Problemen der Sanierung, Dekontamination und Renaturierung sollte der Landschaftsbezug stets im Vordergrund stehen. Eine wichtige Rolle nehmen hierbei mikrobiologische und biotechnologische Verfahren ein. Darüber hinaus wird sich die Forschung jedoch zunehmend mit der Thematik „Umweltqualitätsziele", z.B. in Bezug auf organische und anorganische Stoffgruppen, Habitate für Pflanzen und Tiere oder menschlichen Lebensraum auseinandersetzen müssen.

So wird die ökonomische, soziale und juristische Komponente neben den Naturwissenschaften deutlich sichtbar. Umweltqualitätsziele in diesem umfassenden Spektrum, ihre Definition – auch aus ökotoxikologischer Sicht – und Quantifizierung sowie deren Umsetzung werden von zunehmender Bedeutung sein. Weitere Schwerpunkte bilden Untersuchungen zur Dynamik von Lebensgemeinschaften, zu Habitatsansprüchen und Überlebensfähigkeit von Tier- und Pflanzenarten in der Kulturlandschaft. Die Ergebnisse fließen ein in neue, naturschutzorientierte Landnutzungskonzepte.

Diese Ziele der Trans- und Interdisziplinarität moderner Umweltforschung verfolgt das UFZ seit seiner Gründung. Das Buch schließt sich in seiner Intention ganz diesem Gedanken an und verschafft dem Leser in seiner Verbindung von biotechnologischen und chemischen Grundlagen einen aktuellen Forschungsstand.

Ich wünsche dem Buch weite Anerkennung in den Fachkreisen, die sich der interdisziplinären Forschung öffnen.

Prof. Dr. Peter Fritz
Wissenschaftlicher Geschäftsführer des
UFZ-Umweltforschungszentrums
Leipzig-Halle GmbH
in der Helmholtz-Gemeinschaft

Vorwort des Autors

Gelegentlich erfolgt sehr populistisch eine Einteilung in die „rote", die „grüne" und die „graue" Biotechnologie als Synonyme für Anwendungen in der Medizin, der Pflanzennutzung und der Umwelt.

Gewollt oder ungewollt sind mit jeder Farbgebung jeweils Emotionen verbunden.

Ein Ziel des vorliegenden Buches ist es zu zeigen, dass der Gedanke der Erhaltung oder Entlastung der Umwelt mit Hilfe der biotechnologischen Prinzipien keineswegs farblos ist, sondern die „grünen" und „roten" Fachbereiche vielfach tangiert.

Das geschieht unter Einbeziehung der gegenwärtigen Entwicklung dieser Disziplinen, die so vielfältig und übergreifend verläuft, dass ein redaktioneller Schlussstrich gezogen werden musste.

Die Darstellung der zum Verständnis notwendigen Grundlagen des gesamten Fachgebietes entstand auf der Grundlage einer langjährigen Vorlesung „Biotechnologie für Chemiker" an der Fakultät für Chemie und Mineralogie, Institut für technische Chemie der Universität Leipzig. In den Gesprächen mit den Studenten wurde deutlich, dass die biologischen Prinzipien dem Chemiker doch mehr oder weniger fremd bis mystisch erscheinen. Umgekehrt liegen dem Mikrobiologen und Biochemiker eine allgemeine Stoffkenntnis und ein technisches Verständnis eher fern.

Die Darstellungen des Kapitels 3 „Allgemeine Grundlagen" versuchen für beide Fachgruppen eine Verbindung des Grundwissens für die genannten Gebiete, die notgedrungen nicht überall in die Tiefe gehen kann.

Beispiele aus der Praxis sind noch immer die beste Demonstration theoretischer Betrachtungen. Darum wurden ausgewählte Themenkreise und Problemstellungen ausführlich dargestellt und mit vielen eigenen Abbildungen versehen. Zu den Kapiteln 5.2, 5.3 und 6.2 stellten geschätzte Fachkollegen und Mitarbeiter die Ergebnisse ihrer Arbeiten und Recherchen zur Verfügung oder ergänzten als Koautoren die Abhandlungen.

Bei den Kapiteln 5.2.3 und 6.1 handelt es sich um die übergreifenden Darstellungen der Themen von Doktorarbeiten, die unter meiner Verantwortung angefertigt wurden. Die nur die Spezialisten interessierenden Detailergebnisse dieser Arbeiten wurden bewusst nicht einbezogen.

Ich möchte für die Mitwirkung danken:

Aus dem UFZ Umweltforschungszentrum, Sektion Sanierungsforschung
Herrn Dr. P. Kuschk, (Kapitel 5.2),
Herrn Dr. A. Wießner, (Kapitel 5.2),
Herrn Dr. H. Seidel, (Kapitel 5.2 und 5.3),
Herrn Dipl. Ing. A. Zehnsdorf (Kapitel 5.2),
Herrn Dr. Ing. U. Kappelmeyer (Kapitel 5.2)

sowie

Herrn Dr. Ing. H. Ulbricht (jetzt Pharmatec Dresden) Kapitel 6.1),
Herrn Dr. J. Michels (DECHEMA, Frankfurt – Main) (Kapitel 6.2).

Für das Lesen von Korrekturen mit wichtigen inhaltlichen Hinweisen danke ich den Herren Dr. H. J. Heipieper und Dipl.-Ing. M. Jechorek (UFZ, Sektion Sanierungsforschung).

Mein besonderer Dank gilt den Herausgebern der „Teubner-Reihe Umwelt", insbesondere Herrn Prof. Dr. mult. Dr. h.c. M. Bahadir, für wertvolle Hinweise.

Frau Dipl.-Phys. O. Uhlmann MSc. und Frau Dr. H. Feldmann von F&U confirm möchte ich für die redaktionelle Bearbeitung und kritische Durchsicht herzlich danken.

Ulrich Stottmeister
Leipzig, im Januar 2003

Inhaltsverzeichnis

1 Umweltbiotechnologie: Eine Fachdisziplin im Wandel

Die Biotechnologie (technische Biochemie, angewandte Mikrobiologie) ist die integrierte Anwendung des Wissens aus Biologie, Chemie und Verfahrenstechnik mit dem Ziel, Mikroorganismen, Pflanzen- und Tierzellen sowie deren Bestandteile bei technischen Verfahren und industriellen Produktionsprozessen einzusetzen (Definition der Europäischen Föderation Biotechnologie EFB 1989).

In den vergangenen Jahren hat sich jedoch im Bewusstsein der Öffentlichkeit ein Bedeutungswandel vollzogen, nach dem teilweise die Human-Medizintechnik, die sich mit dem Einsatz von Präparaten und Apparaten befasst und genetische Veränderungen an menschlichem und tierischem Erbmaterial einbezieht, vorrangig als Biotechnologie bezeichnet wird. Gentechnik ist jedoch nicht ausschließlich mit Biotechnologie gleichzusetzen, sondern stellt lediglich eine von mehreren Methoden der Biotechnologie dar.

Weitere wichtige Gebiete der Biotechnologie beziehen die Biochemie und technische Chemie, die industrielle Mikrobiologie und die Technik der Zellkultur, die Verfahrenstechnik und die Aufarbeitungstechnik (downstream processing) ein.

Die etablierte Fachdisziplin „Umweltbiotechnologie" mit den Haupt-Teilgebieten biologische Abwasser- und Bodenreinigung vereinigt das Wissen aus der spezifischen Bioprozesstechnik, der angewandten Mikrobiologie, den angewandten Ingenieurwissenschaften (civil engineering) mit dem auf die jeweilige Matrix (Wasser, Boden) orientierten Wissen und ist im Wesentlichen auf die Mineralisierung von organischen Last- und Schadstoffen bzw. die Beseitigung von anorganischen Verbindungen und Schwermetallen ausgerichtet.

Dieses Fachgebiet „Umweltbiotechnologie" hat in den letzten Jahren ebenfalls eine Begriffserweiterung erfahren und ist in einem inhaltlichen Wandel begriffen. Heute bezieht dieses interdisziplinäre Gebiet die naturnahen Sanierungsverfahren und biologischen Prozesse in Pflanzen und höheren Organismen in die Betrachtungen mit ein. Für diese Herangehensweise finden sich Begriffe wie „Ökotechniken", „NRA-Prinzipien" (Natürlicher Rückhalt und Abbau), „enhanced natural attenuation", „Bioremediation" und das die inhaltlichen Anliegen sehr gut treffende „habitat engineering".

Im Folgenden wird eine Zusammenstellung der Entwicklung der letzten Jahre des gesamten Fachgebietes gegeben. Dabei werden die „klassischen" Verfahren unter erweiterten Aspekten betrachtet. Es werden neue Ansätze zur Leistungssteigerung mit der Berücksichtigung des Gesamtsystems von mikrobieller Physiologie (z.B. Stressverhalten, Adaptation, alternative Elektronenakzeptoren) und neuere technische Entwicklungen (z.B. dezentrale Abwasseranlagen, Abluftreinigung, Strahl- und Filmbioreaktoren) in die Darstellung einbezogen.

Ein Schwerpunkt ist weiterhin die Zusammenfassung der Kenntnisse und Erfahrungen, die in den letzten Jahren zur Ausnutzung des natürlichen Selbstreinigungspotenzials (s.o.) publiziert wurden und die Übermittlung der eigenen Erfahrungen zu diesem sich entwickelnden Teilgebiet. Biotechnologische Aspekte sind dann von Bedeutung, wenn diese Selbstreinigungskräfte nicht nur aufgezeichnet und verfolgt (engl. MNA monitored natural attenuation), sondern aktiv beeinflusst werden (engl. ENA enhanced natural attenuation und bioremediation).

Neu als Schadstoffe erkannte Substanzen mit hormoneller Wirkung (endocrine disrupting chemicals) oder „neu" im Grundwasser nachgewiesene Organika (z.B. MTBE, Methyl-*tetiär*-Butylether) werden vom derzeitigen Wissensstand betrachtet.

Es zeichnet sich international jedoch noch eine weitere Tendenz ab, die mit dem Überbegriff „Umwelt-Prävention" bezeichnet wird.

Biotechnologische Verfahren oder Verfahrensteilschritte können beim Erreichen des Ziels „Vermeidung von Umweltbelastungen" hilfreich sein oder sogar eine zentrale Rolle spielen.

Damit ist insgesamt ein Wandel des Gebietes „Umweltbiotechnologie" zu *„Biotechnologie für die Entlastung der Umwelt"* zu erkennen.

2 Geschichte des Fachgebietes

Die oftmals verbreitete Meinung, dass biologische Vorgänge gleichzeitig umweltfreundlich sind, war bei den ersten biotechnologischen Verfahren nicht zutreffend. Bei einem der ersten biotechnologischen Prozesse, der Flachsröste, entstand beim Verfaulen der Nichtfaserbestandteile ein entsetzlicher Gestank, über den auch noch in Berichten des 19. Jahrhunderts von den Orten der Anwendung dieses Verfahrens berichtet wird. Ähnlich anrüchig waren die historischen biologischen Techniken der Gerbung. Die Färbetechniken mit biologischen Stoffen und ihrem großen Wasserbedarf waren gleichfalls eine Umweltbelastung und sind es in Entwicklungsländern heute noch immer.

Zielgerichtet wurden biologische Prozesse bereits bei den mittelamerikanischen Hochkulturen eingesetzt. Die Lagunen in der Umgebung der historischen Großstädte nahmen die Abwässer auf und waren im Prinzip große Pflanzenkläranlagen, deren gereinigtes Wasser wieder in der Landwirtschaft verwendet wurde. Eine nicht belegbare Hypothese gibt diesem Wasserrecycling eine Schuld am Niedergang der Städte durch Seuchenübertragung, die mit der mangelnden Hygienisierungskapazität dieses Typs von „Pflanzenkläranlagen" einherging. Diese Tatsache ist nicht völlig von der Hand zu weisen.

Hygienische Probleme waren auch in den mitteleuropäischen Städten der Grund, dass unterirdische Sammelkanäle für die häuslichen Abwässer gebaut wurden (Hamburg ab 1842), die diese Wässer in die nahe gelegenen Flüsse leiteten. Die Sammelkanäle stellen nach heutigen Erkenntnissen eine erste und wichtige Stufe des biologischen Wasserreinigungsprozesses dar.

Während die Selbstreinigungskraft der Gewässer anfänglich noch ausreichte, änderte sich das schnell mit steigender Bevölkerungszahl und dem Einleiten von Industriewässern. Die mechanische Reinigung der Abwässer war ein erster Schritt zur Entlastung und blieb für Jahrzehnte an vielen Stellen der einzige Reinigungsschritt.

Bereits um die Mitte des vorigen Jahrhunderts wurde die Tatsache ausgenutzt, dass sich in abgeschlossenen Sammelbehältern brennbares Biogas bildet und die ausgefaulten Reste einen ausgezeichneten Dünger ergeben. In Dresden-Kaditz sind die um 1930 in Betrieb genommenen und unverändert gebliebenen, architektonisch ansprechenden Faulbehälter unter Denkmalschutz gestellt worden (Abb. 2-1).

Abb. 2-1. Historische Faulbehälter (etwa 1930) in Dresden-Kaditz (Foto: UFZ, Autor)

Die wachsenden Großstädte und die Industrialisierung ließen das Abwasserproblem zum Ende des vorigen Jahrhunderts immer dringlicher werden. In Berlin wurde Abwasser auf Rieselfelder geleitet, die teilweise bis in die 70er Jahre des 20. Jahrhunderts unverändert genutzt wurden. Bei entsprechenden geologischen Bedingungen (Sandboden) wurden auch Abwässer der Stärkeindustrie gleichermaßen „behandelt". Der Gestank in den betroffenen Gebieten war immens.

In der Folgezeit wurden technische Verfahren zur Abwasserbehandlung entwickelt. Eine einfache und effektive, jedoch für den Durchsatz großer Mengen weniger geeignete Technik waren Tropfkörper. Hier wurde die Fähigkeit von Organismen ausgenutzt, auf einem porösen Füllmaterial in Form eines Bewuchses einen „Rasen" zu bilden. Dieser Biofilm hat die Fähigkeit, bei genügendem Luftzutritt organische Schadstoffe abzubauen. In technisch weiterentwickelter Form findet sich dieses Prinzip bei modernen *Tauchtropfkörpern* wieder. Die theoretische Durchdringung der biologischen Abbauprozesse führte zur Entwicklung des *Belebtschlammverfahrens* der Abwasserbehandlung, dem heute noch üblichen und in vielfacher technischer Modifikation optimierten Prinzip der Behandlung kommunaler und industrieller Abwässer.

Die Belastung der Wässer mit organischen Verbindungen konnte bald bis zu den vom Gesetzgeber geforderten Grenzwerten gesenkt werden. Dadurch wurden die das gereinigte Wasser aufnehmenden Flüsse (Vorfluter) entlastet. Bereits seit den 60-er Jahren des 20. Jahrhunderts war jedoch die negative Rolle der Stickstoff- und Phosphorverbindungen, welche aus der Landwirtschaft bzw. den Haushaltswaschmitteln stammen, auf die Ökosysteme der Flüsse bekannt. Durch den Gesetzgeber wurden auch für diese Verbindungen Grenzwerte festgelegt, die nur durch Verfahren der erweiterten Abwasserreinigung erreicht werden konnten. Neue wissenschaftliche Erkenntnisse, insbesondere der Mikrobiologen, ergänzten die bisher das Gebiet dominierenden Ingenieurwissenschaften.

Biotechnologische Massenprodukte aus nachwachsenden Rohstoffen (Deutschland: Glycerol, Aceton, Butanol) waren wichtige Grundlagen der Kriegswirtschaft des 1. Weltkrieges. Diese Verfahren wurden jedoch bald durch sehr viel effektivere chemische Synthesen abgelöst, wobei auch der enorme Wasserverbrauch und die damit verbundene Wasserverunreinigung zur Ablösung mit beitrugen.

Hoch belastete Abwässer der Zellstoff-Industrie aus dem chemischen Holzaufaufschluss wurden bis 1990 zur Futterhefeproduktion genutzt (z.B. in Heidenau bei Dresden und in Wolfen). Dabei wurden die enthaltenen Pentosen bzw. Hexosen zu Futtereiweiß, „single cell protein", gewandelt. Das Abwasser dieser „Produktgewinnung aus Abwässern" selbst war allerdings noch immer hoch belastet und trug zur Verunreinigung der Flüsse bei.

Vergasertreibstoff mit dem Hauptbestandteil Ethanol unter Zusatz von Benzen und Tetralin wurde 1925 als „Reichskraftstoff" auf den Markt gebracht. Rohstoffe der Alkoholgärung waren Melassen der Zuckerrübenindustrie, für die als Abprodukte eine wirtschaftliche Verwendung gebraucht wurde. Melassen sind auch heute in den Ländern, in denen kulturelle und religiöse Traditionen die Alkoholherstellung verbieten (z.B. in einigen afrikanischen Ländern), ein signifikantes Umweltproblem.

Die Komplexität der ökologischen und soziologischen Zusammenhänge wurde besonders am Beispiel der Kraftstoffherstellung auf der Basis nachwachsender Rohstoffe – also eines auf Umweltentlastung ausgerichteten Vorhabens – deutlich, als in Brasilien für den Zuckeranbau durch Rodungen neue landwirtschaftliche Flächen gewonnen werden mussten und die organisch hoch belasteten Abwässer der Alkoholgärung zu einem Problem für die Flüsse wurden. Sekundärfolgen entstanden durch die notwendigen Düngungen der landwirtschaftlichen Monokulturen und den Biozideinsatz.

Anregung für heutige Entwicklungen war die bereits 1909 erfolgte Herstellung des biologisch wirkenden Schädlingsbekämpfungsmittels „Baturin" aus dem Bakterium *Bacillus thuringiensis*.

Erst in der zweiten Hälfte des 20. Jahrhunderts wurden biologische Verfahren zur Reinigung von Luft, Boden und Flusssedimenten eingesetzt und erreichten sowohl für den Abbau persistenter organischer Verbindungen als auch für die Beseitigung von Schwermetallen Bedeutung.

Heute werden sowohl teilweise klassische Techniken wiederentdeckt und weiterentwickelt (Pflanzen-Schadstoffinteraktionen in Wurzelraumanlagen, Biofilmreaktoren, Verfahren der Bioremediation) als auch neue Schadstoffgruppen als umweltschädlich erkannt (endokrine Substanzen, Pharmaka, Kraftstoffzusätze u.a.) und durch die weiterentwickelten analytischen Techniken in ihrer biologischen Wechselwirkung verfolgt.

3 Allgemeine Grundlagen

Es dürfte in der gesamten Geosphäre kaum eine Stelle geben, an der kein Leben nachweisbar ist. Leben bedeutet Stoffwechsel und die Fähigkeit zur artgleichen Reproduktion, dem ureigensten „Sinn" des Lebens. Mikroorganismen sind die einfachste Form des Lebens. Sie spiegeln in ihrer heute existierenden Form die Evolution wider und sind zur Erschließung neuer Lebensräume – auch solcher, die nicht „natürlich", sondern durch den Menschen geschaffen wurden und Fremdstoffe (Xenobiotica) enthalten – befähigt.

In der Reihenfolge

- Probengewinnung,
- visuelle Beobachtung und Isolation,
- Zuordnung und Identifikation,
- Wachstum und Kultivation,
- Adaption und Enzyminduktion

der Mikroorganismen werden ausgewählte Grundlagen der mikrobiellen Physiologie dargestellt.

Dabei wird der Gesichtspunkt „Anpassung an Umweltschadstoffe und deren Beseitigung" besonders hervorgehoben.

3.1 Probengewinnung

3.1.1 Proben aus Oberflächenwässern und Grundwasser

Die Systematik für das Gewinnen einer Durchschnittsprobe unterscheidet sich prinzipiell nicht von der einer chemisch-analytischen Probenahme. Die Gefäße sollten sterilisiert sein und die Aufbewahrung unter gekühlten Bedingungen erfolgen.

Es können aber auch besondere sichtbare Organismenansiedlungen von Interesse sein. Dabei handelt es sich meistens um Biofilme an Oberflächen, in denen sich in einer von den Organismen gebildeten Polymermatrix Mikroorganismen, aber auch höhere Organismen angesiedelt haben können. Gelegentlich fallen auch Besiedlungen durch unterschiedliche Färbungen auf. Aus solchen natürlichen Anreicherungen lassen sich Proben direkt nehmen.

Abb. 3-1. Probenahmegerät für Tiefenwasser. Es sind sich absetzende Sedimentflocken zu erkennen (Foto: UFZ, Autor)

Wasserproben aus Oberflächengewässern werden z.B. mit abgesenkten Gefäßen gewonnen, aus denen die Luft durch unterschiedlichste Vorrichtungen, z.B. über eine Reißleine, herausgelassen wird. Die heraus strömende Luft durchmischt allerdings das Wasser und zerstört Schichtungen. Besser ist die Funktionsweise, nach der ein oben und unten offenes, durch spezielle Klappenvorrichtungen beidseitig verschließbares Rohr abgesenkt und in der gewünschten Tiefe verschlossen wird. Nach dem Herausziehen kann die Probe über einen Ablasshahn geteilt werden.

Die Schöpfgeräte sind an unterschiedliche Aufgabenstellungen anzupassen, so an Planktonprobenahme mit verschiedenen Siebdurchmessern. Volumina bis 25 l Probevolumen sind verfügbar. Grundwassersonden können ebenfalls durch hohe Schöpfer mit geringem Durchmesser beprobt werden. Handelsübliche Vorrichtungen sind in Abb. 3-1 und 3-2 abgebildet.

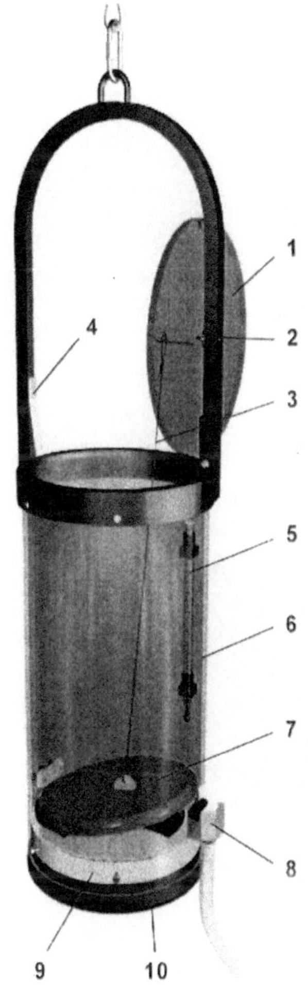

1. Plexiglasdeckel
2. Haltemagnet
3. Auslöseschnur
4. Blattfeder
5. Thermometer
6. Plexiglasrohr
7. Siliconklappe mit Stahleinlage
8. Ablasshahn
9. Kunststoffring mit Magneten
10. Bronzering

Abb. 3-2. Wasserprobenahmegerät System Uwitec (http://www.uwitec.at)

3.1.2   Proben aus Sedimenten und subaquatischen Ablagerungen
(Mudroch und MacKnight 1994, Mudroch und Ascue 1995)

Die freezecore-Technik eröffnet breite Möglichkeiten einer differenzierten Probenahme. Es bildet sich ein Eiskern um ein mit flüssigem Stickstoff durchströmtes Schwert, der ungestörte Proben mit einer genauen räumlichen Zuordnung ergibt. Dadurch hat man die Möglichkeit, geogene oder auch durch den Menschen verursachte Geschehen zeitlich zu bestimmen (Abb. 3-3).

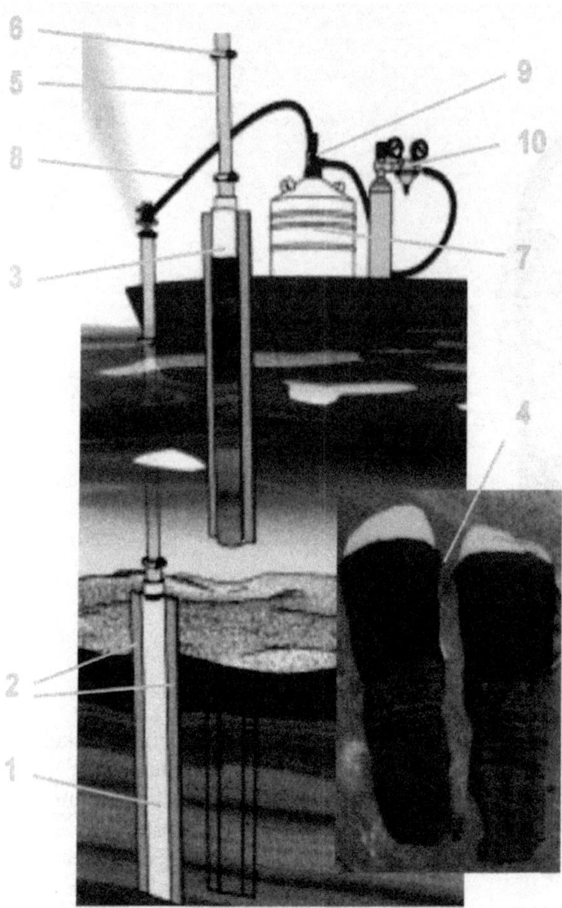

1. Freezingschwert: Aluminiumplatte 10 mm dick, Breite 55 mm oder 110 mm, Länge 0,3 m
    bis max. 2 m, wird von Hand ins Sediment gedrückt
2. Kunststoffplatten seitlich am Freezingschwert montiert
3. Freezingschwert mit festgefrorenem Sediment und darüber liegendem Wasser
4. 2 Platten gefrorenes Sediment, die sich durch Erwärmen der Aluminiumplatte leicht von
    dieser abnehmen lassen
5. Aluminiumgestänge mit innen liegender Leitung (Edelstahlneopren isoliert) für flüssigen
    Stickstoff
6. Verbindungsschellen
7. Behälter für flüssigen Stickstoff (z.B. 35 l)
8. Flexibler Verbindungsschlauch (Neopren isoliert) mit Anschlussstück am Gestänge
9. Entnahmekopf mit Steigrohr, Absperrhahn und Überdruckventil
10. Pressluftflasche mit Druckminderer
11. Gasförmiger Stickstoff entweicht aus dem Freezingschwert durch das Gestänge (Raum
    zwischen Alurohr und isolierter N_2-Leitung) ins Freie

Abb. 3-3. Freezecore-Probenahmetechnik (www.uwitec.at)

Die freezecore-Technik ist für weiche Sedimente gedacht. Von einem Boot oder einer Plattform wird das „Freezingschwert" (Länge 0,5 – 2 m, Durchmesser 10 mm) in das Sediment gedrückt, von flüssigem Stickstoff durchströmt und anschließend wieder herausgezogen. Jede Probenahme benötigt etwa 5 – 10 l flüssigen Stickstoff. Je nach Gefrierdauer (3 – 20 min) werden Proben von 0,5 – 7 cm Durchmesser gewonnen. Pressluft dient zum Herausdrücken des Stickstoffs aus dem Schwert und später zum Auftauen.

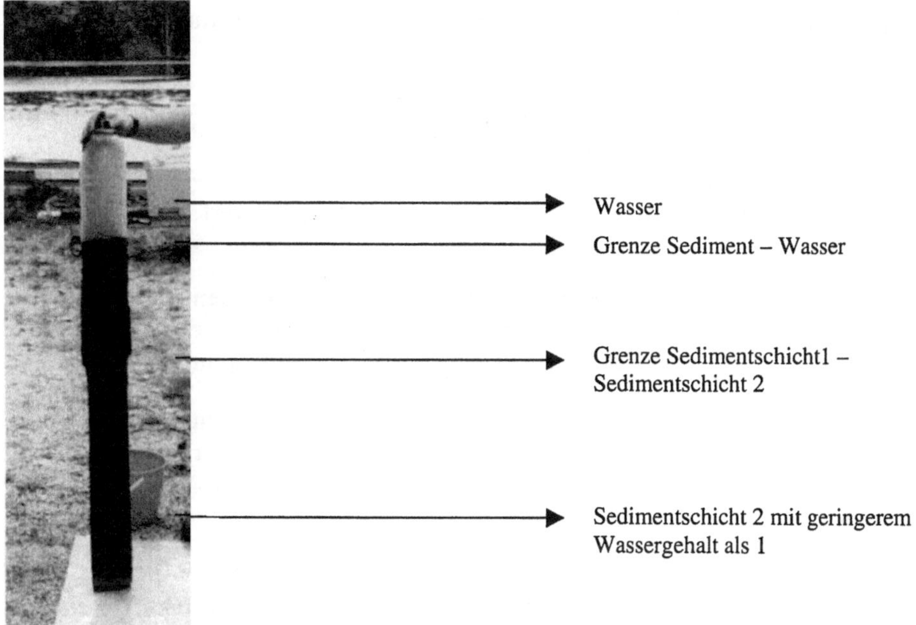

Abb. 3-4. Freezecore-Probe eines Deponie-Sediments (Foto: UFZ, E. Weißbrodt)

Abb. 3-4 zeigt einen Kern, der aus einer Abwasser-Deponie gewonnen wurde und eine über den Originalablagerungen liegende Schichtung erkennen lässt (subaquatisches Capping).

3.1.3 Proben aus Böden und der ungesättigten Zone

Die Gewinnung von festen Proben aus Böden oder Deponien erfolgt mittels Bohrungen oder gelegentlich durch Schürfarbeiten (z.B. durch Schürfgräben). Dabei muss davon ausgegangen werden, dass Inhomogenitäten vorliegen können, die das analytische Ergebnis entscheidend beeinflussen (Hirner et al. 2000). Es ist notwendig, eine Strategie der Probenahme zu erarbeiten, da diese von Fall zu Fall unterschiedliche Bedingungen berücksichtigen muss.

Es kann unterschieden werden:

- Fall 1: diffuse Kontamination, keine Kontamination,
- Fall 2: diffuse, an Adern gebundene Kontamination,
- Fall 3: Kontamination mit lokalem Schwerpunkt,
- Fall 4: Punktkontamination „hot spot".

Eine Schürfe ist nur bis zu Tiefen kleiner 1 m ohne besondere Vorsichtsmaßnahmen möglich. Größere Tiefen werden mit Schlitzsonde, Rammkernsonde oder Kernbohrung erreicht. Vor- und Nachteile sind in Tab. 3-1 zusammengefasst:

Tab. 3-1. Methoden der Entnahme fester Proben (nach Hirner et al. 2000)

Methode	Erreichbare Tiefe	Nachteile	Vorteile
Schlitzsonde	etwa 20 m	Probemenge gering (1 g), Verschleppungseffekte	preiswert
Rammkern-sonde	kleiner 20 m	höherer apparativer Aufwand = höhere Kosten	Probemenge größer 100 g, geringe Verschleppungen
Kernbohrung	kaum Einschränkungen	Nutzung schweren Gerätes notwendig = sehr hohe Kosten	Probemenge größer 100 g, geringe Verschleppungen

Die Ausführung der Bohrungen wird normalerweise qualifizierten Firmen übertragen, die die Auswahl von Bohrverfahren, Bohrkopf usw. in Abhängigkeit von den Vorgaben der Probennahme (s.o.), der örtlichen Geologie usw. vornehmen werden. In den Abbildungen 3-5a-b sind die Struktur und die Schichtung der untersuchten Bodenproben gut zu erkennen.

Hirner et al. (2000) u.a. schlagen eine schematisierte Vorgehensweise bei einer Rasterprobenahme mit dynamischer Anpassung des Probenahmerasters vor. In der Praxis wird der Dokumentation der Probenahme nicht immer die notwendige Aufmerksamkeit geschenkt. Dabei müssen nicht nur die exakten Daten der Materialentnahme dokumentiert werden, sondern auch die – besonders wichtig für biologische Proben – Art und Dauer der Lagerung und des Transportes.

Feststoffproben sollen allgemein sofort kühl (+ 4 °C) gelagert werden. Die Aktivität von Mikroorganismen wird durch Trocknung eingeschränkt; wenn diese nicht möglich ist, gibt die Lagerung bei – 18 °C die beste Sicherheit für geringe Veränderungen während Transport und Lagerung.

Abb. 3-5a-b. Bohrkerne für die Entnahme mikrobiologischer und chemischer Proben aus der ungesättigten bzw. gesättigten Bodenzone (Foto: UFZ, Projektbereich Bergbaufolgelandschaften)

Literatur zu 3.1

Hirner, A.V., Rehage, H., Sulkowski, M. (2000) Umweltgeochemie, Steinkopf-Verlag Darmstadt, p. 549ff

Mudroch, A., Ascue, J.M. (1995) Manual of aquatic sediment sampling. Lewis Publishers, Boca Raton

Mudroch, A., MacKnight, S.D. (1994) Techniques for aquatic sediment sampling. 2nd Ed. Lewis Publishers Boca Raton

3.2 Visuelle Beobachtungen und Mikroorganismen-Isolation

3.2.1 Makroskopische Beobachtungen

Die Beobachtung von Flechten und das Vorkommen bestimmter Pflanzen gibt Hinweise auf im Boden vorkommende Schwermetalle (Stottmeister 1997). Diese müssen nicht immer anthropogenen Ursprungs sein; solche Hinweise werden schon lange zur Prospektierung genutzt, z.B. zum Erkennen des Vorkommens von Kupfer und Zink durch eine bestimmte Flora. Flechten dienen beispielsweise für die Feststellung von Luftverschmutzungen in Großstädten als hilfreiche Indikatoren (Flechtenindikation) (Zierdt 1997).

Höhere Pflanzen oder Pflanzengemeinschaften sind ebenfalls Indikatoren für Umweltbedingungen (Zeigerpflanzen). Dabei darf nicht vergessen werden, dass Pflanzen nicht nur Kontakt zum Boden haben, sondern auch in Wechselwirkung mit der Luft und dem Wasser stehen.

3.2.2 Mikroskopische Betrachtungen

Mit der Entwicklung des Lichtmikroskops im 16. Jahrhundert und mit Hilfe der nachfolgenden Verbesserungen konnten Objekte der Größe bis 1 μm sichtbar gemacht werden – damit auch die Mikroorganismen, deren durchschnittliche Durchmesser zwischen 1 bis 10 μm liegen. Die heutigen weiterentwickelten mikroskopischen Techniken gestatten Einblicke in die Feinstruktur der Zellen. Es können die äußerlichen Unterschiede sichtbar gemacht werden und erste Einordnungen erfolgen. Eine Abmessung der Zellgröße ist möglich. Durch Zellkammern mit definiertem Volumen und eingraviertem Raster, sogenannten Zähl- oder THOMA-Kammern, ist die Zellzahl pro ml der Probe relativ genau (Einfluss des subjektiven Faktors) bestimmbar.

Im Folgenden wird die Zusammenstellung nach Engelhardt (1997) durch einige Beispiele untersetzt (Tab. 3-2).

Tab. 3-2. Techniken zur Beobachtung von Mikroorganismen und Zellstrukturen (nach Engelhardt 1997)

Art der Mikroskopie	Eigenschaften und Anwendung
Lichtmikroskopie (s. Abb. 3-6):	
• Hellfeld (HF)	Gefärbte und ungefärbte Zellen und Gewebeschnitte
• Dunkelfeld (DF)	Objekte mit Brechungsindexunterschied zum Medium
• Phasenkontrast (PH)	Dünne, ungefärbte Objekte mit geringem Brechnungsindexunterschied zum Medium
• Fluoreszenz (F)	Primär-, Sekundärfluoreszenz, Immunfluoreszenz
• Differential-Interferenz- Kontrast-Mikroskopie (DIC)	Nomarksi pseudo-dreidimensionale Darstellung kontrastarmer Objekte (s. Abb. 3-7 a)

Tab. 3-2. Fortsetzung

• Infrarot-Mikroskopie	Gewebeschnitte, ortsaufgelöste IR-Spektroskopie, Identifizierung von Bakterien
• Konfokale Laser-Raster-Mikroskopie (CLSM)	Optische Schnitte und 3D-Darstellungen in Kombination mit Fluoreszenz-Techniken, Darstellung struktureller Parameter (s. Abb. 3-10 a-d)
• Raster-Nahfeld-Mikroskopie (SNOM)	Zellen in Lösungen und molekulare Aggregate
Akustische Mikroskopie:	
• Scanning Laser-Akusto-Mikroskopie (SLAM)	Darstellung von Elastizitäts-, mechanischen Spannungs- und Viskositätsunterschieden in Zellen und Gewebeschnitten
• Scanning-Acusto-Mikroskopie (SAM)	Darstellung von Elastizitätsverteilungen in dünnen Oberflächen, zelluläre Bewegungsabläufe
Elektronenmikroskopie (EM):	
• Transmissions-EM	Kontrastierte Ultraschnitte von Zellen und Geweben, Viren
• Elektronentomographie	3D-Rekonstruktion von Makromolekülen und Schnitten
• Raster-EM	Oberflächenabbildungen mit metallbeschichteten Zellen (s. Abb. 3-8 und 3-9)
• Kryo-EM	Gefrierschnitte, Viren, Makromoleküle

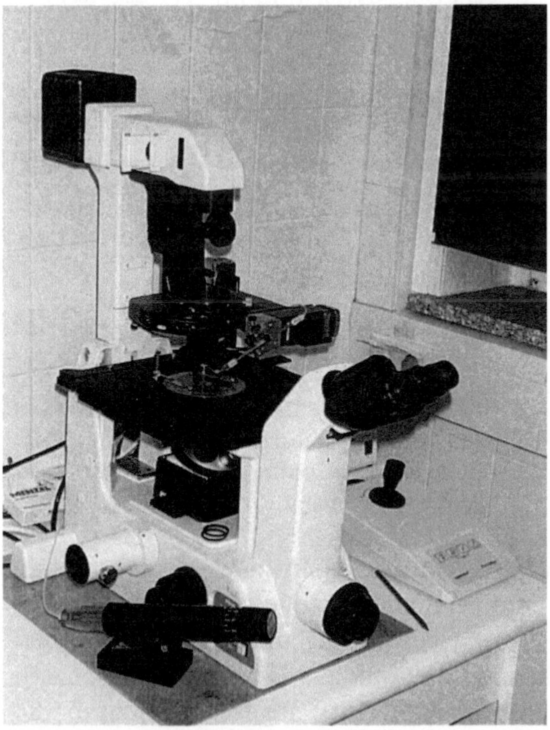

Abb. 3-6. Lichtmikroskop Axioskop (Carl Zeiss)

Mit heutigen Lichtmikroskopen (z.B. Abb. 3-6) lassen sich die Hellfeld-Dunkelfeld-Phasenkontraste leicht einstellen und nutzen. Zusätzliche Möglichkeiten bietet die Digitalisierung der mikroskopischen Bilder mit der Betrachtung am Bildschirm und der Speicherung sowie Nachbearbeitung. In Abb. 3-7a–d sind Beispiele für unterschiedliche mikroskopische Techniken dargestellt.

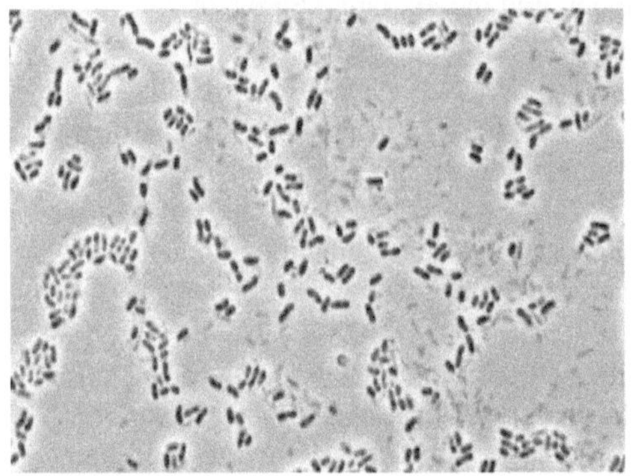

Abb. 3-7a. Mikroskopische Aufnahme im Phasenkontrast der PHB bildenden, Methan verwertenden Mischkultur mit der Hauptkomponente *Methylocystis* sp. GB 25 (1 250-fach)

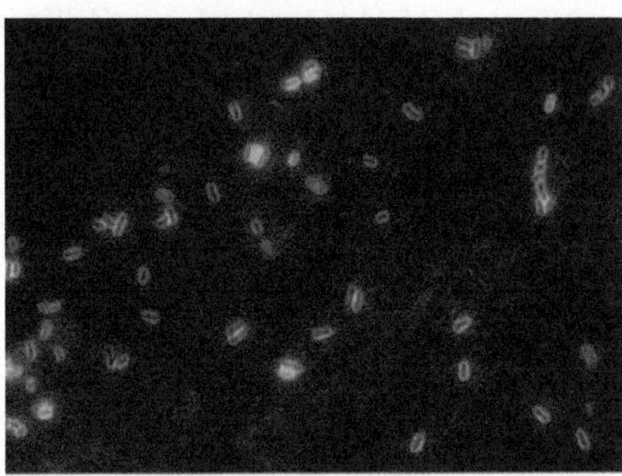

Abb. 3-7b. Immunofluoreszenz: Fermentorkultur mit Anti-GB 25-Serum, FITC (Fluorescein-isothiocyanat)-markiert (1 250-fach)

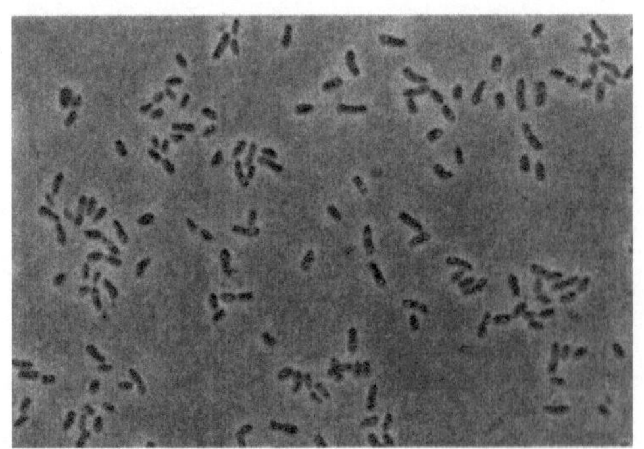

Abb. 3-7c. Differential-Interferenz-Kontrastaufnahme (1 250-fach)

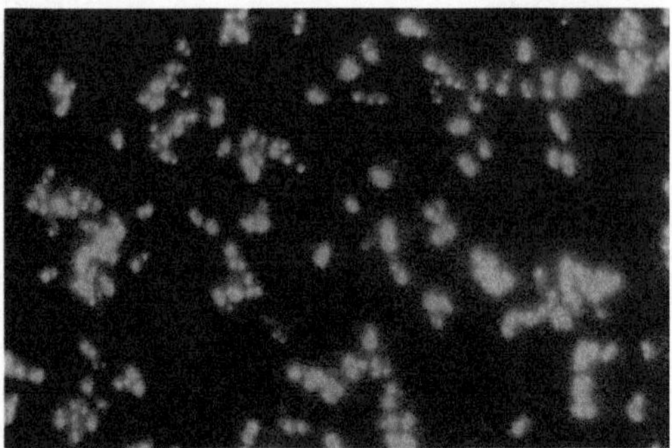

Abb. 3-7d. Fluoreszenzaufnahme von PHB-Granula nach Nilrotfärbung (1 250-fach) (gleicher Ausschnitt wie Abb. 3-7c)

Elektronenmikroskopische Aufnahmen zeigen Zellkompartimente wie Membranen oder Zelleinschlüsse. In Abb. 3-9 ist eine Bakterienzelle (Methan oxidierendes Bakterium *Methylocystis* sp. GB 25) dargestellt. Deutlich sind die unterschiedlichen Membranstrukturen zu erkennen. In Abb. 3-8 ist eine Bakterienzelle (Methan oxidierendes Bakterium *Methylobacter* GB 130) abgebildet, in Abb. 3-9 das Methan oxidierende Bakterium *Methylocystis* sp. GB 25 mit Granula des Reservestoffes PHB (Poly-β-hydroxybuttersäure) dargestellt.

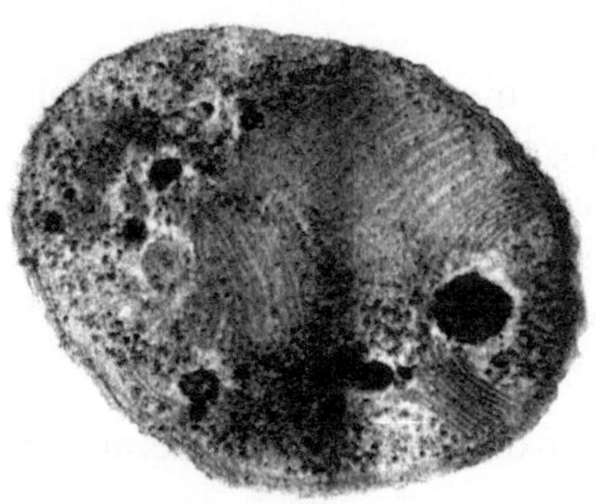 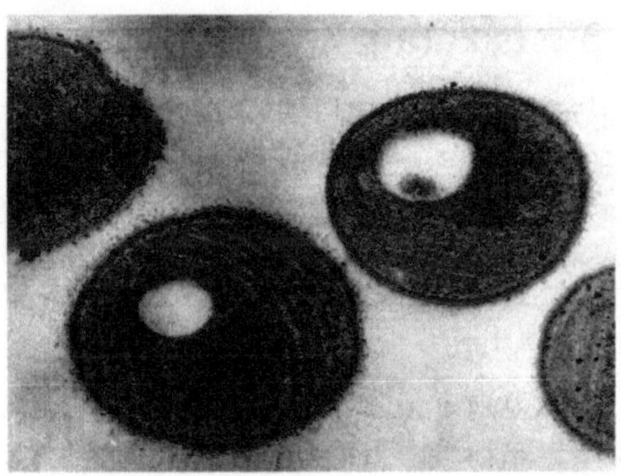

Abb. 3-8. Elektronenmikroskopische Darstellung der intrazellulären Membranstruktur von *Methylobacter* GB 130 (Typ 1 Methanverwerter), 100 000-fach (Große 1998)

Abb. 3-9. Elektronenmikroskopische Darstellung von Poly-β-hydroxybuttersäure enthaltenden Einschlüssen von *Methylocystis* sp. GB 25 (60 000-fach, Typ 2, Methanverwerter) (Große 1998)

Die Untersuchung von Biofilmen, insbesondere die dreidimensionale Anordnung im Film, wurde durch die Konfokale Laser-Raster-Mikroskopie möglich. Abb. 3-10 zeigt derartige Aufnahmen, die durch eine farbliche Darstellung eine weitere Differenzierung ermöglichen würden.

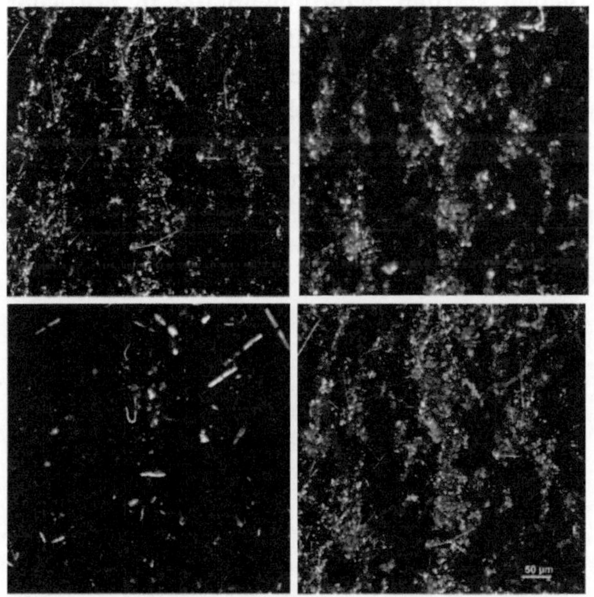

a. links oben – Syto 9 = Bakterien,
b. rechts oben – Lektin = Polymerfraktion,
c. links unten – Autofluoreszenz = phototrophe Organismen,
d. rechts unten – Überlagerung der 3 Kanäle mit Balken

Abb. 3-10 a-d. Biofilm, aufgenommen durch Konfokale Laser-Scanning-Mikroskopie (Foto: UFZ, T. Neu). Der Biofilm wurde mit dem Nukleinsäure-spezifischen Farbstoff Syto 9 zur Markierung der Bakterienverteilung und einem Lektin (Ricinus communis – TRITC) zur Darstellung der Glykokonjugate markiert. Zusätzlich wurde die Autofluoreszenz aufgezeichnet. Die Bilder sind als Bildstapel (Biofilmdicke = 30 μm) in eine Ebene projiziert.

3.2.3 Isolation und Anzucht

Die Isolation von reinen Mikroorganismen-Stämmen, die umfangreichen Erfahrungen, die für mikrobiologisches Arbeiten notwendig sind, und die Bedingungen, die an steriles Arbeiten und an den Umgang mit genetisch veränderten oder pathogenen Mikroorganismen gebunden sind, werden in speziellen Lehrbüchern umfassend dargestellt (z.B. Schlegel 1992, Fritsche 1998, Madigan et al. 2001, Munk 2001).

In den folgenden kurzgefassten Darstellungen soll nur das Wesentliche herausgestellt und durch Abbildungen erläutert werden.

Die Standardmethode zur Anzucht von Mikroorganismen ist die Verwendung von Petrischalen, die mit Nährmedien gefüllt sind. Diese Platten sind mit speziell für die Anwendung abgestimmten, mit Agar verfestigten Nährmedien in dünner Schicht gefüllt und sterilisiert worden (z.B. im Dampfautoklaven, 120 °C).

Agar (bereits 1883 in die Laborpraxis eingeführt) ist bisher unübertroffen, da dieses vernetzte, komplex zusammengesetzte, aus Meeresalgen gewonnene Polysaccharid nur von wenigen Bakterien angegriffen und zersetzt werden kann. Agar wird in Mengen von $15 - 20$ g l^{-1} den flüssigen Medien zugesetzt. Er löst sich in Wasser bei 100 °C und wird bei 45 °C fest.

Das Abheben des Deckels einer solchen sterilen Nährbodenplatte in normaler Umgebung ist ausreichend, um den aus der Luft herangetragenen Keimen einen idealen Nährboden zu geben und zum Wachstum anzuregen. Abb. 3-11 zeigt die Vielzahl der Keime, die allein nach mehrstündigem Stehen in einem Hörsaal „eingefangen" wurden. Nach z.B. dreitägiger Bebrütung bei 30 °C entwickeln sich aus den einzelnen Keimen Kolonien. Es sind deutlich kleinere Bakterienkolonien und Flächen bildende Pilzmyzelien zu erkennen.

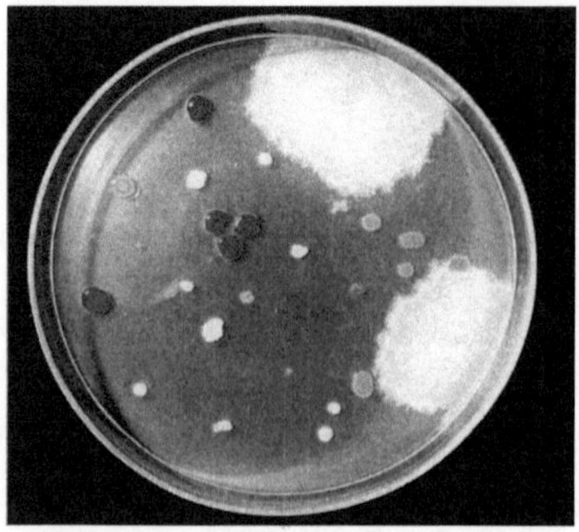

Abb. 3-11. Petrischale mit R2A-Agar als „Fangplatte" für aus der Luft herangetragene Keime. (Foto UFZ, Öffentlichkeitsarbeit)

Mit einer sterilen Impfnadel kann unter den aseptischen Bedingungen einer Arbeitsbox (Impfbox, Abb. 3-12) von jeder der einzelnen Kolonien eine Überimpfung auf eine neue Platte vorgenommen werden.

Abb. 3-12. Sterile Arbeitsbox (Foto UFZ, Autor)

Damit ist bereits ein Isolations- und Vereinzelungsschritt vorgenommen worden, der es gestattet, eine visuelle Einschätzung der Kolonien (Wuchsform, Farbe) und die mikroskopische Betrachtung entnommener Proben vorzunehmen (Abb. 3-13 a-b).

Die derart isolierten und angereicherten Mikroorganismen werden in gleicher Weise zur besseren Handhabung und Aufbewahrung auf Schrägagar-Röhrchen überimpft. Diese mit Agar gefüllten Reagenzgläser werden mit Wattestopfen verschlossen und gestatten den Organismen den Gasaustausch mit der Umgebung. Diese Röhrchen haben den Vorteil, dass mit steriler physiologischer Kochsalzlösung eine größere Menge der isolierten Kultur abgeschwemmt und zur erneuten Animpfung eines Kulturgefäßes genommen werden kann. Da das Wachstum auf den verfestigten Agarplatten auf deren Oberfläche relativ langsam erfolgt, ist die Flüssigkultur in Erlenmeyer-Kolben der nächste Schritt, der zu Biomassekonzentrationen von $1-5$ g l^{-1} führt.

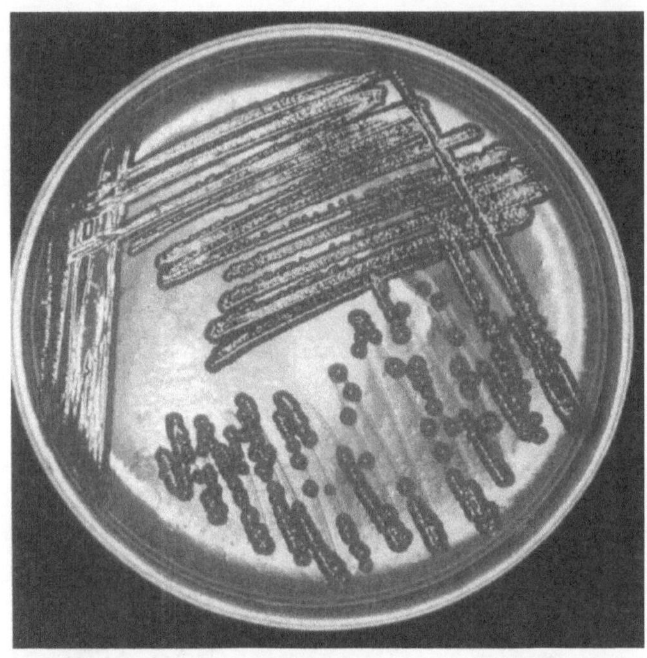

Abb. 3-13 a-b. Vereinzelung aus einem Agar-Platten-Ausstrich (Foto UFZ, Öffentlichkeitsarbeit)

Diese angereicherten Kulturen sind bereits für weitergehende Untersuchungen der Geschwindigkeit des Wachstums oder enzymatischer Aktivitäten nutzbar und stellen das Standard-Repertoir des mikrobiologischen Arbeitens dar.

Abb. 3-14 zeigt einen Brut- und Schüttelraum und einen mit Kolben besetzten Schütteltisch.

Abb. 3-14. Brut- und Schüttelraum (Foto UFZ, Autor)

Das klassische, allerdings zeitaufwendige Verfahren der Kultivation verläuft zusammenfassend über die Schritte:

- Ausstrich der Probe als verdünnte Suspension in physiologischer Kochsalzlösung auf dem Standardagar einer Petrischale,
- Bebrütung bei 30 °C (24 – 72 Stunden),
- Isolation von Kolonien, erneuter Ausstrich des eingeengten Organismen-Spektrums,
- Überführung eines Isolates auf Schrägagar-Röhrchen, Kultivation im Brutraum,
- Nutzung von Suspensionen zur Identifikation des Reinstammes,
- Weiterführung der Kultivation in Schüttelkolben.

Es hat nicht an Bemühungen gefehlt, die aufwendige traditionelle Arbeitsweise der Kultivation zu vereinfachen, zumal die „nicht-kultivierbaren", d.h. außerhalb ihres natürlichen Vorkommens und ihrer Organismen-Gemeinschaft nicht wachsenden Mikroorganismen immer größeres theoretisches und praktisches Interesse finden.

Es ist möglich (Fröhlich und König 1999), direkt Einzelzellen an einer „Workstation" mittels Mikromanipulator zu isolieren. Das Prinzip ist einfach: Einzelzellen werden unter einem Forschungs-Mikroskop (Vergrößerung 1 000fach, Phasenkontrast) mit einer Mikrokapillare aufgenommen. Dazu ist ein Mikromanipulator notwendig (s. Brinkmann – Eppendorf). Die entnommene Einzelzelle ist dann sofort weiter zu kultivieren oder aber einer Isolation via Einzel-Zell-PCR (s.u.) zuzuführen (Abb. 3-15).

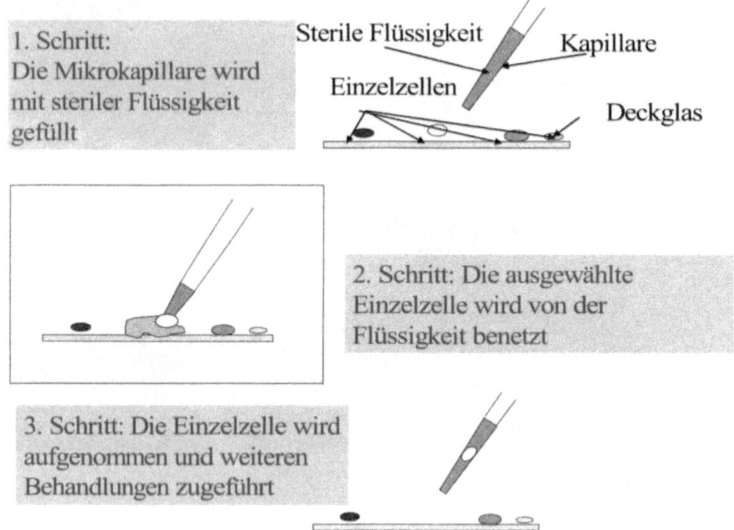

Abb. 3-15. Schematische Darstellung der Einzelzellenisolation mit dem Mikromanipulator (nach Fröhlich und König 1999)

Literatur zu 3.2

Brinkmann – Eppendorf: http://www.eppendorfsi.com/ECET_appl_isolation.html

Engelhardt, H. (1997) Anwendung von mikroskopischen Techniken in der Mikrobiologie. Biospektrum 3 (5): 59–60

Fritsche, W. (1998) Umwelt-Mikrobiologie – Grundlagen und Anwendungen. 2. Auflage. G. Fischer Jena, Stuttgart, Lübeck, Ulm

Fröhlich, J., König, H. (1999) Rapid isolation of single microbial cells from mixed natural and laboratory populations with the aid of a micromanipulator. System. Appl. Microbiol. 22: 249–257

Große, S. (1998) Methanmonooxygenase – Charakterisierung aus Typ 2-Methanotrophen. Dissertation Universität Leipzig, Fakultät für Biowissenschaften, Pharmazie und Psychologie

Madigan, M.T., Martinko, J.M., Parker, J. (2001) Mikrobiologie. Begründet von T.D. Brock. Spektrum Akademischer Verlag GmbH Heidelberg Berlin

Munk, K. (2001) Grundstudium Biologie – Mikrobiologie. Spektrum Akademischer Verlag GmbH Heidelberg Berlin

Schlegel, H. (1992) Allgemeine Mikrobiologie. 7. Auflage. Thieme Stuttgart, New York

Stottmeister, U. (1997) In: Fachgruppe Wasserchemie der GDCh (Hrsg.) Biologische Untersuchungen. Chemie und Biologie der Altlasten. VCH Verlagsgesellschaft mbH Weinheim

3.3 Zuordnung und Identifikation von Mikroorganismen

Die auffälligsten Unterschiede bei der mikroskopischen Betrachtung unterschiedlicher Mikroorganismen sind die Grundlage einer Einteilung in

- zellkernlose Zellen (Prokaryonten – vom griechischen „Karyon": der Kern),
- Zellen mit Zellkernen (Eukaryonten).

Beide Gruppen unterscheiden sich meistens auch in ihrer Größe um etwa eine Ordnung (1 bis 10 μm). Gleichzeitig ist die Zellstrukturierung der zellkernlosen Zellen deutlich einfacher und die Kompartimentierung geringer.

Diese äußeren (morphologischen) Merkmale waren die Grundlage einer noch heute gültigen Systematik.

Die Protisten (Erstlinge, nach Haeckel 1866) umfassen Organismen, die sich von den Pflanzen und Tieren durch eine geringe morphologische Differenzierung unterscheiden, meistens sind es Einzeller.

Die erweiterte Übersicht der Einteilung der Mikroorganismen ist in Abb. 3-16 gegeben.

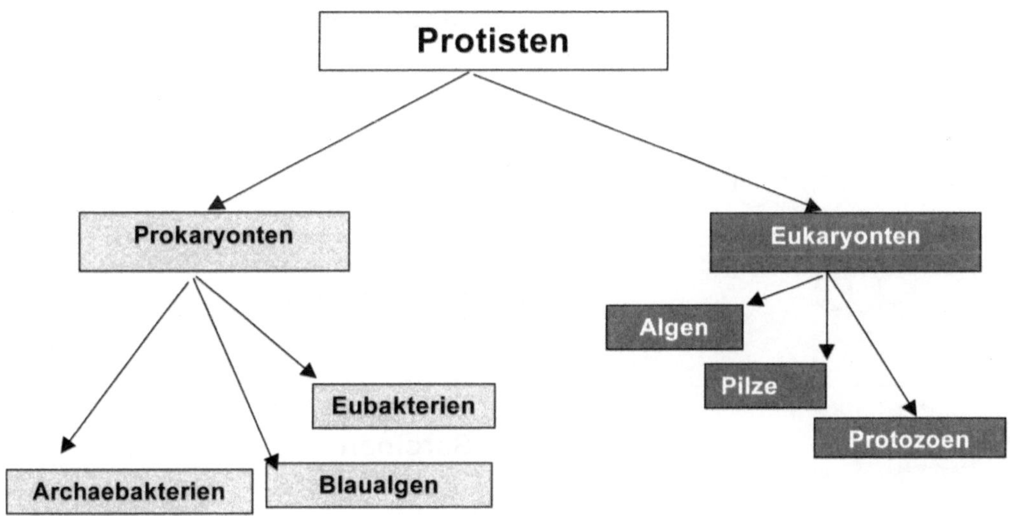

Abb. 3-16. Vereinfachte schematische Einteilung der Mikroorganismen

Unter dem Mikroskop lassen sich bereits deutliche Unterschiede in der äußeren Form der isolierten Mikroorganismen erkennen. Eine schematische Zusammenfassung wichtiger äußerer Merkmale wird in Abb. 3-17 gezeigt.

Unter dem Mikroskop ist weiterhin zu beobachten, dass es nicht nur deutliche äußere Unterschiede zwischen den Mikroorganismen gibt, sondern dass diese sich aktiv bewegen können. Diese Bewegung wird durch Geißeln oder Wimpern bewirkt, die sowohl bei Prokaryonten wie auch bei Eukaryonten einheitlich strukturiert sind. Sie bestehen aus einem Protein (Flaggelin), das eine Ähnlichkeit zu Muskelproteinen aufweist.

Verankert in einer Basalplatte, erfolgt die Energiebereitstellung für erstaunliche Leistungen (z.B. bei dem Bakterium *Vibrio* sp. 200 U/s, Geschwindigkeit bis zum 50-fachen der Zellgröße/s) durch die Standardenergiewährung aller Lebewesen – durch die Hydrolyse von ATP (Adenosintriphosphat) zu ADP (Adenosindiphosphat).

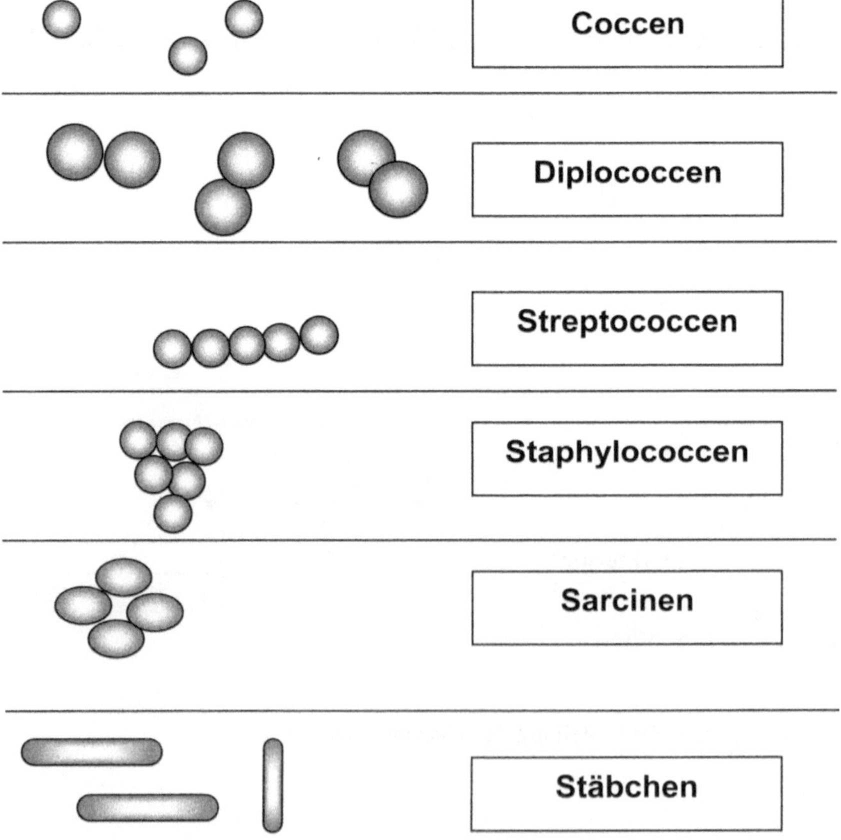

Abb. 3-17. Schematische Einteilung der Mikroorganismen nach der äußeren Form

Die Bewegungen der Mikroorganismen werden durch äußere Reize ausgelöst. So erfolgt z.B. die „Flucht" vor einem ungünstigen pH-Wert (negative Chemotaxis), das aktive Reagieren auf die Anwesenheit von Luftsauerstoff (Aerotaxis) oder von Licht (Phototaxis). Diese Fähigkeiten sind äußerst wichtig für das Überleben der Mikroorganismen und zum aktiven Auffinden von optimalen Vermehrungsbedingungen.

Die Geißelanordnung und die resultierenden Bewegungen und Reaktionen auf äußere Reize sind ein wichtiges Bestimmungskriterium in der Bakterientaxonomie (Abb. 3-18).

Die exakte Zuordnung zu verschiedenen Gruppen und damit eine Systematisierung der Mikroorganismen erfolgt nach einem Schema, das visuelle Betrachtungen, Färbungen von lebenden oder toten Zellen, Kultivierung auf verschiedenen Substraten u.a. bis hin zu genetischen Untersuchungen beinhaltet.

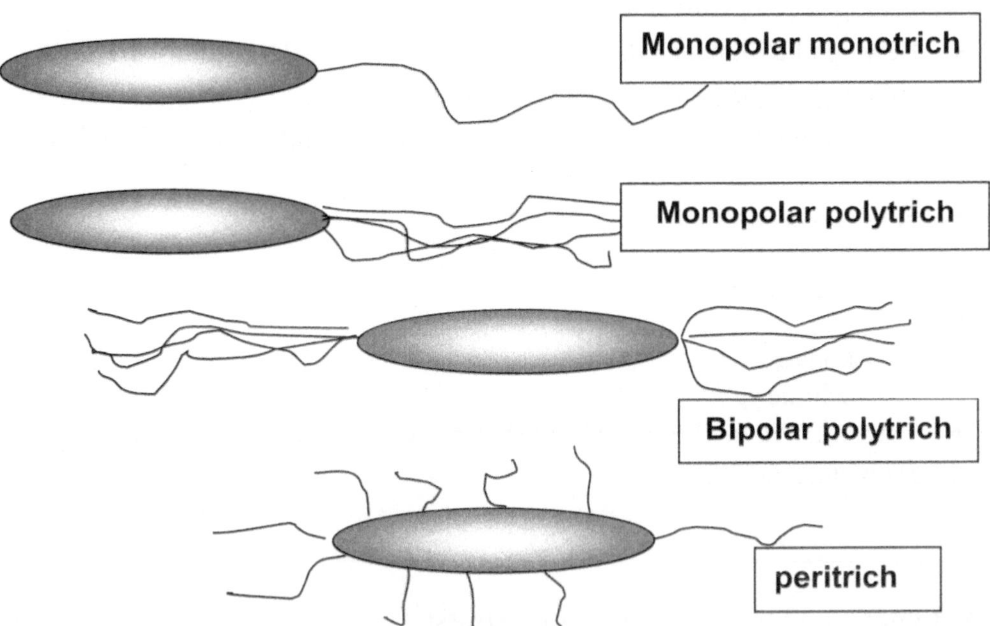

Abb. 3-18. Anordungsmöglichkeiten von Geißeln

Eine wichtige Eigenschaft zur Einschätzung des Verhaltens und der Fähigkeiten von Mikroorganismen ist die Kultivierung auf unterschiedlichen Nährböden, auf denen optimale Wachstumsbedingungen durch die Anwesenheit gut verwertbarer Kohlenstoffquellen, von Nährstoffen und Vitaminen geschaffen wurden. Ähnlich wie bei der Identifikation unbekannter organischer Verbindungen wird ein Identifikationsschema abgearbeitet. Jede Gruppe von Mikroorganismen ist in der Lage, ein bestimmtes Spektrum von organischen Verbindungen, insbesondere Zuckern und organischen Säuren, zum Wachstum zu verwerten.

Diese Methode hat über Jahre hinweg wesentliche Erkenntnisse über Wachstum, Leistung und Besonderheiten von Mikroorganismen erbracht und dient in vervollkommneter Form zur Identifikation von Mikroorganismen und zur Einschätzung der Leistungsfähigkeit besonders im Hinblick auf die Verwertung von Schadstoffen. Als verfestigende Matrix der Nährlösungen und der auf Verwertung zu prüfenden organischen Verbindungen dient wiederum Agar. Visuell wird das Wachstum eingeschätzt.

Um eine Vorstellung von einem gesamten Verlauf eines solchen Schemas zu geben, wird beispielhaft eine solche Mikroorganismen-Identifikation aus einer Umweltprobe (pestizid-kontaminierter Boden) nachvollzogen.

Visuelle Betrachtung:

Mikroskopische Betrachtung:

- Bewegliche Stäbchen der Größe 0,3 x 0,8 x 1,0 – 2,0 μm

Betrachtung der auf Platten gewachsenen Kulturen:

  (Wachstum auf einem Pepton-Glucose-Hefeextrakt-Agar 24 Stunden, 30 °C)
- Koloniebeschreibung:
    - rund
    - glattrandig
    - glänzend
    - konvex
    - schmierig
- Farbstoffbildung bei 30 °C: rot (bei 37 °C Wachstum keine Färbung)

Färbung nach Gram:

- negativ

Aktivitäts- und Substratverwertungstests:

Enzymtests (nach Standards):

- Oxidase   -
- Katalase   ++
- Urease   -
- Citratverwertung   +
- H_2S -
- KCN-Medium   +

Zuckerverwertung (nach Standards):

- D-Glucose   +
- L-Arabinose   -
- L-Rhamnose   -
- Saccharose   +
- Maltose   +
- Cellubiose   +
- D-Mannit   +
- Inosit   +
- D-Sorbit   -

Nach diesen Merkmalen kann nach Standardwerken (z.B. Bergey und Garrity 2000) zugeordnet werden:

Es handelt sich um: ***Serratia marcescens.***

Dieses Bakterium zeigt hohe Degadations- und Transformationsleistungen. Es wurde allerdings außer aus Umweltproben auch aus dem Sputum Erkrankter isoliert und gilt daher als potenziell pathogen. Labors mit entsprechender Zulassung (S2) müssen deshalb bei Untersuchungen mit diesem Bakterium zur Verfügung stehen.

Automatisierte Verfahren erleichtern die Identifikation. Diese Systeme (z.B. BIOLOG®) nutzen vorgefertigte Mikroplatten, deren Vertiefungen jeweils mit standardisierten Zusätzen in Agar versehen sind (Zuckern, Enzyme, s.o.). Jede Kammer wird mittels Mikropipette angeimpft. Ein Wachstum oder eine Reaktion zeigt sich durch Trübung oder Färbung. Die Auswertung erfolgt durch ein Lesegerät (Abb. 3-19 a-b) und eine entsprechende Software, die die direkte Zuord-

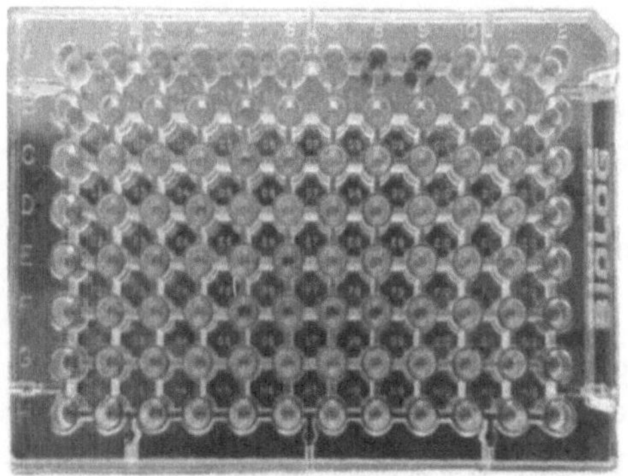

Abb. 3-19 a-b. BIOLOG®-Mikrotiter-Platte und Auswertegerät für Gele

nung des Mikroorganismus ermöglicht. Voraussetzung ist jedoch, dass dieser in die Bibliothek der Software aufgenommen wurde. Da das BIOLOG®-System ursprünglich für medizinisch-mikrobiologische Fragestellungen entwickelt wurde, sind umweltrelevante Mikroorganismen im Standardsystem unvollständig enthalten und nur durch Ergänzungsbibliotheken zu erfassen. Abb. 3-20 zeigt beispielhaft das Abbild einer Bewertung.

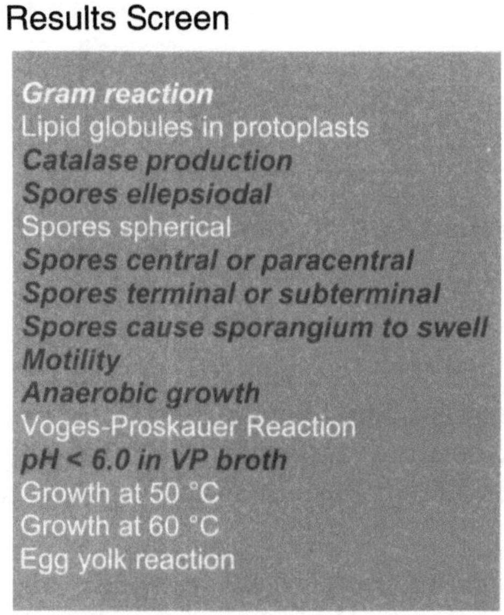

Results Screen

Gram reaction
Lipid globules in protoplasts
Catalase production
Spores ellepsiodal
Spores spherical
Spores central or paracentral
Spores terminal or subterminal
Spores cause sporangium to swell
Motility
Anaerobic growth
Voges-Proskauer Reaction
pH < 6.0 in VP broth
Growth at 50 °C
Growth at 60 °C
Egg yolk reaction

Abb. 3-20. Beispiel einer Bewertung (schwarze Schrift: positiv)
(BioBASE: http://users.erols.com/biobase/plus.html)

Der Vorschlag des Namens eines Mikroorganismus erfolgt anhand der Übereinstimmungsmerkmale mit Angabe der Wahrscheinlichkeit, die graphisch noch verdeutlicht werden kann.

Voraussetzung dafür ist jedoch die Fähigkeit zum Wachstum auf dem optimierten Nährboden der Mikroplatten. Diese Voraussetzung stellt jedoch eine grobe Verallgemeinerung dar, die der Wirklichkeit nicht nahe kommt. Es wird heute eingeschätzt, dass sich unter diesen Bedingungen nur etwa 3 – 5 % der wirklich vorhandenen Mikroorganismen kultivieren lassen, alle anderen jedoch nicht zugänglich sind.

Der Grund dafür ist in dem komplexen Zusammenspiel der in der Natur vorhandenen, einen Lebensraum (Habitat) besiedelnden Organismen zu sehen. Nur in der Gegenwart von anderen und nur unter diesen Bedingungen vorhandenen Mikroorganismen ist die Gesamtheit der Organismengemeinschaft (Biozönose, engl. community) lebensfähig. Dieses Zusammenspiel, wie es z.B. in den schleimigen

Belägen in Rohrleitungen, auf Steinen in Gewässern, allgemein in Biofilmen existiert, ist derzeit bei Weitem noch nicht in seiner Komplexität erkannt. Es beruht nicht nur auf der direkten Ausscheidung von Stoffwechselprodukten (Metaboliten) durch eine Art und die Aufnahme durch eine andere, sondern wahrscheinlich auch auf einem Austausch von genetischen Informationen zwischen unterschiedlichen Arten von Mikroorganismen.

Es ist prinzipiell ein erster Schritt zur Differenzierung von Zellen in einer Gemeinschaft mit einer Aufgabenverteilung, die in den entwickelten Lebewesen eine Vervollkommnung erreicht. Damit ist die Anzucht von Mikroorganismen, die aus einer Gemeinschaft stammen, nicht oder nur mit der Kenntnis der mikrobiellen Interaktion möglich.

Weiterhin ist es denkbar, dass Mikroorganismen auf bestimmte Kohlenstoffquellen wie z.B. Kohlenwasserstoffe spezialisiert sind oder nur unter extremen äußeren Bedingungen existieren können, weil sie dort ihren Lebensraum im Verlaufe der Evolution gefunden haben. Mikroorganismen sind nachgewiesen worden unter den Bedingungen der Tiefsee, in heißen Quellen, in Deponien chemischer Produkte oder in sauren Grubenwässern. Eine Vermehrung dieser Organismen ist dann nur unter diesen für uns „extremen" Bedingungen möglich, die unter Laborbedingungen teilweise nur sehr schwer zu reproduzieren sind.

Identifikationen ohne Kultivierung ermöglicht die PCR (engl. Polymerase Chain Reaction), die innerhalb weniger Jahre zu einem Standardwerkzeug des mikrobiologischen Labors geworden ist.

Das Verfahren der PCR erlaubt – in gewissem Sinne vergleichbar mit einer Radikal-Kettenreaktion – einige wenige Moleküle einer beliebigen DNA-Sequenz aus dem Erbgut eines Mikroorganismus *in vitro* um Faktoren von $10^6 - 10^8$ zu vermehren. Grundlage dieser heute als Standardtechnik in der Molekularbiologie eingesetzten Methode war die Entdeckung bzw. die Gewinnung einer thermostabilen DNA-Polymerase aus extrem thermophilen Mikroorganismen (z.B. *Thermus aquaticus*), die eine kurzzeitige Erhitzung auf 95 °C ohne Denaturierung überstehen. Bei 94 °C erfolgt nämlich die Aufspaltung des DNA-Doppelstranges in Einzelstränge, die dann der weiteren Vervielfachungsreaktion durch das Enzym DNA-Polymerase mit Hilfe spezieller DNA-Einzelstränge, sog. Primer, in einem automatisierten Verfahren zugeführt werden können.

Zur Anwendung der PCR auf ganze Zellen ist die *in situ*-PCR geeignet, bei der Primer verwendet werden, die an fluoreszierende Farbstoffe gekoppelt sind. Durch Fluoreszenz-Mikroskopie lässt sich dann die interessierende (zu amplifizierende) DNA in Zellkompartimenten nachweisen, um weitere Zuordnungen treffen zu können. In Abb. 3-21 ist schematisch der Weg von der Umweltprobe zur Gensonde über die PCR vereinfacht dargestellt.

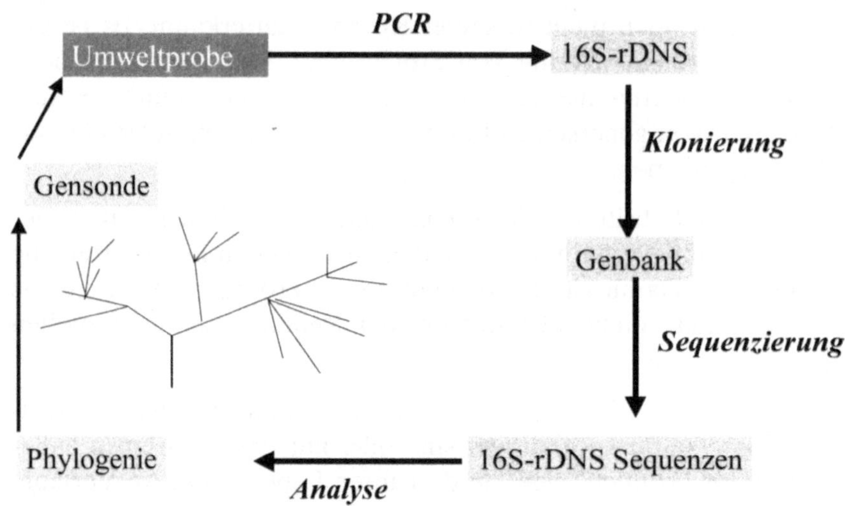

Abb. 3-21. Vereinfachte Darstellung des Weges von der Umweltprobe zu einer Gensonde

Die molekularbiologischen Methoden eröffnen insbesondere Möglichkeiten, Mikroorganismen durch „Sonden" (Gensonden, Nucleinsäuresonden) zu identifizieren. Eine besondere Bedeutung dieser Methoden liegt in der schnellen Erkennung pathogener Mikroorganismen, jedoch ist die Anwendung für Umweltproben ebenfalls möglich.

Durch die PCR wird ein für die phylogenetische (stammesgeschichtliche) Zuordnung wichtiges Polynucleotid (etwa 1 500 Basen) zugänglich. Aus der Sequenz dieser mit 16S-rDNS bezeichneten Untereinheit des prokariontischen Ribosoms lassen sich die gewünschten phylogenetischen Informationen ableiten (für Eukarionten: 18S-rDNS). Der auf dieser Basis abgeleitete Stammbaum kennt drei große Gruppen: Bacteria, Archaea und Eukarya. Im „Brock" (Madigan et al. 2001) sind die derzeit gültigen phylogenetischen Stammbäume der Lebewesen dargestellt.

Die Zuordnung zu einem „Cluster" entscheidet über die Zugehörigkeit zu einer Mikroorganismengruppe.

Dem Mikroorganismus sollte im Resultat der Bestimmung ein genauer Name zugeordnet werden können, der Aufschluss über die Einordnung in das grundlegende phylogenetische Schema ermöglicht und teilweise Aussagen über hervorstechende Eigenschaften gibt, gelegentlich aber auch nur seinen Erstbeschreiber namentlich hervorhebt.

Die allgemeinste Zuordnung eines Mikroorganismus ist die Familie, die durch die Endsilben *-aceae* gekennzeichnet ist.

Wichtige Familien mit Relevanz zu Degradationsleistungen einer Vielzahl organischer Stoffe sind z.B.

- Pseudomonadaceae,
- Corynebacteriaceae,
- Bacillaceae,
- Thiobacteriaceae,
- Methanomonadaceae.

Es muss erwähnt werden, dass die Systematik der Prokaryonten deutlich einfacher als die der eukaryontischen Mikroorganismen ist. Insbesondere die zur letzten Gruppe zu zählenden Familien der niederen Pilze (Phycomyceten), Schlauchpilze (Ascomyceten) oder Fungi imperfecti (Deuteromyceten) besitzen eine außerordentlich vielseitige Taxonomie, die außerdem noch in der Entwicklung begriffen ist.

Die nächste einschränkende Zuordnungsebene ist die Gattung (genus-genera). Diese wird unterteilt in die Art (Species, Abkürzung: sp). Mit dieser Unterordnung kann nunmehr bereits eine sehr eindeutige Zuordnung eines Mikroorganismus erfolgen. Die verbleibende Variabilität ist durch die verschiedenen Stämme einer Species gegeben, wie sie z.B. bei der Isolation ein und derselben Species aus verschiedenen Umgebungen vorkommen kann.

Literatur zu 3.3

Bergey, D.H., Garrity, G.M. (Eds.) (2000) Bergey's Manual of Systematic Bacteriology. Springer-Verlag Berlin Heidelberg New York

Madigan, M.T., Martinko, J.M., Parker, J. (2000) Brock: Mikrobiologie. Hrsg.: Goebel, W. Spektrum Akademischer Verlag Heidelberg Berlin

3.4   Wachstum und Kultivation von Mikroorganismen

3.4.1   Zellvermehrung und Kinetik

Das Wachstum der Isolate (Kap. 3.2), also die Zellvermehrung, ist qualitativ und quantitativ sehr gut bekannt und wird nachfolgend in zusammengefasster Form beschrieben (z.B. Crueger und Crueger 1989, Schlee und Kleber 1991, Chmiel 1991, Präve et al. 1994a, Muttzall 1994, Deckwer et al. 1999, Schügerl und Bellgardt 2000).

Die einfachste Form der Vermehrung von Bakterien erfolgt asexuell durch Zellzweiteilung (Abb. 3-22).

Aus der Mutterzelle gehen zwei Tochterzellen hervor, die sich nicht unterscheiden. Die Zellteilung erfolgt unmittelbar nach der DNS-Neusynthese mit der Übergabe der Erbinformationen. Die neusynthetisierte DNS wird auf die beiden Tochterzellen verteilt. Dabei sorgt die Verankerung der DNS an speziellen Punkten der Zellmembran (Mesosomen) für eine geregelte Verteilung der DNS auf die Tochterzelle.

Bei Hefen (Sprosspilze) erfolgt eine Bildung von Tochterzellen aus der Mutterzelle durch Sprossung (Knospung). An der Mutterzelle bildet sich ein Auswuchs, in den ein Kern einwandert. Der Auswuchs wird dann abgeschnürt und hinterlässt an der Mutterzelle eine sichtbare Narbe. Die Zahl der Narben lässt Rückschlüsse auf das Alter der Mutterzelle zu.

Die sexuelle Vermehrung der Eukaryonten ist sehr komplex. Die Hauptstufen der Zellteilung sind die Kernteilung (Mitose) und die Cytoplasmateilung (Cytokinese). Mitose und Cytokinese laufen – bis auf wenige Ausnahmen – gekoppelt ab, so dass die Tochterzellen die gleiche chromosomale Ausstattung wie die Mutterzellen haben.

Bei vielen Pilzen ist die Sporenbildung als eine Form der asexuellen Vermehrung zu beobachten. Diese Pilze bilden Hyphen (fädige Vegetationsorgane), an deren Ende sich sogenannte Konidiosporen abschnüren.

Dieses prinzipiell andere Verhalten von Prokaryonten und Eukaryonten bei der Zellteilung muss bei einer biotechnologischen Nutzung, d.h. der Kultivierung in großvolumigen Bioreaktoren, (Kap. 3.4.3) beachtet werden. So sind Hyphen bildende Pilze weitaus empfindlicher gegen Scherkräfte als Bakterien. Das hat z.B. Rückwirkungen auf die Form der Belüftungsaggregate, die bei zu hoher Scherkrafteinwirkung Zellketten und Hyphen zerschlagen und damit völlig andere Wachstumsformen bewirken können.

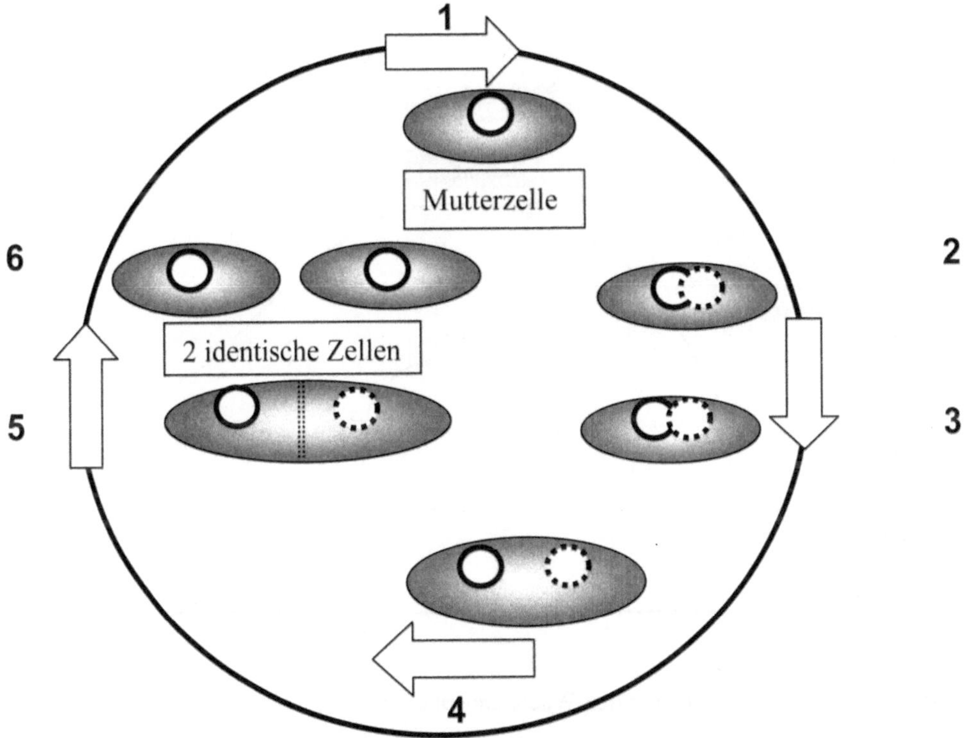

1: Mutterzelle mit einzelnem ringförmigen Chromosom (DNA), Zeit T_0
2: Beginn der Replikation
3: Das Chromosom ist komplett, eine neue Anheftungsstelle hat sich gebildet (z.B. bei *Escherichia coli* T_1: 20 min)
4: Ausbildung einer Membran in der Mitte der Zelle (Septum)
5: Das Septum wird zur Zellwand (im Beispiel T_2: 38 min)
6: Die Zellteilung ist komplett (im Beispiel 45 min)

Abb. 3-22. Zellteilung von Prokaryonten

Theoretisch ergibt sich daraus nach n Teilungen eine logarithmische Zellteilungsfunktion (N_0 = Zahl der Zellen zu Beginn) nach

$$N = N_0\, 2^n.$$

Unter natürlichen Bedingungen ist eine solche logarithmische Zellteilung nur unter bestimmten Bedingungen und kurzzeitig möglich. Es wirken sehr bald einschränkende Faktoren wie begrenzte Substratnachlieferung, Anhäufung von Metaboliten, Sauerstoffmangel u.a., die die Zellteilung limitieren. In Bioreaktoren unter optimierten Bedingungen ist mit Reinkulturen für begrenzte Zeit ein logarithmisches Wachstum realisierbar.

Eine vollständige Wachstums- und Absterbekurve entspricht im Idealfall der Abb. 3-23.

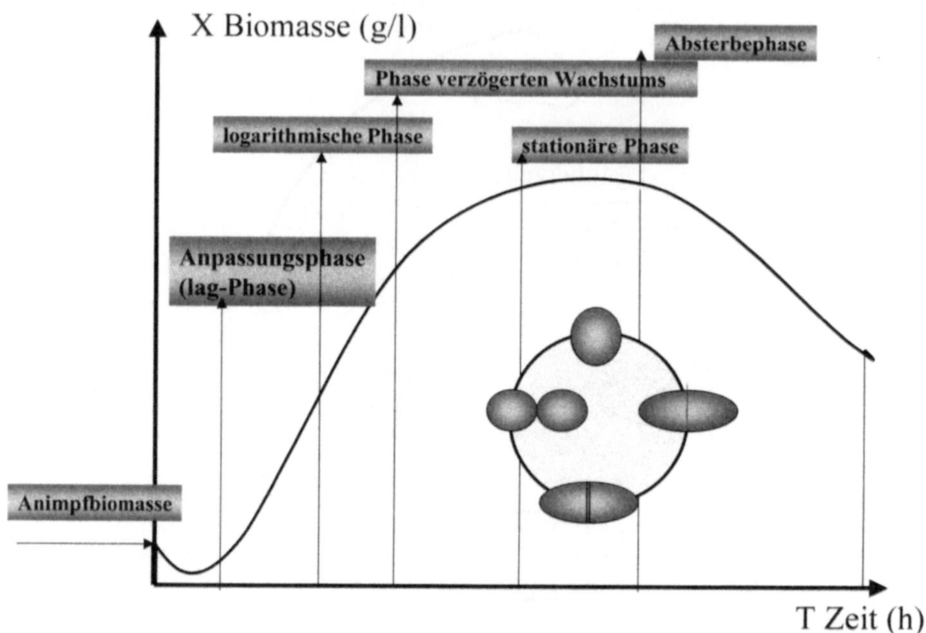

Abb. 3-23. Biomasse-Zeitabhängigkeit in den Wachstumsphasen

Die Animpfbiomasse wird aus Isolaten, Anreicherungskulturen, gelagerten Fermentationslösungen usw. gewonnen. Sie wird normalerweise im Animpfungsverhältnis 1:10 in das Fermentationsmedium gegeben.

In der Anpassungsphase (lag-Phase) werden Enzyme aktiviert oder induziert, gelegentlich auch nicht-lebensfähige Zellen lysiert (Abnahme der Zellmasse). In der exponentiellen Phase (log-Phase) ist ein unlimitiertes Wachstum möglich, bis eine Verknappung eines Nährstoffes eintritt und in einer Übergangsphase das Wachstum mit verminderter Geschwindigkeit verläuft. Diese Phase ist oftmals mit einer Reservestoffeinlagerung verbunden, die bei Nutzung der gravimetrischen Methode der Bestimmung der Zellmasse eine Differenz zur Zellzahl-Bestimmung ergibt. Die Speicherstoffeinlagerung kann bei völliger Auszehrung von essentiellen Wachstumssubstraten wie z.B. Stickstoff oder Phosphor in die Ausscheidung von Metaboliten umschalten, wenn Kohlenstoffquelle und Sauerstoff im Überschuss vorhanden sind. Nach einer stationären Phase beginnt die Absterbephase mit der Lysis der Zellen. Wenn dadurch wieder Nährstoffe zur Verfügung stehen, kann ein erneuter Wachstumszyklus beginnen, der bei einer entsprechend niederen Zellkonzentration endet.

Werden zwei oder mehrere Substrate nacheinander für das Wachstum verwertet, resultiert daraus ein treppenförmiger Verlauf der Wachstumskurve. Man spricht in diesem Fall von Diauxie bzw. Polyauxie.

Der Kurvenverlauf der Wachstumskurve wird am häufigsten durch die von Monod formulierte Beziehung dargestellt

$$dx/dt \; 1/X = \mu = \mu_{max}/K_s + S$$

X	Biomassekonzentration (g/l)
μ, μ_{max}	spezifische Wachstumsraten (h^{-1})
S	Substratkonzentration (g/l)
K_s	Halbsättigungskonstante.

Diese Gleichung ist der in der Enzymkinetik gebräuchlichen Michaelis-Menten-Gleichung analog. Es wird vorausgesetzt, dass nur eine Enzymreaktion der limitierende Schritt für das Wachstum ist und keine Hemmungen oder andere Rückwirkungen auftreten. Vielfach wird die Monod-Kinetik dann durch Faktoren erweitert (z.B. Contois, Kono, Teissier Konak u.a.), die eine Modellanpassung erlauben.

Die Zellzahl lässt sich durch Zählung in geeichten Zählkammern (z.B. Thoma-Kammer) ermitteln. Dabei ist ein subjektiver Faktor nicht auszuschließen.

Beginnend mit der Zellzahl N_o ergibt sich in der logarithmischen Phase

$$N_o \rightarrow 2\,N_o \rightarrow N_o\,2^2 \rightarrow \rightarrow n \rightarrow N_o\,2^n.$$

Nach n Teilungen unter synchronen Zellteilungsbedingungen:

$$N = N_o\,2^n$$
$$\lg N = \lg N_o + \lg 2^n$$
$$n = \lg N - \lg N_o / \lg 2.$$

Bei der Berücksichtigung der Zeit ergibt sich die Teilungsrate ν

$$\nu = n/t , \; \nu = \lg N - \lg N_o / \lg 2(t-t_o) \text{ bei } t_o \text{ als Startzeit.}$$

Die Generationszeit ist der Kehrwert der Teilungsrate:

$$g = t/n = 1/\nu.$$

Wird nicht die Zunahme der Zellzahl, sondern die Änderung der Zellmasse während des logarithmischen Wachstums verfolgt, ergibt sich die Wachstumsrate μ:

$$dX/dt = \mu\,X.$$

Die maximale spezifische Wachstumsrate als eine charakteristische Größe für einen Organismus unter bestimmten Kultivierungsbedingungen lässt sich aus der für die logarithmische Wachstumsphase gültigen Beziehung

$$dx/dt = \mu_{max}\,X$$

ermitteln.

Durch eine einfache graphische Darstellung in halblogarithmischer Auftragung lässt sich im linearen Bereich errechnen:

$$\ln X_1/X_2 = \mu_{max}\, t,$$

wobei X_1 und X_2 zwei unterschiedliche Biomassekonzentrationen sind. Der Anstieg der Geraden ist dann μ_{max}.

$$\mu = \ln x_2 - \ln x_1\ /\Delta t$$

$$\mu = \log X_2 - \log X_1/\ \Delta t \log e = (\log X_2 - \text{Log } X_1)\ \ln 10/\ \Delta t.$$

Aus der spezifischen Wachstumsrate lässt sich die Verdopplungszeit t_d berechnen:

$$\mu = \ln 2/t_d.$$

Unter der Voraussetzung, dass Zellen einheitlicher Größe gebildet werden, und somit die Zunahme der Zellzahl der Zunahme der Biomassekonzentration proportional ist, kann $t_d = g$ gesetzt werden:

$$t_d = g = \ln 2/\mu = 1/v.$$

Die Konstante, die die Substratkonzentration angibt, bei der die halbe maximale Geschwindigkeit erreicht wird, kann auf graphischem Wege unter Verwendung der Monod-Gleichung ermittelt werden. Hierzu wird die Monod-Beziehung in der von Lineweaver and Burk angegebenen Weise umgeformt:

$$1/\mu = 1/\ S\ K_S/\mu_{max} + 1/\mu_{max}.$$

Es wird eine Geradengleichung mit dem Achsabschnitt $1/\ \mu_{max}$ auf der Ordinate und dem Schnittpunkt $1/K_s$ auf der Abszisse erhalten. Problematisch ist jedoch bei der Wahl dieser Linearisierung, dass die mit der größten Messungenauigkeit behafteten kleinen Konzentrationswerte durch die Kehrwertbildung eine große Streuung ergeben, was wiederum die Schnittpunktsbestimmung mit den Achsen erschwert (Abb. 3-24).

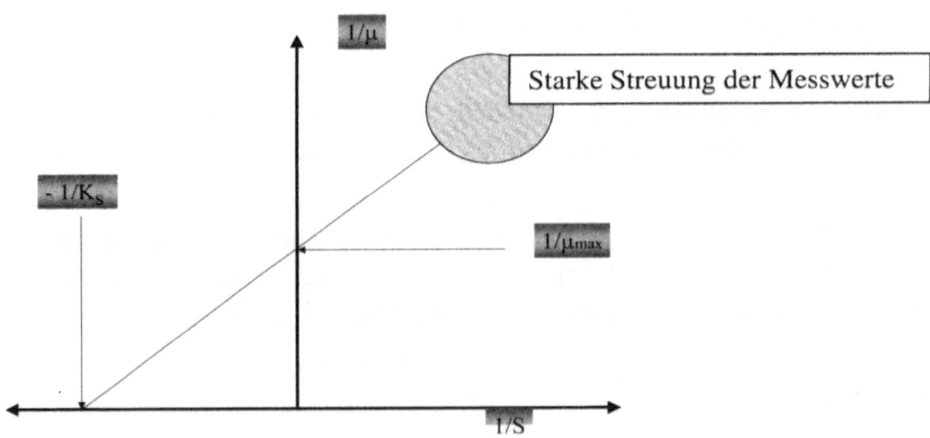

Abb. 3-24. Lineweaver-Burk-Darstellung zur Linearisierung

Der Ertragskoeffizient gibt die auf die verbrauchte Substratmenge bezogene gebildete Biomassemenge (auch Produktmenge) an:

$$Y = \Delta X / \Delta S \ [g/l \ / \ g/l].$$

Ertragskoeffizienten können sich auch auf andere Bezugsgrößen wie ATP, Sauerstoff, Stickstoff usw. beziehen.

3.4.2 Optimierung des Zellwachstums in Reaktoren für flüssige Medien

(z.B. Crueger und Crueger 1989, Schlee und Kleber 1991, Chmiel 1991, Präve et al. 1994a, Muttzall 1994, Deckwer et al. 1999, Schügerl und Bellgardt 2000, Henzler 2000)

Unter natürlichen Bedingungen wird das Wachstum der Mikroorganismen in nahezu allen Fällen durch Limitationen der Substrate oder durch ungünstige Lebensbedingungen begrenzt. In Bioreaktoren werden Bedingungen geschaffen, die diesen einschränkenden Faktoren entgegenwirken oder sie vollständig aufheben.

Diese Anforderungen sind allgemein:

- Durchmischung ohne störende Scherkräfte (sowohl aerobe als auch anaerobe Reaktionen),
- Fernhalten von störenden Fremdorganismen (Sterilität),
- Temperaturkonstanz für den optimalen Lebensbereich,
- Sauerstoffverfügbarkeit (Sauerstofftransfer in die Flüssigkeit),
- pH-Wert für den optimalen Lebensbereich (kontinuierliche Regulation),
- Kohlenstoffsubstratverfügung (Bevorratung oder Nachdosierung),
- Nährstoffbereitstellung (N und P) und Spurensalzergänzung,
- Einstellung des optimalen Verhältnisses C-N-P,
- Supplinergänzung (Vitamine, essentielle Aminosäuren),
- Abführung störender Stoffwechselprodukte,
- Vermeidung eines ungewollten Mikroorganismenaustrags (Schaum, Aerosole),
- Bereitstellung geeigneten Trägermaterials für sessile Mikroorganismen,
- Schutz von Biofilmen gegen Abrasion,
- kontinuierliche Zuführung von Substraten,
- kontinuierliche Rückführung von Biomasse,
- Berechnungsgrundlagen zur Prozessoptimierung.

Diese vom jeweiligen Ziel der Kultivierung abhängenden spezifischen Anforderungen werden von den kommerziellen Bioreaktoren erfüllt.

Ein Bioreaktor besteht aus dem eigentlichen Kultivationsgefäß oder -becken und den Mess- und Steuereinrichtungen. Letztere erfordern stabil messende und leicht zu eichende Messsensoren.

Die Bioreaktor-Technik hat sich zum eigenständigen Teilgebiet entwickelt (Storhas 1995). Neue Anforderungen aus der medizinischen und pharmakologischen Biotechnologie, der Pflanzenbiotechnologie sowie der angewandten Biochemie (z.B. Zellkulturen, Membranreaktoren, Zell- und Enzym-Immobilisierung) führten auch zu neuen Detailentwicklungen. Diese beruhen jedoch mehr oder weniger auf den im Folgenden dargestellten Grundprinzipien.

Die dynamische Bestimmung im Verlauf des Zellwachstums ist möglich durch die Bilanz der ein- und ausgehenden Gaszusammensetzung aus dem geschlossenen Bioreaktor. Dazu ist es notwendig, die Gasmengen beim Eintritt und Ausgang sowie die Restsauerstoffmenge und das gebildete Kohlendioxid zu bestimmen. Bei kompletter Aufrüstung zur Gasbilanzierung (CO_2: Infrarot-spektroskopische Differenzmessung, O_2: Nutzung des paramagnetischen Effektes) kann die kontinuierliche Berechnung des dynamischen k_La-Wertes erfolgen.

Es gibt eine Vielzahl ingenieurtechnischer Lösungen, die den spezifischen Erfordernissen nach Schaumeinzug, Emulgation, Scherkraftminimierung, Substratbesonderheiten usw. gerecht werden.

Der Leistungseintrag in den Bioreaktor kann erfolgen durch:

- pneumatische Systeme (Blasensäule, Airlift),
- hydraulische Systeme (Strahldüsenreaktoren),
- Rührsysteme (große Vielfalt unterschiedlichster Systeme wie Turbinen, Sternrührer, Vielstufenrührer u.a.) (Präve et al. 1994b).

Für besondere Anforderungen kann eine blasenfreie Belüftung mit reinem Sauerstoff notwendig sein. So werden Zellkulturen vorteilhaft blasenfrei über sauerstoffdurchlässige Membranen begast. Bei *in situ*-Bioreaktoren (Enclosure-Systeme) haben sich „Begasungsmatten" (Abb. 3-25) zur blasenfreien Belüftung ebenfalls bewährt.

Abb. 3-25. Blasenfreie Begasung durch „Begasungsmatten" (Einbringung des Systems in den Versuchsenclosure in einer Deponie) (Foto: UFZ, Weißbrodt)

In den Abb. 3-26 bis 3-30 sind unterschiedliche Bioreaktoren abgebildet.

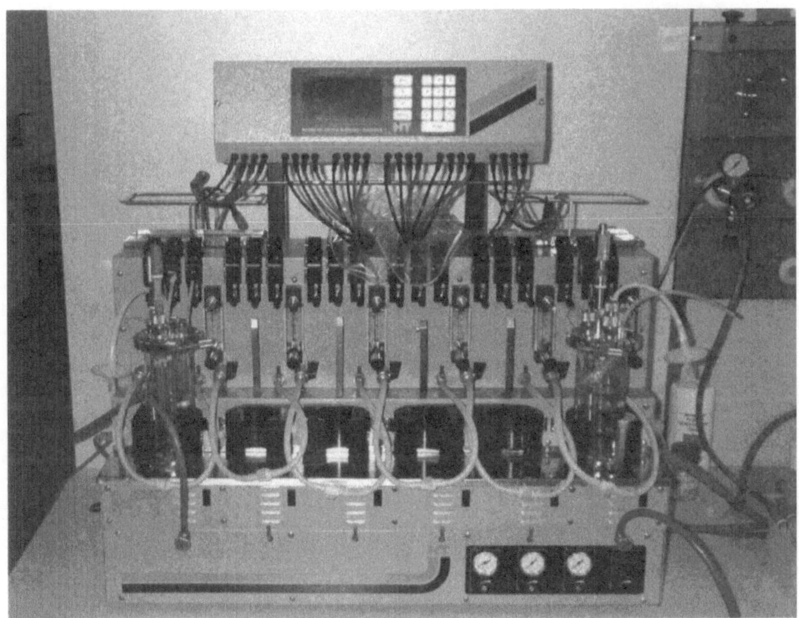

Abb. 3-26. Fermentorbatterie mit 6 Kleinreaktoren (Infors) (Foto: UFZ, Autor)

Schüttelkolben lassen große Versuchsserien zu, allerdings sind die Bedingungen nur wenig zu variieren. Der Sauerstoffeintrag ist durch die Füllmenge (z.B. 100 ml in 500 ml-Kolben) und durch Schikanen, die in die Glaswand des Kolbens gedrückt werden, in Grenzen beeinflussbar. Der pH-Wert wird entweder durch ausreichende Pufferzugabe in das Medium konstant gehalten (der eventuelle Einfluss von Kohlenstoffquellen oder Phosphat muss beachtet werden), oder er wird von Hand unter der Sterilbox nachgestellt. Besser geeignet für Versuchsserien sind Kleinfermentorbatterien, die mit einfacher Magnetrührung eine Drehzahlbeeinflussung zulassen. Die Luftmenge kann verändert, pH-Wert und pO_2 können gemessen und reguliert werden (Abb. 3-26).

Fermentoren mit Volumina bis 10 l lassen sich im Labor noch gut betreiben. Die Flüssigkeitsmengen sind auch bei kontinuierlichem Betrieb noch zu bewältigen. Allerdings ist unter bestimmten Bedingungen (Pilzfermentation, Langzeitfermentationen) ein Wandbewuchs nicht zu vermeiden (Abb. 3-27). Diese Biomasse ist zur aktiven Umsetzung nicht mehr befähigt und kann durch Lyseprozesse stören.

Abb. 3-27. Kleinfermentor. Gefäßvolumen: 15 l, Drehzahl 0 – 2000 UPM, Druck: 1,5 bar, Leistungsaufnahme 1,0 kW. Der Wandbewuchs ist im Dauerbetrieb bei Bilanzierungen nicht zu vernachlässigen. (Foto: UFZ, Autor)

Da sich in der Maßstabsvergrößerung der Faktor 10 bewährt hat, muss ein vollständig ausgerüstetes Biotechnikum durch die Volumenwahl der Bioreaktoren dem Rechnung zu tragen. Abb. 3-28a-b und 3-29 zeigen Fermentoren, die Volumina zwischen 4 und 400 l nutzen.

Abb. 3-28a-b. Fermentoren im Biotechnikum des UFZ (Foto: UFZ, Autor)

Durch die Züchtung von Leistungsstämmen und die Weiterentwicklung der Techniken zur kontinuierlichen Fermentation sind im Technikumsmaßstab Bioreaktorvolumina größer als 500 l nicht mehr notwendig, zudem in der Wirkstoffforschung und -produktion kompakte Membranreaktoren eingesetzt werden können. In Abb. 3-29 ist ein universell einsetzbarer Reaktor mit einem Volumen von 400 l zu sehen. Abb. 3-30 zeigt die zum Betrieb notwendigen Gefäße zur Nährlösungsherstellung und Bevorratung.

Abb. 3-29. Fermentorstand 400 l, 600 l Kesselvolumen, 400 l Arbeitsvolumen, Rührerdrehzahl: 0 – 800 UPM, drucksicher: 5 bar, Leistungsaufnahme: 3,0 kW, Reservegefäße: Substrat für 300 kg, Antischaum 10 kg, Alkali 50 kg, Säure 50 kg. Sonderausstattung: EX für Methananwendung (UFZ – Umweltbiotechnologisches Zentrum) (Foto: UFZ, Autor)

Abb. 3-30. Vorratsgefäße zum 400 l Fermentor (Foto: UFZ, Autor)

Die derzeitige Mess- und Steuertechnik bietet eine Reihe von Möglichkeiten, durch Signale aus physikalisch basierten Messungen direkt zu regeln oder aber Sekundärdaten zugänglich zu machen (Storhas 1994, Präve et al. 1994b).

Tab. 3-3. Signale durch online-Messung in, am und außerhalb des Bioreaktors

Stellgrößen:	Zustandsgrößen:	Zielgrößen für Biomasse/Produkte:
Druckmessung	pH	Wachstumsrate
Drehzahlmessung	pO_2	Verbrauchsraten
Mengenmessungen	Redox	Produktionsraten
Temperaturmessung	Drehmomentmessung	Ausbeute
Schaumhöhe	Leistungsmessung	Energiewerte
Gewicht	Wärmebilanz	Stoffbilanzen
	Enzyme, ATP, NADH	Atmungsquotient
	Konzentrationen in Lösung	
Dosagen:	CO_2 im Abgas	
• Substrate	Gesamtabgas	
• Lauge/Säure	Dichtemessung	
• Salze u.a.	Viskositätsmessung	
Füllstand	Optische Dichte	
	Osmotischer Druck	
	Oberflächenspannung	

In der Praxis reduziert sich die kontinuierliche Messung der Signale aus dem Reaktor auf den pH-Wert, den Gelöstsauerstoff und die Messung von Rest-O_2 und gebildetem CO_2 im Abgas. Die Gewichtsmessung ist insbesondere für den kontinuierlichen Betrieb unverzichtbar. Dennoch sind auch in der Interpretation dieser angezeigten Werte Fehlschlüsse möglich.

• pH-Wert: Streupotenziale können den außerhalb des Fermentors eingestellten Eichwert um einen konstanten Betrag verändern, ohne dass die Fehlanzeige bemerkt wird, da die prinzipielle Funktion und Empfindlichkeit nicht beeinflusst werden. Eine Kontrollmessung des Fermentorinhalts mit graduiertem pH-Papier weist auf eventuelle Störungen hin. Empfindlich ist das Diaphragma der Bezugselektrode gegenüber dem Zuwachsen mit Mikroorganismen oder der Ablagerung von suspendierten Feststoffen oder Zellprodukten. Der Widerstand der Kette kann dadurch so steigen, dass die Messung langsam unterbrochen wird und die Regelung nicht mehr anspricht.

• pO_2-Messung: Sauerstoffelektroden für Bioreaktoren arbeiten meist mit Fremdspannung (polarographischer Typ), da die Anzeige empfindlicher als die des galvanischen Typs ist. Fehlinterpretationen der angezeigten Werte können durch eine falsche Platzierung der Elektrode im Reaktor entstehen. Befindet sie sich z.B. im Anstrom der fein verteilten Luftblasen-Flüssigkeits-

Mischung, können Werte angezeigt werden, die nicht der Einstellung des Gleichgewichtszustandes entsprechen.

E_h-Wert: Das Redoxpotenzial kann in dem Messbereich ein verwertbares Signal geben, in dem die Sauerstoffmessung an ihre messtechnischen Grenzen stößt (etwa bei 0,5 % der Luftsättigung). Das Redoxpotenzial ist abhängig vom Gelöstsauerstoff und vom pH-Wert und reagiert auf andere Redox-Paare in der Lösung im Eisen-II/Eisen-III-Verhältnis.

3.4.3 Sauerstoffeintrag in Flüssigkeiten

Der 3-Phasen-Übergang gasförmig – flüssig – fest von der Luftblase zur Zelle wird schematisch in Abb. 3-31 dargestellt.

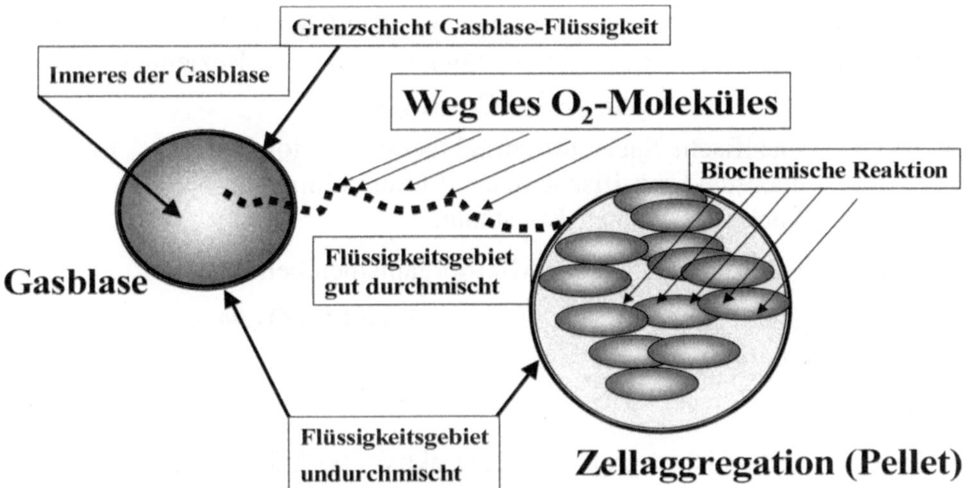

Abb. 3-31. Schematischer Transport des Sauerstoffs aus der Gasblase in die Flüssigkeit zu einer Zellaggregation

Der Sauerstoff hat eine Reihe von Widerständen zu überwinden, die besonders beim Durchtritt durch die Grenzflächen auftreten. Es wurden zur Erklärung einige Hypothesen entwickelt, die jedoch nur unvollkommen die realen Gegebenheiten berücksichtigen können (Chmiel 1991).

Nach der Zweifilmtheorie existiert auf jeder Seite der Grenzfläche ein Film, der undurchmischt ist und durch den der Transport nur durch Diffusion erfolgt. Es wird vorausgesetzt, dass an der Phasengrenzfläche die Konzentrationsdifferenzen erhalten bleiben, die Phasenkonzentrationen also im Gleichgewicht sind.

Bei der Theorie der Oberflächenerneuerung wird hingegen von einer ständigen Erneuerung der Volumenelemente an der Grenzfläche durch die Strömung ausgegangen.

Beim Penetrationsmodell wird angenommen, dass der Stoffübergang zwischen den laminar bewegten Phasen durch eine begrenzte instationäre Diffusion stattfindet, die zu einer räumlich unbegrenzten Phase führt.

Sauerstoff ist in Wasser nur gering löslich (bei 20° C und 1,013 bar 43 mg O_2 kg^{-1}). Aus der Luft sind es unter gleichen Bedingungen 9,1 mg O_2 kg^{-1}. Anwesende Salze erniedrigen die Löslichkeit. Aus der Luft wird diese z.B. um ca. 0,009 mg O_2 kg^{-1} erniedrigt, wenn der Salzgehalt (berechnet auf Chlorid) um 100 mg kg^{-1} zunimmt (Ullmanns Enzyklopädie 1981). Entsprechend der Henry-Beziehung ist der Partialdruck von der Anwesenheit aller Gase bestimmt, insbesondere durch CO_2, das durch die Atmung gebildet wird und sich sehr gut in Wasser löst. Es ist deswegen der Gesamtprozess des Gasaustausches sowohl mit Sauerstoffnachlieferung als auch Kohlendioxidentfernung zu berücksichtigen.

Sauerstoff ist für aerobe Vorgänge ebenso wie Kohlenstoff-Verbindungen als ein Substrat zu betrachten und gehorcht der Michaelis-Menten-Beziehung:

$$Q_{O2} = Q_m \, C_L \, / \, K_{O2} + C_L$$

Q_{O2}	spezifische Sauerstoffaufnahmerate (mMol O_2 / g $_{Zellen}$ h)
Q_m	maximale spezifische Sauerstoffaufnahmerate
K_{O2}	Michaelis-Menten-Konstante.

Die Aufnahmerate für verschiedene Mikroorganismen beträgt z.B.:

Aspergillus niger	3,0 mMol O_2 / g $_{Zellen}$ h
Saccharomyces cereviseae	8,0 mMol O_2 / g $_{Zellen}$ h
Escherichia coli	10,0 mMol O_2 / g $_{Zellen}$ h.

Der Sauerstoffbedarf ist so groß, dass eine aktive Zellkultur bereits nach wenigen Minuten den gelösten Sauerstoff ausgezehrt hat, falls keine Nachlieferung erfolgt. Ein Gleiches gilt für Boden, der z.B. nach einem intensiven Regen durch die Porenverstopfung und dem damit verbundenen Unterbinden einer Nachdiffusion von Sauerstoff aus der Luft nach wenigen Minuten keinen Sauerstoff mehr enthält. Diese schnelle Auszehrung kann mit Sauerstoffelektroden verfolgt werden, die damit auch die Möglichkeit geben, den Sauerstoffeintrag in ein System zu quantifizieren.

Die Bestimmung der Sauerstoffaufnahmerate erfolgt in Messzellen, in die bei einem bekannten Start-Sauerstoffgehalt (Eichung der Elektrode) eine definierte Menge einer Mikroorganismensuspension eingespritzt und die Abnahme des Sauerstoffs aufgezeichnet wird.

Dieser Wert kann zur Berechnung des k_La-Wertes dienen. Mit dieser wichtigen Größe können die Leistungsparameter eines Systems zum Sauerstofftransfer durch graphische Darstellung berechnet werden (Abb. 3-32):

$$C_L = -1/ \, k_L a \, (dC_L/dt + Q_{O2}X) + C^*.$$

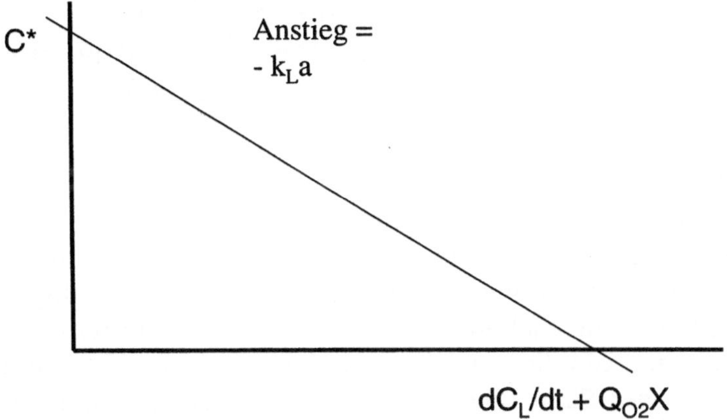

Abb. 3-32. Graphische Bestimmung des volumetrischen Stoffübergangskoeffizienten

Nach der allgemeinen Stoffübergangsgleichung ist die Änderung der gelösten aktuellen Sauerstoffkonzentration abhängig von einem systemabhängigen Term, der Konzentrationsdifferenz als treibender Kraft und der Aktivität der Mikroorganismen:

$$dC_L/dt = k_L a \, (C^* - C_L) - Q_{O2}X$$

$k_L a$ volumenbezogener Stoffübergangskoeffizient $[h^{-1}]$ aus Filmdiffusionskoeffizient k_L $[mh^{-1}]$ und spezifische Phasengrenzfläche pro Volumen a $[m^2(m^3)^{-1}]$

$(C^* - C_L)$ Differenz zwischen Sättigungs- (C^*) und aktueller Sauerstoffkonzentration (C_L)

Q_{O2} Sauerstoffaufnahmerate [mMol O_2 (g $_{Zellen}$ h) $^{-1}$]

X   Biomassekonzentration gl^{-1}.

Der $k_L a$-Wert ist keine Konstante, sondern der Stoffübergang ändert sich in Abhängigkeit von der Aktivität der Mikroorganismen, der Viskosität und der Zellzahl in der Fermentationslösung. Er ist weiterhin abhängig vom Durchmesser des Bioreaktors, dessen Füllhöhe, dem gewählten Belüftungssystem und der Belüftungsrate.

3.5 Kultivierungsverfahren in flüssigen Medien

(Crueger und Crueger 1989, Schlee und Kleber 1991, Chmiel 1991, Präve et al. 1994, Muttzall 1994, Deckwer et al. 1999, Schügerl und Bellgardt 2000)

3.5.1 Verfahren mit konstantem Volumen

Diskontinuierliche Kultivierung (batch-Kultivierung)
Die bislang betrachteten Beziehungen sind für die diskontinuierliche Kultur zutreffend. Die typische Wachstumskurve wird dann erhalten, wenn alle Bedingungen für ein optimales Wachstum eingehalten werden (Temperatur, Belüftung, pH-Kontrolle, Substratbevorratung, Supplin- und Spurensalzbevorratung u.a.). Eine pH-Regelung durch Lauge oder Säure bewirkt eine Volumenverdünnung, die korrigiert werden muss. Im Labormaßstab kann die häufige Probenahme zu wesentlichen Fehlern führen, ebenso die Verdunstung bei lang andauernden Versuchen, die gleichermaßen einer Korrektur bedarf.

Semikontinuierliche Kultivierung
Durch Entnahme eines Volumenanteiles und Wiederauffüllen (meist 1:10) erreicht man eine Aufeinanderfolge von diskontinuierlichen Kultivierungen. Der Vorteil besteht in sehr kurzen Anpassungsphasen, da die Biomasse im Wachstum nicht unterbrochen wird. Ein Nachteil kann bei der Notwendigkeit einer sterilen Prozessführung das Überhandnehmen einer Fremdkultur sein und damit ein Abbruch des Prozesses notwendig werden.

Kontinuierliche Kultivierung
Bei der kontinuierlichen Kultivierung erfolgt ein ständiger Zufluss von Nährstoffen und ein ständiger Abfluss von Biomasse, Metaboliten und nicht verbrauchten Substrat-Inhaltsstoffen. Dabei stellt sich ein stationärer Zustand ein:

$$dX/dt = ds/dt = 0 \ [g/l/g/l \ h = h^{-1}].$$

Die Bilanzgleichung für Biomasse und Substrat lautet

$$dX/dt = \mu X - DX \rightarrow \mu = D$$

(stationärer Zustand) D = Verdünnungsrate $[h^{-1}]$.

$$dS/dt = Ds_0 - Ds - \mu X/Y$$

(S_0 = Substratkonzentration im Zulauf, Y = Ausbeute).

Die kontinuierliche Kultivierung wird entweder durch die Auszehrung eines Medienbestandteiles limitiert (Chemostat) oder sie wird auf eine konstante Biomassekonzentration anhand einer kontinuierlichen Trübungsmessung eingestellt (Turbidostat). Der Chemostat ist das am häufigsten genutzte Prinzip.

3.5.2 Kultivierungsverfahren mit variablem Volumen

Für diese Art der Kultivierung ist der Begriff fed-batch-Kultivierung üblich. Dabei wird der ursprünglich diskontinuierlich geführten Kultur in unterschiedlicher Weise frisches Medium zugeführt, ohne dass ein Abfluss oder eine Entnahme erfolgt. Das Volumen im Bioreaktor nimmt also ständig zu. Nach der Art des Mediumzulaufes lassen sich folgende Fälle unterscheiden:

- Die Mediumszulaufrate ist konstant.
- Die Mediumszulaufrate ist eine Funktion der Zeit.

Im Unterschied zur kontinuierlichen Kultur ist μ – abgesehen von der exponentiellen Medienzufuhr – nicht konstant, sondern nimmt ab. Ein Vorteil der fed-batch-Kultivierung besteht darin, dass die Kultur in einem Übergangszustand gehalten wird, in dem die Ausscheidung von Sekundärmetaboliten stark begünstigt wird. Außerdem ist die fed-batch-Kultivierung dort von Vorteil, wo inhibierende Substrate eingesetzt werden.

Falls es experimentell gelingt, die Substrate in Form von Gasen zuzuführen, erfolgt nahezu keine Veränderung des Volumens. Das ist der Fall, wenn z.B. Methan als Kohlenstoffquelle genutzt wird.

3.6   Bioreaktoren für feste Stoffe

Feststoffbioreaktoren wurden für die biologische Bodenreinigung entwickelt und unterscheiden sich in ihrer Bauart je nachdem, ob sie für Wassergehalte unterhalb der maximalen Wasserhaltekapazität oder für Schlämme für den Bereich oberhalb der maximalen Wasserhaltekapazität (Slurry-Reaktoren) eingesetzt werden. Beschreibungen der Reaktorsysteme finden sich bei Alef 1994, Scholz und Müller 1997 sowie Hupe 1998 (Abb. 3-33 – 3-35).

Beim Perkolatorsystem durchströmt Flüssigkeit den Feststoff. In Drehtrommelreaktoren bilden sich bei feuchten Böden – ein gewisser Wassergehalt ist jedoch Voraussetzung für die biologische Reaktion – sehr leicht Bodenagglomerate, die den Ablauf der biologischen Reaktion einschränken. Slurry-Reaktoren vermeiden die Agglomeration, erfordern aber eine kostenaufwändige Entwässerung nach der Behandlung. Die Belüftung kann in diesen Reaktoren durch Luft oder aber auch durch Rührung erfolgen. Wirbelschicht-Suspensions-Reaktoren weisen die besten Stoffübergänge auf (Mann et al. 1998).

Stoffübergänge in festen Stoffen sind naturgemäß sehr viel schlechter als in gerührten homogenen Flüssigkeiten. Die Diffusion der Gase im Feststoff hängt ab von der Porosität, dem Wassergehalt, der Temperatur, der Körnung, Schüttung usw.

In den Kapiteln 5.3 und 6.1 werden Anwendungen von Feststoffbioreaktoren zur Behandlung von Böden, von feinkörnigen Materialien und von Altholz im Detail dargestellt.

Damit Sauerstoff nicht zum limitierenden Faktor der biologischen Umsetzung wird und Inhomogenitäten der festen Matrix beseitigt werden, ist bei Mietenreaktoren ein häufiges Umsetzen notwendig. Eine Zwangsbelüftung durch Rohr- oder Schlauchsysteme erfordert einen hohen Betriebsdruck. Bewährt hat sich auch das Absaugen der Luft durch den Feststoff, da in diesem Fall flüchtige Bestandteile einer Nachbehandlung zugeführt werden können und nicht in die Atmosphäre gelangen.

Eine weitere Möglichkeit, die Bodenorganismen mit Sauerstoff zu versorgen, ist die Zumischung von Sauerstoff abgebenden Verbindungen (*oxygen releasing compounds* ORC [®]). Dieses 1995 eingeführte Verfahren ist nach Werksangaben (Regenesis) im Vergleich zur Zwangsbelüftung und nachfolgender Abluftbehandlung billiger. Im Falle der Zumischung der ORC [®] entfällt diese Nachbehandlung. Einsparungen bis zu 70 % der Kosten werden angegeben.

Nach

$$MgO_2 + H_2O \rightarrow \tfrac{1}{2}\,O_2 + Mg(OH)_2$$

wird bei Wasserzutritt aus dem Magnesiumperoxid Sauerstoff freigesetzt. Diese Freisetzung geschieht langsam und dosiert. Das entstehende Magnesiumhydroxid wirkt pH-stabilisierend und stört in keiner Weise den Gesamtprozess des Abbaus z.B von organischen Schadstoffen. Die Sauerstoffabgabe ist bis zu 6 Monate möglich. Es können höhere Sauerstoffkonzentrationen erreicht werden, als dies durch Belüftung möglich ist. Entsprechend ist die Aktivität der Mikroorganismen höher. Über den verbesserten Abbau von BTEX, Dieselöl-Komponenten, PAHs, Vinylchlorid PCP und MTBE mit Hilfe von ORC® wird insbesondere in Firmenschriften berichtet. Anwendungen in der gesättigten Zone (als wässrige Suspension), in Bohrlöchern zur lokalen Sanierung (Zugabe einer Trägersubstanz) oder als reaktive Barriere in sich ausbreitenden Schadstoff-Fahnen sind erwähnt.

Abb. 3-33. Versuchsstand für Feststoff-Untersuchungen (Glassäulenelement: 0,6 m Länge, 0,3 m Durchmesser, Kombination von drei Segmenten ergibt $V_{ges.}$ 0,127 m³). Vorhanden sind Probenahmestutzen, möglich sind Temperierung und Belüftung (UFZ/UbZ) (Foto: UFZ, Autor)

Abb. 3-34. Perkolatoren zum Sedimentleaching. (Pilotanlage Bauer-Mourik-Umwelttechnik, UFZ, Foto: UFZ)

Abb. 3-35. Probenahme im Bodenreinigungszentrum Hirschfeld (Versuchsanlage Bauer-Mourik Umwelttechnik – UFZ, Foto: UFZ, Öffentlichkeitsarbeit)

3.7 Zusammenstellung: Parameter zur Charakterisierung des Zellwachstums

Tab. 3-4. Zusammenstellung von wichtigen Größen zur Charakterisierung des Zellwachstums

Bezeichnung	Symbol	Dimension	Bemerkung
Ausbeute	Y	% oder $g\,g^{-1}$	Y_{ATP}, Y_C, Y_N, Y_P usw.
Ertragskoeffizient	γ	$g\,g^{-1}$	α^{-1}
Generationszeit	g	h	Zellzahl
maximale spezifische Wachstumsrate	μ_{max}	h^{-1}	$(g_{Zellmasse}\,l^{-1})^{-1} g_{Zellmasse}\,l^{-1}\,h^{-1}$
spezifische Wachstumsrate	μ	h^{-1}	$(g_{Zellmasse}\,l^{-1})^{-1} g_{Zellmasse}\,l^{-1}\,h^{-1}$
Produktivität	P	$g\,l^{-1}\,h^{-1}$	
Respirationskoeffizient	RQ	-	$mol\,CO_2\,mol\,O_2^{-1}$
spezifische Produktbildungsrate	π	h^{-1}	$g_{Produkt}\,l^{-1}\,g_{Zellmasse}\,l^{-1}\,h^{-1}$
spezifischer Substratverbrauch	α	$g\,g^{-1}$	$g_{Substrat}\,g_{Zellmasse}^{-1}$, z.B. α_x^{O2}
spezifische Substratverbrauchsrate	q	h^{-1}	$g_{Substrat}\,l^{-1}\,g_{Zellmasse}\,l^{-1}\,h^{-1}$
Teilungsrate	ν	h^{-1}	Zellzahl h^{-1}
Verweilzeit	t oder τ	h	D^{-1}
Verdünnungsrate	D	h^{-1}	$m^3\,h^{-1}\,m^{-3}$
Verdopplungszeit	t_d	h	Zellmasse
Wachstumsrate	R_X	$g\,l^{-1}\,h^{-1}$	$g_{Zellmasse}\,l^{-1}\,h^{-1}$

Literatur zu 3.4 – 3.7

Alef, K. (1994) Biologische Bodensanierung – Methodenbuch VCH Verlagsgesellschaft Weinheim

Chmiel, H. (1991) Bioprozesstechnik: Einführung in die Bioverfahrenstechnik UTB für Wissenschaft. Gustav Fischer Verlag Stuttgart, Band 1 und 2

Crueger, W., Crueger, A. (1989) Biotechnologie – Lehrbuch der angewandten Mikrobiologie. R. Oldenbourg Verlag München Wien

Deckwer, W.D., Pühler, A., Schmid, R.D. (1999) Römpp Lexikon Biotechnologie und Gentechnik. 2. Auflage, Georg Thieme Verlag Stuttgart

Henzler, H.J. (2000) Influence of stress on cell growth and product formation. Advances in biochemical engineering biotechnology 67. Springer-Verlag Berlin Heidelberg New York

Hupe, K. (1998) Optimierung der mikrobiellen Bodenreinigung mineralölkontaminierter Böden in statischen und durchmischten Systemen. Hamburger Berichte 15, Abfall Aktuell, Stuttgart

Mann, V.G., Klein, J., Hempel, D.C. (1998) Optimierung eines Suspensionsreaktorverfahrens zur biologischen Sanierung feinkörniger Böden. Chem. Ing. Techn. 70, 4: 427–431

Muttzall, K. (1994) Modellierung von Bioprozessen. Behr´s Verlag GmbH & Co Hamburg

Präve, R., Faust, U., Sittig, W., Sukatsch, D.A. (1994a) Handbuch der Biotechnologie. 4. Auflage, R. Oldenbourg Verlag München, Wien

Präve, P., Faust, U., Sittig, W. Sukatsch D.A. (1994b) Handbuch der Biotechnologie, 4. Auflage, Oldenbourg Verlag München Wien, Kap. 8: Schügerl, K., Sittig, W.: Bioreaktoren

Schlee, D., Kleber, H.-P. (1991) Wörterbücher der Biologie – Biotechnologie, Teil 1 und 2, Gustav Fischer Verlag Jena

Scholz, J. (1999) Mikrobiologische Bodenreinigung in Feststoffreaktoren. Cuvillier Verlag Göttingen, Dissertation TU Carolo-Wilhelmina zu Braunschweig

Scholz, J., Müller, B.G. (1997) Workshop „Bioreaktoren in der Bodensanierung“. Chem. Ing. Techn. 69 7: 876–878

Schügerl, K., Bellgardt, K.-H., (Eds.) (2000) Bioreaction engineering: modelling and control. Springer-Verlag Berlin Heidelberg New York

Storhas, W. (1994) Bioreaktoren und periphere Einrichtungen. Vieweg Lehrbuch Biotechnologie

Ullmanns Enzyklopädie der technischen Chemie (1981) Stichwort Sauerstoff, Band 20, 4. Auflage, p. 386, Verlag Chemie Weinheim

3.8 Enzyme und enzymatische Reaktionen

3.8.1 Enzymkinetik

„Enzym" ist die Bezeichnung für eine umfangreiche Gruppe von Proteinen, die als biologische Katalysatoren wirken und spezifisch und effizient chemische Umsetzungen steuern. Durch Enzyme werden allgemein die Reaktionsraten von thermodynamisch möglichen Reaktionen durch Erniedrigung der Aktivierungsenergie erhöht. Enzyme ändern nicht die Gleichgewichtslage einer Reaktion, sondern ermöglichen die schnelle Einstellung des Gleichgewichts. Viele Enzyme benötigen zur Entfaltung der katalytischen Wirksamkeit Cofaktoren wie Coenzyme, Metallionen und Effektoren. Diese können kovalent oder durch intermolekulare Kräfte an den Proteinanteil (Apoenzym) gebunden sein. Die Gesamtheit von Apoenzym und Coenzymen bzw. Cofaktoren wird Holoenzym genannt.

Die Molmasse von Holoenzymen liegt zwischen 10 000 g/mol und einigen Millionen, meist aber unter 200 000 g/mol.

Enzyme sind Mikro-Heterogenkatalysatoren, ihre katalytische Aktivität ist auf aktive Zentren konzentriert. Diese katalytischen Zentren bestehen in der Tertiärstruktur aus räumlich benachbarten Aminosäure-Resten, die sowohl für die Spezifität der Reaktion als auch für die katalytische Umsetzung funktionell verantwortlich sind. Die biologisch aktiven Makromoleküle haben die Eigenschaft, Reaktionspartner spezifisch zu binden, ohne dass sich die Natur der Partner dabei verändert. Damit unterscheiden sie sich von den chemischen Reaktionen, bei denen eine unmittelbare Reaktion erfolgt und Produkte gebildet werden.

Die übliche Einschrittreaktion zum allgemeinen Beschreiben der enzymatischen Umsetzung nach

$$E + A \leftarrow K_{-1}; K_1 \rightarrow EA \rightarrow E + P$$

(E = Enzym, A = Substrat, EA = Enzym-Substratkomplex, P = Produkt)

ist stark vereinfacht und ist ein komplexer, aus mehreren Teilschritten zusammengesetzter Vorgang:

$$E + A \leftarrow K_{-1}; K_1 \rightarrow EA \leftarrow K_{-2}; K_2 \rightarrow E^*A \leftarrow K_{-3};$$

$$K_3 \rightarrow E^*P \leftarrow K_{-4}; K_4 \rightarrow EP \leftarrow K_{-5}; \rightarrow K_5 \, E + P.$$

Zuerst bildet sich ein loser Assoziationskomplex zwischen dem Enzym E und dem Substrat A (K_1, K_{-1}). Das Enzym nimmt darauf eine aktivierte Form E* an, die das Substrat in das Produkt P überführt. Das Enzym wird in seine ursprüngliche Form zurückgewandelt und zu einer neuen Umsetzung befähigt. Insgesamt sind 5 Teilschritte an der Gesamtreaktion beteiligt. Bei vollständiger Charakterisierung sind somit 10 Geschwindigkeitskonstanten zu bestimmen.

Die Bildung des Enzym-Substrat-Komplexes erfolgt nach der Schlüssel-Schloss-Theorie von Fischer 1890 oder nach der Theorie der induzierten Passform von Koshland jr. 1958. Nach der Vorstellung von Koshland verändert das Enzym seine Passform bei der Substratbindung, während sie nach der „klassischen" Schlüssel-Schloss-Vorstellung bereits passfähig sein muss (siehe z.B. Hofmann 1989, Schellenberger und Fischer 1989, Uhlig und Gottmann 1991, Theil 1997).

Die Ausbildung einer spezifischen Bindung ist die Grundlage und die Voraussetzung von funktionellen Prozessen wie Membrantransport, Hormonwirkung und Substratumsatz (Bisswanger 2000). Spezifische Bindungen stehen in einem stöchiometrischen Verhältnis zur Makromolekülkonzentration und sind absättigbar und streben einem Sättigungswert zu.

Der quantitative Zusammenhang zwischen Reaktionsgeschwindigkeit und der Substratkonzentration S wird durch die Michaelis-Menten-Gleichung (1913, s. Abb. 3-36) erfasst und beruht auf der Voraussetzung, dass eine rasche Einstellung des Gleichgewichtes zwischen Enzym und Substrat mit der Bildung eines reversiblen stabilen Zwischenproduktes erfolgt. Demgegenüber wird der katalytische Umsatz zum Produkt als langsam und damit geschwindigkeitsbestimmend angesehen:

$(E + S) \leftarrow K_{-1}; K_1 \rightarrow (ES) \rightarrow K_2 (E + P)$

$K_1 \sim K_{-1} > K_2.$

K_2 (oder K_s) ist die Zerfallskonstante des ES-Komplexes. Wenn weiterhin vorausgesetzt wird, dass die Enzymkonzentration sehr viel kleiner als die des Substrates ist, ist die Reaktionsgeschwindigkeit ein direktes Maß für die Konzentration des EA-Komplexes.

Aus

$[E_0] = [E] + [ES]$

und

$[S_0] = [S] + [ES]$

ergibt sich nach den Masseerhaltungsgleichungen

$$V = \frac{V_{max} [S]}{Ks + [S]} \quad \text{mit } S_0 \text{ und } E_0 = \text{Anfangskonzentration von Substrat bzw. Enzym.}$$

$$V_{max} = K_2 [E_0]$$

ist die maximale Reaktionsgeschwindigkeit. Das setzt die Sättigung aller Enzymmoleküle mit Substrat voraus.

Im Falle eines Fließgleichgewichtes sind die Bildung und der Zerfall von ES in einem Gleichgewicht und die zeitliche Änderung des Komplexes minimal:

$$\frac{d\,[ES]}{dt} = 0\,.$$

Produktbildung und Substratabnahme verlaufen in diesem Bereich linear mit der Zeit, gehorchen also einer Kinetik 0. Ordnung (Änderung der Konstante K_s zu K_m = Michaelis-Konstante):

$$V = \frac{V_{max}\,[S]}{K_m + [S]}\,.$$

In Abb. 3-36 ist diese Beziehung graphisch dargestellt.

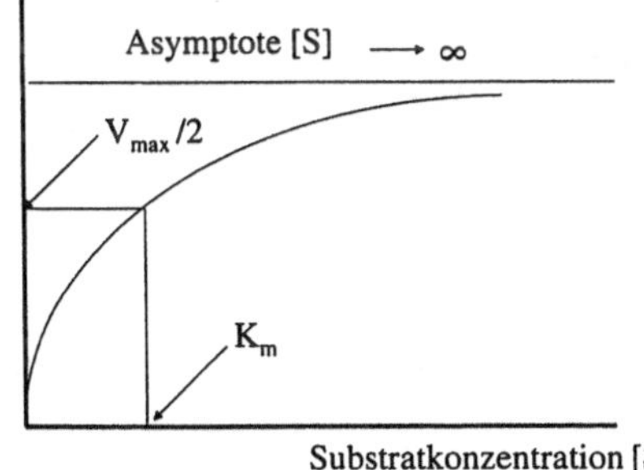

Abb. 3-36. Graphische Darstellung der Michaelis-Menten-Gleichung

3.8.2 Einteilung der Enzyme

Die von Enzymen katalysierten Reaktionen und die Einteilung entsprechend der chemischen Umsetzung ist in Tab. 3-5 zusammengefasst (nach Musil et al. 1977).

Tab. 3-5. Von Enzymen katalysierte Reaktionen (Musil et al. 1977)

Klasse	Untergruppe	Katalysierte Reaktion
1. Oxidoreduktasen	*1*	*Hydrierung und Dehydrierung*
	1.1	(--CHOH)
	1.2	(--C=O)
	1.3	-CH=CH-
	1.4	--CH-NH$_2$
	1.5	--CH-NH-
	1.6	NADH, NADPH
2. Transferasen	*2*	*Transfer von funktionellen Gruppen*
	2.1	C1-Reste
	2.2	Aldehyd- oder Ketogruppe
	2.3	Acyl-Gruppe
	2.4	Glycosyl-Bindung
	2.5	Alkyl- oder Arylgruppe

Tab. 3-5. Fortsetzung

	2.6	N enthaltende Gruppen
	2.7	P enthaltende Gruppen
	2.8	S enthaltende Gruppen
3. Hydrolasen	*3*	*Hydrolytische Reaktionen*
	3.1	Ester
	3.2	Glycoside
	3.3	Ether
	3.4	Peptide
	3.5	Andere C-N-Bindungen
	3.6	Säureanhydride
4. Lyasen	*4*	*Addition an Doppelbindungen*
	4.1	--C=C--
	4.2	--C=O
	4.3	--C=N-
5. Isomerasen	*5*	*Isomerisierungen*
6. Ligasen	*6*	*Bindungsbildung unter ATP-Nutzung*

3.8.3 Enzyminhibition

Eine Verminderung der Enzymaktivität kann durch Veränderung von Temperatur, pH-Wert, Ionenstärke, Polarität des Lösungsmittels oder von weiteren Faktoren stattfinden. Diese Wirkungen sind normalerweise unspezifisch und betreffen keine aktiven Zentren.

Substanzen, die den Start oder den Ablauf einer enzymatischen Reaktion hemmen, sind Inhibitoren oder – allgemeiner – Effektoren. Diese können einzelne spezifische enzymatische Umsetzungen hemmen oder verhindern, aber auch im Endergebnis der Wirkung das Wachstum von Mikroorganismen insgesamt.

Inhibitoren im Wechselspiel mit Aktivatoren sind in der Enzymchemie an vielen Regulationsmechanismen beteiligt.

Zu den „störenden" Inhibitoren gehören viele organische Verbindungen, aber auch Schwermetalle. Diese wiederum können teilweise nur in bestimmten Wertigkeitsstufen in die enzymatischen Reaktionen eingreifen. Es wird bei den Hemmstoffen in der Enzymchemie zwischen kompetitiven, nichtkompetitiven und allosterisch wirkenden Substanzen unterschieden. Wirken bestimmte Proteine auf die Genexpression, spricht man von Repressoren.

Der Hemmstoff bindet an das Enzym. Dadurch wird dessen Reaktionsgeschwindigkeit beeinflusst. Man unterscheidet reversible und irreversible Hemmung. Im Falle der reversiblen Hemmung sind die wichtigsten Mechanismen anhand der Umsetzungsdaten einem bestimmten Typ der Hemmung zuzuordnen (Bisswanger 2000). Abb. 3-37 schematisiert einige der bekannten Hemmtypen.

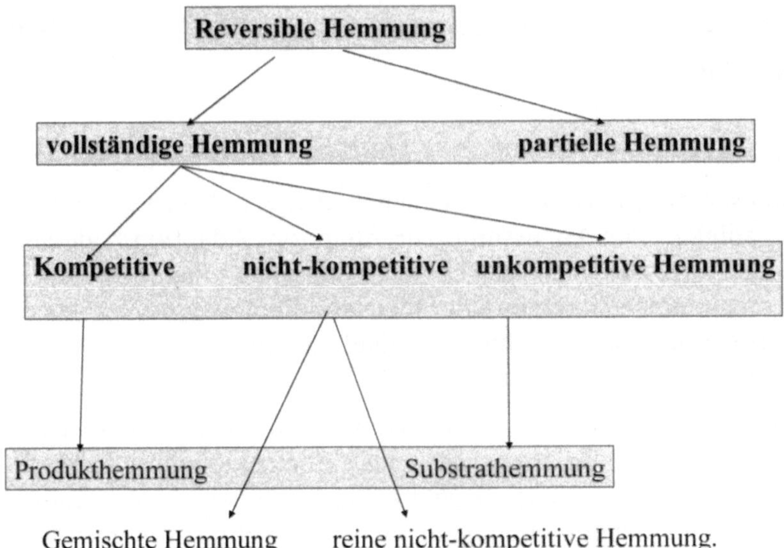

Abb. 3-37. Darstellung der unterschiedlichen Typen der Hemmungen (nach Bisswanger 2000)

Für die Praxis des mikrobiellen Schadstoffabbaus sind Hemmungen durch das Substrat, das in diesen Fällen der Schadstoff selbst ist, von Bedeutung. Es ist der Konzentrationsbereich einzuhalten, in dem das abbauende (z.B. hydrolisierende, oxidierende usw.) Enzym induziert wird und mit ausreichender Geschwindigkeit das Substrat umsetzt. Eine zu hohe Konzentration des Schadstoffes kann das Enzym jedoch hemmen. Umsatzprodukte selbst können ebenfalls eine hemmende Wirkung entfalten. Da diese Hemmung reversibel ist (siehe Abb. 3-37), kann das Abführen des Produktes aus dem Gleichgewicht (z.B. durch austreiben, herauslösen, auch ausfällen) die Umsetzung wieder in Gang bringen.

Besonders kompliziert sind die kinetischen Verhältnisse im Fall des Co-Metabolismus (Umsetzung/Transformation eines nicht zum Wachstum verwertbaren Substrates bei Gegenwart eines zweiten, zum Wachstum nutzbaren Substrates), so bei der Cooxidation, bei der Wachstumssubstrat und Cosubstrat (meistens der zu beseitigende Schadstoff) in Konkurrenz miteinander stehen.

3.9 Anpassung der Mikroorganismen an nicht-optimale Lebensbedingungen

3.9.1 Anpassung: Grundvoraussetzung für die Erhaltung der Art

Eine wesentliche Eigenschaft der Mikroorganismen und unter diesen besonders der Bakterien ist die Fähigkeit zur Anpassung, zur Adaption. Adaption bedeutet, dass Organismen in der Lage sind, sich an Umweltbedingungen anzupassen, die ursprünglich das Wachstum einschränkten oder lebensfeindlich waren. Sie bedeutet aber auch den Übergang in einen Erhaltungszustand, aus dem jederzeit wieder das reproduktive Zellwachstum aufgenommen werden kann.

Die Anpassungsfähigkeit ist von Art zu Art unterschiedlich ausgeprägt und besonders verbreitet bei solchen Bakteriengruppen, die unterschiedlichste Habitate besiedeln können. Adaption bedeutet in der Regel keine Veränderung im Genom; die Anpassung an bestimmte Umweltbedingungen erfolgt ausschließlich über Modifikationen der Zellausstattung und Zellphysiologie, die wieder rückgängig gemacht werden können.

Eine Ausnahme der Anpassung an toxische Umweltbedingungen stellen Resistenzen dar, welche Veränderungen des Genoms beinhalten, die sehr oft in Plasmiden kodiert vorliegen. *Plasmide* sind kleine, extrachromosomale DNS-Moleküle, die in allen Bakterien und einigen Eukaryonten zu finden sind. Sie sind für den Wirt prinzipiell entbehrlich, können aber bei ihrem Vorhandensein Vorteile gegenüber Stresssituationen bedingen. So sind Plasmide die Träger der Erbinformation sowohl für Schwermetall- und Antibiotikaresistenzen als auch für die Metabolisierung untypischer Substrate wie z.B. für die Aromatendegradation. Plasmide können innerhalb einer Population weitergegeben werden. Dieser interzelluläre Plasmidtransfer ist eine der wesentlichen Grundlagen der schnellen Weitergabe eines besonderen Vorteils und ist besonders bekannt geworden durch die Antibiotikaresitenzen.

Derartige Beeinflussungen betreffen jeweils die gesamte bakterielle Mikroorganismenpopulation.

Im Habitat, dem engeren Lebensraum, existierten die Mikroorganismen zusammen mit anderen Lebewesen und stehen normalerweise in Konkurrenz um Kohlenstoff- und Energiestoffquellen und andere Nährstoffe. Die äußeren Bedingungen des Habitats werden im Wesentlichen durch Temperatur, pH-Wert, Redoxzustand und osmotische Bedingungen bestimmt. Diese Bedingungen ändern sich kontinuierlich und erfordern eine unmittelbare Antwort durch die Zelle.

Dazu ist es der Zelle möglich, die Umweltreize aufzunehmen und in entsprechende Reaktionen umzusetzen. Die „Sensoren", die Rezeptoren, sitzen in der Regel auf der Zelloberfläche, können aber in bestimmten Fällen auch in ihrem

Inneren lokalisiert sein. Im einfachsten Fall wirkt der Rezeptor als Regulator und löst eine molekulare Zellantwort aus. Diese Anwort kann aber auch über eine das Signal weiterleitende Kette (Signaltransduktionskette) zu einem Regulator geführt werden. Diese aktivierten Regulatoren kontrollieren die Expression (die Synthese eines funktionsfähigen Produktes) eines Gens über die Bildung neuer Proteine mit enzymatischer oder struktureller Funktion. Die Regulatoren können die Transkription dieser Gene (Synthese eines mRNS-Stranges an einer DNS-Matrize) einleiten, die Stabilität dieser gebildeten mRNS modulieren und die Translation (Proteinbiosynthese an den Ribosomen mittels mRNA als Matrize) verändern (Abb. 3-38).

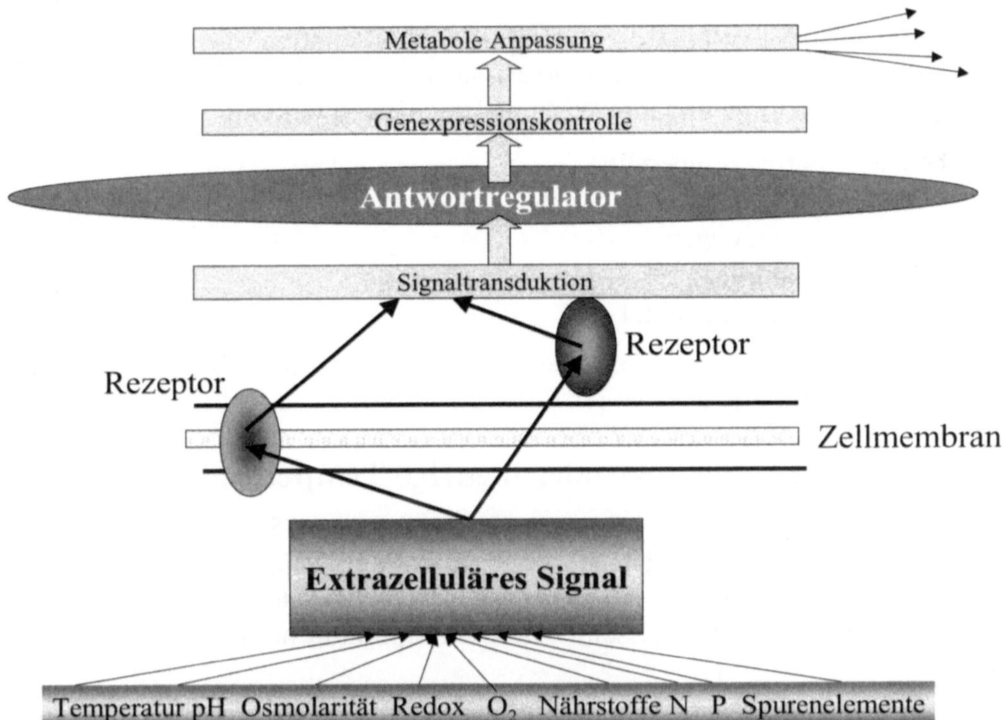

Abb. 3-38. Anpassungsreaktionen der Zelle auf Umweltreize (nach Munk 2001)

Auf die Zelle wirken immer eine Vielzahl von Reizen ein, deren Intensität und Charakter voneinander abhängen oder sich gegenseitig beeinflussen. Damit ist nicht nur ein Regulationsschritt notwendig, sondern die Zelle benötigt zum Erreichen der höchsten Effektivität ein ganzes Regulationsnetzwerk.

Die Regulatoren der Anpassung sind nicht nur artspezifisch, sondern hängen auch vom jeweiligen Habitat und seinen Besonderheiten ab. Verallgemeinerungen sind insofern nur bedingt möglich.

Viele Regulationssysteme bestehen aus zwei Teilen (Zweikomponenten-Regulationssysteme). Der Rezeptor ist eine signalspezifische Kinase, der Regulator ein DNS bindendes Enzym.

In der bakteriellen Genexpression besitzt die RNS-Polymerase eine besondere Untereinheit (σ-Untereinheit), die der Promotor-Erkennung (DNS-Sequenz zum Initiieren der Transkription) dient. Es sind eine Reihe von Sigmafaktoren bekannt, die bestimmten Umweltreizen zugeordnet werden können und die eine bestimmte molekularbiologische Antwort steuern. Bekannt ist z.B. der alternative Sigmafaktor σ^{38}, der durch das Gen rpoS als Antwort auf unterschiedlichen Umweltstress zu einer allgemeinen Stressresistenz-Bildung führt.

Anpassung an Stress ist eine der wichtigsten Eigenschaften, die den Mikroorganismen nicht nur das Überleben, sondern auch ihre Reproduktion absichert. Die einzelnen Stressfaktoren und ihre Wirkung bzw. Gegenwirkung

- hohe oder niedrigeTemperatur,
- pH-Werte,
- osmotische Bedingungen,
- Sauerstoffpartialdruck,
- nichtwässrige Lösungsmittel

werden nachfolgend in kurzer Form beschrieben. Ein ausführlicherer Überblick ist bei Munk (2001) zu finden.

3.9.2 Anpassung an hohe oder niedrige Temperaturen

Mikroorganismenwachstum wird im Bereich zwischen – 15 °C und 115 °C beobachtet. Für jeden Mikroorganismus ist ein bestimmter Temperaturbereich charakteristisch, in dem er am für ihn niedrigsten bzw. höchsten Punkt gerade noch wachsen kann bzw. in dem er sein Wachstumsoptimum hat (Kardinaltemperaturen).

Innerhalb dieses Temperaturbereiches steigt die Geschwindigkeit aller biochemischen Umsetzungen bis zum Temperaturoptimum. Nach dessen Erreichen werden wahrscheinlich zentral im Metabolismus wirkende Proteine geschädigt, so dass ein Abfall der Reaktionsgeschwindigkeit beobachtet wird. Danach kommt es zur irreversiblen Schädigung der Proteine.

Es kann unterschieden werden zwischen den in Tab. 3-6 genannten Mikroorganismen.

Tab. 3-6. Mikroorganismen und ihre Temperaturbereiche

Mikroorganismen	Temperaturbereich [°C]
psychrophile	0 – 20
mesophile	20 – 40
thermophile	40 – 60
extrem thermophile	60 – 80
hyperthermophile	80 bis über 110

Es kann weiterhin noch zusätzlich zur jeweiligen Temperaturphilie – so wie eingeteilt – mit entprechenden Toleranzbezeichnungen z.B. Psychrotoleranz ergänzt werden (z.B. Wachstum noch bei 0 °C, Temperaturoptimum zwischen 20 – 40 °C). Diese Gruppe der Psychrotoleranten ist sehr viel weiter verbreitet als die der Psychrophilen. Die Funktion der lebenswichtigen Membranen wird bei diesen Mikroorganismen durch ungesättigte Fettsäuren aufrechterhalten. Die Membran bleibt dadurch auch bei niederen Temperaturen flüssig und damit funktionsfähig.

Die Membranstrukturen sind ebenfalls von zentraler Bedeutung für die Thermophilie und Hyperthermophilie. Bei Thermophilen gewährleistet ein vermehrtes Auftreten gesättigter Fettsäuren in der Membran die Aufrechterhaltung der Membranfunktion. Hyperthermophile besitzen dagegen keine Fettsäuren, sondern C_{40}-Kohlenwasserstoffe (C_5-Verbindung Phytan-Sequenzen). Die hohe Zahl der Membranen um die unterschiedlichen Organellen von Eukaryonten haben offenbar nicht diese Fähigkeit der Variabilität in den Bausteinen. Darum finden sich bei den Thermophilen und Hyperthermophilen ausschließlich Prokaryonten.

3.9.3   Anpassung an extreme pH-Bedingungen

Der äußere pH-Wert und der für die optimale Zellfunktion wichtige innere pH-Wert unterscheiden sich häufig. Entsprechend des Vorkommens in den Habitaten mit unterschiedlichen pH-Werten kennt man:

- Alkaliphile Organismen: Wachstums-Optimum pH > 8,
- Neutrophile Organismen: Wachstums-Optimum pH zwischen 6 – 7,
- Acidophile Organismen: Wachstums-Optimum pH < 4.

Unter den acidophilen Mikroorganismen sind häufig Eukaryonten – wie z.B. bei der Zitronensäuresynthese durch den Pilz *Aspergillus niger*. Jedoch ist die Acidophilie auch bei vielen Bakterien verbreitet. Diese Eigenschaft Schwefel oxidierender Thiobacilli erlaubt z.B. die technische Nutzung des Schwermetall-Leachings (s. Kapitel 5.3). Im stark alkalischen Bereich finden sich vorwiegend Prokaryonten. Hohe Alkalität erfordert eine erhöhte Flexibilität der Zellen, die besonders bei den Prokaryonten zu finden ist.

Die Zelle hat drei Möglichkeiten, den äußeren pH-Wert zu erkennen:

1. durch die Konzentration bzw. den Ionisierungsgrad von schwachen organischen Säuren in der Zelle,
2. über die Erkennung des Protonisierungszustandes von zelleigenen Proteinen,
3. durch den Strukturzustand von Membranproteinen, der direkt vom pH-Wert abhängig ist.

Zur Regulation des inneren pH-Wertes kann die Zelle Verbindungen in der Zelle (z.B. von Glutamat) anhäufen, die eine erhöhte Pufferkapazität bewirken. Dieses Gegensteuern wird als passive Homöostasis bezeichnet.

Eine andere Möglichkeit ist das aktive Ausschleusen von Protonen (aktive Homöostasis) über die Zellmembran. Die komplexen Vorgänge des Protonen-, Natrium- und Kaliumkreislaufes sind mit dieser Regulation verbunden. Wie bei einem Temperaturschock können bei extremen pH-Wert-Änderungen Säureschock-Proteine induziert werden, bei denen ebenfalls alternative Sigmafaktoren in den Anpassungsprozess eingreifen. Die Zelle muss zum Überleben in die stationäre Phase gelangen. Die dazu erforderlichen metabolischen Umstellungen werden durch diese Anpassung eingeleitet.

3.9.4 Anpassung an osmotische Bedingungen

Die Anpassung an die sich teilweise in den Habitaten stark verändernden Konzentrationsverhältnisse ist ebenfalls eine der lebenswichtigen Funktionen der Zelle. Die in mit Salz angereicherten – also mit Wasser abgereicherten – Habitaten lebenden Mikroorganismen werden eingeteilt in leicht halophile, moderat halophile (Optimum bis 2 mol Salz l^{-1}) sowie extrem halophile Organismen (Optimum bis 3 mol Salz l^{-1}).

Organismen, die konzentriert zuckerhaltige Habitate (Lebensmittel) besiedeln können, sind osmotolerant. Xerophile Organismen bevorzugen extrem trockene Habitate.

Die Zellmembran trennt das wässrige Zellinnere von der Umgebung und ist durchlässig für Wasser und Gase, jedoch undurchlässig für Ionen und polare organische Verbindungen. Damit wirken in wässriger Umgebung die Gesetze der Osmose. In einer Prokaryontenzelle können Drucke bis zu 20 bar (Gram-positive Bakterien) aufgebaut werden. Die Zellwand sorgt für die notwendige Stabilität.

Um das Wasser in der Zelle zu binden und einen Überdruck aufzubauen, werden organische Verbindungen mit speziellen Eigenschaften in der Zelle angehäuft, die kompatiblen Solute. Zu diesen gehören sowohl Aminosäuren und Kohlehydrate als auch Alkohole und Carbonsäurederivate, die entweder selbst synthetisiert oder aus der Umgebung aufgenommen werden. Diese Verbindungen dürfen auch in hohen Konzentrationen den normalen Metabolismus nicht stören, auch wenn sie in hohen Konzentrationen (> 1 mol l^{-1}) notwendig sind; zudem müssen sie immer gut löslich sein. Viele kompatible Solute wirken zusätzlich zur Funktion der Osmostabilisierung Struktur stabilisierend auf Enzyme.

Die Zelle antwortet nach einem Osmoschock mit der erhöhten Aufnahme von Kaliumionen. Um das Ladungsgleichgewicht herzustellen, wird von der Zelle Glutamat synthetisiert. Der gesteigerte Glutamat-Kalium-Gehalt initiiert nunmehr die Synthese der kompatiblen Solute.

Um in die Stationärphase zu gelangen, werden über den Mechanismus der Sigmafaktoreninduktion die erforderlichen Regulationsschritte induziert.

3.9.5 Anpassung an Sauerstoffmangel und Sauerstoffstress

Der ständige Wechsel des Sauerstoffgehaltes in vielen natürlichen Habitaten – z.B. im Boden – erfordert von den Organismen eine hohe Flexibilität zur Aufrechterhaltung des Elektronentransportes zwischen Elektronendonor und Elektronenakzeptor. Aerobe Mikroorganismen können diesen Transport in einem breiten Bereich des Sauerstoffpartialdruckes aufrechterhalten. Die Einteilung in Aerobier, Anaerobier, fakultative Anaerobier sowie Mikroaerophile beschreibt dieses Verhalten. Strikte Anaerobier können nicht bei Gegenwart von Sauerstoff wachsen (Abb. 3-39).

Den höchsten Energiegewinn (höchste Potenzialdifferenz zwischen Donor und terminalem Akzeptor) liefert Sauerstoff. Der Übergang zu alternativen Elektronenakzeptoren ist energetisch immer ungünstiger (Abb. 3-40).

Auch die Anpassung an unterschiedliche Sauerstoffpartialdrucke bedeutet für die Mikroorganismen eine Erhöhung des Energieaufwandes, der sich in einem erhöhten Umsatz der Energiequelle (die oftmals auch die Kohlenstoffquelle ist) äußert. So baut die Zelle z.B. an inneren Membranen Gegenpotenziale auf oder induziert bei niederem Sauerstoffpartialdruck alternative Wege des Elektronentransportes mit höherer Affinität zum Sauerstoff (z.B. cyanidsensitive Atmung bei *Aspergillus niger*).

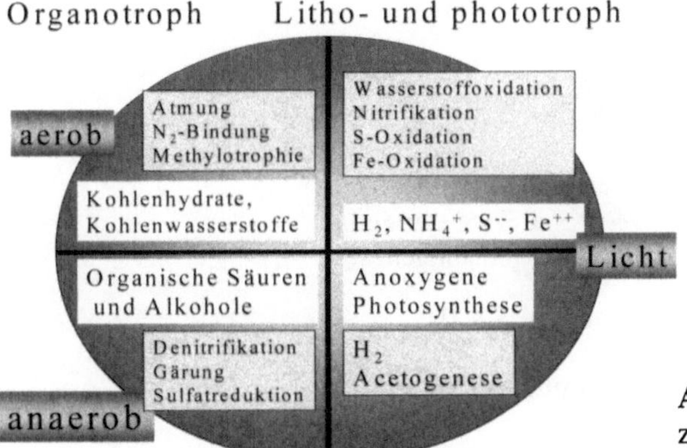

Abb. 3-39. Einordnung der Umsetzungen zur Energiegewinnung (nach Fritsche 1998)

Die Veränderung des Redoxpotenzials von positiven zu negativen Werten stellt
den Übergang vom oxischen – anoxischen – methanogenen Bereich dar. „Anaerob" bedeutet lediglich die Abwesenheit von Sauerstoff, sagt aber nichts über
die Art der „Atmung" aus (Sulfatatmung, Nitratatmung, auch Eisenatmung beim
Übergang von Eisen(III) zu Eisen(II)).

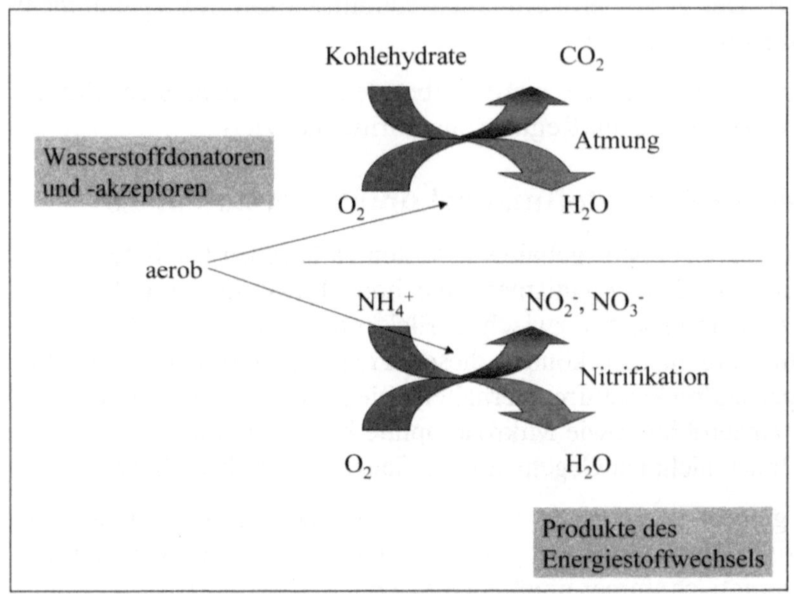

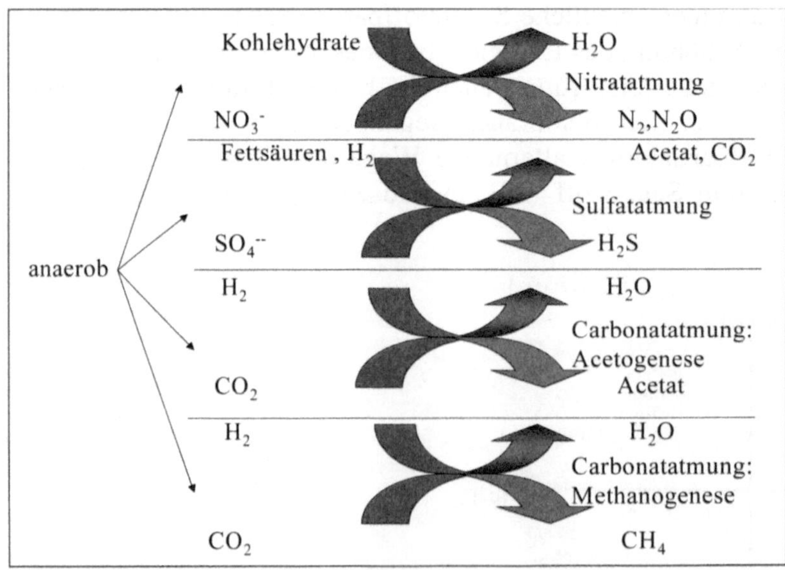

Abb. 3-40 a-b. Schematische Darstellung der Elektronenakzeptoren

Die energetisch so günstige Sauerstoffatmung kann jedoch von der Bildung hochreaktiver, aber toxischer Sauerstoffspezies begleitet sein.

Es können Superoxid (O_2^-), Hydroxylradikale (OH^-) und Wasserstoffperoxid (H_2O_2) entstehen. Gegen diese reaktiven Verbindungen kann die Anhäufung von reduzierten Schutzsubstanzen (z.B Gluthation) dienen. Die Zelle kann als wirkungsvollen Schutzmechanismus Enzyme bilden, die H_2O_2 in Wasser umwandeln (Katalasen). Peroxidasen nutzen NADH als Reduktionsmittel. Superoxidismutasen disproportionieren O_2^- in H_2O_2 und O_2 und kommen deswegen mit Katalasen zusammen vor.

Diese Entgiftungsreaktion der Zelle ist in strikten Aerobiern nicht zu finden, für die der Sauerstoff deswegen toxisch wirkt.

Die genannten Enzyme sind von besonderer Bedeutung für die Degradation von organischen Substanzen, z.B. durch Pilze, (s. Kapitel 5.1) in Böden.

3.9.6 Organische Lösungsmittel als Stressfaktoren
(Heipieper et al. 1994)

Organische Lösungsmittel haben Bedeutung als Kontaminanten im Boden und im Wasser. Als hydrophobe Verbindungen sind sie oft nur schwach in Wasser löslich, akkumulieren sich aber dafür in der ebenfalls hydrophoben Lipidschicht der Zellmembran. Organische Lösungsmittel sind oft toxisch, da sie eine Erhöhung der Fluidität und damit Funktion der Membran bewirken. Dennoch sind Anpassungsmechanismen von Mikroorganismen bekannt, die sich in erster Linie auf Strukturveränderungen der Membranen beziehen.

Die meisten Bakterien regulieren die Fluidität ihrer Membran im Wesentlichen durch die Variation des Sättigungsgrades der Fettsäuren, also einem vermehrten Einbau gesättigter Fettsäuren. Bei einigen Bakterien konnte zusätzlich eine Isomerisierung von *cis* zu *trans* ungesättigten Fettsäuren beschrieben werden. Weitere Adaptionsmechanismen gegenüber Lösungsmitteln bestehen in einer qualitativen und quantitativen Veränderung der Membranproteine, Modifikationen der äußeren Membran bei Gram-negativen Bakterien sowie ein Export der Lösungsmittel (wie z.B. Toluol) aus der Zelle mittels aktiver, ATP-abhängiger Effluxpumpen.

Die Widerstandsfähigkeit gegen Lösungsmittel ist nicht nur wichtig für ihre Mineralisation (Kapitel 5.1), sondern auch für neue Transformations- und Syntheseprozesse unter dem Aspekt der Vorbeugung und des Vermeidens von Umweltbelastungen.

3.10 Mikroorganismen in komplexen Systemen

Die Grundlage der Zellneubildung ist die Kohlenstoffverwertung. Durch die Notwendigkeit, Kohlenstoff in verwertbarer Form zu Verfügung zu haben, erklärt sich die Vielzahl der Zersetzungsreaktionen organischer Verbindungen, zu denen die Gesamtheit der Mikroorganismen fähig ist (chemoheterotrophe Nutzung, siehe Abb. 3-40).

Die organischen Strukturen werden abgebaut und zu Bruchstücken degradiert, die dann wieder für die Neusynthese von Zellmasse benötigt werden.

Dieser Teil des Kohlenstoffs wird in die neu gebildete organische Substanz der Mikroorganismen eingelagert und bildet die Proteine, Kohlenhydrate, Membran- und Zellwandbestandteile sowie Reservestoffe (Anabolismus).

Ein anderer Teil des organischen Kohlenstoffs dient der Energiegewinnung (Katabolismus) zum Aufbau der Zellsubstanz. Dabei wird CO_2 und Wärme gebildet.

1 g Glucose als gut verwertbare Verbindung wird z.B. durch den Anabolismus zu etwa 500 mg Zellsubstanz umgewandelt, das heißt mit einem Biomasse-Ertrag von 50 %.

Als Endprodukt der Kohlenstoffverwertung steht somit Kohlendioxid, so dass von einer „Mineralisation" der organischen Substanz gesprochen werden kann. Dadurch wird ein Gegengewicht gegen die CO_2-Fixierung durch die Pflanzen gebildet und der globale Kohlenstoffkreislauf im Gleichgewicht gehalten. Durch menschliche Aktivitäten werden die Gleichgewichtskonzentrationen verschoben. So ist ein deutlicher Anstieg der Kohlendioxidkonzentration festzustellen (vor 1900: 275 ppm, 1960: 315 ppm, 1970: 325 ppm, 1980: 335 ppm).

Kohlenstoff kann jedoch aus Kohlendioxid auch durch Mikroorganismen (chemoautotroph – Photosynthese, Nitrifikanten) aufgenommen werden.

Liegen mehrere verwertbare organische Verbindungen nebeneinander vor, werden diese von einzelnen Mikroorganismen in der Regel nacheinander verwertet (Polyauxie).

Völlig anders sind die Verhältnisse, wenn eine Mischung von unterschiedlichen Kohlenstoffverbindungen von einer angepassten Mischkultur verwertet wird. In diesem Falle ist die summarische Bestimmung eines Degradationspotenzials angeraten, da dieses Vielkomponentensystem nicht exakt zu analysieren ist.

In solchen Fällen ist es überhaupt fragwürdig, die Bestandteile der Biozönose im Detail zu analysieren oder Degradationsuntersuchungen auf der Basis von Reinkulturen durchzuführen.

Tab. 3-7. Mechanismen des Elektronentransfers zu unterschiedlichen Akzeptoren

Anaerobe Prozesse in der Natur Reaktion	ΔG [kJ/mol]	Mikroorganismen
$4/5\ NO_3 + \{CH_2O\} + 4/5\ H^+ \longrightarrow$ $2/5\ N_2 + CO_2 + 7/5\ H_2O$	112,0	*Pseudomonas* - Arten *Bacillus lichenformis* *Paracoccus denitrificans*
$2\ MnO_2 + \{CH_2O\} + 2\ H^+ \longrightarrow$ $MnCO_3 + Mn^{2+} + 2H_2O$	94,5	*Bacillus* -, *Micrococcus* -und *Pseudomonas* - Arten
$4\ FeOOH + \{CH_2O\} + 6\ H^+ \longrightarrow$ $FeCO_3 + 3\ Fe^{2+} + 6\ H_2O$	24,3	*Bacillus* - Arten
$\frac{1}{2}\ SO_4^{2-} + \{CH_2O\} + \frac{1}{2}\ H^+ \longrightarrow$ $\frac{1}{2}\ HS^- + CO_2 + H_2O$	18,0	*Desulfobacter* -, *Desulvofibrio* -, *Desulfonema* - Arten
$CO_2 + 4\ H_2 \longrightarrow CH_4 + 2H_2O$	17,4	*Methanobacterium* -, *Methanococcus* -, *Methanosarcina* - Arten

Die Mechanismen des Elektronentransfers sind jedoch komplexer, als in Tab. 3-7 dargestellt. So können Huminstoffe eine Rolle als „Elektronenshuttle" für einen Zwischenspezies übernehmen (siehe Abb. 3-41).

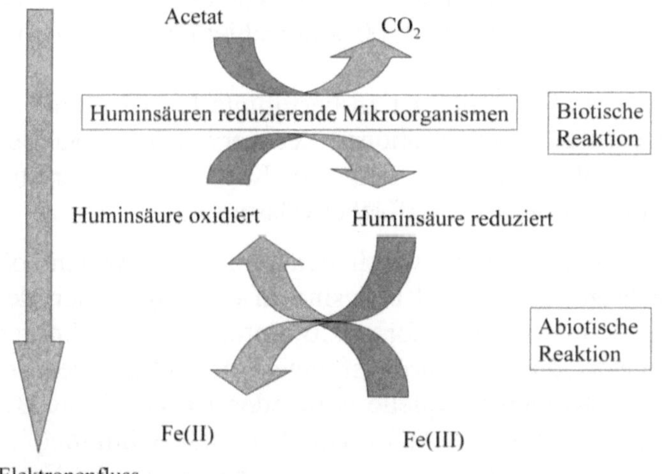

Abb. 3-41. Huminsäuren als terminale Elektronenakzeptoren (nach Kästner und Hofrichter 2001)

Kästner und Hofrichter (2001) fassen die bisherigen Kenntnisse zur Rolle von Huminstoffen im Elektronentransport zusammen. Huminstoffe können 5 unterschiedliche Funktionen übernehmen. Sie dienen

1. als terminaler Elektronenakzeptor für die Atmung (energetisch zwischen Nitrat und Sulfatreduktion angesiedelt),
2. als Elektronenakzeptor für fermentative Bakterien,
3. als Redox-Mediator für Reduktions-Prozesse,
4. als Elektronendonor zur Unterstützung des mikrobiellen Wachstums,
5. im Interspezies-Elektronentransfer.

Es zeichnet sich ab, dass das Wechselspiel biotischer und abiotischer Reaktionen in Gegenwart von Huminstoffen für den Schadstoffabbau in kontaminierten Böden eine bedeutende Rolle spielt, da Xenobiotica die Rolle des Elektronendonors übernehmen können. Der Überblick über die bekannten Reaktionen ist ebenfalls bei Kästner und Hofrichter (2001) zu finden.

In der Atmungskette, der evolutionär höchst entwickelten und effizientesten Form des Elektronentransfers, erfolgt eine stufenweise Übergabe des Wasserstoffes aus den Kohlenstoffsubstraten an den Sauerstoff (biologische Knallgas-Reaktion) und nicht direkt wie bei der namensgebenden chemischen Umsetzung.

Die Verwertung von Kohlenstoffverbindungen als Energie- und Kohlenstoffquelle kann in Abhängigkeit vom jeweiligen Mikroorganismus unterschiedlich erfolgen (nach Fritzsche 1998):

1. Der Organismus kann eine Vielzahl von Verbindungen verwerten und ist in der Lage, seinen Stoffwechsel schnellstens umzustellen. So kann z.B. das Bakterium *Pseudomonas multivorans* etwa 100 unterschiedliche Verbindungen nutzen.
2. Der Organismus hat sich spezialisiert und ist an bestimmte Lebensräume angepasst. Wenn nur sehr geringe Konzentrationen des verwertbaren Kohlenstoffs vorliegen, erfolgt das Wachstum sehr langsam (K-Strategie). Derartige Bedingungen liegen z.B. in natürlichen Oberflächenwässern vor.

Organismen, die die sogenannte r-Strategie verwirklichen können, verwerten hohe Substratkonzentrationen, wachsen sehr schnell und sind in der Lage, nach dem Auszehren der Kohlenstoffquelle in eine Dauerform (z.B. durch resistente Sporen) überzugehen, die erst dann wieder die vermehrungsfähige Form bildet, wenn erneut genügend der verwertbaren Kohlenstoffquelle vorhanden ist. Das beste Beispiel für diese Strategie ist der verfaulende Apfel, auf dem sich Schimmelpilze ansiedeln. Diese gehen sehr schnell in ein Sporenstadium über, wenn die Frucht vollständig zersetzt worden ist. Die Sporen können z.B. auf Äpfeln wieder auskeimen.

Eine *Nährstoffbegrenzung* kann aber nicht nur durch den Kohlenstoff erfolgen, sondern auch durch Spurenmetalle, Sauerstoff, Nährstoffe oder Vitamine. Das in der geringsten Konzentration vorhandene Substrat begrenzt das Wachstum (Gesetz des Minimums).

Die *Substratmischungen* natürlicher Systeme können von verschiedenen Mikroorganismen „hintereinander" (polyauxisch) verwertet werden. Die dazu notwendigen Enzymsysteme sind entweder im Mikroorganismus permanent vorhanden (konstitutiv) oder werden zur Bildung durch das Vorhandensein der jeweiligen Kohlenstoffverbindung genetisch induziert (induktive Enzyme).

So sind bestimmte Hefen (z.B. *Saccharomycopsis sp.)* in der Lage, in einem natürlichen System eine Mischung von Kohlenhydraten und Fetten als erstes Glucose zu verwerten und mit hohen Geschwindigkeiten zu wachsen. Ist die Kohlehydratquelle ausgezehrt, beginnt nach einer kurzen Zwischenpause die Verwertung der Fette (Enzyminduktion: Lipase). Die Wachstumsgeschwindigkeit ist dabei keineswegs geringer und meist nur durch die Verfügbarkeit der neuen Kohlenstoffquelle – diese ist nicht wasserlöslich – begrenzt.

Für eine optimale Vermehrung sind im Lebensraum bestimmte artspezifische Bedingungen notwendig. Wenn der pH-Wert ungünstig ist (Bakterien optimal pH = 7 – 8, Hefen oder Pilze pH = 3 – 5), haben begeißelte und damit bewegliche Arten die Möglichkeit, sich aktiv aus einer Zone ungünstigen pH-Wertes herauszubewegen (negative Chemotaxis). Die gerichtete Bewegung zur erhöhten Sauerstoffkonzentration (Aerotaxis) bei Sauerstoff verwertenden Mikroorganismen kann auf mit Deckgläschen abgedeckten mikroskopischen Präparaten eines geeigneten Stammes beobachtet werden. Die Bakterien bewegen sich zu den Rändern des Deckgläschens und reichern sich dort an.

Ebenso wie der pH-Wert werden die Temperatur, das Redoxpotenzial oder die Sauerstoffkonzentration jeweils für bestimmte Mikroorganismen bezüglich eines optimalen Wachstums nur in relativ engen Grenzen toleriert.

Auch hier gibt es erstaunliche Anpassungsmöglichkeiten. Eine in der Natur häufig zu beobachtende Situation ist der zeitweilige Sauerstoffmangel. So sind in einem Boden durch die vorhandenen Organismen-Gemeinschaften die Sauerstoff-Vorräte in den Bodenporen in Minuten aufgebraucht, wenn die Nachdiffusion z.B. durch einen starken Regenfall unterbrochen wird. Alle Arten haben gegen diese Stress-Situation unterschiedliche Überlebensstrategien entwickelt, um sehr schnell wieder zur vollen Reproduktionsleistung übergehen zu können, wenn die Bedingungen günstiger werden.

Diese evolutionär entwickelten Anpassungen können sein:

- fakultative Anaerobiosis (zeitweiliges Leben unter Sauerstoffmangel durch Umschalten des Metabolismus): dieser erfolgt mit geringerer Effizienz als der optimale aerobe Stoffwechsel;
- Ausbildung von alternativen Wegen des Elektronentransportes mit geringerer Effizienz der Wasserstoffregeneration (s.o.), jedoch höherer Affinität zu geringen Sauerstoffkonzentrationen;

- Einstellen eines Ruhezustandes mit insgesamt geringen metabolischen Aktivitäten, jedoch hohem Startpotenzial;
- Ausbildung von Dauerformen wie Sporen.

Das Gesamtsystem, in dem die Gemeinschaft von Mikroorganismen lebt, bestimmt die Zusammensetzung der *Biozönose*.

Sind die äußeren Bedingungen sehr wechselnd (z.B. Oberflächengewässer), ist die Artenvielfalt (Diversität) sehr hoch, die Individuenzahl aber klein (1. Biozönotisches Grundgesetz).

Im Gegensatz dazu, wenn die Bedingungen sehr einseitig sind (Apfel), sind wenige Arten vorhanden, jedoch hohe Individuenzahlen zu bestimmen (2. Biozönotisches Grundgesetz).

Es können unterschiedliche organische Verbindungen als Kohlenstoffquelle oder als Energiequelle dienen. Ihre Mischung (Mischsubstratnutzung), je nach Einordnung des Substrates als kohlenstoff- oder energiereich, kann zielgerichtet für eine Leistungssteigerung ausgenutzt werden.

Bei der sogenannten *Kosubstratnutzung* kann die Zelle zusammen mit einem gut nutzbaren Substrat eine normalerweise allein nicht abbaubare Substanz degradieren. Dabei dient die gut abbaubare Verbindung als Energie- und Kohlenstoffquelle und induziert dabei Enzymsysteme, die für die Biotransformation (z.B. Dehalogenierung) der zweiten Substanz verantwortlich sind. Dieser sogenannte Cometabolismus spielt eine wichtige Rolle beim Abbau von anthropogenen Umweltschadstoffen (Xenobiotika).

Die Konkurrenz um die Kohlenstoffquelle war ein maßgeblicher Faktor in der Evolution, da durch genetische Ungleichmäßigkeiten eine Bevorzugung in der Substratnutzung eintreten konnte. Damit war die Grundlage einer Artenbildung gelegt (Fritzsche 1998).

In allen natürlichen Systemen sind in diesem Konkurrenzverhalten zwischen den Mikroorganismen Interaktionen – „zwischenorganismische Beziehungen" – zu beobachten.

Diese Interaktion kann gegen den Substratkonkurrenten gerichtet sein. Diese antagonistische Interaktion (*Amensalismus*) ist z.B. bei bestimmten Pilzen mit der Bildung von Wirkstoffen gegen Bakterien zu beobachten. Als Antibiotika haben diese z.B. bei *Penicillium sp.* die bekannte therapeutische Bedeutung erlangt. Eine andere „Strategie" verwirklichen die an der Silage beteiligten Bakteriengruppen (z.B. Milchsäurebakterien). Diese senken durch die Säurebildung den pH-Wert auf Werte von unter pH 4. Bei diesen Bedingungen können die meisten Bakterien jedoch nicht existieren (s.o.). Säuretolerante Pilze benötigen Sauerstoff, der im anaeroben Silagemilieu jedoch nicht zur Verfügung steht. Somit hat sich ein Konsortium einen eigenen konkurrenzfreien „Lebensraum" geschaffen.

Perfekt funktioniert dieses Zusammenspiel zwischen den Anaerobiern bei der Bildung von Methan, dem wichtigsten anaeroben Stoffwechselendprodukt (neben gleichzeitig gebildetem Kohlendioxid).

Eine Gruppe von hydrolytisch wirkenden Bakterien zersetzt unter strikt anaeroben Bedingungen polymere organische Substanz zu niedermolekularen Verbindungen. Eine zweite Gruppe, die acetogenen Bakterien, bilden C_2-Moleküle und Kohlendioxid. Die dritte Gruppe, die methanogenen Bakterien, reduzieren (durch „Interspezies-Wasserstofftransfer" und niedrige Wasserstoff-Konzentration „gegen" thermodynamische Berechnungen) das CO_2 zu Methan. Dieses kompliziert erscheinende System wirkt bei Störungen selbstregulierend. Es wird technisch bei der Biogasbildung genutzt und ist – mit gewissen Einschränkungen – beherrschbar.

In Biofilmen auf dem Grund von Gewässern mit wechselndem Sauerstoffgehalt „schützen" oben wachsende aerobe Organismen das sauerstoffempfindliche System der tiefer im Film angesiedelten Methanbildner durch Auszehrung des Sauerstoffes.

Pflanzen scheiden im Wurzelbereich organische Säuren (z.B. Zitronensäure) aus, die der Löslichkeit von schwerlöslichen Nährstoffen (z.B. Phosphaten) dienen. Gleichzeitig können diese organischen Substanzen wieder Mikroorganismen dienen, die organische Schadstoffe im Wurzelbereich nutzen, somit „entgiften". Die beobachtete Unwirksamkeit von Pflanzenschutzmitteln mit der Notwendigkeit immer höherer Anwendungsdosen ist zu einem großen Teil auf angepasste Mikroorganismen im Bodenbereich zurückzuführen, die diese Pestizide transformieren bis mineralisieren und damit unwirksam werden lassen.

Dieses Wechselspiel von Interaktion und Adaption ist die Grundlage der sanierenden Biotechnologie und unterscheidet sich grundlegend von der Reinkulturen verwendenden synthetischen Biotechnologie.

Völlig neue Interaktionen erschließen sich durch das Wechselspiel von biotischen und abiotischen Reaktionen als Bestandteile natürlicher Redox-Systeme. So wurde erst 1990 die Rolle der Eisen-III- reduzierenden Mikroorganismen erkannt und Reaktionen wie der Phenolabbau durch diese Gattung nachgewiesen. Die Rolle von Mangan als Elektronenakzeptor, die „Manganatmung", ist inzwischen bekannt. Die als inert geltenden Huminstoffe als ein „übrig gebliebener" Teil der mikrobiellen Mineralisierungsaktivitäten können ebenfalls als Elektronenakzeptoren dienen.

Die genannten Vorgänge sind erst in Ansätzen erkannt und können nur unvollständig beeinflusst werden. In der Natur spielt der Zeitfaktor nach menschlichen Maßstäben keine Rolle. Dadurch ist das Potenzial der Natur zum Abbau, aber auch zur Synthese, noch lange nicht ausgeschöpft.

Literatur zu 3.8 – 3.10

Bisswanger, H. (2000) Enzymkinetik, Theorie und Methoden. 3. Auflage, Wiley VCH Weinheim

Boone, D.R., Castenholz, R.W. (Eds.) (2001) Bergey´s Manual of systematic bacteriology z.B. Vol. 1: The archea and the deeply branching and phototrophic bacteria. Springer-Verlag Berlin Heidelberg New York

Deckwer, W.D., Pühler, A., Schmid, R.D. (1999) Biotechnologie und Gentechnik. 2. Auflage. Georg Thieme Verlag Stuttgart

Fritsche, W. (1998) Umwelt-Mikrobiologie – Grundlagen und Anwendungen. 2. Auflage. G. Fischer Jena, Stuttgart, Lübeck, Ulm

Heipieper, H.J., Weber, F.J., Sikkema, J., Kreweloh, H., de Bont, J.A.M. (1994) Mechanisms of resistance of whole cells to toxic organic solvents. TIBTECH Vol. 12: 409–415

Hofmann, E. (1989) Enzyme und Bioenergetik. 6. Auflage, Akad. Verlag Heidelberg Berlin Oxford

Kästner, M., Hofrichter, M. (2001) Biodegradation of Humic substances in Biopolymers. In: Hofrichter, M., Steinbüchel, A. (Eds.) Vol. 1: Lignin, Humic Substances and Coal. Wiley VCH Weinheim

Munk, K. (Hrsg.) (2001) Grundstudium Biologie, Mikrobiologie. Spektrum Akademischer Verlag Heidelberg Berlin

Musil, J., Novakova, O., Kunz, K. (1977) Biochemistry in schematic perspective. Avicenum Czechoslovak Medical Press, Prague

Präve, R., Faust, U., Sittig, W., Sukatsch, D.A. (1994) Handbuch der Biotechnologie. 4. Auflage. R. Oldenbourg Verlag München, Wien

Schellenberger, A. (Hrsg.), Fischer, G. (1989) Enzymkatalyse: Einführung in die Chemie, Biochemie und Technologie der Enzyme. Springer-Verlag Berlin Heidelberg New York

Storhas, W. (1994) Bioreaktoren und periphere Einrichtungen, Lehrbuch Biotechnologie. Vieweg

Theil, F. (1997) Enzyme in der organischen Synthese Spektrum, Akad. Verlag, Heidelberg Berlin Oxford

Uhlig, H., Gottmann, K. (1991) Enzyme arbeiten für uns: technische Enzyme und ihre Anwendung. Hanser München, Wien

Ullmanns Ezyklopädie der technischen Chemie (1981) Stichwort Sauerstoff, Band 20. 4. Auflage. Verlag Chemie Weinheim, p. 386

4 Standardverfahren der Umweltbiotechnologie

4.1 Aerobe biologische Abwasserreinigung
(Hartmann 1992, Brauer 1996, Gutsch und Heidenreich 2001)

Rund 70 % der Erdoberfläche sind mit Wasser bedeckt. Süßwasser nimmt nur etwa 2,6 % der Gesamtwassermenge ($1,38 \cdot 10^9$ km³) ein. Davon sind 77 % im Polar- und Gletschereis festgelegt, so dass nur etwa 0,6 % des gesamten Wassers als Fluss-, See- und Grundwasser vorliegen (nach Neitzel und Iske 1998).

Die physikalischen Eigenschaften des Wassers (Assoziatbildung, Dichteparadoxon, hohe Wärmekapazität, hohe Dielektrizitätskonstante u.a.) machen Lebensvorgänge überhaupt erst möglich.

Wasser befindet sich durch die biologischen Aktivitäten im ständigen Kreislauf. Es wird durch die Sauerstoffverbrennung gebildet, durch die Photosynthese jedoch wieder zersetzt. Man nimmt an, dass im Verlauf der Entwicklungsgeschichte der Erde jedes Molekül Wasser vielfach in diesen Kreislauf einbezogen wurde.

Atmosphärisches Wasser wird idealerweise alle 11 Tage ausgetauscht. Die für die biologischen Prozesse und den Austausch des Wassers über die Atmosphäre notwendige Energie sorgt auf der Erdoberfläche für den Temperaturausgleich. Durch die Lösungsmittelwirkung werden für biologische Prozesse notwendige Bedingungen geschaffen. Osmotische Vorgänge sind wiederum Grundlage aller zellulären Prozesse und über die Zellmembranen mit dem energetischen Haushalt der Zellen verbunden.

Damit ist sauberes Trinkwasser die Grundlage allen Lebens und bedarf des Schutzes. Genutztes und durch die anthropogenen Aktivitäten nicht wieder nutzbares Wasser muss aufgrund der natürlichen Kreislaufprozesse und der begrenzten Ressourcen gereinigt werden.

Durch die Gesetzgeber der einzelnen Länder sind deshalb weltweit Regelwerke für die Reinigung genutzter Wässer geschaffen worden, die auf naturwissenschaftlichen Erkenntnissen, aber auch geschichtlichen und nationalen Besonderheiten beruhen. Eine Zusammenfassung über das in Deutschland gültige Wasserrecht sowie die Wasser- und Abfallgesetze ist bei Neitzel und Iske (1998) zu finden.

Für „Abwasser" gibt es in Deutschland eine Definition (DIN 4 045):

„Abwasser ist ein nach häuslichem, gewerblichem oder industriellem Gebrauch verändertes, insbesondere verunreinigtes, abfließendes, auch von Niederschlägen stammendes und in die Kanalisation gelangendes Wasser."

Abwasser wird wie folgt unterteilt:

- Häusliches Schmutzwasser (Q_h):
    - Waschwasser,
    - Badewasser,
    - Spülwasser,
    - Fäkalwasser;
- gewerbliches Schmutzwasser (Q_g):
    - Fabrikationswasser,
    - Reinigungswasser,
    - Kühlwasser,
- landwirtschaftliches Schmutzwasser (Q_l).
- Fremdwasser (Q_f).
- Regenwasser, Schmelzwasser (Q_r).

Die Schmutzwässer sind unterschiedlich mit Fremdstoffen belastet. Diese benötigen je nach ihrer Herkunft und den stofflichen Besonderheiten auch eine unterschiedliche Behandlung. Es können folgende Gruppen an Fremdstoffen unterschieden werden:

- Zehrstoffe,
- Nährstoffe,
- Schadstoffe,
- Störstoffe.

Diese schematische Unterteilung ist nicht in jedem Fall zutreffend, da die toxische oder Wasser gefährdende Wirkung von der Art des Stoffes (organische Verbindungen, Schwermetalle) und deren Konzentration abhängt. Zur Charakterisierung der Abwasserinhaltsstoffe sind besonders geeignet die Bestimmung der Sauerstoffzehrung, die Speziation des Kohlenstoffs und der Gehalt an den Nährstoffen Phosphor und Stickstoff.

4.1.1 Sauerstoffzehrung

Um die organische Belastung eines Abwassers vergleichen zu können, wurde in der Abwasserpraxis der Einwohnergleichwert (EWG) (auch Einwohnerwert EW) eingeführt. Darunter ist der Sauerstoffbedarf für die biologische Oxidation an 5 Tagen (BSB_5-Wert = Biologischer Sauerstoffbedarf) von 60 g O_2 pro Tag definiert. Dieser experimentell ermittelte (durch elektrochemische Generation erzeugte und registrierte) Sauerstoffbedarf von Bakterien wird im Dunkeln bei 20 °C ermittelt (mg O_2/l). Der Zeitraum von 5 Tagen ist notwendig, um eine Aussage über langsam verlaufende Abbaureaktionen und Anpassungsvorgänge zu erhalten. Der BSB_{20} erstreckt sich entsprechend über einen Zeitraum von 20 Tagen und wird gelegentlich bei Industrieabwässern mit sehr persistenten Inhaltsstoffen ermittelt.

Als Vergleich sind hier die EW-Werte einiger Abwässer zusammengestellt:

* 1 Schwein 14 EW,
* 1 Rind (500 kg) 16 EW,
* 1 t Rüben/Zuckerproduktion bis 250 EW,
* 1000 l Milch 100 – 250 EW,
* 1 t Wolle 2000 – 5000 EW,
* 1 t Zellstoff 4000 – 6000 EW.

Weitere wichtige Grundparameter der Abwasserreinigung werden im Folgenden beschrieben.

CSB Chemischer Sauerstoffverbrauch (engl. COD, Chemical Oxygen Demand): Ermittelt aus der Menge an Sauerstoff, die zur chemischen Oxidation organischer Substanzen verbraucht wird. Das Oxidationsmittel ist Kaliumdichromat mit einem katalytisch wirksamen Zusatz von $AgNO_3$. Persistente Paraffine und Aromaten können den Wert verfälschen (Dimension mg/l).

Zwischen CSB und BSB gibt es normalerweise immer im Zahlenwert einen Unterschied, da der CSB auch alle die oxidierbaren Substanzen erfasst, die biologisch nicht abbaubar sind. Dementsprechend ist ein hoher Quotient von CSB und BSB ein Hinweis auf einen hohen Anteil von biologisch nicht oder nur schwer abbaubarer organischer Substanz.

Zu den Zehrstoffen gehören auch die reduzierten anorganischen Stickstoffverbindungen. Die mikrobielle Ammoniakoxidation besitzt ein sehr hohes Sauerstoffzehrungs-Potenzial. Ebenso zehren Sulfide, Sulfite und reduzierte Schwermetalle wie Eisen(II)- und Mangan (II)-Verbindungen.

Abiotische Zehrungsreaktionen können weiterhin durch oxidative Polymerbildung auftreten, wie sie bei phenolischen Industrieabwässern beobachtet werden.

4.1.2 Kohlenstoffelimination

Der Kohlenstoffgehalt eines Abwassers hängt von der Dispersität des Abwassers ab (Gehalt an Schwebstoffen, Kolloiden oder gelösten organischen Verbindungen). Weiterhin ist in Abhängkeit vom pH-Wert des Abwassers ein sehr komplexes Gleichgewicht des gelösten anorganischen Kohlenstoffs (gelöstes Kohlendioxid, Bicarbonat, Carbonat) zu berücksichtigen, dessen Gehalt die analytischen Methoden (insbesondere die auf der Verbrennung und infrarotspektroskopischen Erfassung basierenden Schnellbestimmungen) beeinflussen kann. Für einzelne kohlendioxidabhängige (autotrophe) mikrobiologische Reaktionen wie die Nitrifikation oder Sulfidoxidation ist der Kohlendioxidgehalt von Bedeutung.

Unter praktischen Aspekten werden unterschieden

* gelöster organischer Kohlenstoff DOC,
* gesamter organischer Kohlenstoff TOC,
* gesamter anorganischer Kohlenstoff TIC,
* partikulärer organischer Kohlenstoff POC,
* verbleibender nichtflüchtiger Kohlenstoff ROC,
* Gesamtkohlenstoff TC.

DOC Gelöster organischer Kohlenstoff (engl. Dissolved Organic Carbon):
Organischer Kohlenstoff, bezogen auf gelöste organische Verbindungen, die nach einer Membranfiltration der Probe enthalten sind (Dimension mg/l).

GOC Gesamter organischer Kohlenstoff (engl. TOC, Total Organic Carbon):
Der Wert wird durch Verbrennung und Bestimmung des gebildeten CO_2 ermittelt (Dimension mg/l).

POC Partikulärer organischer Kohlenstoff (engl. Particulate Organic Carbon):
Wird bezogen auf ungelösten, suspendierten organischen Kohlenstoff sowie die an Feststoffen adsorptiv gebundenen organischen Verbindungen (Differenz aus TOC und DOC, Dimension mg/l).

ROC (engl. Residual Organic Carbon):
Organischer Kohlenstoff, bezogen auf die nicht flüchtigen organischen Verbindungen (Dimension mg/l).

TIC Gesamter Anorganischer Kohlenstoff (engl. Total Inorganic Carbon, ungebräuchlich deutsch TAC):
Der TIC wird vor der Verbrennung der Probe in saurem Milieu bestimmt und stellt den Kohlenstoff dar, der im Wasser als CO_2, HCO_3^- und CO_3^- vorliegt (Dimension mg/l).

TC Gesamtkohlenstoff (engl. Total Carbon):
Der nach der Verbrennung der organischen Wasserinhaltsstoffe als CO_2 zusammen mit dem anorganischen Kohlenstoff gemessene Kohlenstoff, bezogen auf die flüchtigen organischen Verbindungen.

TOC gesamter organisch gebundener Kohlenstoff (engl. Total Organic Carbon):
Der TOC ist die Konzentration an organisch gebundenem Kohlenstoff als Maß für die Konzentration an organischer Substanz im Abwasser. Er ist die Differenz aus TC-TIC. Der Wert berücksichtigt auch die ungelösten organischen Partikel.

Nach der Belastung wird das Wasser in 4 Güteklassen eingeteilt:

Güteklasse I
Das Wasser ist unbelastet bis gering belastet, nährstoffarm und sauerstoffreich. Es befinden sich kaum Bakterien und Bakterienfresser im Wasser.

- Keimzahl: 0 – 100/ml
- BSB_5:   bis 3 mg/l O_2
- CSB: 1 – 2 mg/l O_2

Güteklasse II
Das Wasser ist leicht belastet, es gibt eine große Mannigfaltigkeit an Tieren und Pflanzen.

- Keimzahl: 100 – 10 000
- BSB_5:   3 – 6 mg/l O_2
- CSB: 8 – 9 mg/l O_2

Güteklasse III
Das Wasser ist stark verschmutzt, es zeigt eine hohe Sauerstoffzehrung. Es sind große Mengen Bakterien, Algen und Wasserpflanzen vorhanden. Ein Fischsterben kann erwartet werden.

- Keimzahl: 10 000 – 100 000
- BSB_5:   6 – 14 mg /l O_2
- CSB: 20 – 65 mg /l O_2

Güteklasse IV
Das Wasser ist übermäßig verschmutzt, der Sauerstoffgehalt ist sehr gering, es wird Schwefelwasserstoff nachgewiesen. Es sind weder Fische und Wasserpflanzen noch Grünalgen vorhanden. Es gibt eine Massenentwicklung von Bakterien und Bakterienfressern sowie von Abwasserpilzen (Abb. 4-1).

- Keimzahl: größer 10 000
- BSB_5:   größer 14 mgO_2/l
- CSB: größer 80 mgO_2/l

Abb. 4-1. Höchst belastete Abwässer einer Ölschiefer-Pyrolyse (Estland) (Foto: UFZ, Autor)

In der Natur werden gelöste organische Verbindungen durch Mikroorganismen auf unterschiedlichen Wegen genutzt: aerob oder anaerob. Im ersten Fall müssen neben der ausreichenden Anwesenheit von Sauerstoff genügend Nährstoffe und Spurenelemente vorhanden sein. Da die Löslichkeit von Sauerstoff in Wasser begrenzt ist (30 °C: ~7 mg/l) muss eine schnelle Nachlieferung aus der Luft durch geeignete technische Maßnahmen möglich sein. Die aerobe Abwasserreinigung nutzt diese einfachen Voraussetzungen zum Abbau der gelösten Abwasserinhaltsstoffe. Im einfachsten Fall ist nur für eine ausreichende Sauerstoffnachlieferung zu sorgen. Im Idealfall entsteht nur Biomasse und Kohlendioxid. Bei Gegenwart von schwer abbaubaren oder toxischen Abwasserinhaltsstoffen ist es notwendig, Cooxidations- oder Transformationsreaktionen mit aktiven Maßnahmen zu unterstützen. Die Reaktionsprodukte sollten dann von den Mikroorganismen direkt mineralisiert werden.

Bei einer Auszehrung des Sauerstoffs stellen sich anaerobe Bedingungen ein. Je nach Redoxpotenzial werden in der Reihenfolge Nitrat, Sulfat, Eisen(III), Mangan(IV) und formal Kohlendioxid als Elektronenakzeptoren genutzt. Elektronendonor ist jeweils organisch gebundener Kohlenstoff. Nicht nur gut abbaubare Verbindungen, sondern auch persistente Verbindungen werden umgesetzt, wenngleich auch nicht immer vollständig mineralisiert. Bei einem Redoxpotenzial von - 400 mV stellen sich methanogene Bedingungen ein, d.h., es kommt zur Bildung von Biogas, einer Mischung von Methan und Kohlendioxid. Die Massen- und Energiebilanzen sind in Abb. 4-2 schematisch dargestellt.

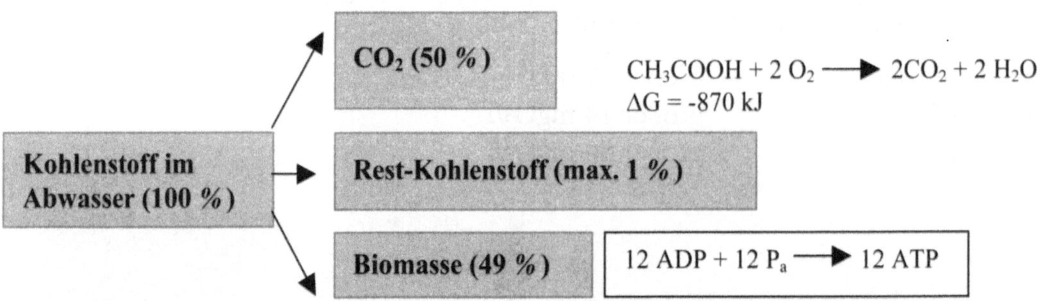

P_a = anoganischer gebundener Phosphor

Abb. 4-2. Kohlenstoff- und Energiebilanz der aeroben Umsetzung

Die anaerobe mikrobielle Kohlenstoffumsetzung ist in Bezug auf die ATP-Bildung pro Mol umgesetzten Kohlenstoffs weniger energieeffizient (siehe Kapitel 4.2).

Die methanogenen Reaktionen sind Zeitreaktionen und verlaufen deutlich langsamer als die aeroben Umsetzungen. Das komplexe Zusammenspiel der methanogenen Kokultur ist empfindlich gegen Störungen des Systems. Das gebildete Biogas ist energetisch zu nutzen, benötigt jedoch vorher eine Reinigungsstufe, da es aus Sulfat reduzierenden Reaktionen Schwefelwasserstoff enthält. Methanogene und Sulfat reduzierende mikrobiologische Umsetzungen können insbesondere dann nebeneinander verlaufen, wenn eine Zonierung in einer Matrix – wie z.B. in Biofilmen – möglich ist.

Auch in aerob gebildeten Klärschlamm-Flocken kann der innere Teil der Flocke völlig anaerob sein, wenn die sich außen befindlichen aeroben Bakterien eine so hohe Sauerstoffzehrung haben, dass die Nachdiffusion des gelösten Sauerstoffs aus dem Wasser bis in den inneren Bereich nicht ausreichend möglich ist. Der theoretische Energiegewinn durch Verbrennen des gebildeten Methans ergibt sich aus folgendem Vergleich:

Aerobe Reaktion : $CH_3COOH + 2\ O_2 \rightarrow 2CO_2 + 2\ H_2O$ $\Delta G = -\ 870\ kJ$

Anaerobe Reaktion: $CH_3COOH \rightarrow CO_2 + CH_4$ $\Delta G = -31\ kJ$

Wärmegewinnung aus der Verbrennung des Methans: *$\Delta G = -839\ kJ$.*

Der Heizwert des Biogases wird allerdings durch den Kohlendioxidanteil erniedrigt. Anreicherung ist möglich durch Membranverfahren oder aber nach einem Vorschlag von Wendlandt et al. 1998 durch einen Kreislaufprozess durch phototrophe Auszehrung in Algenbioreaktoren.

Die Reinigung der Abwässer muss die Tatsache berücksichtigen, dass sich im Wasser sowohl ungelöste, suspendierte, kolloide als auch gelöste organische Schadstoffe befinden. Die biologische Verwertung kann auf zwei prinzipiell unterschiedlichen Wegen erfolgen:

- aerob mit Biomassebildung und Nutzung des Kohlenstoffs als Energiequelle,
- anaerob mit Biogasbildung und verringerter Biomassebildung.

4.1.3 Phosphorelimination

Der hohe Gehalt an Polyphosphaten in den Waschmitteln war bis zur völligen Substitution dieser – die Gewässereutrophierung fördernden – Verbindungen der Haupteintragspfad für Phosphat. Heute spielt diese Quelle keine Rolle mehr. Aus häuslichem Abwasser stammen Phosphorverbindungen aus Exkrementen und Urin. Dieser wird mit 1,6 g/Einwohner x Tag als relativ konstant angesehen (nach Neitzel und Iske 1998). Aus dem Metall verarbeitenden Gewerbe, der Leder- und Getränkeindustrie sowie der Lebensmittelbranche werden jedoch unverändert Phosphate in die Abwässer eingetragen.

Phosphor ist ein lebenswichtiger Nährstoff und für die biologischen Prozesse essentiell. Mangel oder Verfügbarkeit von Phosphor sind entscheidend für das Organismenwachstum in den Gewässern und damit für deren Qualität. Da in einem Gewässer in dicht besiedelten Gebieten kaum Kohlenstoff- oder Stickstoffmangel zu verzeichnen ist, wird das Wachstum der Organismen über die Phosphorkonzentration gesteuert. Die Zahl der Organismen bestimmt wiederum die Sauerstoffzehrung und damit den Gehalt an gelöstem Sauerstoff in einem Gewässer und entscheidet damit über dessen realen ökologischen Zustand.

In den Abwässern liegt das Phosphat sowohl anorganisch als auch organisch als saure Ester der Ortho-Phosphorsäure vor. Durch Kationen, insbesondere Calcium und Eisen, wird ein großer Teil des anorganischen Phosphats bereits ausgefällt.

Diese Fällungsreaktionen werden in der Abwasserreinigung ausgenutzt, indem Eisen(III)-chlorid-Lösung kontinuierlich dosiert wird. Ökonomischer lässt sich jedoch die biologische Phophorelimination gestalten.

Die verfahrenstechnische Gestaltung einer Beobachtung von Srinath et al. (1959) führte seit dieser Zeit zu einer intensiven Bearbeitung des Phänomens, dass der Schlamm biologischer Abwasserreinigungsanlagen ein hohes P-Bindungsvermögen besitzt, wenn ein sequentieller Wechsel der Belüftung aerob-anaerob erfolgte.

In der Folgezeit wurden zu dieser grundlegenden Beobachtung weitere hinzugefügt (nach Witt 1997):

- *Beobachtung 1:* Alternierende Redoxbedingungen aerob-anaerob erhöhen den Gehalt an Phosphor in einer Belebtschlammanlage;
- *Beobachtung 2:* Leicht aufnehmbare C-Komponenten erhöhen unter aeroben Bedingungen die P-Aufnahme;
- *Beobachtung 3:* Unter anaeroben Bedingungen erfolgt eine Rücklösung des Phosphors;
- *Beobachtung 4:* Nitrat hat einen hemmenden Einfluss auf die Rücklösung des Phosphors;
- *Beobachtung 5:* Simultan zur P-Rücklösung erfolgt in der Zelle die Synthese eines C-Speicherstoffes, der Poly-β-Hydroxybuttersäure;
- *Beobachtung 6:* Die intensivste Rücklösung erfolgt mit niederen Fettsäuren als leichtverwertbaren Kohlenstoffquellen;
- *Beobachtung 7:* Der gebundene Phosphor ist partikulär gebunden. Über die Art der Bindung in Einzelzellen oder im/am Komplex des Zellverbundes des Belebtschlammes gibt es noch keine vollständige Klarheit.

Während die Beobachtungen 1–6 vielfach untersetzt und bestätigt wurden, ist die Beobachtung 7 Gegenstand unterschiedlicher konzeptioneller Betrachtungsweisen:

1. Comeau et al. (1985) und Wentzel et al. (1986) sehen die Inkorporation von Polyphosphaten in die Bakterienzelle als einen Energiepool unter den Bedingungen des Energieüberschusses (Aerobie) an. Unter anaeroben Bedingungen wird auf diesen Energiepool zurückgegriffen, es erfolgt eine Rücklösung. Gleichzeitig erfolgt eine Aufnahme von niederen Fettsäuren vorzugsweise von Acetat.

Die Regulationsmechanismen erklären sich aus der allgemeinen mikrobiellen Physiologie. Danach ist das Paar NAD-ATP Grundlage der Steuerung. Unter anaeroben Milieubedingungen erfolgt ein Zusammenbruch der Atmungskette. Dadurch ist keine Regeneration des $NADH_2$ möglich, es kommt zu dessen Anstieg: Damit sinkt entsprechend das ATP-Niveau. Diese Stresssituation wird von der Zelle durch die Synthese zweier Enzyme umgangen, die einmal zur Synthese von PHB führen und zum anderen Polyphosphate abbauen. Durch die PHB-Synthese fließen die angestauten Reduktionsäquivalente ab und der lebenswichtige Citratcyclus bleibt erhalten. Durch die Hydrolyse der Polyphosphate wird das ATP-Niveau gehoben, so dass wieder ein energetisches Gleichgewicht hergestellt wird.

Unter aeroben Bedingungen erfolgt umgekehrt ein Abfall des $NADH_2$ und ein Anstieg des ATP-Niveaus. Zur Regulation wird PHB zu $NADH_2$ zurückgeführt, durch Polyphosphatbildung wird das ATP-Niveau erniedrigt.

Diese Mechanismen werden durch zelluläre Transportvorstellungen ergänzt:

- Einschleusen von Acetat,
- Ausschleusen von Dihydrogenphosphat,
- Ausschleusen von Kationen und Einschleusen von Hydroniumionen zum Ladungsausgleich.

Das folgende einleuchtende Schema vereinfacht reale Bedingungen. Es ist ein Beispiel der Antwort der Zelle auf Stresssituationen und gleichzeitig für den „luxury uptake" (Abb. 4-3).

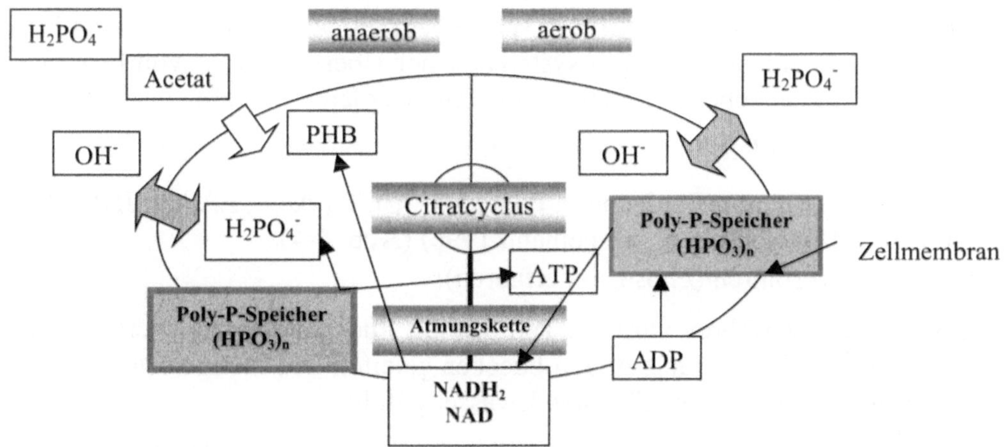

Abb. 4-3. Vereinfachtes Schema der biologischen Phosphataufnahme

2. Ältere Arbeiten erklären das Gesamtphänomen als eine Überlagerung biologischer Mechanismen und chemischer Fällungsreaktionen. Diese werden unter anaeroben Bedingungen vermutet und könnten biologisch induziert werden. Sie könnten innnerhalb der mikroskopischen Dimension der Schlammmatrix stattfinden.

Neuere Untersuchungen (Witt 1997) ergeben, dass beide Konzeptionen zu verbinden sind. Er erkennt das Schlammalter als eine weitere Komponente der Bindung des eliminierten Phosphats an die Matrix. Der Übergang von biologisch gebundenem und ausgeschiedenem reaktiven Phophat zu einer stabilen ausgeflockten Form scheint plausibel und verbindet Daten der beiden Betrachtungsweisen.

Technische Lösungen der P-Elimination
Einer repräsentativen Belebtschlammzusammensetzung entspricht die Summenformel $C_{106}H_{180}O_{45}N_{16}P_1$. Daraus errechnet sich ein P-Gehalt in der Zelle von etwa 1,5 % der Trockensubstanz. In traditionellen Belebungsanlagen kann für ein kommunales Abwasser mit einem Verbrauch an Phosphat von 1 – 2,5 Gew. % gerechnet werden (bezogen auf organische Trockensubstanz) (Morgan und Frum 1974). Das bedeutet einen Verbrauch von 0,5 – 1 mg Phosphor je 100 g BSB_5-Abbau oder eine P-Reduzierung von 20 – 40 % bei einem normal belasteten (mit etwa 200 mg BSB_5/l) kommunalen Abwasser.

Es sind in den letzten Jahren eine Vielzahl von Abwasserreinigungsanlagen mit biologischer Phosphatelimination gebaut und umfangreiche Erfahrungen gesammelt worden. Verfahrensvarianten unterscheiden sich in der Reihenfolge der oxischen und anoxischen Stufen, dem Kreislauf der Wässer zur Stickstoffelimination und der Führung der Schlammsysteme. Ein systematischer Überblick wird von Firky und Pinnekamp (1989) gegeben, Leistungsvergleiche werden angestellt.

Es sind zu unterscheiden:

- Hauptstromverfahren (Bardenpho-, Phoredox-, UCT-, A/O-, EASC-, JHB-, Biodenipho-, SBR-Verfahren) (Hegemann 1996) (Abb. 4-4),
- Nebenstromverfahren (Phostrip-Verfahren).

Beim Nebenstromverfahren wird ein Teil des mit Phosphat angereicherten Rücklaufschlammes in ein separates Anaerobbecken geleitet. Das rückgelöste Phosphat wird mit Kalkhydrat aus dem Überstandswasser gefällt.

Nach Damiecki (1984) kann beim Bardenpho-Verfahren durchschnittlich mit folgenden Werten gerechnet werden:

- BSB_5-Elimination: 92 – 96 %,
- P-Elimination: etwa 75 %,
- N-Elimination: etwa 70 %.

In einem Vergleich zwischen chemischer Phosphat-Fällung und biologischer P-Elimination schneidet die Fällung in Bezug auf Erkenntnisstand, Prozessstabilität, Investitionskosten und Grenzwerterreichung besser ab. Die Betriebskosten, die Schlammproduktion und die Aufsalzung des Wassers sind jedoch beim biologischen Verfahren geringer (nach Neitzel und Iske 1998).

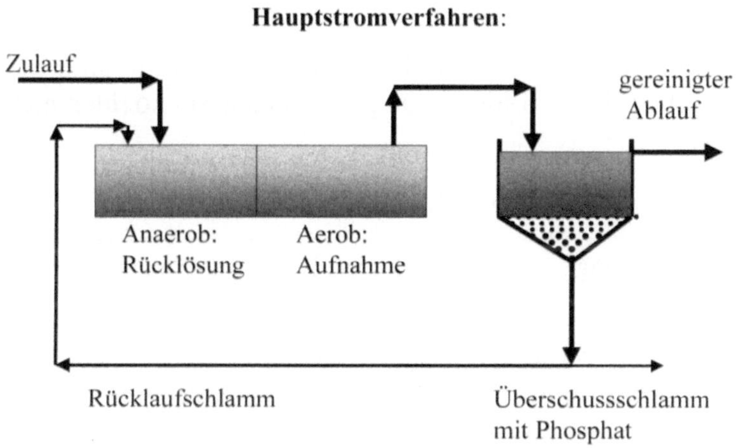

Hauptstromverfahren:

Abb. 4-4. Schematische Darstellung der biologischen Phosphatelimination im Hauptstromverfahren

4.1.4 Stickstoffelimination
(nach Kappelmeyer 2000)

4.1.4.1 Nitrifikation
Unter der Nitrifikation wird die biologische Oxidation von Ammonium zum Nitrat über Nitrit verstanden. Diese Umsetzung wird von zwei phylogenetisch[1] nicht näher verwandten Bakteriengruppen durchgeführt, die über den freien Metabolit Nitrit verbunden sind. Für den ersten Schritt – die Nitritifikation – gilt folgende Reaktionsgleichung (Gl. 1):

$$NH_4^+ + 3/2\ O_2 \quad \rightarrow \quad NO_2^- + H_2O + 2\ H^+ \tag{1}$$

Diese Umsetzung wird von den sogenannten Ammoniumoxidierern durchgeführt. Diese Gruppe besteht hauptsächlich aus Proteobakterien (Kowalchuk et al. 1997, 1999).

Zu den Hauptvertreten zählen die Gattungen *Nitrosomonas*, *Nitrosobacter* und *Nitrosolobus* (siehe Tab. 4-1).

---

[1] Eine Einführung in die Theorie der Phylogenie der Prokaryonten wird in Schlegel (1992) sowie Ludwig et al. (1998) gegeben.

Der zweite Teilprozess – die Nitratifikation – ist die Umsetzung des entstandenen Nitrits zum Nitrat (siehe Gl. 2).

$$NO_2^- + \tfrac{1}{2} O_2 \quad \rightarrow \quad NO_3^- \tag{2}$$

Die für diese Umsetzung verantwortlichen Bakterien werden als Nitritoxidierer bezeichnet. Eine Zusammenstellung der dazugehörigen Gattungen ist Tab. 4-1 zu entnehmen.

Die Gleichungen zum Chemismus (Gl. 1 und Gl. 2) der Nitrifikation sind hier vereinfacht dargestellt, so geht z.B. die Bildung von gasförmigen Stickoxiden nicht mit ein (Stüven et al. 1992).

Tab. 4-1. Taxonomische Einordnung der Nitrifikanten nach der NCBI–Datenbank

Stoffwechselgruppe/ Metabolische Leistung	Gattung	phylogenetische Einordnung
Ammoniumoxidierer	*Nitrosomonas*	– Subdivision der Proteobacteria
	Nitrosospira	– Subdivision der Proteobacteria
	Nitrosospina	– Subdivision der Proteobacteria
	Nitrosococcus	– Subdivision der Proteobacteria
Nitritoxidierer	*Nitrobacter*	– Subdivision der Proteobacteria
	Nitrospira	– Nitrosira-Gruppe
	Nitrospina	– Subdivision der Proteobacteria
	Nitrococcus	– Subdivision der Proteobacteria

Die zu diesen beiden Gruppen gehörenden Mikroorganismen werden als chemo-lithoautotrophe Mikroorganismen bezeichnet, d.h., sie gewinnen ihre Energie aus der Umsetzung von anorganischer Materie, die sie ebenfalls als C-Quelle benutzen. Im Fall der Nitrifikation wird die Energie aus der Oxidation von Ammonium bzw. Nitrit (siehe Gl. 1 und Gl. 2) gewonnen. Als C-Quelle wird Kohlendioxid über den Calvin-zyklus (Stryer 1991) in organische Biomasse umgebaut.

Stand des Lehrbuchwissens ist, dass die Gattungen *Nitrosomonas* und *Nitrobacter* die Hauptvertreter der Nitrifikanten darstellen. Diese Darstellung und damit auch die für viele Untersuchungen genutzten Modellorganismen müssen durch die Erkennt-nisse grundlegend geändert werden, die durch die Anwendung der nichtkultivieren-den molekularbiologischen Methoden gewonnen wurden. Schramm et al. (1998) beschrieben durch PCR (Polymerase Chain Reaction)-Anwendung, dass die Gattun-gen *Nitrosospira* und *Nitrospira* die Hauptvertreter in Abwasserkläranlagen und sicher auch in allen eutrophen Gewässern sind.

Die Nitrifikation ist ein sehr empfindlicher Prozess, und er kann durch die Parameter pH-Wert, Temperatur, Sauerstoffkonzentration sowie die Konzentration unterschiedlicher Hemmstoffe stark beeinflusst werden. Der pH-Wert wirkt z.B. auf die Enzymaktivität und auf die Gleichgewichte des Carbonats, Nitrits und des Ammoniums. Die beiden zuletzt erwähnten Verbindungen haben eine Hemmwirkung auf die Nitrifikation durch freies Ammoniak und salpetrige Säure.

4.1.4.2 Denitrifikation

Die Denitrifikation wird als anaerobe mikrobielle Reduktion von Nitrat bzw. Nitrit zum molekularen Stickstoff definiert. Hierbei können als Intermediate Stickstoffmonoxid und Distickstoffmonoxid auftreten. Unter Einbeziehung von Acetat als Elektronendonator können folgende Reaktionsgleichungen (Gl. 3 – 5) nach Cervantes et al. (1998) aufgestellt werden:

$$CH_3COONa + 4\,NO_3^- \longrightarrow 4\,NO_2^- + NaHCO_3 + CO_2 + H_2O \qquad (3)$$

$$CH_3COONa + 4\,NO_2^- + 2H^+ \longrightarrow 2\,N_2O\text{-} + NaHCO_3 + CO_2 + H_2O + 2OH^- \qquad (4)$$

$$CH_3COONa + 4\,N_2O \longrightarrow 4\,N_2 + NaHCO_3 + CO_2 + H_2O. \qquad (5)$$

Die oxidierten Stickstoffverbindungen werden als Elektronenakzeptoren benutzt.

Die heterotrophen, denitrifizierenden Bakterien folgen einem chemoorganotrophen Stoffwechsel. Unter einem chemoorganotrophen Stoffwechsel wird der Energiegewinn aus Redoxreaktionen an organischen Verbindungen und die Benutzung von organischen Verbindungen als Wasserstoffdonatoren verstanden (Schlegel 1992).

Aus ökologischer Sicht betrachtet, ist diese Stoffwechselleistung essentiell für Reinigungsprozesse, denn sie stellt den einzigen Weg dar, die N-Eutrophierung von Gewässern durch Reduktion bis zum molekularen Stickstoff zu verhindern. Diese Form des anaeroben Stoffwechsels ist nicht nur bei einer engen Gruppe von Mikroorganismen anzutreffen, sondern ist sehr heterogen über viele verschiedene Bakteriengattungen und -arten (Zumft 1992) und einige Hefen (Toritskua et al. 1997) verteilt. Aufgrund dieser Diversität beruhen viele Methoden zur Bestimmung der Aktivität und Anzahl auf der Messung von Stoffwechselprodukten der Denitrifikanten (Alef 1991). Weiterhin könnten molekularbiologische Methoden, die Teile von Sequenzen der am Denitrifikationsprozess beteiligten Enzyme nachweisen, Erfolg versprechen. Bei diesen Enzymen konzentriert man sich hauptsächlich auf die Nitritreduktase (Braker et al. 1998). Dieses Enzym kann für die Denitrifikation als Schlüsselenzym bezeichnet werden, denn es trennt die echten Denitrifikanten von den Nitratreduzierern (Ward et al. 1993, Ward 1995). Die Nitratreduzierer können nur Nitrat zum Nitrit reduzieren.

Die an der Denitrifikation beteiligten Enzyme besitzen unterschiedliche Inhibierungskoeffizienten gegenüber Sauerstoff, wobei sich beim Vergleich der Literatur kein klares Bild über die Hemmkonzentrationen ergibt. So wird die Nitratreduktase von *Azospirillum brasilense* ab einem Sauerstoffgehalt von 0,35 % reprimiert, bei *Pseudomonas denitrificans* tritt diese Repression ab einem Sauerstoffgehalt von 5 % ein (Knowles 1982). Diese Repressionen scheinen ein Grund für das Auftreten der Intermediate im Startzustand bzw. bei Transienten zu sein. Es gibt mehrere Quellen, die vom Auftreten von Intermediaten berichten (Xu und Enfors 1996). Der häufige Nachweis der Nitritanhäufungen ist sicher durch deren einfache Detektion im Vergleich zum NO bzw. N_2O zu begründen. Für N_2O beschrieben Denmead et al. (1979) Emissionsraten für feuchte Gebiete von 302 g N/(ha d), für Roggenfelder von ca. 900 g N/(ha d) (Rolston et al. 1976) und für Präriegrasflächen Emissionen von 10 g N/(ha d) (Conrad und Seller 1980). Als Gründe für das gehäufte Auftreten der Intermediate können der pH-Wert, die Sauerstoffkonzentration und das Stickstoff-Kohlenstoff-Verhältnis angegeben werden. Weiterhin sind die Konzentrationen an Spurenelementen wie z.B. Metalle, die für die Enzymbildung essentiell sind, von entscheidender Bedeutung (Cervantes et al. 1998).

Als Hauptsteuerparameter für die Denitrifikation gilt das C/N-Verhältnis. Her und Huang (1995) testeten einige C-Quellen in Bezug auf die maximale Denitrifikation. Dabei fanden sie, dass unter Verwendung von Benzoat mit einem C/N-Verhältnis von 3,0 – 3,6 g C/g $N\text{-}NO_3$ – und unter Verwendung von Acetat mit einem Verhältnis von über 1,9 g C/g $N\text{-}NO_3$ – eine annähernd komplette Denitrifikation (> 97 %) realisiert werden konnte. Weiterhin wurde beschrieben, dass die beiden Substrate bei ungünstigem C/N-Verhältnis zu Nitritanhäufungen von 21 % für Acetat und 6 % für Benzoat führten (Smith und Tiedje 1979). Nitrifikation und Denitrifikation können in der Praxis der Abwasserreinigung durch unterschiedliche Prozessführungsvarianten verwirklicht werden. In Abb. 4-5 sind einige dieser Varianten schematisch dargestellt.

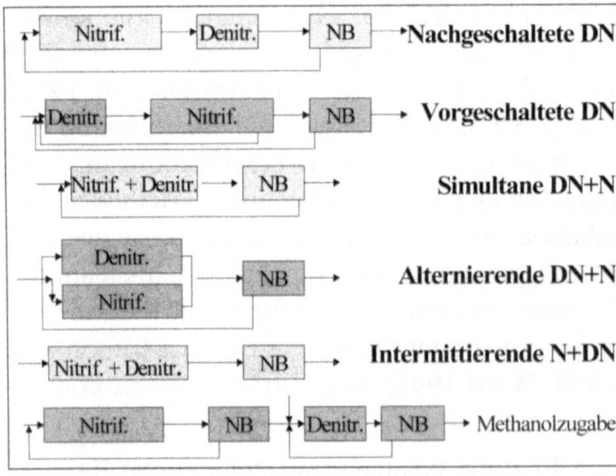

NB = Nachklärbecken
Abb. 4-5. Schematische Darstellung von Nitrifikations (N)-Denitrifikations-(DN)-Stufen

4.1.5 Technische Verfahren zur aeroben Abwasserreinigung

In Deutschland waren 1995 rund 89 % der gesamten Bevölkerung an öffentliche Abwasserreinigungsanlagen angeschlossen. Weitere 3 % ließen das Abwasser in Kleinkläranlagen reinigen. Der noch nicht an die öffentliche Abwasserreinigung angeschlossene Teil der Bevölkerung befindet sich zu einem überwiegenden Teil im ländlichen Raum. Abwassersammelkanäle führen die Abwässer zentralen Behandlungsanlagen zu.

Das Kanalsystem selbst hat im Gesamtprozess der Wasserbehandlung bereits eine erste Aufgabe. Abgesehen davon, dass durch Regenwässer eine Verdünnung erfolgt, wenn – was relativ selten der Fall ist – Schmutzwässer und Regenwässer nicht getrennt geleitet werden, sind bereits mikrobiologische Prozesse am Abbau der Wasserfracht beteiligt. Pumpenstationen helfen Höhenunterschiede überwinden.

In zentralen Anlagen erfolgt nach der Passage des Kanalsystems die Abwasserbehandlung. Es zeigt sich jedoch zunehmend, dass im Zuge der Wassereinsparung beim Verbraucher die Kosten für eine dezentrale Abwasserbehandlung keineswegs sinken, sondern im Gegenteil ein geringeres Wasseraufkommen Kosten steigen lässt. Entlegene Kommunen oder Haushalte werden durch den Kanalanschluss finanziell stark belastet. Aus diesem Grunde bekommen dezentrale Anlagen wieder eine zunehmende Bedeutung, zumal sie durch Automatisierung und Steuerungstechniken sehr betriebssicher geworden sind. Die Technik der zentralen Abwasserbehandlung ist in Abb. 4-6 dargestellt.

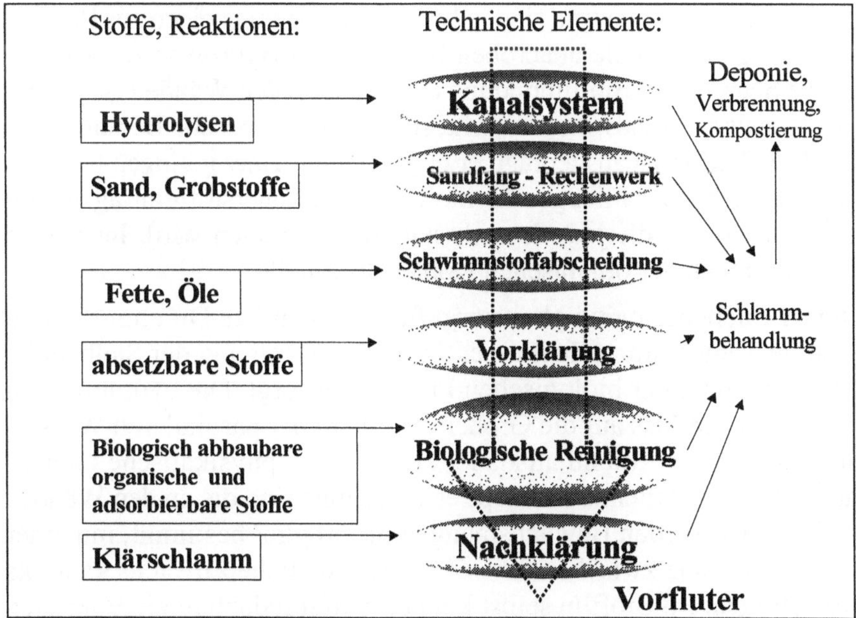

Abb. 4-6. Schema der Reinigung kommunaler Abwässer

Industrieabwasseranlagen sind nach dem gleichen Prinzip aufgebaut, jedoch entsprechend der spezifischen Entstehung und stofflichen Besonderheiten der Wässer in den Vorstufen modifiziert.

Es können zusätzliche Stufen einbezogen werden wie

- Fällung, Flockung, Neutralisation,
- Abtrennung von abgesetzten Stoffen durch Sedimentation, Flotation, Zentrifugation, Filtration,
- Austrieb von flüchtigen Abwasserinhaltsstoffen durch Strippung,
- Überführung von Abwasserinhaltsstoffen in die Gasphase durch Destillation oder Eindampfung,
- Überführung von Abwasserinhaltsstoffen in eine zweite Phase durch Extraktion,
- Abtrennung oder Anreicherung durch Membranverfahren wie Ultrafiltration oder reverse Osmose,
- Bindung an Festkörper wie Aktivkohle oder Ionenaustauschern,
- chemische Oxidation z.B. durch H_2O_2, Ozon,
- Nassoxidation mit Sauerstoff bei 150 – 300 °C unter Druck.

4.1.5.1 Das Kanalsystem als Bioreaktor (Abb. 4-7)
(nach Kühn und Gebhard 1998)

Beim Bau der meist historischen Kanalisationsysteme wurden die erst in den letzten Jahren bekannt gewordenen Kanalreaktionen entsprechend nicht berücksichtigt. Flache Systeme, in die kein Grundwasser eintritt, sind teilweise anaerob und neigen zur Bildung von Schwefelwasserstoff. Durch die anaeroben biologischen Hydrolyse-Reaktionen entstehen organische Säuren. Die Biofilmbildung (Sielhaut) an den Wänden ist gering. Falls beim flachen Kanaltyp Grundwasser eintritt, stellen sich anoxische Bedingungen ein (Nitratzufuhr). Der Biofilm ist ausgeprägt, er unterliegt nur einer geringen Erosion. Kanalsysteme mit ausreichender Fließgeschwindigkeit und Sauerstoffeintrag zeigen eine ständige Sielhautbildung, die jedoch auch ständig abgetragen wird. Insgesamt erfolgt bereits ein Verbrauch der organischen Kohlenstoffquelle.

Der Kanal mit hoher Fließgeschwindigkeit sorgt für eine ständige Durchmischung, es herrschen günstige Temperaturverhältnisse; durch die Abtragung der Sielhaut ist für eine ständige Animpfung der biologischen Prozesse gesorgt. Die hydraulischen Scherkräfte haben einen Einfluss auf die Größenverteilung der partikulären Wasserinhaltsstoffe, durch die lange Aufenthaltsdauer können sich physikalische Gleichgewichte (Gasaustausch) einstellen. Die Hauptreaktionszone sind die an den Wänden wachsenden Biofilme. Es wurden Bewuchsmengen bis 60 g/m² bestimmt, mit einer organischen Trockensubstanz zwischen 30 – 60 %. Der tägliche Zuwachs kann bis zu 6,2 g TS/m² d betragen. Im Biofilm selbst können Sulfat reduzierende Bakterien neben methanogenen Kulturen vorliegen, ebenso heterotrophe Aerobier, die jeweils nach den herrschenden Bedingungen aktiv werden und sich durchaus gegenseitig beeinflussen können.

Die hydraulischen Bedingungen sind entscheidend für den Sauerstoffeintrag, die Sedimentation und die Abrasion des Biofilms. Die Kontinuität des Wasserflusses wiederum bestimmt die Fließbedingungen. Sauerstofftransferrate und Sauerstoffverbrauch sind nur schwer zu berechnen, da die Zuordnung zu den suspendierten und immobilisierten Organismen erfolgen muss.

Die wichtigste hydolytische Umsetzung im Kanalsystem ist die Harnstoffzersetzung zu Ammonium durch Urease-Aktivitäten der Mikroorganismen. Die Oxidation des Ammoniums, die Nitrifikation, kann bei ausreichender Sauersstoffnachlieferung und Pufferkapazität des Rohwassers bedeutsam sein. Die Nitrifikanten wachsen bevorzugt in Biofilmen, die damit auch der Ort dieser Reaktion sind. Nitrifikanten sind empfindlich gegen toxische Wasserinhaltsstoffe. Der Biofilm mit seinen durch die polymere Matrix bedingten Diffusionswiderständen kann eine gewisse Schutzwirkung hervorrufen. Im Biofilm gebildeter Schwefelwasserstoff kann in höheren Konzentrationen die Nitrifikation hemmen. Bei niederen Temperaturen kommt die Ammoniumoxidation zum Erliegen.

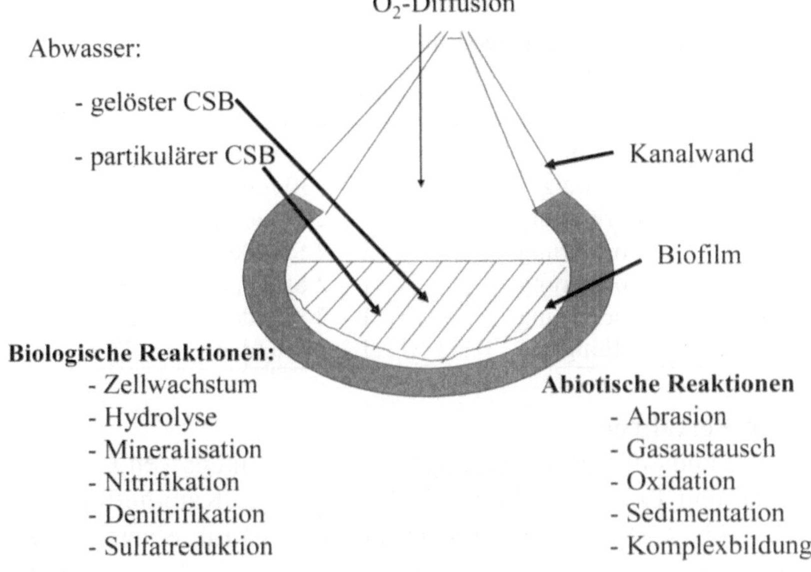

Abb. 4-7. Schematische Vorgänge im Kanalsystem

Die Sulfatreduktion benötigt anoxische Bedingungen. Als Kohlenstoffquelle können nicht nur leicht verwertbare organische Verbindungen genutzt werden, sondern auch schwer abbaubare Xenobiotika. Die Schwefelwasserstoffbildung ist unerwünscht, da durch sie das Personal gefährdet werden kann. Andererseits können Schwermetalle in die stabile Sulfidform überführt werden. Die Sulfatreduktion kann verhindert werden durch

- Sauerstoffüberschuss,
- Nitratanwesenheit,
- Mangel an verwertbarem Kohlenstoff,
- niedere Temperaturen.

Das Kanalsystem als „vorgeschalteter" Bioreaktor beeinflusst die nachgeschalteten Schritte der kombinierten Abwasserreinigung entscheidend (Phosphatelimination, Stickstoffbeseitigung). Es ist aber ebenfalls ein wesentlicher Faktor für Absetz- und Transportprozesse fester Bestandteile. Dementsprechend ist die mechanische Klärung ein wesentlicher erster Schritt in der zentralen Kläranlage.

4.1.5.2 Mechanische Verfahren zur Abwasserreinigung

Die wirkungsvolle Abtrennung der im Abwasserstrom mitgeführten Feststoffe oder suspendierten Wasserinhaltsstoffe unterstützt die biologischen Stufen des Gesamtverfahrens wesentlich. Konstruktion und Trends der Weiterentwicklung der einzelnen technischen Elemente der mechanischen Abwasserreinigung sind z.B. bei Neitzel und Iske (1998) und Schrammel (1998) zu finden. Bei Neutzel und Iske (1998) finden sich zur Leistung der mechanischen Stufen folgende Zahlenangaben (Tab. 4-2).

Tab. 4-2. Elimination in der mechanischen Reinigungsstufe (nach Neutzel und Iske 1998)

Stoff	Stufe	Zeitdauer	Elimination
Grobstoffe	Rechen	1 min	100 %
Sand	Sandfang	10 – 30 min	100 %
Absetzbare Stoffe	Vorklärung	1 – 2 Stunden	100 %
CSB	Vorklärung	1 – 2 Stunden	30 %
BSB5	Vorklärung	1 – 2 Stunden	30 %
Phosphor (mit Fällung)	Vorklärung	1 – 2 Stunden	25 %
Schwermetalle	Fällung	1 – 2 Stunden	25 %

4.1.5.3 Tropfkörper-Verfahren

Die technisch einfachste und energetisch günstige Form eines intensiven Kontaktes zwischen Wasserphase und Luft wird durch die Nutzung des Kamineffektes im Tropfkörper erreicht (Abb. 4-8). Ein zylindrischer Behälter ist mit einem porösen Füllmaterial beschickt und wird von oben mit dem mechanisch vorgeklärten Abwasser beschickt. Das Wasser wird durch Drehsprengler verteilt, die durch den Rückstoß des austretenden Wassers angetrieben werden. Das nach unten fließende Wasser kommt in einen intensiven Kontakt mit der entgegenströmenden Luft. Auf den Füllkörpern bildet sich ein biologischer Rasen. In der Summe der biologischen Reaktionen kommt es zum Abbau der organischen Substanz und zu simultanen

Nitrifikations- und Denitrifikationsreaktionen. Als Füllmaterialien werden Bimsstein, Schlacken, poröse Gesteine u.a. eingesetzt.

Es wird mit einem Oberfläche-Volumenverhältnis von 100 m²/m³ gerechnet. Kunststoff-Füllkörper gestatten ein Verhältnis bis 200 m²/m³ und finden zunehmend Verwendung. Die Höhe eines Tropfkörpers für die Behandlung kommunaler Abwässer beträgt 3 – 4 m, für Industrieabwässer wurden bis zu 10 m verwendet (Turmtropfkörper). Eine ausreichende Belüftung durch den Kamineffekt benötigt eine Temperaturdifferenz zwischen Wasser und Luft. Bei kalter Außenluft und wärmerem Abwasser entsteht eine Aufwärtsströmung der Luft, bei wärmerer Luft umgekehrt eine Abwärtsströmung. Es werden Werte von 18 m³/m² h Luftdurchsatz erreicht (Hegemann 1996). Die Aufenthalts- und Durchlaufzeit beträgt zwischen 20 – 60 min und ist von der Belastung und der Aktivität des biologischen Rasens abhängig.

Auf natürlichen Trägern bildet sich der aktive Rasen schnell aus. Er besteht bei der Reinigung kommunaler Abwässer aus Mikroorganismen, Nematoden, Protozoen, Milben, Insektenlarven und Würmern (Fadenwürmer, Borstenwürmer), die in einer polysaccharidhaltigen Matrix leben. Eine „Tropfkörperfliege" kann zu Belästigungen führen. Die Massenentwicklung von Würmern (Tubifex) kann eine Abweidung des Filmes und Ablösen hervorrufen.

Industrieabwässer mit toxischen Inhaltsstoffen sind erwartungsgemäß artenärmer. Im Wesentlichen sind Bakterien vorhanden. Bei hochbelasteten phenolischen Wässern wurden auch Hefen nachgewiesen (zitiert in Ringpfeil et al. 1988).

Im Tropfkörper bilden sich Nährstoffgradienten aus. Im oberen Teil bei Eintritt des Wassers in den Tropfkörper erfolgt die höchste Zehrung, gleichzeitig ist durch den Gasgegenstrom der Sauerstoffgehalt bereits erniedrigt. Im unteren Teil sind dagegen die gut verwertbaren Kohlenstoffverbindungen ausgezehrt, jedoch ist der Sauerstoffgehalt des durchströmenden Gases hoch. Unter diesen Bedingungen finden Nitrifikanten besonders bevorzugte Bedingungen, so dass die Ammoniakoxidation erst in dieser Zone stattfinden wird. In den inneren Schichten des Biofilmes sind anoxische Prozesse zu erwarten. Gebildeter Schwefelwasserstoff wird jedoch in den aeroben Zonen wieder zu Sulfat oxidiert. Bemessungsrechnungen für beide Reaktionen (nur Kohlenstoffelimination oder zusätzlich Nitrifikation) werden bei Hegemann (1996) aufgeführt.

Vorteile und Nachteile der Tropfkörper lassen sich wie folgt zusammenfassen:

Vorteile:

- geringer technischer Aufwand bei Aufbau und Wartung,
- geringe Betriebskosten, einfache Prozesssteuerung,
- kaum Überschussschlamm-Problematik, gut absetzbare Flocken von abgelöstem Rasen,

- Nitrifikation im Tropfkörper möglich,
- stabiler Betrieb bei konstanter Last.

Nachteile:

- Lange Einfahrzeit (mehrere Wochen), keine Fremdanimpfung möglich,
- Empfindlichkeit der Biozönose gegen Lastschwankungen und toxische Stöße,
- Verstopfungsgefahr (Clogging) durch abgelösten Rasen oder Versagen der mechanischen Reinigungsstufe,
- keine aktive Beeinflussung der Biologie möglich (z.B. Denitrifikation),
- Temperaturempfindlichkeit bei starkem Frost, Aerosolbildung möglich.

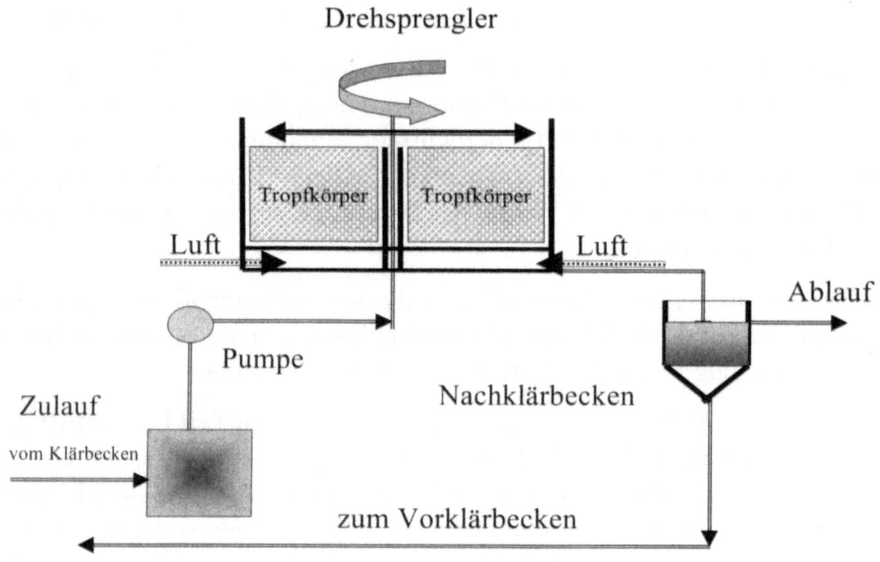

Abb. 4-8. Schema eines Tropfkörpers

Eine Variante des Tropfkörpers ist der Tauchtropfkörper (Abb. 4-9 – 4-11). Der Biofilm (Abb. 4-12) ist auf rotierenden Scheiben aufgewachsen, deren Form einen intensiven Kontakt mit dem verzögerten Wasserrückfluss gestattet. Die Scheiben (bei einem Abstand der Scheiben von 1 – 2 cm als Walzen angeordnet) tauchen nur teilweise in einen kontinuierlich von Abwasser durchflossenen Trog ein. Im oberen aus dem Wasser herausragenden Teil der Scheibe (bis 250 cm Durchmesser) wird der feuchte Biofilm mit Luft gesättigt. Zur Rotation der Scheiben wird nur wenig Energie benötigt (meist sind 1 kW-Motoren ausreichend).

Bei Reinigungsleistungen um 95 % werden 0,05 – 0,18 kWh/kg BSB benötigt. Nitrifikation ist möglich; dazu werden verschiedene Tröge hintereinander ange-ordnet. Nachteilig ist die Temperaturempfindlichkeit bei Frost, die zu Vereisungen führen kann. Eine Einhausung ist daher zu empfehlen. Die Tauchtropfkörper werden für die dezentrale Abwasserbehandlung eingesetzt und bewähren sich bei kleinen Kommunen. Sie sind wartungsarm und weisen sehr günstige Betriebskosten auf.

Deutlich bessere Reinigungsleistungen werden durch ein System erreicht, bei dem ein zu 75 % in das Abwasser tauchender Scheibentropfkörper zwangsbelüftet wird. Während in einer Charakteristik des Systems der Tauchtropfkörper mehr als „Festbettreaktor" anzusehen ist, ist der zwangsbelüftete Tauchtropfkörper besonders durch die Schlammrückführung in die Nähe des Belebtschlammverfahrens mit der Kombination des Festbettreaktors einzuordnen.

Bei einer Raumbelastung von 1,5 kg BSB_5/m^3 errechnet sich nach Böhnke 1983 ein Energiebedarf von nur 0,35 kWh/kg BSB_5, der damit um rund die Hälfte niedriger als der einer vergleichbaren Belebtschlammanlage ist. Varianten in der Ausführung der Scheiben und der damit optimierten Rückhaltung von Luftpaketen bzw. deren Erneuerung lassen sich besonders durch den Einsatz von Kunststoffmaterialien verwirklichen.

Als Beispiel werden folgende charakteristische Daten genannt:

- Volumen 18,5 m³,
- Fläche der Scheiben 1 040 m²,
- Flächenbelastung 27 g,
- Raumbelastung 1 500 g.

Eine Kombination zwischen belüftetem Sandfang und zwangsbelüftetem Tauchkörper ist möglich (AB-Verfahren) (Böhnke 1983).

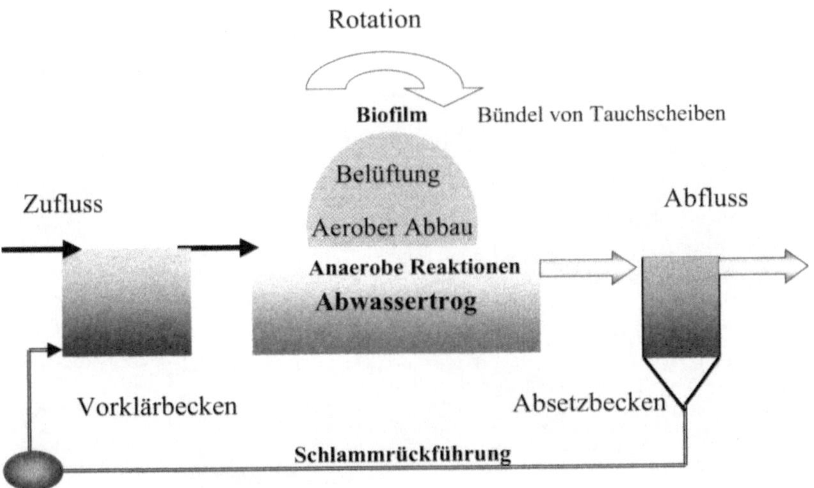

Abb. 4-9. Schematische Darstellung eines Tauchtropfkörpers

Abb. 4-10. Mehrkammer-Tauchtropfkörper für Technikumsversuche (Foto: UFZ, Autor)

Abb. 4-11. Tauchtropfkörper einer kommunalen Kläranlage (Irbid, Jordanien) (Foto: UFZ, Autor)

Abb. 4-12. Detail des Trägermaterials eines Tauchtropfkörpers, Reste von eingetrocknetem Biofilm sind erkennbar (Anlage Irbid, Jordanien) (Foto: UFZ, Autor)

4.1.5.4 Belebtschlammverfahren

Die natürlichen aeroben Reinigungsabläufe in Gewässern werden beim Belebtschlammverfahren dadurch intensiviert, dass bei einer sehr viel höheren Mikroorganismenzahl (Belebtschlamm) auch sehr viel höhere Stoffumsätze erreicht werden und der dadurch gesteigerte Sauerstoffbedarf durch ingenieurtechnische Maßnahmen gedeckt wird. Das bedeutet im einfachsten Falle eine intensive Durchmischung. Bei Kenntnis der biochemischen Vorgänge kann es andererseits auch einen gezielten Aufbau von Konzentrationsgradienten bedeuten.

Voraussetzung für eine hohe biologische Aktivität ist eine Biozönose, die sich in einem stabilen Zustand befindet und die Fähigkeit besitzt, Störungen des Abwasserregimes wie Stoßbelastungen oder Eintrag toxischer Stoffe zu tolerieren und in der Lage ist, sich schnell anzupassen. Die gesamte Biozönose wird als Belebtschlamm bezeichnet. Ein „gesunder" Schlamm bildet schnell absetzbare Flocken. In kommunalen Anlagen kann die Farbe goldgelb sein, in Mischwasseranlagen ist sie normalerweise dunkelbraun bis schwarz. Die Größe der Schlammflocken hängt von der mechanischen Scherkraftbelastung im Belebungsreaktor ab und beträgt zwischen 50 – 300 µm. Innerhalb der Flocke gibt es Gradienten, im Kern können anaerobe Bedingungen vorliegen. Die Dichte des Schlammes liegt wenig über 1,00 g/cm³.

Hauptkomponenten sind Bakterien, die hochmolekulare Verbindungen ausscheiden, die die Matrix der Flocke bilden und eine Selbstimmobilisierung der Organismen ermöglichen. Rund 70 % der Trockensubstanz sind organische Bestandteile, deren chemische Zusammensetzung in Abb. 4-13 dargestellt worden ist.

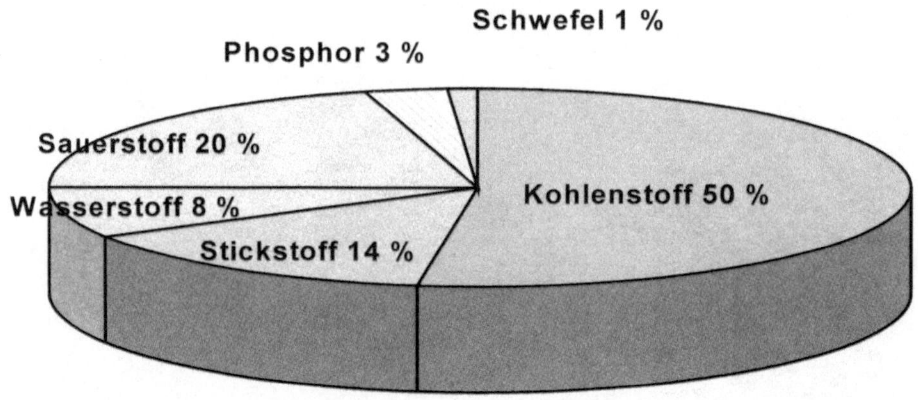

Abb. 4-13. Chemische Zusammensetzung der Trockenmasse einer Abwasserflocke (nach Römpp 1993)

Die anorganischen Bestandteile einer Flocke befinden sich überwiegend im Kern und bestehen aus Eisenhydroxid, Phosphaten, Silikaten und anderen Metallsalzen. Die Bildung der Polymerverbindungen erfolgt unter Stressbedingungen, insbesondere Hungerphasen. Um eine gute Absetzbarkeit und damit Abtrennung der Flocken in der Nachklärung zu erreichen, kann ein gezielter Wechsel von Hunger und Überschuss die Polymerbildung anregen. Die Flocke selbst bietet nur einen geringen Diffusionswiderstand, da sie Poren aufweist, die bei Durchströmung einen Stoffaustausch gewährleisten.

In der Belebtschlammflocke sind sowohl Gram-positive als auch Gram-negative Bakteriengattungen vertreten. Nach den Standardverfahren lassen sich nur 10 % der Bakterien kultivieren. Die Zuordnung zu unterschiedlichen Gattungen sagt dabei nichts über das Abbaupotenzial der Organismen aus.

Wichtig ist die Leistung innerhalb der gesamten Biozönose der Abwasserflocke, die experimentell nicht oder nur unvollkommen zu bestimmen ist. Nach Schön (1996) sind aus Abwasserflocken die in Tab. 4-3 genannten Bakteriengattungen isoliert worden (Auswahl).

Tab. 4-3. Aus Abwasserflocken isolierte Bakteriengattungen (nach Schön 1996)

Gram-negative Bakterien	Gram-positive Bakterien
Pseudomonas	*Arthrobacter*
Zoogloea	*Brevibacterium*
Flavobacterium	*Corynebacterium*
Aeromonas	*Micrococcus*
Alcaligenes	*Cellulomonas*
Enterobacteriacea	
Comamonas	
Paracoccus	
Nitrosomonas	
Nitrobacter	

Fädige Bakterien finden sich immer im Schlamm, sie können jedoch unter bestimmten Voraussetzungen (Veränderung der Fahrweise der Anlage, Schwankungen in der Versorgung, Sauerstoffmangel u.a.) die bestimmende Population sein. Es ist dann keine Flockenbildung mehr zu verzeichnen, man spricht von der Schwimmschlamm-Bildung. Die Umsatzraten können durch die größere Oberfläche durchaus erhöht sein, negativ ist jedoch das fehlende Absetzverhalten mit den sich ergebenen Problemen der Schlammrückführung und Nachklärung (Abb 4-14).

Die Vermeidung der Schwimmschlammbildung gelingt nicht immer, da die Ursachen vielfältig sein können und auch nicht immer an das Massenauftreten von Fadenbakterien gebunden sind.

Wichtige Schwimmschlammbildner sind:

- *Thiotrix,*
- *Spaerotilus,*
- *Microthrix,*
- *Nocardioforme Actinomyceten.*

Außer Bakterien werden im Belebtschlamm bestimmt:

- Pilze wie *Fusarium, Geotrichum* und Hefen,
- Protozoen wie Flagellaten, Amöben, Cilaten,
- Rotatorien und Nematoden.

Abb. 4-14. Vorrichtung zur Biomasserückhaltung an einem Absetzbecken (Foto: UFZ, Autor)

Aus biotechnologischer Sicht stellt das Belebtschlammverfahren einen kontinuierlichen Fermentationsprozess dar, dem nährstoffhaltiges Wasser zugeführt und Biomasse entnommen wird. Um einen Gleichgewichtszustand zu erreichen, müsste der Prozess als Turbidostat (auf konstante Zelldichte gesteuert) oder als Chemostat (durch das Wachstum limitierende Komponenten reguliert) geführt werden (siehe Kap. 3). In der Regel ist die Zuflussrate jedoch sehr viel höher als die Wachstumsrate der Mikroorganismen. Es könnte weiterhin zu einem Ausschwemmen langsam wachsender Organismen kommen und damit zu einer Selektion, die meistens eine Einschränkung im Substratnutzungsspektrum darstellt. Aus diesem Grunde wird mit einer einfachen Maßnahme immer für eine ausreichende Animpfung und hohe Biomassekonzentration gesorgt. Es wird ein Teil des ausgetragenen Schlammes wieder in den eingespeisten Abwasserfluss zurückgeführt. Damit wird erreicht, dass bei hoher Zelldichte wieder eine schnelle Zellneubildung entsprechend einer hohen Abbaurate der organischen Substanz stattfindet. Hinzu kommt, dass neben den Zellteilungsprozessen auch Transformationsreaktionen schlechter verwertbarer Substanzen stattfinden können. Die Metabolite können dann in der Gesamtheit der Biozönose bis zum Kohlendioxid mineralisiert werden.

Die Schlammrückführung wird als Quotient der vorhandenen zur abgeführten Schlammmenge (bestimmt als Trockensubstanz) zuzüglich der im Abfluss der Nachklärung enthaltenen abfiltrierbaren Stoffe charakterisiert (Abb. 4-15). Das sich so errechnende Schlammalter ist eine wichtige Kenngröße des Belebschlammverfahrens. Das Schlammalter muss größer sein als die durchschnittliche Generationszeit der Mikroorganismen (möglichst das 2 – 3-fache). Es beträgt im Durchschnitt ohne eine Nitrifikation im Belebungsbecken 1 – 5 Tage. Wird eine Nitrifikation angestrebt, muss das Schlammalter auf etwa 10 Tage erhöht werden, um den langsam wachsenden Nitrifikanten die Gelegenheit zum Wachstum zu geben. Ein Schlammalter von 5 Tagen errechnet sich zum Beispiel, wenn im Belebungsbecken ein Trockengewicht des Schlammes von 3,0 kg/m³ bestimmt wird und der Schlammabzug mit 0,6 kg/m³ d. Ein hohes Schlammalter ist ebenfalls vorteilhaft, wenn die Adsorptionsfähigkeit des Schlammes genutzt werden soll. Die Bindung schwer abbaubarer Verbindungen oder von Schwermetallen im Schlamm hilft die gesetzlich vorgeschrieben Einleitwerte zu erreichen, stellt jedoch nur eine Verlagerung des Problems in den Feststoff dar. Aus Industrieabwässern können auf diese Weise z.B. nicht abbaubare Polyphenole „beseitigt" werden. Für die Beseitigung von hormonell wirksamen organischen Verbindungen (endocrine disrupting chemicals) im Abwasser ist die Sorption am Schlamm ebenfalls eine Möglichkeit des Entfernens aus dem behandelten Wasser.

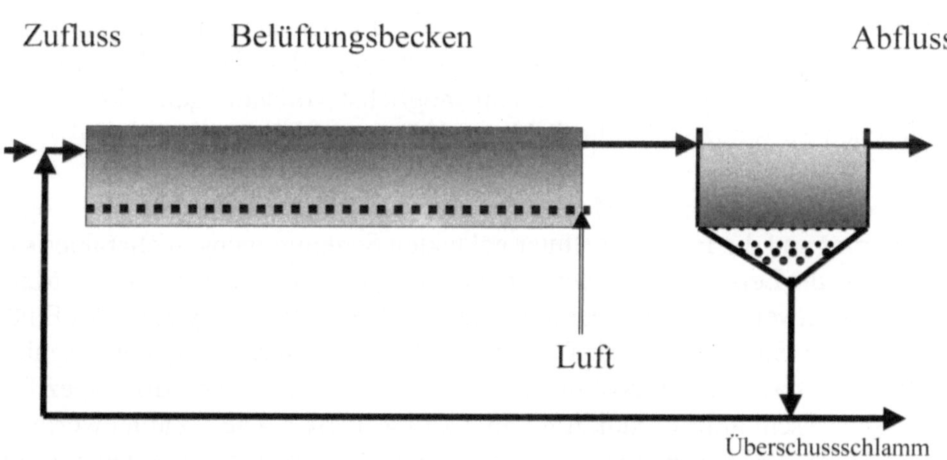

Abb. 4-15. Schlammrückführung und Schlammalter

Weitere wichtige Kenngrößen zur Schlammcharakterisierung sind:

- absetzbare Stoffe: Bestimmung des Volumen- oder Massenanteils der sich im Wasser befindlichen unlöslichen Stoffe unter definierten Bedingungen in einem Absetzbehälter (mg/l oder ml/l).

- abfiltrierbare Stoffe: Abfiltration und Trocknung der ungelösten Stoffe unter definierten Bedingungen (mg/l).
- Trockensubstanz: in der Volumeneinheit des Belebtschlammes enthaltene Trockenmasse an abfiltrierbaren Stoffen (g/l TS).
- Trockenrückstand: Die Trocknung erfolgt ohne Filtration, dementsprechend ist der Wert höher (g/l TR).
- Glühverlust: Bestimmung des organischen Anteils nach Abfiltration und Verglühen bei 550 °C. Bei einem Gehalt an Erdalkali- und Schwermetallcarbonaten z.B. in Industrieabwässern können jedoch fehlerhafte Werte entstehen (mg/l GV).
- Glührückstand: Differenz von Glühverlust zu den abfiltrierbaren Stoffen (mg/l GR).
- Schlammvolumen: Bestimmung des Volumens des sich absetzenden Schlammes nach 30 min im Messzylinder (ml/l V_s).
- Schlammindex: Der Quotient aus Schlammvolumen und Trockensubstanzgehalt dient zur Charakteristik der Betriebsweise einer Belebtschlammanlage. Der Schlammindex gibt an, welches Volumen 1 g abgesetzter Belebtschlamm (Angabe als Trockensubstanz) nach einer Absetzzeit von 30 min einnimmt (mg/g ISV).
- Schlammalter: siehe oben (Tage, tTS).
- Schlammbelastung: Quotient aus der Masse der pro Zeiteinheit zugeführten organischen Stoffe und der Trockenmasse des Belebtschlammes (kg/kg d), BTS. Die Schlammbelastung wird zur Berechnung der Dimensionierung der Belebungsbecken genutzt. Bei einem möglichst vollständigen Abbau der organischen Substanz sollte die Schlammbelastung nicht größer als 0,4 kg/kg d sein.
- Überschussschlamm: Die Menge des aus dem Belebungsbecken abgezogenen Schlamms und die in den Vorfluter gelangten Schlammmengen charakterisieren einerseits die Leistung der Belebtschlammanlage, andererseits ist sie ein Maß für die noch notwendigen Aufwendungen zur Schlammentsorgung bzw. des Eintrags organischer Substanz in die Gewässer. Die Bezugsgröße für die Angabe ist entweder das Reaktorvolumen (kg/m³ d = US_R) oder die spezifische Überschussschlamm-Produktion in kg/kg BSB_5. Die Zahlenwerte der Überschussschlamm-Bildung sind nicht konstant, sondern werden von einer Reihe von Faktoren wie z.B. Schlammalter, Leistungsparameter der Anlage, Abwasserbeschaffenheit u.a. bestimmt.

Technische Lösungen des Belebtschlammverfahrens (siehe Abb. 4-16)
Um ein Belebtschlammverfahren im wirtschaftlichen Bereich betreiben und steuern zu können, sind ingenieurtechnisch folgende Aufgaben zu lösen bzw. zu optimieren:

- hoher Sauerstoffeintrag,
- Strömungsdynamik (Propfenströmung mit geringer Rückvermischung oder ideale Durchmischung),
- Gradienteneinstellungen (gezielte Auszehrungen, Nitrifikation neben C-Elimination),
- Berücksichtigung der Besonderheiten der Biozönose und Biochemie (erweiterte Nährstoffeliminierung).

Abb. 4-16. Kommunales Klärwerk für 500 000 EW (Dresden-Kaditz) (Foto: UFZ, Autor)

Es gibt eine Vielzahl von technischen Lösungen für einen optimalen Eintrag des Luftsauerstoffs in die unterschiedlichsten Reaktorsysteme. Es sollen hier nur einige typische Prinzipien erwähnt werden.

Belüftungssysteme
Der Sauerstoffeintrag OCR wird in g/m³h angegeben. Es ist die Menge Sauerstoff, die in einer Stunde im Belebungsbecken gelöst werden kann. Eine weitere Angabe ist möglich in gO_2/m^3_N m, bei der die Menge Sauerstoff betrachtet wird, die unter Normalbedingungen aus einem Kubikmeter Luft je Meter Einblastiefe gelöst wird. Der Sauerstoffertrag O_N wird in kg O_2/kWh angegeben und ist ein Maß für die Wirtschaftlichkeit. Praxisrelevant wird einmal der Wert in reinem Wasser bestimmt und der Quotient aus dem Wert gebildet, der sich aus analoger Bestimmung mit Abwasser und Belebtschlamm ergibt (α-Wert).

Es werden unterschieden:

- Oberflächenbelüftungssysteme,
- Druckbelüftungssysteme,
- Sonderformen (Strahlbelüfter, Tauchbelüfter).

Oberflächenbelüfter: Kreiselbelüfter, Walzenbelüfter (Bürstenbelüfter, Rotoren). Oberflächenbelüfter arbeiten nicht sehr effektiv. Sie neigen zur Aerosolbildung. Sie sind heute noch in älteren Anlagen zu finden oder werden z.B. bei der Zusatzbelüftung von Gewässern eingesetzt (Abb. 4-17, 4-18).

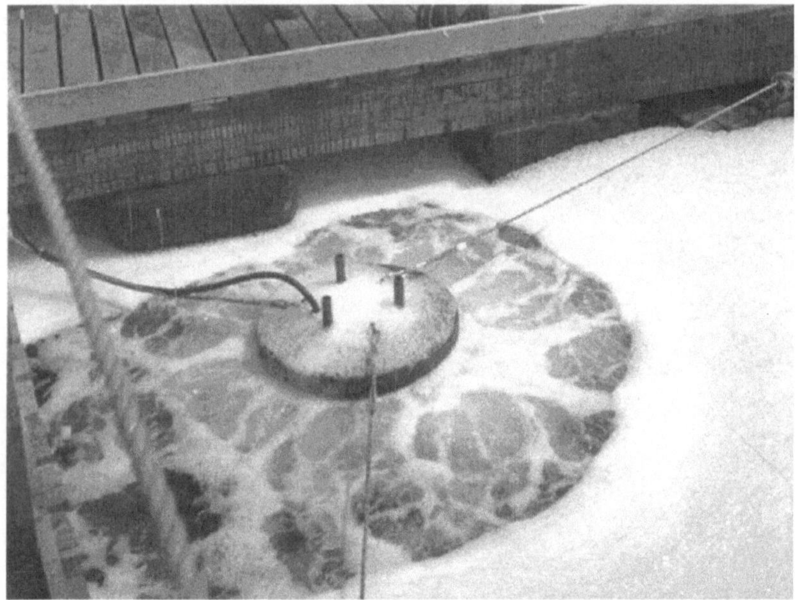

Abb. 4-17. Oberflächenbelüfter in einem Versuchsenclosure zur Deponiebelüftung (Versuchsstation des UFZ „Phenolsee") (Foto: UFZ, Autor)

Abb. 4-18. Walzenbelüfter zur Deponiewasserbelüftung (Grube Antonie bei Bitterfeld) (Foto: UFZ, Autor)

Druckbelüfter: Breitbandbelüftung, Flächendeckende Belüftung, Plattenbelüftung, getrennte Umwälzung und Belüftung (Abb. 4-19).

Durch neuere Materialien (Keramik, Kunststoffe) kann eine Feinverteilung der Luftblasen in der Flüssigkeit garantiert werden, ohne dass sich Poren im Betrieb zusetzen.

Abb. 4-19. Flächenbelüftung mit Kunststoffmatten. Im Hintergrund Absetzbecken (Klärwerk Kaditz/Dresden) (Foto: UFZ, Autor)

Sonderformen: hohen Sauerstoffeintrag erreichen Injektoren in der Turmbiologie (siehe Abb. 4-20) oder die nach dem Wasserstrahlpumpen-Prinzip arbeitenden Tauchstrahlbelüfter, bei denen die Fallhöhe eines Schachtüberfalles (oder entsprechende Druckverhältnisse) zur erhöhten Sauerstofflöslichkeit ausgenutzt wird.

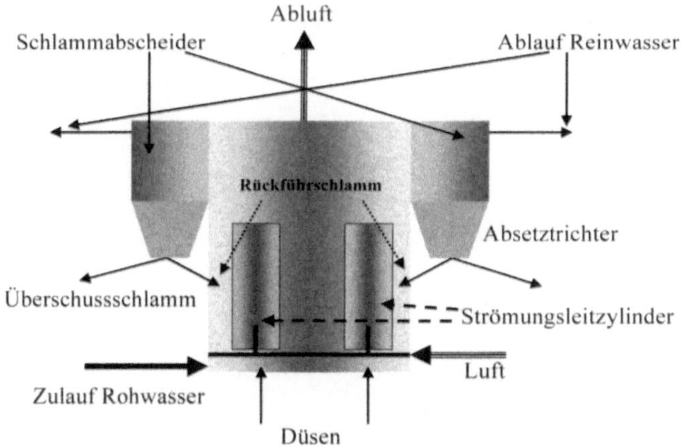

Abb. 4-20. Schematische Darstellung eines Bioreaktors zur Turmbiologie

Abb. 4-21 zeigt die prinzipielle Wirkungsweise eines Tauchstrahlreaktors mit äußerem Umwälzkreislauf. Das Reaktionsmedium strömt mit der Kreiselpumpe über die Saugleitung zu. Die Pumpe fördert die Flüssigkeit über die Druckleitung zu der speziellen Belüftungsvorrichtung, dem Schachtüberfall. Hier wird ein Flüssigkeits-Gas-Gemisch-Freistrahl erzeugt, der mit großem Impuls senkrecht von oben in das Reaktionsmedium eintritt. Der Schachtüberfall saugt die Frischluft direkt aus der Atmosphäre an. Die im Freistrahl enthaltenen Gasblasen werden infolge des großen Impulses des Freistrahles fein dispergiert und bis zum Boden des Behälters eingetragen. Die hohe Impulsenergie und der Gasgehalt des Freistrahles, verbunden mit der vertikalen Zwangszirkulation, sichern effektiv die Gasdispergierung und Durchmischung des Behälterinhaltes. Die dadurch erreichbaren hohen Stoffübergänge von > 10 kg O_2 m^{-3} werden bei vergleichsweise geringem spezifischen Energieeigenbedarf von etwa 0,5 kWhkg^{-1} O_2 realisiert. Wesentlich für eine stabile Förderung der gashaltigen Medien und einen guten Sauerstoffübergang bei den Leistungsreaktoren für hoch belastete Abwässer ist die Entfernung des gelösten Gases aus dem Wasser, insbesondere des Kohlendioxids, da dieses durch seinen Partialdruck die Löslichkeit des Sauerstoffs stark herabsetzt. Die Lösung wurde in einer besonderen Pumpenkonstruktion gefunden, bei der das Gas nach dem Zentrifugenprinzip abgetrennt wurde.

Ein effektives Begasungssystem ist die Tauchstrahl-Hydrobelüftung (TSH-Belüftung). Ebenfalls selbst ansaugend, können relativ große Umwälzmengen (bis zu 20 000 m³h^{-1}) bei relativ kleinen Förderhöhen von 0,5 – 2,5 m besonders in Reaktionsbecken eingesetzt werden. Diese können z.B. eine Füllhöhe bis 6 m bei einer Sauerstoffeintragsgeschwindigkeit im Bereich von etwa 20 – 1000 gO_2 m³h^{-1} besitzen. Der Energieverbrauch für den Sauerstoffeintrag beträgt etwa 0,35 kWhkg^{-1} mit einer stufenlosen Regelung des Eintrages zwischen 30 – 100 %. Durch die geringe Abgasmenge, bedingt duch die hohe Sauerstoffausnutzung, werden keine Aerosole gebildet (siehe Abb. 4-21, 4-22 und 4-23) (Anonym 2001, Jagusch et al. 1992a, Jagusch et al. 1992b).

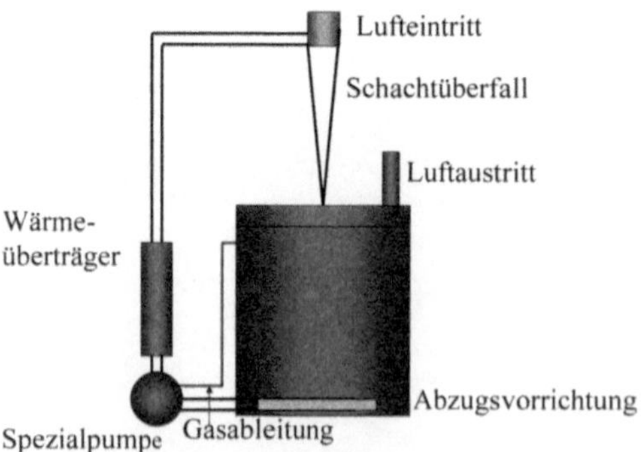

Abb. 4-21. Schematische Darstellung des Strahlprinzips

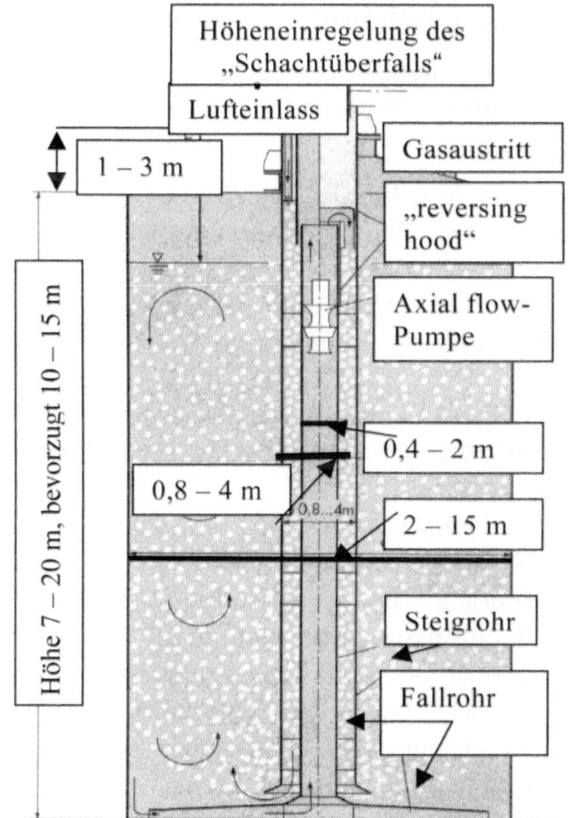

Abb. 4-22. Schema der TSH-Belüftung (anonym 2001)

Abb. 4-23. TSH-Begasung in der Kläranlage Rosenthal Leipzig (Foto: Biotechnikum Böhlen)

4.1.6   Verfahrenskombinationen zur Leistungssteigerung

Beim Betreiben aerober Abwasserreinigungsanlagen zeichnen sich folgende Probleme ab, die nicht oder nur ungenügend durch technische Maßnahmen beeinflusst werden können:

- Diskrepanzen zwischen Abbaugrad und Xenobiotika und der Stickstoffeliminierung (Nitrifikation) durch ein üblicherweise angestrebtes niederes Schlammalter,
- Diskrepanzen zwischen der Ansiedlung von Spezialisten im Belebungsbecken und der Schlammabsetzbarkeit und der damit verbundenen verschlechterten Schlammrückführung,
- Auftreten von Schwimm-, Bläh- und Dispersschlamm, ohne dass die Ursachen der Bildung ausreichend wissenschaftlich erkannt worden sind und eine Bekämpfung meistens nur empirisch erfolgen kann,
- das Fehlen von einfachen und sicher zu bedienenden Steuer- und Regelungssystemen zur Anpassung von Abwasserbelastung und Lufteintrag,
- die unzureichende Elimination von anorganischen Abwasserinhaltsstoffen,
- unzureichende Kenntnisse über die Beeinflussung der Leistung der Biozönose,
- Schwierigkeiten bei der Deponierung oder Weiterverwertung der Überschussschlämme (Schwermetallbelastung, Schwefelgehalt von Faulgasen),
- unzureichende Elimination von Xenobiotika durch das Fehlen einer Analytik, die die Besonderheiten dieser Verbindungen berücksichtigt (Diskrepanzen zwischen BSB_5, CSV, DOC, TOC).

Zum Erreichen der gesetzlich geforderten Ablaufwerte sind bei Anwendung der herkömmlichen Techniken aufgrund der notwendigen Mehrstufenprozesse enorme Bauaufwendungen nötig, denen oftmals nicht ein adäquater Leistungsgewinn gegenübersteht. Ebenso ist der große Flächenbedarf komplexer Abwasserreinigungsanlagen oft zum entscheidenden Problem geworden (Kyosai und Pinnekamp 1989).

Die Intensivierung der aeroben Abwasserreinigung erfolgt derzeit nach folgenden Prinzipien:

- Intensivierung der Leistung durch zusätzliche Baumaßnahmen ohne bauliche Erweiterungen in bestehenden Anlagen,
- Intensivierung der Leistung durch Umfunktionierung von Stufen in bestehenden Anlagen oder durch bauliche Ergänzung,
- Neuerrichtung von Anlagen durch Anwendung der Erkenntnisse aus der Abbaukinetik auf der Grundlage neuer Prozessführungsvarianten und Anwendung des allgemeinen biotechnologischen Kenntnisstandes auf die Abwasserreinigung (Reaktorbau, Prozessführung, Automatisierung).

4.1.6.1 Intensivierung durch zusätzliche Maßnahmen

Besonders in Spitzenzeiten überlastete Belebungsanlagen werden erfolgreich durch eine Intensivierung der Belüftung mit technischem Sauerstoff saniert. Durch die erhöhte Sauerstofflöslichkeit steigt die Biomassekonzentration, entsprechend erhöht sich die Abbauleistung des Systems. Im Falle einer Überlastung wird der Sauerstoff aus Lagertanks über perforierte Kunststoffschläuche in das Belebungsbecken geleitet. Es existieren eine Vielzahl derart sanierter Anlagen, deren Betriebskosten nicht höher sind im Vergleich zu denen, die durch eine zusätzliche Baumaßnahme in ihrer Leistungsfähigkeit erhöht worden sind. Es werden bei der zusätzlichen Sauerstoffbegasung folgende Vorteile vermerkt:

- Verringerung der Schaumbildung,
- Verhinderung der Schwimmschlammausbildung.

Gelegentlich wird über eine verstärkte Betonkorrosion in derartigen Anlagen berichtet.

Die Intensivierung des Sauerstoffeintrages durch zusätzliche Belüftungsaggregate ist durch eine Vielzahl technischer Lösungsvarianten möglich. Es muss jedoch mit deutlich höheren Betriebskosten gerechnet werden, unerwünschte Effekte (Blähschlamm, Schwimmschlammbildung) sind nicht immer auszuschließen.

Theoretische Erklärungen dafür stehen aus. Eine Erhöhung der Temperatur, insbesondere zu erreichen durch das Überdecken von Anlagen, wirkt sich günstig auf die Abbauleistung aus. Allein durch die „Biowärme" kann z.B. ein thermophiler Prozess bei 60 °C stattfinden. Eine weitere effektive Methode der Leistungssteigerung bestehender Anlagen ist die Methode der Schlammreaktivierung durch den Zusatz von Feststoffen mit einem hohen Adsorptionsverhalten in das Belebungsbecken. Es handelt sich dabei um eine Trägerfixierung der Mikroorganismen, die Erhöhung der Leistung des biologischen Abbaus ist noch nicht vollständig theoretisch geklärt. Der Zusatz von Stäuben, Koks, Aktivkohle u.a. hat sich in Versuchs- und Produktionsanlagen bewährt. Der zusätzliche Bauaufwand ist gering; es müssen lediglich funktionstüchtige Rückhalteanlagen für die Festsubstanzen errichtet werden (Felgener und Ritter 1989). Schlammabsetzbarkeit und damit Rückführgrad werden bei anderen Prozessvarianten verbessert.

4.1.6.2 Intensivierung durch Umfunktionierung und Erweiterung

Bei der Umrüstung, aber auch bei der Neuerrichtung von Abwasserreinigungsanlagen hat die AB-Biologie nach Böhnke bemerkenswerte Erfolge erzielt (Anonym 1987). Die Belebungsanlage kann in eine A-Stufe (Adsorptionsstufe) und eine B-Stufe (Belebungsstufe) zweigeteilt werden. Abb. 4-24 zeigt folgende Besonderheiten:

Bei der A-Stufe führt die Einhaltung eines hohen Schlammbelastungsbereiches in der „Höchstbelebungsstufe" größer 2 kg BSB$_5$/kg TS

- zu einem niedrigen Schlammalter von wenigen Stunden,
- zu einem Wegfall einer Vorklärung,
- zu einer Trennung der Biozönosen der beiden Stufen,
- zu möglichst unterschiedlichen Betriebsformen (aerob und fakultativ) in Anpassung an die Abwasserzusammensetzung,
- zur relativ hohen Überschussschlammentnahme.

Eine besondere Rolle spielt der Wegfall der Vorklärung bzw. der Wegfall einer vorgeschalteten Faulstufe bei kommunalem Abwasser. Das Kanalsystem der Zuleitung zur Kläranlage stellt bereits einen biologischen Reaktionsraum dar, in dem bemerkenswerte Stoffumsätze nachgewiesen werden (z. B. Abbau des Harnstoffs bis zu 50 %). Die mit dem Rohwasser in die A-Stufe eingeschwemmte Biozönose erhält in der A-Stufe optimale Bedingungen und beteiligt sich am Abbau. Es werden bis zu 15 % der Aerobier (100 % = Aerobier im A-Becken) aus dem Kanalsystem zugeführt. Die A-Stufe zeigt eine hohe Prozessstabilität insbesondere gegenüber stark wechselnden Belastungen, die wie folgt erklärt werden kann:

- Die hauptsächlich aus Bakterien bestehende Biozönose zeichnet sich durch kurze Generationszeiten und eine hohe Anpassungsfähigkeit aus;
- es ist eine Abbauleistung für eine Vielzahl von Substraten vorhanden oder induzierbar;
- äußere Einflüsse, wie Stoßbelastungen oder Störungen, werden durch die Bakterienmischkultur (Schlammkonzentration) gepuffert (pH-Sprünge um 2 sind ohne Einfluss);
- bei konstanter Belastung können durch Selektionsvorgänge oder natürlichen Plasmidtransfer spezifische Leistungen gesteigert werden. Als ein Richtwert für die Eliminationsleistung wird ein Wirkungsgrad von 50 bis 80 % angestrebt. Eine wesentliche Rolle bei der Eliminierung von Schadstoffen spielt die Adsorption an den Überschussschlamm. Die höchste Adsorptionsfähigkeit zeigt ein Schlamm, der einer hohen Belastung ausgesetzt war. So werden auch Organochlorverbindungen adsorptiv gebunden und somit dem System entzogen (Strohmeier 1984).

Nachgewiesen wurde gleichfalls eine merkliche Phosphoreliminationsleistung in der A-Stufe, die zum einen durch die hohe Überschussschlammproduktion bewirkt wird, zum anderen durch wechselnde Aerob-Anaerob-Zonen in der A-Stufe unterstützt wird. Ohne zusätzliche Maßnahmen können bis zu 70 % P-Eliminationsleistung erreicht werden. In der A-Stufe sind die Bedingungen für eine Denitrifikation günstig (C-Quellenkonzentration und anaerob bzw. wenig belüftete Zonen). Bei einem Zulauf oxidierter Stickstoffverbindungen können

Nitrateliminationsleistungen von 2,6 bis 3,7 mg NO_3-N/g TS h erreicht werden (Laborversuche). In der A-Stufe werden während des Abbaus auch Substanzen gebildet, die die Sorptionsvorgänge unterstützen. Hierbei kann den Huminstoffen eine besondere Rolle zugeschrieben werden, da sie für Schwermetalle bindend wirken. Die Bildung „natürlicher" Flockungs- und Abscheidemittel während der Prozessabläufe der A-Stufe kann eine Chemikalieneinsparung erwirken.

Die B-Stufe arbeitet als eine herkömmliche Schwachlastbiologie. Der Zulauf aus der A-Stufe ist von konstanter Zusammensetzung. Die Biozönose unterscheidet sich von der der A-Stufe vollständig. Es sind in der gering belasteten B-Stufe mit einem hohen Schlammalter besonders höher entwickelte Organismen nachzuweisen.

Die freien Bakterien der ersten Stufe werden von den Protozoen festgehalten, andere Bakterien finden die Bedingungen für ein flockulierendes Wachstum, so dass eine Abscheidung der Biomasse im Absetzbecken der B-Stufe erleichtert wird. In der B-Stufe kann eine Nitrifikation stattfinden. Eine teilweise Prozessführung mit Sauerstoffmangel ermöglicht eine Denitrifikation und weiter gehende Substratauszehrung. Die langen Verweilzeiten der B-Stufe begünstigen den Abbau von persistenten Verbindungen.

Zusammenfassend können die Vorteile des Verfahrens dargestellt werden:

- Steigerung der Leistungsfähigkeit bei einer höheren Prozessstabilität gegenüber herkömmlichen Belebungsverfahren,
- Senkung der Bau- (20 – 25 %) und Betriebskosten (10 – 20 %) und minimaler Energieeinsatz,
- weitgehende Eliminierung schwer abbaubarer Verbindungen,
- Unterstützung der P- und N-Elimination,
- vermehrter Gewinn von Schlamm mit erhöhtem organischem Anteil als Vorteil für die anschließende Biogaserzeugung.

Zu diesen von den Autoren selbst herausgestellten Vorteilen muß man jedoch bemerken, dass bei mit Schwermetallen belasteten Wässern die Probleme nicht beseitigt werden.

Das AB-Verfahren dürfte insbesondere bei der Beseitigung der dringlichen Abwasserprobleme in Osteuropa und in Entwicklungsländern eine große Bedeutung besitzen.

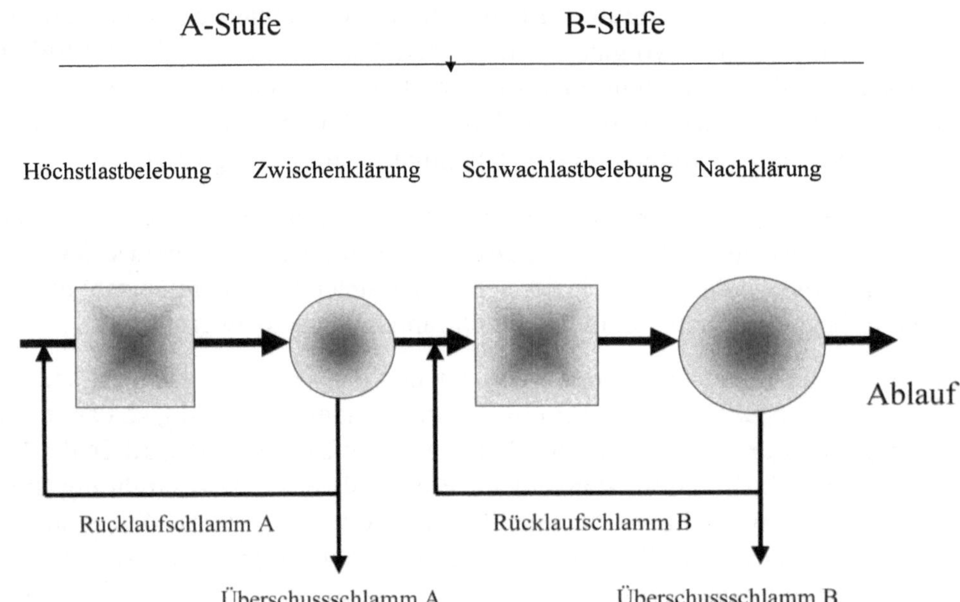

Abb. 4-24. AB-Biologie nach Böhnke

4.1.7   Prozessführungsvarianten und Reaktorsysteme

Eine Prozessführungsvariante der aeroben biologischen Abwasserreinigung, die auf die zeitgemäßen Erfordernisse eingeht und neue naturwissenschaftliche Erkenntnisse anwendet, wird mit dem SBR-Verfahren (sequentielles biologisches Reinigungsverfahren) verfolgt. Dabei wird folgende Grundidee verwirklicht:

Um eine Unabhängigkeit von Zulaufschwankungen zu erreichen, wird ein Auffangbecken vor drei kleiner dimensionierte Reaktionsbecken geschaltet. Aus diesem Vorratsbecken erfolgt die Befüllung eines der Reaktionsbecken. Dabei können die Füllung in der Zeit variiert als auch unterschiedliche Varianten der Sauerstoffversorgung gewählt werden (mit/ohne O_2-Eintrag). Das gefüllte Becken wird belüftet. Es erfolgt der Kohlenstoffabbau, wobei bei einem bestimmten Auszehrungsgrad die Nitrifikanten wirksam werden. Ein Abstellen der Belüftung bei gleichzeitiger Aufrechterhaltung der Durchmischung setzt in Abhängigkeit vom Rest-Kohlenstoff die Denitrifikation in Gang. Das Beenden der Durchmischung leitet zur Absetz- und Leerungsphase des Prozesses über (Abb. 4-25).

Die einfache Steuerung des Verfahrens über Zeitschaltuhren setzt eine exakte Durchdringung der Abbau- und besonders der Flockulationsprozesse voraus. Das Erreichen einer „Wunschbiozönose" bestimmt die Abfolge, Dauer und Häufigkeit der einzelnen Prozessphasen.

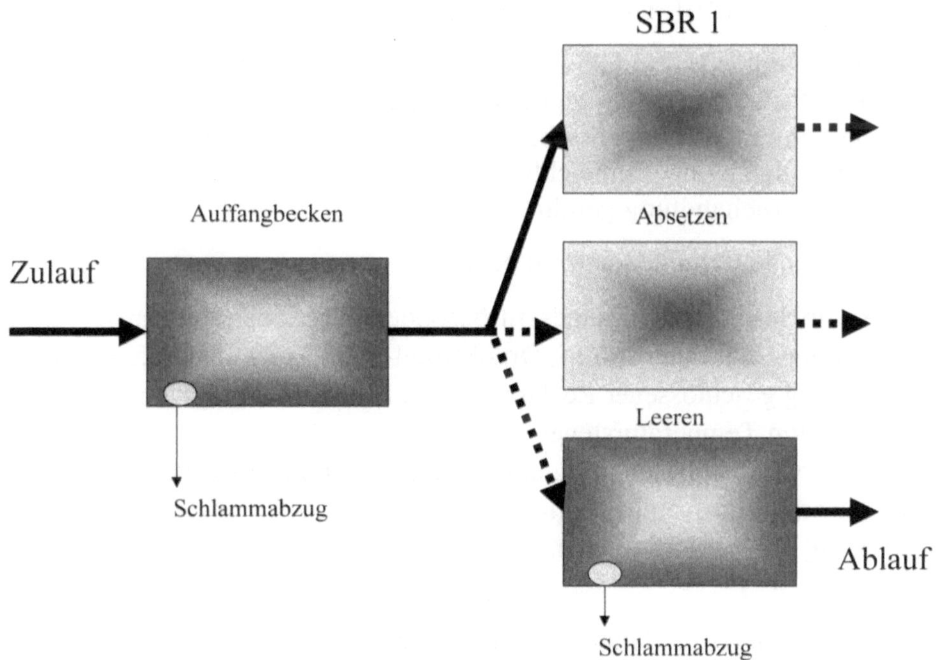

Abb. 4-25. SBR-Verfahren

Die in den Becken verbliebene Biomasse ist einem periodischen Wechsel zwischen Verfügbarkeit und Mangel sowohl an Sauerstoff als auch an Kohlenstoffquellen ausgesetzt. Eine Anreicherung von Degadierern, Nitrifikanten und Denitrifikanten im selben Lebensraum wird ermöglicht. Der SBR ermöglicht die Anwendung der Erkenntnisse zur Flockenbildung, die zum einen aufgrund einer hohen Durchflussrate die Abreicherung der Nichtflockulanten aus der Biozönose bewirkt, zum anderen die (nunmehr vorhandenen) prinzipiell zur Flockulation befähigten Organismen durch einen Wechsel zwischen guter Nährstoffversorgung und Mangel zur Flockulation bringt.

Neben den Vorteilen des SBR muss erwähnt werden, dass die Denitrifikation durch die oftmals weit gehende Auszehrung der Kohlenstoffquelle unvollständig ist. Eine Phosphatelimination ist in das Zusammenspiel von N-Elimination und der darauf abgestimmten Belüftungsvariation nicht eingeschlossen. Über eine vorteilhafte Anwendung der SBR-Technik wird sowohl bei kommunalen Abwässern (Wilderer und Schroeder 1986) als auch bei Industrieabwässern (Herzbrun et al. 1988) berichtet. Kaballo (1998) vergleicht einen SBBR (sequenting batch biofilm reactor) mit einem kontinuierlichen Biofilmverfahren und findet bei der Degradation von 4-Chlorphenol prinzipiell eine gleiche Reinigungsleistung. Vorteile ergeben sich jedoch bei sinusförmigen Stoßbelastungen, die im kontinuierlichen Biofilm zu Inhibierungen führen können, die im SBBR ausgeglichen werden.

Während sowohl die AB-Technik als auch die SBR-Verfahren Variationen zu herkömmlichen Beckenverfahren sind und eindeutig bessere Leistungen im Vergleich zum herkömmlichen Prozess bieten, hat die Anwendung der Reaktorentwicklung aus der allgemeinen Entwicklung der Biotechnologie auch zu neuen Systemen der Abwasserbehandlung geführt.

Dabei ist die folgende Grundtendenz zu beobachten:

- Die Erhöhung des Stoffüberganges, insbesondere des Sauerstofftransfers durch die Anwendung von Tauchstrahl-, Druckstrahl- oder Tiefschachtverfahren,
- die Anwendung geschlossener Reaktorsysteme zur Vermeidung von Emissionen und zur besseren Temperatursteuerung,
- Kombination von belüfteten und unbelüfteten Zonen im Bioreaktor zur gleichzeitigen Nitrifikation-Denitrifikation,
- Verbesserung der herkömmlichen Techniken mit fixierten Biomassen (Tropfkörper).

Insbesondere die zuletzt erwähnten Techniken der Zellfixierung dürften für die Zukunft eine besondere Rolle spielen. Durch die Zellimmobilisierung wird Folgendes ermöglicht:

- die lang andauernde Anwendung einer leistungsfähigen Biomasse zur Degradation mit hoher Spezifität,
- die Vermeidung des Anfalls von belastenden Überschussschlämmen, die sowohl Schwermetalle als auch toxische, schwer degradierbare Substanzen adsorbiert haben und bei Deponierung eine potenzielle Altlast darstellen können,
- die problemlose Anwendung von kontinuierlichen Prozessführungsvarianten mit einer weitgehenden Unabhängigkeit von Laständerungen.

4.1.8   Kleinkläranlagen und Hauskläranlagen

Trotz des Anschlussgrades an zentrale Kläranlagen von über 90 % besitzen die Kleinkläranlagen besonders im ländlichen Raum nach wie vor eine große Bedeutung. Nach Definition (DIN 4261 (60)) sind Kleinkläranlagen Anlagen zur Behandlung und Einleitung des im Trennverfahren erfassten häuslichen Schmutzwassers aus einzelnen oder mehreren Gebäuden mit einem Schmutzwasserzufluss bis 8 m³/d (entspricht etwa 50 Einwohnern). Eine zusammenfassende Darstellung mit der Berücksichtigung der in den unterschiedlichen Bundesländern gültigen Regelungen, der Übersicht über die gebräuchlichen Techniken, Bemessenswerte und ökonomischen Aspekte wird von Otto (2000) gegeben. An eine mechanische Reinigung schließt sich eine biologische Stufe an, die nach unterschiedlichen Prinzipien wirken kann:

- Filtergraben,
- Filterschacht,
- Pflanzenbeet,
- Abwasserteich,
- Belebungsstufe,
- Tropfkörperstufe,
- Tauchkörperstufe mit ständig oder zeitweise getauchten Trägermaterialien,
- Anlagenkombinationen.

Der Wirkungsgrad und die Betriebssicherheit sind entsprechend sehr unterschiedlich. Eine Nitrifikation/Denitrifikation verläuft meistens – wenn überhaupt – unkontrolliert. Hygienische Richtwerte werden nicht erreicht. Eine Grundwasserverschmutzung kann bei den einfachen Prinzipien Filtergraben/Filterschacht bei schlechter Wartung nicht ausgeschlossen werden.

Hauskläranlagen sind entweder als Belebungsanlagen konzipiert und nach einer Modulbauweise dem Bedarf (z.B. 4 EW) anzupassen oder Kombinationsanlagen mit einem Membranmodul. Letzteres garantiert eine weitgehende Keimreduzierung. Das Prinzip der Belebtanlage ist in Abb. 4-26 dargestellt.

Vorklärung, Belebung und Nachklärung finden in Standard-Kunststoff-Tanks (1 000 l) statt. Möglichkeiten zur Schlammentnahme sind vorhanden. Die Unterbringung im Keller oder der Garage sichert gleichmäßige Temperaturen und eine gute Zugänglichkeit zur Wartung und Kontrolle.

Folgende Leistungsdaten werden angegeben (Firmendaten BioLOG):

- Abwassermenge: $0,6 \text{ m}^3/\text{d}$
- Ablaufwerte: BSB_5 $< \ 40 \text{ mg/l}$
                                     CSB $< 150 \text{ mg/l}$
- Energieverbrauch: $< 1.2 \text{ kWh/d}$
- Abmessungen: 2,4 x 1,3 x 1,8 m (LBH) bei 4 EW.

Die Belebungsanlage erreicht keine Keimreduzierung, die jedoch bei einem geschlossenen Wasserkreislauf im Haushalt anzustreben ist (Brauchwassernutzung). Durch Einbeziehen eines Mikrofiltrationsmembran-Moduls kann diese Zielstellung erreicht werden (Abb. 4-27).

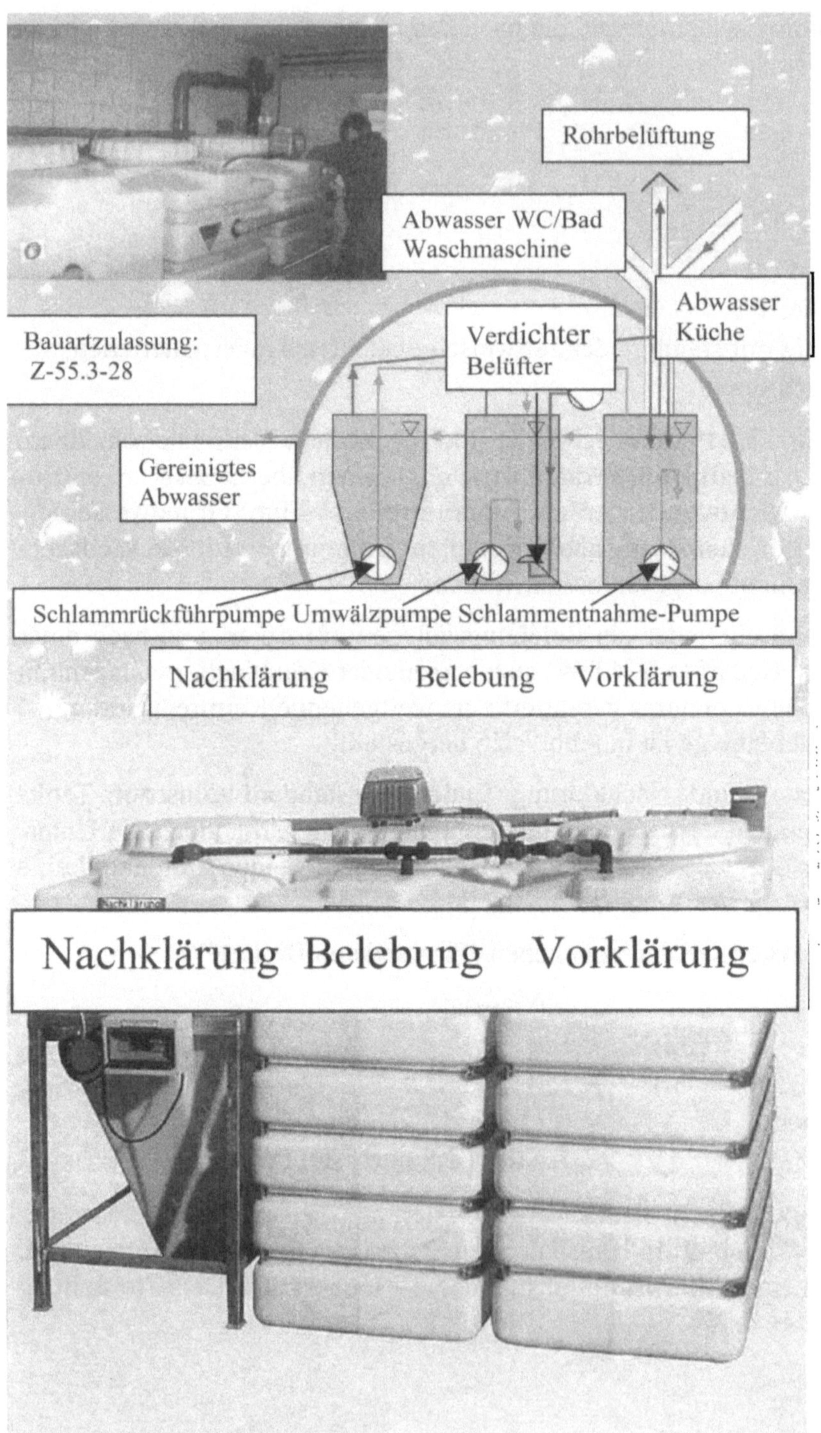

Abb. 4-26. Hauskläranlage BioLOG

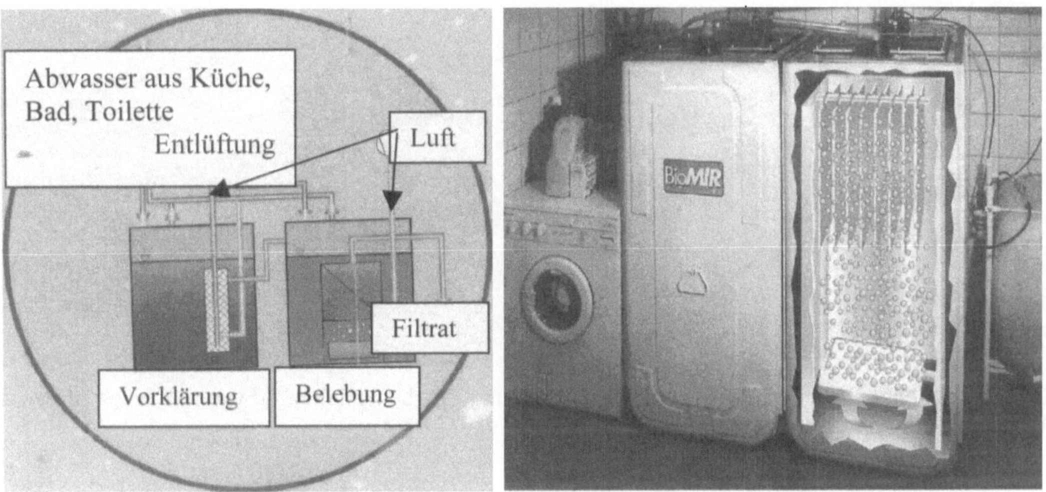

Abb. 4-27. Kleinkläranlage mit getauchten Mikrofiltrationsmembranen (WSMS-Verfahren)

Folgende Leistungsparameter werden angegeben (Firmendaten BioLOG):

- Abwassermenge: 0,6 m³/d
- Ablaufwerte: BSB_5 < 10 mg/l
  CSB < 50 mg/l
- Energieverbrauch: < 2 kWh/d
- weitgehende Keimzahlreduzierung (erreichen der EG-Badegewässerrichtlinie).

Kleinkläranlagen können sehr kompakt gebaut werden. So wurden Anlagen für den Betrieb in Eisenbahnwagen (ICE der Bahn AG) erprobt, bei denen auch eine Stickstoffelimination gezeigt werden konnte.

4.1.9 Schönung der behandelten Abwässer

Die einer Nachklärung unterzogenen Wässer werden normalerweise einem Vorfluter direkt zugeführt. Damit gelangen nicht abtrennbare Mikroorganismen und nicht abgebaute Xenobiotika in die Gewässer. Für Industriewässer werden vor diesem Einleiten oftmals noch „Schönungsstufen" vorgesehen, die im einfachsten Fall Teiche sind, die als Puffer und Absetzbecken wirken und durch die lange Verweilzeit Restkohlenstoff oder -stickstoff auszehren.

Abb. 4-28 zeigt eine Schönungskaskade, bei der in einem Betrieb der Petrochemie die Schönung in die Landschaftsgestaltung einbezogen wurde.

Abb. 4-28. Schönung in einer Kaskade und Ableitung des behandelten Abwassers eines petrochemischen Werkes (YPF, Mendoza, Argentinien) (Foto: UFZ, Autor)

4.2 Anaerobe Abwasserreinigung

4.2.1 Anaerober Abbau organischer Substanz

Die unter Sauerstoffausschluss stattfindenden Abbauprozesse (Faulprozesse) werden durch unterschiedliche Bakteriengruppen hervorgerufen. Die makromolekularen Verbindungen (Kohlehydrate, Eiweiße, Fette) werden durch obligat oder fakultativ anaerobe Bakterien hydrolysiert. Im kommunalen Klärschlamm werden trotz dieser aeroben Bildung eine große Anzahl der zur Gärung fähigen Bakterien nachgewiesen. Damit ist Klärschlamm sehr gut zum Animpfen anaerober Prozesse geeignet.

Im ersten Schritt werden komplexe Polymere durch Bakterien zersetzt:

Naturstoffe   Xenobiotica

Stärke-Cellulose:
Clostridium, Bacillus, Pseudomonas, Micrococcus

Akylsulfonate:
Micrococcus, Aerobacter, Alcaligenes, Flavobacterium, Pseudomonas,

Eiweiße:
Clostridium, Bacillus, Peptococcus, Bifidobacterium, Staphylococcus

Aromaten und Heterocyclen:
Pseudomonas, Alcaligenes u.a. dieser Gruppe

Fette:
Bacillus, Pseudomonas, Alcaligenes

Hexachlorcyclohexan:
Clostridium, Citrobacter

Produkte:

1. Stufe: Hydrolyse
Zucker, Aminosäuren, Fettsäuren, Ammonium- und Thioverbindungen

Im zweiten Schritt erfolgt durch Gärung die Bildung von Säuren (Acidogenese, Butyrat, Propionat, Succinat, Alkohole). Parallel dazu wirken in Symbiose acetogene Bakterien.

Diese Gruppe wird nach ihrer Fähigkeit benannt, die dehydrierende Essigsäurebildung vornehmen zu können. Acetogene Bakterien können nur in Symbiose mit Wasserstoff verbrauchenden Bakterien leben. Sie sind obligate Wasserstoffproduzenten, gleichzeitig aber nur bei einem sehr geringen H_2-Partialdruck lebensfähig, d.h., das Stoffwechselprodukt H_2 muss ständig aus der Umgebung entfernt werden. Diese Aufgabe können Methanbakterien übernehmen.

Dadurch erklären sich auch die sehr langen Generationszeiten. Für ein Butyrat abbauendes Bakterium in Kokultur mit einem *Methanobacterium* wurde eine Generationszeit von 84 h bestimmt. Die gebildeten Säuren können die anderen Stufen inhibieren, insbesondere die Methanbildung ist sehr empfindlich. Die beteiligten Bakteriengruppen können Sauerstoff verwerten und sind dadurch in der Lage, anaerobe Bedingungen zu schaffen und die methanogenen Prozesse einzuleiten.

Produkte der Acetogenese sind:

CO_2, H_2, Acetat,

Synthroph wirkende Gärer sind:

z.B. *Synthrophobacter, Synthrophomonas, Synthrophus, Desulfovibrio* u.a.

Im dritten Schritt erfolgt die Methanbildung durch methanogene Bakterien. Dieses kann einmal über die Stufe des CO_2, zum anderen über die Essigsäure erfolgen:

$$4\,H_2 + CO_2 \xrightarrow{\text{Methanbakterien}} CH_4 + 2\,H_2O$$

$$CH_3COOH \xrightarrow{\text{Methanbakterien}} CH_4 + CO_2.$$

Methanbakterien gehören zu den ältesten Lebewesen der Erde (Archebakterien). Sie unterscheiden sich von allen anderen durch ihre charakteristische Zellwandstruktur. Die Anwendung molekularbiologischer Methoden (Basensequenz der RNA im 16S-Ribosom) erlaubt eine Zuordnung in vier unterschiedliche Familien. Methanogene Bakterien können morphologisch sehr unterschiedlich sein und bilden z.B. Stäbchen, Kokken oder Sarcinen.

Unter natürlichen Bedingungen können nahezu alle bekannten Methanbakterien aus Kohlendioxid mit Kohlenstoff- und Wasserstoff als Energiequelle Methan bilden. Bei Faulschlamm hingegen werden etwa 70 % des Methans aus Essigsäure gebildet und nur ein geringer Teil aus CO_2. Das gebildete Biogas enthält zwischen 60 – 80 % Methan, der Rest ist je nach Ausgangsverbindung Kohlendioxid, Ammoniak oder Schwefelwasserstoff.

Die Kohlenstoff- und Energiebilanz der methanogenen Umsetzung kann wie folgt zusammengefasst werden:

$$CH_3COOH \longrightarrow CO_2 + CH_4$$

$$\Delta G = -31\ kJ$$

$$4\,H_2 + CO_2 \longrightarrow CH_4 + 2\,H_2O$$

$$\Delta G = -145{,}6\ kJ$$

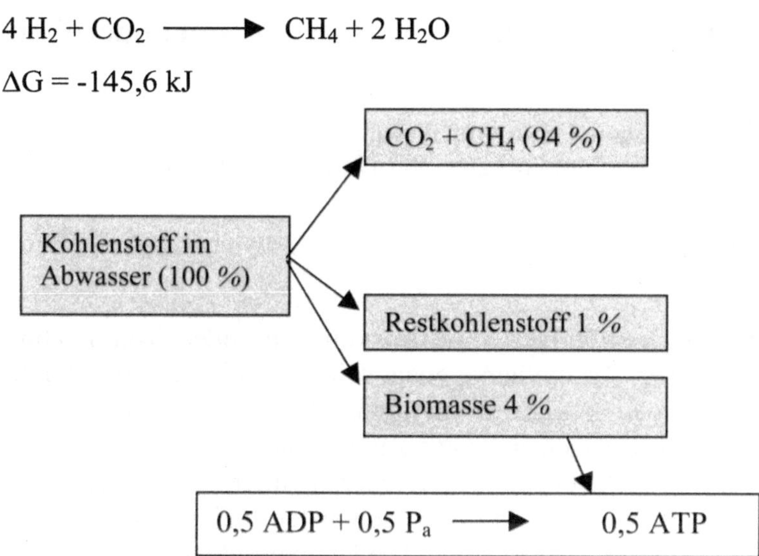

P_a = anorganisch gebundener Phosphor

Abb. 4-29. Kohlenstoff- und Energiebilanz der anaeroben Umsetzung

Der methanogene Kohlenstoffumsatz ist in Bezug auf die ATP-Bildung pro Mol umgesetzten Kohlenstoffs weniger energieeffizient. Die methanogenen Reaktionen sind Zeitreaktionen und verlaufen deutlich langsamer als die aeroben Umsetzungen. Das komplexe Zusammenspiel der methanogenen Kokultur ist empfindlich gegen Störungen des Systems. Das gebildete Biogas ist energetisch zu nutzen, benötigt jedoch vorher eine Reinigungsstufe, da es aus Sulfat reduzierenden Reaktionen Schwefelwasserstoff enthält. Methanogene und Sulfat reduzierende mikrobiologische Umsetzungen können insbesondere dann nebeneinander verlaufen, wenn eine Zonierung in einer Matrix – wie z.B. in Biofilmen – möglich ist.

Auch in aerob gebildeten Klärschlamm-Flocken kann der innere Teil der Flocke völlig anaerob sein, wenn die sich außen befindenden aeroben Bakterien eine so hohe Sauerstoffzehrung haben, dass die Nachdiffusion des gelösten Sauerstoffs aus dem Wasser bis in den inneren Bereich nicht ausreichend möglich ist.

Der theoretische Energiegewinn durch Verbrennen des gebildeten Methans ergibt sich aus folgendem Vergleich:

Aerobe Reaktion: $\quad CH_3COOH + 2\,O_2 \longrightarrow 2\,CO_2 + 2\,H_2O \quad \Delta G = -870\ kJ$

Anaerobe Reaktion: $\quad CH_3COOH \longrightarrow CO_2 + CH_4 \quad\quad\quad \Delta G = -31\ kJ$

Wärmegewinnung aus der Verbrennung des Methans: $\quad\quad \Delta G = -839\ kJ$

Dieser schematische Vergleich berücksichtigt im Fall der Schlammfaulung nur die Hauptreaktion der Methanbildung.

## 4.2.2	Voraussetzungen für die technische Nutzung von anaeroben Prozessen

Der komplexe Prozess der anaeroben Zersetzung organischer Substanz ist gegenüber äußeren Einflüssen sehr empfindlich und reagiert mit Unterbrechungen der Methanbildung auf die unterschiedlichsten Parameter.

Diese sind im Wesentlichen:

Temperatur

Die hydrolytischen und acetogenen Bakterien weisen keine besondere Temperaturempfindlichkeit auf, wohl aber die methanogenen. Diese reagieren auf erhöhte Temperaturen sensibel, wenngleich auch thermophile Methanogene (bis 75° C) isoliert wurden. Diese allerdings besitzen ein enges Temperaturoptimum und sind auf spezifische Substratnutzung spezialisiert. Eine Anreicherung thermophiler Methanogener bringt keine praktischen Vorteile, da in den seltensten Fällen Konstanz der Substratzusammensetzung garantiert werden kann. Die Unempfindlichkeit der ersten beiden Schritte des mikrobiologischen Prozesses legt eine Zweistufigkeit als technische Lösung nahe.

pH-Wert

Für die gesamte Mischpopulation wird ein Toleranzbereich von pH = 6,8 – 7,5 angegeben. Besonders bei Industrieabwässern kann es zu Störungen kommen, wenn die Eigenpufferkapazität des Systems überschritten wird. Diese ergibt sich zum Teil aus dem gelösten CO_2 und den organischen Säuren und kann durch Kalkzugabe stabilisiert werden. Bei einer Störung des methanogenen Schrittes kommt es sofort zur Anreicherung von Säuren und zu einer negativen Rückkopplung. Nach einer solchen Störung schwingt sich das System nur sehr langsam wieder auf optimale Bedingungen ein.

Durchmischung

Durch die Biogasbildung selbst kommt es zu einer Durchmischung. Eine intensive Durchmischung muss allerdings vermieden werden, da die Symbiose der Biozönose gestört werden kann. Bei hohen Bildungsraten allerdings ist eine Unterstützung der Stofftrennungen durch Rühren notwendig, da es z.B. durch das Methan zur Bildung von isolierenden Gaspolstern kommen kann. Lokale Übersäuerungen können gleichfalls zu Inhomogenitäten führen.

Substratzusammensetzung

Kommunale Klärschlämme besitzen eine ausgewogene Zusammensetzung, die für eine lang andauernde Methanbildung günstig ist. Allerdings kann es bei Auszehrung oder Ausfällung (bei Schwermetallen) zu Mangelerscheinungen kommen. Eine Anreicherung von anaerob schlecht abbaubarer Verbindungen wie z.B. von Fetten kann sich ungünstig u.a. auf das Fließverhalten des Schlammes auswirken. Für

Schlüsselenzyme des methanogenen Abbaus sind Spurenelemente wie z.B Kobalt notwendig. Diese können durch Sulfidfällung dem System entzogen werden.

Wichtig für eine stabile Reaktion ist das Verhältnis der Nährstoffe zum Kohlenstoff. Insbesondere bei Industrieabwässern kann es zu Störungen im optimalen Verhältnis von CSB : N : P von 800 : 5 : 1 (aerob = CSB : N : P = 100 : 5 : 0,5 – 1) kommen, so dass sich ergänzende Zugaben notwendig machen.

Ein hoher Gehalt an Trockensubstanz kann das Fließverhalten und damit die Stoffübergänge negativ beeinflussen.

Toxische Wasserinhaltsstoffe

Durch die Reaktorgestaltung mit hohen hydrostatischen Drucken kann sich Schwefelwasserstoff (Polomski 1998), aber auch Kohlendioxid anreichern. In einem Fall kann die toxische Konzentration erreicht werden, im anderen Fall der pH-Wert in sauere, ungünstige Bereiche abwandern. Schwefelwasserstoff kann nicht nur aus organischer Substanz entstehen, sondern auch durch Sulfatreduzierer aus Sulfaten. Wird im Biogas ein erhöhter H_2S-Wert festgestellt und gelangt das CSB-S (reduziert)-Verhältnis in den als kritisch angesehenen Bereich von < 15, empfiehlt sich die Zugabe von Eisen(II)-Salzen, die pH-Wert-Erhöhung (Verschiebung des Gleichgewichtes von H_2S zu S^{--}) oder eine Verdünnung.

Die Methanogenese wird durch Nitrat gehemmt, da dieses als Elektronenakzeptor wirken kann. Bei hohen Nitratgehalten kann die Prozessführung so erfolgen, dass eine Denitrifikationsstufe vorgeschaltet wird. Ammoniak wirkt in leicht alkalischem Gebiet stabilisierend auf den methanogenen Prozess (Pufferung), bei pH-Werten über 10 wirkt jedoch das nichtionogene NH_3 im Gegensatz zum NH_4^+ toxisch.

Schwermetalle können bei Mischabwässern aus Industriebetrieben durch Absorption am Klärschlamm bis in die Faulung gelangen. Sie werden als Sulfide gebunden. Allerdings müssen die anionisch gebundenen Elemente Chrom und Arsen von der 6- bzw. 5-wertigen Stufe reduziert werden. Die toxischen Grenzkonzentrationen für Kupfer (300 mg/l) oder Cadmium (bis 600 mg/l) sind relativ hoch.

Sauerstoff

Der methanogene Schritt ist sehr empfindlich gegenüber Sauerstoff. Allerdings sind die großtechnischen Bedingungen so, dass eine Störung durch Luft keine Rolle spielt. Es ist von Interesse, dass für die Ausbildung von einzelnen Zellkomponenten während des Wachstumsprozesses der Anaerobier kleinste Mengen von Sauerstoff notwendig sind.

Technische Nutzung der anaeroben Prozesse

Trotz der geringen Wachstumsgeschwindigkeit und der Störanfälligkeit bietet der Prozess bei gezieltem Einsatz Vorteile im Vergleich zum aeroben mikrobiologischen Prozess: Anaerobe Prozesse werden genutzt für die anaerobe Abwasserreinigung, zur

Biogasgewinnung, zur Klärschlammstabilisierung und Klärschlammhygienisierung (Abb. 4-30).

Die prinzipiellen Techniken sind ähnlich: Immer fällt Biogas an, das einer energetischen Nutzung zugeführt wird. Die Wasserzuführung erfolgt kontinuierlich. Einfachtechnologien arbeiten nach dem satzweisen (batch)-Verfahren.

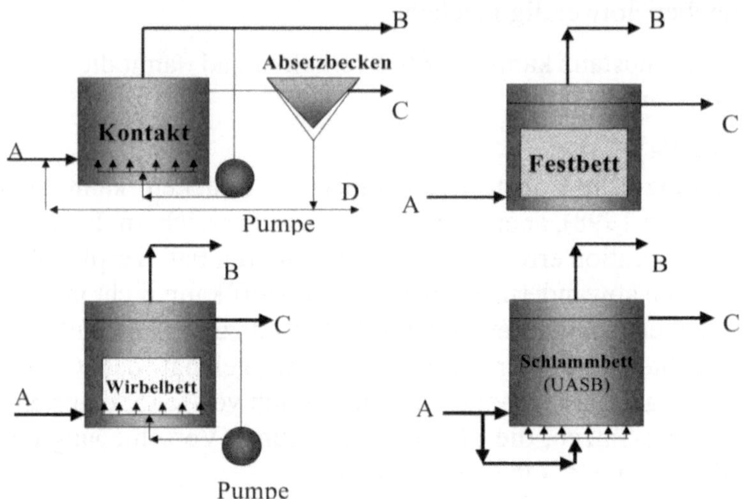

A: organisch belastetes Wasser
B: Biogas
C: Faulschlamm
D: Faulschlamm mit höherer Trockenmasse

Abb. 4-30. Anaerob-Reaktoren

- *Kontaktverfahren:* Nach dem Faulraum befindet sich ein Schlammabsetzbecken. Der aktive Schlamm wird zurückgeführt und erhöht die Aktivität.
- *Festbettreaktoren:* Die Biomasse und Schwebstoffe werden an Füllkörpern festgehalten (Adhäsion). Es bilden sich Biofilme aus, die auch die Poren der Füllkörper ausfüllen.
- *Wirbelbettreaktoren:* Eine lose Füllung wird durch die Rückführung des Wassers in der Schwebe gehalten. Auf dieser Füllung siedeln sich die Mikroorganismen an. Die Stoffübergänge, insbesondere die Gasabführung ist günstig, die absolute Biomasse aber geringer als in Festbettreaktoren.
- *Schlammbettreaktoren (UASB = upflow anaerobic sludge blanket):* Durch „Eigenimmobilisierung" bilden sich Schlammflocken, die durch Sedimentation eine Zone höherer Aktivität bilden und einfach zurückgehalten werden können.

Zur *anaeroben Abwasserreinigung* werden Grundlagenuntersuchungen besonders auf dem Gebiet der anaeroben Behandlung von Abwässern mit Inhaltsstoffen der chemischen Industrie vorgenommen, die teilweise anders nicht degradierbar sind, während auf anderen Gebieten des Einsatzes anaerober Verfahren in den letzten Jahren insbesondere technologische Entwicklungen vorgenommen wurden.

Die Kinetik der anaeroben Degradation mit Schlussfolgerungen für eine Prozessgestaltung wird z.B. von Wiesmann (1988) dargestellt. Einfache Modelle für den konventionellen Anaerob-Reaktor und das Kontaktverfahren werden diskutiert.

4.2.3 Methanogene Reinigung von Abwässern der Landwirtschaft, der Nahrungsgüter- und Genussmittelindustrie

Organisch hoch belastete Wässer erfordern bei aerob gut abbaubaren Verbindungen zur Sauerstoffversorgung einen hohen Energieeintrag. Der anfallende Überschussschlamm stellt ein nicht zu vernachlässigendes Entsorgungsproblem dar. Aus diesem Grunde können die anaeroben Prozesse eine Alternative besonders unter dem Aspekt der Energieanwendung darstellen. Besonders in den 80er Jahren wurde dieses Gebiet international breit bearbeitet.

Folgende Tendenzen zeichneten sich ab:

- die Prozessoptimierung bei Anwendung von spezifischen Abwässern,
- die Suche nach optimalen Trägermaterialien für die Mikroorganismen bzw. nach anderen Methoden der Biomasseretention bzw. -rückführung, insbesondere der Eigenfixierung der Biomasse (z.B. UASB Reaktoren),
- die Entwicklung spezieller Fermentationsvorrichtungen,
- die Entwicklung neuer Methoden zur Vorbehandlung polymerer Abprodukte zur Verbesserung des Gärprozesses.

Erfahrungen liegen aus folgenden Industriezweigen vor:

- Milchverarbeitungsbetrieb,
- Fruchtsaftindustrie,
- Mineralbrunnen und Erfrischungsgetränkeindustrie,
- Speisefettraffinerien,
- Margarine- und Ölfabriken,
- Schlacht- und Fleischverarbeitungsbetriebe,
- Fischfabriken,
- Obst- und Gemüsekonservenfabriken,
- Stärkeherstellung,
- Kartoffelveredelungsindustrie,
- Pektinfabriken,
- Weinherstellung,
- Brennereien,
- Zuckerindustrie.

Ein wichtiges Problem der Anaerobtechnologie ist das Anfahren der Reaktoren, insbesondere die Kolonisierung der sessilen Mikroorganismen auf den Trägermaterialien. Durch Einsatz der rechnergekoppelten Regelungstechnik lassen sich Zeitverkürzungen erreichen (Aivasidis und Wandrey 1987). Es wird eine im Rührkesselreaktor voradaptierte Mischkultur benutzt. Deren Leistung wird im Chemostat bei Verkürzung der Verweilzeit auf eine hohe Raum-Zeit-Ausbeute selektiert. Im Hauptreaktor wird die Fixierung der Biomasse am Träger durch eine weit unterhalb der Generationszeit der Organismen liegende Verweilzeit erreicht. Die Prozessführungsgrößen der Rechnersteuerung sind bei diesen Prozessen Biogasmenge, Biogaszusammensetzung und pH-Wert. Die Anzucht von Reinkulturen, die sich in Biozönosen durchsetzen und dann dominieren, kann zu weiteren Leistungssteigerungen führen.

Bei Verwendung von Sinterglas bzw. poröser Lavaschlacke werden bei Brüdenkondensaten, z.B. im Pilotmaßstab, bei einer Verweilzeit von nur zwei Stunden CSV-Eliminationsraten von 25,3 kg/m³d (Spitzenwerte je nach Abwasser bis 5 – 8 kg/m³d) erreicht (CSV-Umsatz 79 % bzw. 80 %, Raumbelastung 32 kg CSV/m³d bzw. 66 kg CSV/m³d) (Aivasidis und Wandrey 1987).

Die gleichen Autoren berichten von einer zweistufigen Anlage zur Stärkeabwasserreinigung, in der bis zu 60 kg Biomasse je m³ Schüttvolumen des Trägermaterials akkumuliert werden können. Derart hohe Biomassekonzentrationen erfordern nach längeren Laufzeiten Spülvorgänge des Reaktors, wobei die in den Poren verbleibende Biomasse den Wiederanfahrprozess ohne Probleme vonstatten gehen lässt.

Spezielle Reaktorkonstruktionen (z.B. Pulsreaktoren) (Hwang und Brauer 1987) bewirken die periodische Ablösung von Gasblasen von den als Träger verwendeten Schwammkörpern. Bei einem kommunalen Abwasser werden z.B. 38 m³/m³ d Biogasausbeute erreicht (4 Stunden Verweilzeit).

Mösche (1998) beschreibt die Maßstabsvergrößerung von Fließbettreaktoren bis 500 m³. Dessen Konstruktion ist beispielhaft in Abb. 4-31 dargestellt.

Die Daten des 500 m³ Reaktors sind:

- Fließbettdurchmesser (m)   5,9
- max. Fließbetthöhe (m)   18,2
- max. Fließbettvolumen (m³)   500
- Flüssigkeitshöhe (m)   23
- Flüssigkeitsvolumen (m³)   708
- Reaktorhöhe (m)   30,2
- Zulaufvolumenstrom (m³/h)   ≤ 65
- Rezirkulationsstrom (m³/h)   ≤ 500
- Anzahl der Einströmleitungen   12
- Querschnittserweiterung der Sedimentationszone (m/m)   1,41

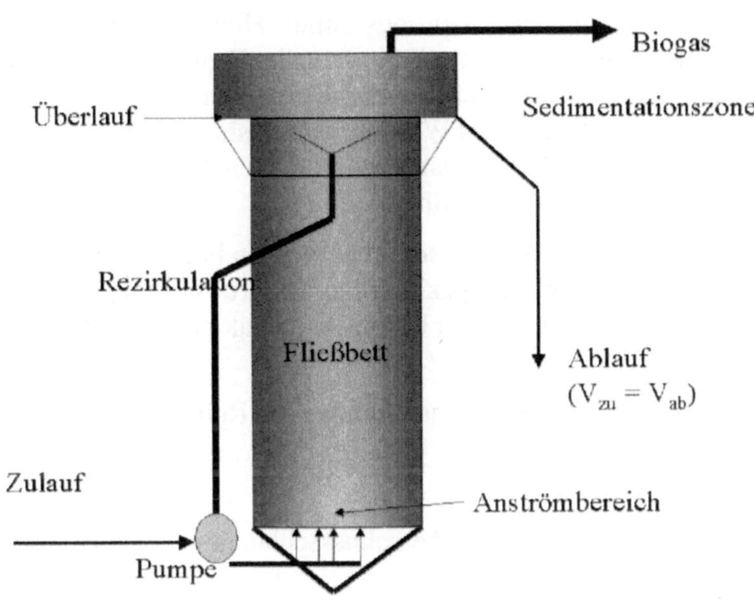

Abb. 4-31. Fließbettreaktor nach Mösche (1998)

Folgende Leistungsparameter wurden bei einem hoch belasteten Wasser einer Zuckerfabrik erreicht (Auswahl):

- Raumbelastung (kg/m³ d) $\leq 20{,}3$
- Abbauleistung (kg/m³ d) $\leq 19{,}5$
- OTS (organische Trockensubstanz) (kg/m³) ≤ 48
- Spezielle Abbauleistung (kg/kg d) $1{,}8 \rightarrow 0{,}6$
- Verweilzeit (h) $\geq 29{,}6$
- Rezirkulationsverhältnis $\geq 6{,}6$
- Biogasproduktion (m³/m³ d) $\leq 10{,}8$
- Methangehalt (%)   63

Ein besonderes Problem stellt bei der Fermentation der Zuckerfabrikationsabwässer die Kalkausfällung dar, die das Schlammbett störend beeinflussen kann.

4.2.4 Methanogene Reinigung von Abwässern der chemischen und anderer Industrien

Während vor Jahren eine große Zahl von Verbindungen für anaerob nicht abbaubar gehalten wurden, sind nach jetzigem Erkenntnisstand fast alle mikrobiologisch aerob abbaubaren polaren Verbindungen auch methanogen fermentierbar. Unter diesem Gesichtspunkt wurden Abwässer auch aus Industriezweigen geprüft, deren Inhaltsstoffe nicht direkt biogenen Ursprungs sind. Hierbei standen Abwässer der pharmazeutischen Industrie, der Textilindustrie, der Papierindustrie, der Erdölverarbeitung, der Kunstoffherstellung und der Kohleveredlung u.a. im Mittelpunkt. Technische Realisierungen erfolgten im Wesentlichen bisher bei der Reinigung von Abwässern der pharmazeutischen Industrie und der Zellstoffherstellung (Brüdenkondensate der Essigsäure- und Furfuralherstellung).

Es ist abzusehen, dass die zukünftigen Technologien hoch belastete Abwässer vermeiden werden und nur noch in Spezialfällen weitere Anstrengungen zur Entwicklung anaerober Verfahren wie z.B. bei lösungsmittelhaltigen Abwässern unternommen werden.

Neben den bekannten Vorteilen der methanogenen Reinigung von Abwässern wie

- Wegfall der energieaufwendigen Belüftung,
- Entstehung von Biogas,
- Anfall von etwa 90 % weniger Überschussschlamm gegenüber Aerobverfahren,
- optimale Reaktorraum-Nutzung

können bei Industrieabwässern noch weitere Vorteile eine Rolle spielen, so u.a.

- geringere Probleme hinsichtlich des Schäumens,
- besserer Abbau bzw. Teildetoxifikation von halogenierten Verbindungen,
- Verhinderung der autoxidativen Verfärbung z.B. polyphenolhaltiger Abwässer.

Zur Verfahrensentwicklung und -überführung ist der für xenobiotikahaltiger Abwässer notwendige Forschungsaufwand allerdings wesentlich höher als bei den traditionell untersuchten Abwässern mit biogenen Inhaltsstoffen. Aus der Vielzahl der Arbeiten (z.B. Sahm 1988, Evans 1988) lassen sich folgende Tendenzen ableiten:

- *Genetic engineering*: Aufgrund der Komplexität des mikrobiologischen Systems erfolgten bisher nur wenige Arbeiten an den methanogenen Bakterien.
- *Anaerober Abbau von Xenobiotika und anderen Verbindungen*: Der Abbau von halogenierten Verbindungen ist von Interesse, insbesondere in kontaminierten Grundwässern bei einem Wechsel von anaeroben und aeroben Bedingungen. Im ersten Schritt erfolgt eine Dehalogenierung, im zweiten werden aerob die Metabolite des anaeroben Schrittes mineralisiert. Untersuchungen zum methanogenen Abbau von Nitro- und Aminoverbindungen erfolgten bisher nur sporadisch und fanden wenig Beachtung. Bei der Fermentation von Steinkohlepyrolyseabwässern sind hohe Verdünnungen notwendig, da die toxischen Inhaltsstoffe die anaeroben Prozesse inhibieren. Die Erkenntnis, dass als Trägermaterial zur Biomassefixierung bzw. zum Ausgleich von Stoßbelastungen verwendete Aktivkohle sich in Labor- und Pilotuntersuchungen bewährt hat, ist gleichfalls für die Grundwasserreinigung von Interesse.
- *Biogasproduktion:* Mit dem sprunghaften Ansteigen der Erdölpreise Mitte der

70er Jahre begann weltweit eine intensive Suche nach alternativen Energiequellen. Hierbei wurde die Erschließung von Biogas teilweise zu euphorisch
prognostiziert. Trotzdem kann man nach dem jetzigen Stand der Technik an-
nehmen, dass bei Kopplung von Abproduktbeseitigung und Biogaserzeugung und
dessen Nutzung Abwasserreinigungsanlagen möglich sind, die Energie produzieren und somit zumindest Selbstkosten deckend sind. Derartige Einschätzungen
hängen von den jeweils konkreten Bedingungen (Energiepreise, Investitionskosten, Infrastruktur u.a.) ab. In Entwicklungsländern stellt die Erzeugung von
Biogas aus Dung und organischen Abfällen in einfachen Faulanlagen bereits
heute eine echte Alternative gegen die Verwendung von Holz als Brennmaterial
dar. Die Zusammensetzung des Klärgases hängt von der Schlammbeschaffenheit
und dem Faulbehälterbetrieb ab (Tab. 4-4).

Tab. 4-4. Zusammensetzung von Biogas aus Klärschlamm

Methan	63 – 68 %	im Mittel 65 %
Kohlendioxid	32 – 37 %	im Mittel 35 %
Stickstoff	0 – 0,2 %	
Wasserstoff	0 – 0,2 %	
Schwefelwasserstoff	0 – 0,1 %	

Das Klärgas ist brennbar bei einem Methangehalt von mindestens 45 %. Der
Heizwert liegt zwischen 23 000 bis 25 000 kJ/m³.

Innerhalb einer Kläranlage wird das Biogas zur Reaktorerwärmung und zur Elek-
trizitätserzeugung genutzt. Der Schwefelgehalt des Gases, insbesondere des aus
landwirtschaftlichen Abfällen gewonnenen Biogases, ist für eine hohe Korrosions-
anfälligkeit der genutzten Gasmotoren verantwortlich, wenn nicht besondere Vorkeh-
rungen getroffen werden (Entschwefelung oder Motor- bzw. Turbinenkonstruktionen).

Möglichkeiten einer nicht-energetischen Nutzung von Biogas zur Synthese des
Biopolymers PHB (Poly-ß-hydroxybuttersäure), verbunden mit einer CO_2-Wäsche
werden von Wendlandt et al. (1998) vorgeschlagen (Abb. 4-32). Der bakterielle
Reservestoff PHB (siehe auch Kap. 4.1.3) wird in einer Mischkultur Methan
oxidierender Bakterien nach einer durch N-Limitation beendeten Wachstumsphase
in einer nachfolgenden Produktbildungsphase in den Zellen akkumuliert und zeichnet
sich nach seiner Isolation aus den Zellen durch besondere physikalische Eigenschaften aus.

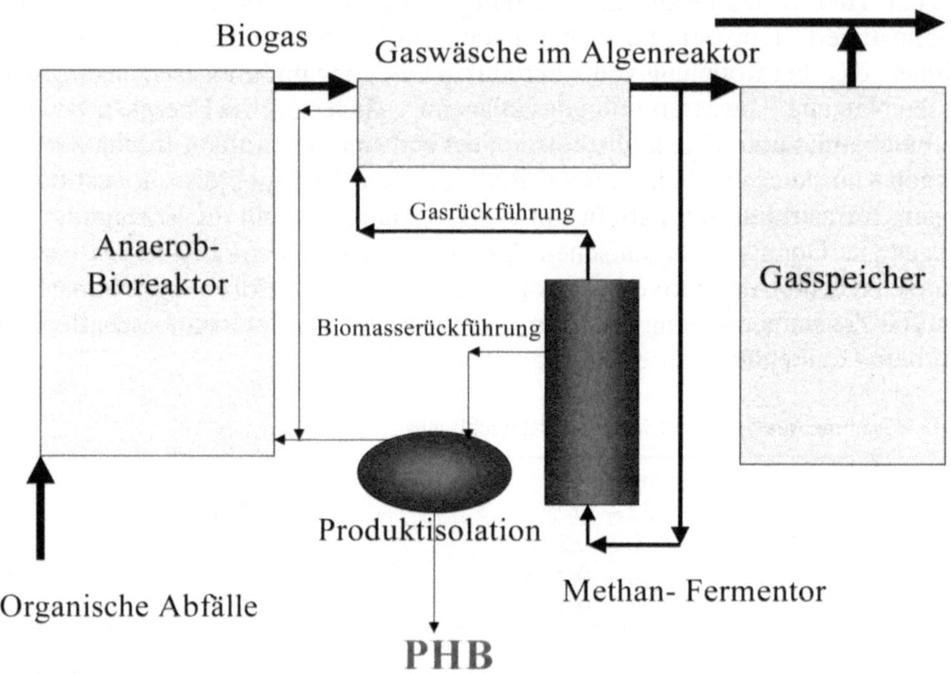

Abb. 4-32. Vorschlag der Nutzung von Biogas zur Biopolymer-Synthese (nach Wendlandt et al. 1998)

4.2.5 Klärschlammstabilisierung und -hygienisierung

Die bei der Abwasserreinigung anfallenden Schlämme werden nach Thome-Kozmiensky (1998) unterteilt in:

- Primärschlämme (aus der mechanischen Reinigung) (Trockenrückstand TR = 2,0 – 5,0 %),
- Sekundärschlämme (biologische Reinigung), Überschussschlamm, Tropfkörperschlamm (TR = 1,0 %),
- Tertiärschlämme (nachgeschaltete chemische Fällungen),
- Faulschlämme (anaerobe Prozesse), geringerer Gehalt an organischer Trockensubstanz (TR = 4,0 – 8,0 %),
- Dünnschlämme (frisch eingedickte oder ausgefaulte Schlämme mit etwa 20 % Trockensubstanzgehalt),
- Dickschlämme (heterogene Schlammgemische aus der Entwässerung mit 20 – 40 % Trockensubstanzgehalt),
- industrielle Schlämme (aus unterschiedlichen Industriezweigen).

Etwa 2,5 % des behandelten Abwassers fallen als Sekundärschlämme an. Diese sind schwer pumpbar und können erst nach einer Behandlung zur Verbrennung, zur Deponie oder einer landwirtschaftlichen Nutzung zugeführt werden. Die insgesamt anfallenden Schlamm-Mengen werden bei Thome-Kozmiensky (1998) zusammengestellt. In Europa fallen etwa 150 Mio. Dünnschlämme pro Jahr an (Schätzwert). Davon entfällt auf Deutschland mit 37 % der größte Anteil. Für die einzelnen Jahre werden folgende Zahlen angegeben:

- 1992:   2 355 572 t TS,
- 1993:   2 321 009 t TS,
- 1994:   2 363 424 t TS.

Die Behandlung der Schlämme ist auf eine bessere Handhabung ausgerichtet. Dazu muss der Schlamm stabilisiert werden, d.h., es muss möglichst viel Schlammwasser abgetrennt und eine Entseuchung vorgenommen werden.

Die Schlammstabilisierung wird eingeteilt wie folgt:

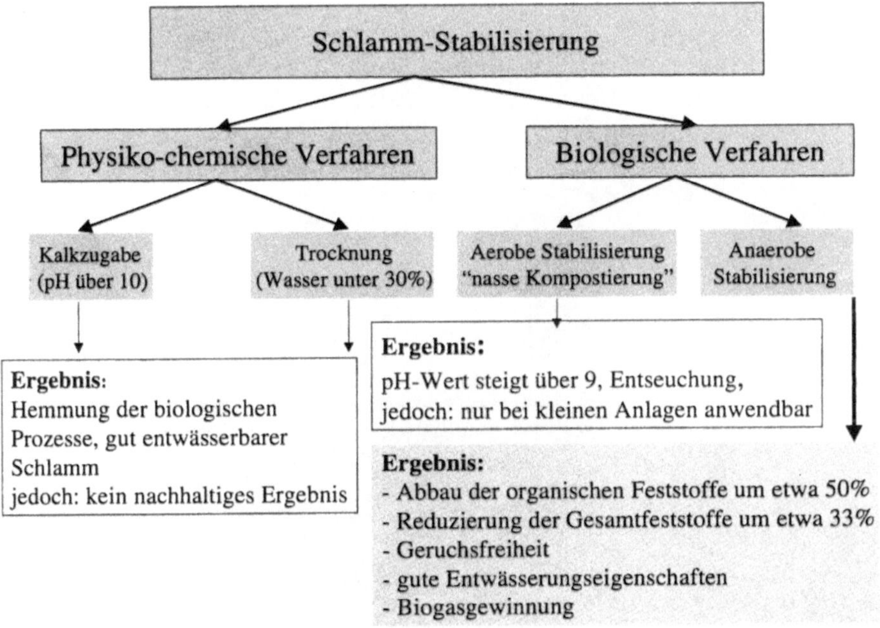

Die chemische Stabilisierung zielt auf eine Hemmung der biologischen Aktivität mit einer Veränderung der Proteinstruktur, die sich in einer besseren Entwässerung bemerkbar macht. Bei Feuchtigkeitsaufnahme oder pH-Verschiebung in den Neutralbereich können die organischen Verbindungen wieder biologischen Prozessen zugänglich werden und z.B. aufs Neue unangenehme Gerüche entwickeln.

Die chemische Schlammkonditionierung z.B. mit Eisen-III-Salzen oder Chitosanen ist eine Vorbereitung des Schlammes auf spätere Entwässerungsprozesse.

Die aerobe Stabilisierung ist eine Fortsetzung des aeroben Belebtschlamm-Prozesses, nur, dass jetzt abgestorbene Mikroorganismen durch lytische Prozesse zersetzt werden und sich neue Organismen durchsetzen, die nunmehr die organische Substanz verwerten. Unter Kohlenstoffmangelbedingungen (ohne Lysis der Zellen) können bei Zuführung von Luft Veratmungsprozesse der Zellen starten, die ebenfalls zu einer Veränderung des physiko-chemischen Verhaltens der Zellen führen (Veratmung der eigenen Zellsubstanz). Die aerobe Schlammstabilisierung wird gelegentlich in kleineren Kläranlagen praktiziert, bringt jedoch mehr Nachteile als Vorteile.

Die anaerobe Schlammstabilisierung hat sich aufgrund ihrer Vorteile weitestgehend durchgesetzt. Sie benötigt allerdings an den anfallenden Schlamm angepasste Volumina, die die langen Verweilzeiten, die zwischen 10 – 30 Tagen liegen, in den Faulbehältern berücksichtigen. Die Faulräume können bisher nur nach Erfahrungswerten ausgelegt werden und Volumina von 10 000 m³ und mehr erreichen. Sie bestimmen als „Faultürme" in den unterschiedlichsten Bauformen den Anblick einer Kläranlage (Abb. 4-33).

Abb. 4-33. Faultürme einer Kläranlage für 500 000 EW (Stadtwerke Leipzig) (Foto: Biotechnikum Böhlen)

4.3 Biologische Verfahren zur Reinigung von Gasen

Das Durchleiten von schwefelwasserstoffhaltiger Abluft durch einen Tropfkörper mit dem Effekt der Geruchsbeseitigung war die Grundlage der ersten Patentanmeldung im Jahre 1934 (erteilt 1941 Prüß und Blunk).

Dieses Prinzip des Biowäschers wurde für die Reinigung von Stallluft und der Abluft aus Tierintensivhaltungen genutzt. Abluft aus Tierkörperverwertungsanlagen, Kläranlagen sowie Industrieabgase können heute effektiv mit biologischen Abluftanlagen gereinigt werden.

Anders als bei der Abwasserreinigung ist der erste Schritt jeder technischen Lösung die Überführung und Sorption des zu beseitigenden Geruchsstoffes in die wässrige Phase, in der die biologische Umsetzung erfolgt. Damit sind die bestimmenden Schritte Gastransportvorgänge, Diffusionsvorgänge zwischen Gas- und Wasserphase, Lösungs- und Sorptionsvorgänge und die biologische Umsetzung.

Je nach dem gewählten Prinzip unterscheidet man Biofilter und Biowäscher. Bei den Biofiltern bewirken immobilisierte Mikroorganismen auf Trägermaterialien die Umsetzung. Damit ist der sich darauf bildende Biofilm der Ort der Umsetzung (Abb. 4-34). Beim Biowäscher wird das verunreinigte Gas mit Wasser gewaschen. Die Reinigung erfolgt in einem Belebtschlammreaktor.

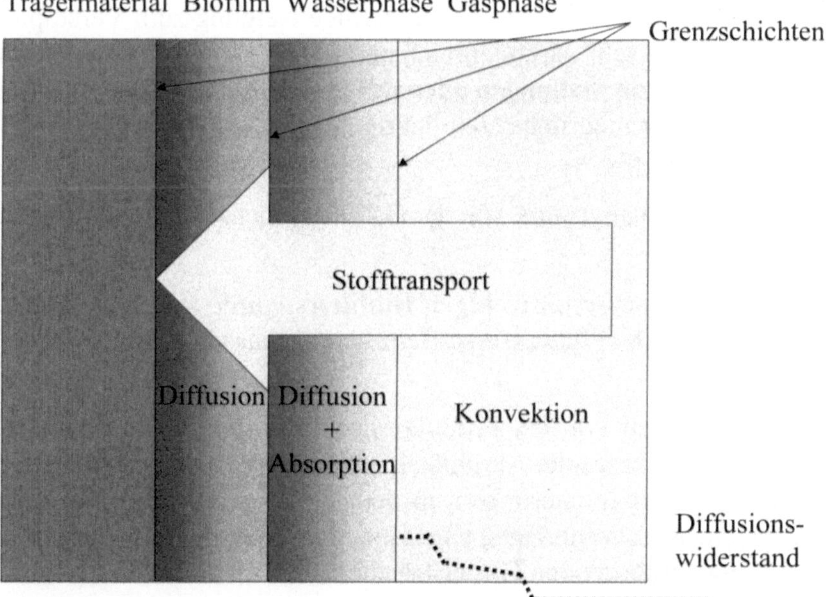

Abb 4-34. Stofftransport in einem Biofilter (nach Fischer und Sabo 1996)

Der Stofftransport aus der Gasphase in den Biofilm erfolgt durch Diffusion bzw. Absorption. Bei einem aktiven Biofilm wird die Konzentration des Schadstoffes nahe Null sein und damit das Potenzial zur Nachdiffusion erhöhen. Die Geschwindigkeit der Diffusion hängt außer von der Molekülmasse bzw. dem Moleküldurchmesser auch von der Temperatur ab. Durch die Vielzahl von Einflussfaktoren (Partialdrucke der Gase, Abdiffusion des gebildeten CO_2, Filmdicke usw.) ist eine Berechnung der Leistung nur annähernd möglich.

Damit der Biofilm aktiv und der Stoffübergang ermöglicht ist, muss immer genügend Wasser vorhanden sein. Die mit Geruchsstoffen verunreinigte Luft (Mercaptane, Amine u.a) enthält ausreichend Sauerstoff, so dass sich immer aerobe Bakterien im Biofilm ansiedeln werden.

4.3.1 Biofilter

Die einfachste technische Lösung für den Biofilter sind Packungen aus Reisig, Rindenmulch, Torf u.ä. Diese Substanzen haben eine hohe Wasserrückhaltung und Sorptionsfähigkeit und bieten der Ansiedlung von Mikroorganismen günstige Bedingungen. Durch Abbau der organischen Matrix werden den Bakterien auch verwertbare Kohlenstoffquellen, Nährstoffe und Spurensalze bereitgestellt, so dass gute Wachstumsbedingungen gegeben sind.

Besonders gut hat sich als Filtermaterial Kompost oder humusreiche Erde bewährt. Diese einfachen Filterfüllungen zeigen eine hohe Leistung. Voraussetzungen sind jeweils ein geringer Strömungswiderstand und eine geringe Neigung zum Verstopfen. Die Konstruktion der Filter ist sehr variantenreich und richtet sich nach dem Einsatz z.B. als Filter auf dem Dach von Stallungen oder als Geruchsfilter bei der Kanalisation. Bei letzteren ist durch die natürliche Ventilation des Kanalsystems kein zusätzlicher Druckaufbau notwendig.

Ein Wechsel der Filterfüllung hängt stark von der Gaszusammensetzung und den Reaktionsprodukten ab.

Eine interessante Variante eines großflächigen Biofilters wurde von Hanert et al. (1995) zur Beseitigung von Schwefelwasserstoffemissionen aus einer Industriedeponie verwirklicht.

In einem ehemaligen Tagebau wurden Produktionsabfälle der Zellstoffindustrie deponiert. Durch anaerobe mikrobielle Aktivitäten erfolgt eine Sulfatreduktion. Der gebildete Schwefelwasserstoff reicherte sich in dem die Deponie überdeckenden Wasser an. Bei entsprechenden Wetterlagen kam es zu massiven, die Bewohner einer nahegelegenen Siedlung gefährdenden Gasausbrüchen.

Ein Teil der Wasserfläche wurde mit Säcken überdeckt, die mit Rindenmulch gefüllt wurden (Abb. 4-35). Durch den direkten Kontakt mit der Wasserfläche ist das Vorhandensein der notwendigen Feuchtigkeit gesichert. In der H_2S-reichen Atmosphäre reichern sich an der Grenzschicht zu aeroben Verhältnissen Schwefeloxidierer an. Nach der Gleichung

$$H_2S + 3/2 O_2 + H_2O \xrightarrow{\text{Bakterien}} H_2SO_4$$

wird Schwefelsäure gebildet, die vom Rindenmulch aufgenommen wird, dem System aber nur mit einem teuren Trägermaterialwechsel entzogen werden kann.

Abb 4-35. Auf einer Deponie aufgebrachtes Biofilter (Grube Antonie, Bitterfeld)

4.3.2   Biowäscher

Die Gaswäsche erfordert einen weitaus höheren technischen Aufwand als die Biofilter, erlaubt aber eine bessere Kontrolle und Steuerung des Prozesses. Die wesentlichen Konstruktionen sind in den Abb. 4-36 und 4-37 zusammengestellt:

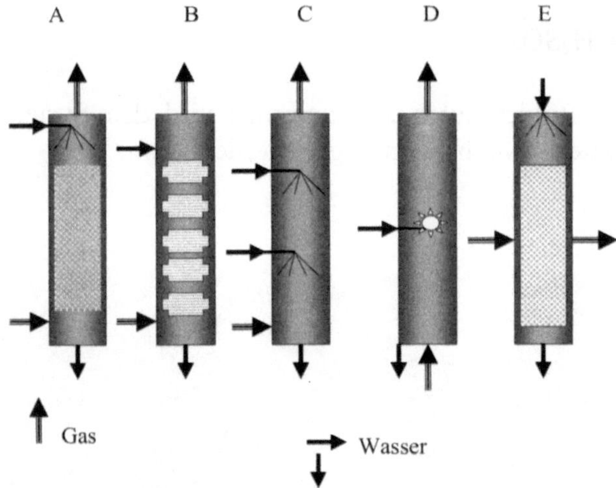

A: Füllkörperwäscher
B: Gasblasenwäscher, Bodenkolonnen
C: Sprühturmwäscher, Düsenwäscher
D: Rotationswäscher
E: Füllkörper-Kreuzstromwäscher

Abb. 4-36. Ausführungsformen von Gaswäschern (nach Fischer und Sabo 1996)

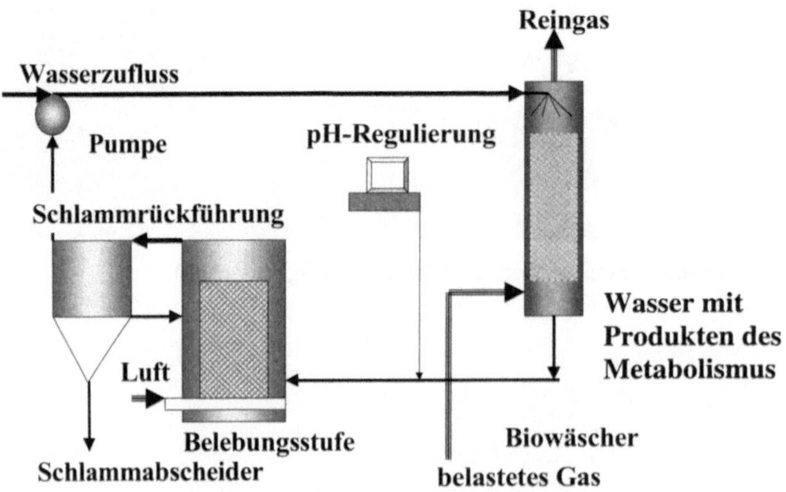

Abb. 4-37. Schematische Darstellung einer Biowäscheranlage mit Überschussschlammabscheidung

Von Fischer und Sabo (1996) wird als Beispiel für die Leistung einer Biowäscheranlage die Reinigung von Abgasen aus Gießereien näher beschrieben:

Bestandteile im Abgas:

- Phenole,
- Formaldehyd,
- Amine,
- Ammoniak,
- Thermische Crackprodukte,
- Abgasvolumenstrom: $2 \times 60\,000 \text{ m}^3 \text{ h}^{-1}$,
- Rohgaskonzentration: $100 - 160 \text{ mg m}^{-3} \text{ org. C}$,
- Reingaskonzentration: $40 - 60 \text{ mg}^{-3} \text{ m}^{-3} \text{ org. C}$,
- Flüssigkeits-/Gasverhältnis: $2,8\,\text{l m}^3$,
- Gasgeschwindigkeit in der Stoffaustauschzone: 1 ms^{-1},
- Wassermenge: $2 \times 173 \text{ m}^3 \text{h}^{-1}$,
- spezifischer Energiebedarf: $16 \times 10^{-4} \text{ kWh m}^3$.

Die beschriebene Anlage besteht aus zwei parallel betriebenen Gaswäschern für jeweils $60\,000 \text{ m}^3 \text{ h}^{-1}$, die als Düsenwäscher mit Spezialeinbauten arbeiten (Durchmesser: 4,5 m, Höhe 9 m).

Durch die benötigte elektrische Energie für Pumpen und Ventilatoren sind die Betriebskosten deutlich höher als im Fall der Biofilter. Chemikalienkosten und Kosten für die Schlammentsorgung sind weiterhin hinzuzurechnen.

Literatur

Aivasidis, A., Wandrey, C. (1987) Biogas – Hochleistungsverfahren zur Reinigung stark belasteter Abwässer. Jahresbericht der Kernforschungsanlage Jülich, S. 57–70

Alef, K. (Hrsg.) (1991) Bestimmung der wahrscheinlichen Zahl denitrifizierender Bakterien. In: Methodenhandbuch Bodenmikrobiologie. ecomed, Landsberg/Lech

Anonym (1987) Das AB-Verfahren zur biologischen Abwasserreinigung. Schrift des Instituts für Siedlungswasserwirtschaft der Rheinisch-Westfälischen Technischen Hochschule Aachen

Anonym (2001) Firmenschrift des Biotechnikum Böhlen

Böhnke, B. (1983) Abwasserreinigung durch Tauchtropfkörper mit Zwangsbelüftung. Vortrag EWPCA/IAWPRC-Seminar, Fellbach/Stuttgart

Braker, G., Fesefeldt, A., Witzel, K.-P. (1998) Development of PCR primer systems for amplification of nitrite reductase genes (nirK and nirS) to detection denitrifying bacteria in environmental samples. Applied and Environmental Microbiology, Vol. 64, No. 10: 3769–3775

Brauer, H. (Hrsg.) (1996) Handbuch des Umweltschutzes und der Umweltschutztechnik. Bd.4 Additiver Umweltschutz: Behandlung von Abwässern. Springer-Verlag, Berlin Heidelberg New York

Cervantes, F., Oscar, M., Gomez, J. (1998) Accumulation of intermediates in a denitrifying process at different copper and high nitrate concentrations. Biotechnology Letters, Vol. 20, No. 10: 959–961

Comeau, Y., Hall, K.J., Oldham, W.K. (1985) A biochemical Model for biological enhanced phosphorus removal. Wat. Sci. Techn., 17: 313–314

Conrad, R., Seller, W. (1980) Field measurement of the loss of fertilizer nitrogen into the atmosphere as nitrous oxide. Atmos. Environ., Vol. 14: 555–558

Damiecki, R. (1984) Abschätzung der heutigen Grenzen der biologischen Phosphor- und Stickstoff-elimination. Korrespondenz Abwasser 31: 826–830

Denmead, O.T., Freney, J.R., Simpson, J.R. (1979) Nitrous oxide emission during denitrification in a flooded field. Soil Science Society of America Journal, Vol. 43: 716–718

Evans, W.C. (1988) Anaerobic degradation of aromatic compounds. Ann. Rev. Microbiol. 42: 289–317

Felgener, G.W., Ritter, G. (1989) Mit Braunkohlenkoks wirkungsvoller reinigen – ein Beitrag zur weitergehenden Abwasserreinigung. Korrespondenz Abwasser 3: 282–286

Firky, W., Pinnekamp, J. (1988) Stand des Wissens bei der Anwendung der erhöhten biologischen Phosphatelimination. Korrespondenz Abwasser 35: 20–24

Fischer, K., Sabo, F. (1996) Abscheidung gasförmiger Schadstoffe durch biologische Reaktionen. In Brauer, H. (Hrsg.) Handbuch des Umweltschutzes und der Umweltschutztechnik Band 3 Additiver Umweltschutz: Behandlung von Abluft und Abgasen. Springer Berlin Heidelberg New York S. 595–645

Gutsch, A., Heidenreich, P.A. (2001) Innovation Abwasser: Beispielhafte Projekte aus dem Abwasserbereich. Erich Schmidt, Berlin

Hanert, H.H., Dietzmann, D., Gloistein, C., Harborth, P., Kucklick, M., Waschke, C., Wittmaier, M. (1995) Biologische Abluftreinigung gasförmiger Emissionen bei der Behandlung von Abfällen. Veröffentlichungen des Zentrums für Abfallforschung der TU Braunschweig, Heft 10.

Hartmann, L. (1992) Biologische Abwasserreinigung, Springer Berlin, Heidelberg, New York

Hegemann, W. (1996) Aerobe Verfahren zur biologischen Abwassereinigung. In: Brauer, H. (Hrsg.) Handbuch des Umweltschutzes und der Umweltschutztechnik, Bd.4 Additiver Umweltschutz: Behandlung von Abwässern. Springer-Verlag, Berlin Heidelberg New York, pp 251–298

Her, J.J., Huang, J.S. (1995) Influences of carbon surface and C/N ratio on nitrate/nitrite denitrification and carbon breakthrough. Bioresource Technology, Vol. 54, Iss. 1: 45–51

Herzbrun, P.A., Irvine, B.L., Malinowski, K.C. (1988) Treatment of hazardous wastes in a sequencing batch reactor Biotreatment Systems. In: Wise, D. (Ed.) Vol. I: Biotreatment Systems. CRC-Press Boca Raton, pp 157–167

Hwang, K.Y., Brauer, H. (1987) Anaerobe Abwasserreinigung mit Biogasproduktion im Pulsreaktor BTF-Biotech-Forum. 4 S. 119–122

Jagusch, L., Schönherr, W., Püschel, (1992a) Vorrichtung zur Begasung von Flüssigkeiten. Patentschrift DE 4112378 A1 , 16.4.91/ 22.10.92

Jagusch, L., Schönherr, W., Püschel, (1992b) Kompaktreaktor für die aerobe biologische Abwasserreinigung. Patentschrift DE 4112377 16.4.91/ 22.10.92

Kaballo, H.P. (1998) Das Sequencing Batch Biofilm Reactor-Verfahren zur Reinigung von chlororganisch belasteten Abwässern im Leistungsvergleich mit einem baugleichen kontinuierlichen Biofilmverfahren. München, Technische Universität, Lehrstuhl für Wassergüte und Abfallwirtschaft der TU, Dissertation, Berichte aus der Wassergüte und Abfallwirtschaft 4

Kappelmeyer, U. (2000) Untersuchungen zu Mechanismen der Stickstoffumsetzung in Wässern bei der Passage durch bewachsene Bodenfilter (Pflanzenkläranlagen). Dissertation Technische Universität Dresden, Fakultät für Forst-, Geo-und Hydrowissenschaften, UFZ-Bericht 5, 2001

Knowles, R. (1982) Denitrification. Microbial Rev. 46 (1) 43 -732

Kowalchuk, G.A., Naoumenko, Z.S., Derikx, P.J.L., Felske, A., Stephen, J.R., Arkhipchenko, I.A. (1999) Molecular Analysis of Ammonia-Oxidizing Bacteria of the beta Subdivision of the Class Proteobacteria in Compost and Composted Materials. Applied and Environmental Microbiology, Vol. 65, Iss. 2: 396–403

Kowalchuk, G.A., Stephen, J.R., de Boer, W., Prosser, J.I. (1997) Analysis of ammonia-oxidizing bacteria of the subdivision of the class proteobacteria in coastal sand dunes by denaturing gradient gel electrophoresis and sequencing of {PCR}-amplified 16S ribosomal {DNA} fragments. Applied and Environmental Microbiology, Vol. 63, Iss. 4: 1489–1497

Kühn, V., Gebhard, V. (1998) Auswirkungen des Kanalnetzes auf die Abwasserbeschaffenheit. Wiener Mitteilungen Wasser, Abwasser, Abwasserreinigung, Band 145 Fortbildungskurs Biologische Abwasserreinigung (Hrsg.: H. Kroiß)

Kunst, S., Mudrack, K. (1993) In: Böhnke, B., Bischofsberger, W., Seyfried, C.F. (Hrsg.) Anaerobtechnik. Springer Berlin, Heidelberg, New York, Kap. 1, S. 1–62

Kyosai, S., Pinnekamp, J. (1989) Biotechnologie in der Abwasserreinigung – Forschungsprogramme in Japan. Korrespondenz Abwasser 2: 134–137

Ludwig, W., Strunk, O., Klugenbauer, S., Klugenbauer, M., Weizenegger, M., Neumaier, J., Bachleitner, M., Schleifer, K.-H. (1998) Bacterial phylogeny based on comparative sequence analysis. Electrophoresis, Vol. 19: 554–568

Morgan, W.E., Frum, E.G. (1974) International Water pollution Control Federation 46: 2486 – 2489

Mösche, M. (1998) Anaerobe Reinigung von Zuckerfabriksabwasser in Fließbettreaktoren: Vom Pilotmaßstab zum 500 m³-Reaktor. Fortschritt-Berichte VDI Reihe 15 Umwelttechnik, Nr 201, VDI-Verlag Düsseldorf

Neitzel, V., Iske, U. (1998) Abwasser: Technik und Kontrolle (Praxis des technischen Umweltschutzes), Wiley VCH

Otto, U. (2000) Entwicklungen beim Einsatz von Kleinkläranlagen. In: Dohmann, M. (Hrsg.) Gewässerschutz, Wasser, Abwasser. Band 175, RWTH Aachen

Polomski, A. (1998) Einfluß des Stofftransportes auf die Methanbildung in Biogas-Reaktoren, Fortschritts-Berichte VDI Reihe 3 Verfahrenstechnik, Nr. 569 VDI-Verlag GmbH Düsseldorf

Prüß, M., Blunk, H. (1941) Verfahren zur Reinigung von luft- und sauerstoffhaltigen Gasgemischen. Patentschrift 710954, Reichspatentamt

Ringpfeil, M., Stottmeister, U., Behrens, U., Martius, G., Wenige, L. (1988) Aerobic treatment of sewage from lignite (brown coal) processing. Biotreatment systems Vol I CRC. Press Boca Raton, Ed. D.L. Wise, 1–61

Rolston, D.E., Fried, M., Goldhamer, D.A. (1976) Denitrification measured directly from nitrogen and nitrous oxide gas fluxes. Soil Science Society of America Journal, Vol. 40: 259-266

Sahm H. (1988) Anaerobic treatment of industrial wastewater. Biotec 2: 79–87

Schlegel, H.-G. (1992) Allgemeine Mikrobiologie. Georg Thieme Verlag

Schön, G. (1996) Mikrobielle Grundlagen zur biologischen Abwasserbehandlung. In: Brauer Handbuch des Umweltschutzes und der Umweltschutztechnik, Bd 4 Additiver Umweltschutz: Behandlung von Abwassern 173-249

Schramm, A., de Beer, D., Wagner, M., Amann, R. (1998) Identification and activities In Situ of Nitrospira and Nitrospira spp. as dominant populations in a nitrifying fluidized bed reactor. Applied and Environmental Microbiology, Vol. 64, (9): 3480–3485

Schrammel, A. (1998) Maschinelle Einrichtungen der mechanischen Vorreinigung. In: Kroiß, H. (Hrsg.) Wiener Mitteilungen Band 145, Fortbildungskurs Biologische Abwasserreinigung, pp 117–139

Smith, M.S., Tiedje, J.M. (1979) The effect of roots on soil denitrification. Soil Science Society of America Journal, Vol. 43, pp . 951–955

Srinath, E.G., Sastry, C.A., Pillai, S.C. (1959) Rapid removal of phosphorus from sewage by activated sludge. Experienta 15: 339–340

Strohmeier, A. (1984) Untersuchungen zum Reaktionsverhalten der A-Stufe bei Zudosierung von Organochlorverbindungen. Gewässerschutz – Wasser – Abwasser 70: 289–308

Stronach, S.M., Rudd, T., Lester, J.N. (1986) Anaerobic digestion processes in industrial waste water treatment. Biotechnology Monographs Vol 2. Springer Berlin Heidelberg, New York

Stryer, L. (1991) Biochemie. Spektrum Akad. Verlag, Heidelberg, Berlin, Oxford

Stüven, R., Vollmer, M., Bock, E. (1992) The impact of organic matter on nitric oxide formation by Nitrosomonas europaea. Archives of Microbiology, Vol. 158, No. 5: 439–443

Thomé-Kozmiensky, K.J. (1998) Klärschlammentsorgung, Enzyklopädie der Kreislaufwirtschaft, TK-Verlag Neuruppin

Toritsuka, N., Shoun, H., Singh, U.P., Park, S.Y., Iizuka, T., Shiro, Y. (1997) Functional and structural comparison of nitric oxide reductases from denitrifying fungi Cylindrocarpon tonkinense and Fusarium oxysporum. Biochimica et Biophysica Acta – Protein Structure and Molecular Enzymology, Vol. 1338, Iss. 1: 93–99

Ward, B.B. (1995) Functional and taxonomic probes for bacteria in the nitrogen cycle. In: Joint, I. (Ed.) Molecular ecology of aquatic microbes, pp. 73-86

Ward, B.B., Cockcroft, A.R., Kilpatrick, K.A. (1993) Antibody and DNA probes for detection of nitrite reductase in seawater. Journal of General Microbiology: 2285–2293

Wendlandt, K.D., Jechorek, M, Stottmeister, U., Münker, Th., Bäzold, D., Kretschmer, A., Menschel, C., Panning, F., Scharr, S. (1998) Method for the material and energy efficient use of biogas and installation for carrying out said method PCT /EP 98 02716 8. Mai 1998 (14. Mai 1997)

Wentzel, M.C., Dold, P.L., Loewenthal, R.E., Ekama, G.A., Marais, G.V.R. (1986) Metabolic behaviour of Acinetobacter spp. in enhanced biological phosphate removal, Water SA, 12, 209-224

Wiesmann, U. (1988) Kinetik und Reaktionskinetik der anaeroben Abwasserreinigung. Chem. Ing. Techn. 60: 464–474

Wilderer, P.A., Schroeder, E.D. (1986) Anwendung des Sequencing-batch-reactors-(SBR-)Verfahrens zur biologischen Abwasserreinigung. Hamburger Berichte zur Siedlungswasserwirtschaft, pp 213–237

Witt, P.C. (1997) Untersuchungen und Modellierungen der biologischen Phosphatelimination in Kläranlagen. Schriftenreihe des ISWW, Band 81, Karlsruhe München, Wien, Oldenburg

Xu, B., Enfors, S.-O. (1996) Modeling of nitrite accumulation by the denitrifying bacterium Pseudomonas stutzeri. Journal of Fermentation and Bioengineering, Vol. 82, Iss. 1: 56-60

Zumft, W.G. (1992) The denitrifying prokaryotes. In: Balows, A., Trüper, H.G., Dworkin, M., Harder, W., Schleifer, K.-H. (Eds.) The Prokaryotes. 2nd edition, Springer Berlin, Heidelberg New York

5 Bioremediation und natürlicher Abbau und Rückhalt (natural attenuation)

5.1 Grundlagen der biotechnologischen Verfahren zur Sanierung von Altlasten

5.1.1 Allgemeines

Die Sanierung von Altlaststandorten, die mit toxischen Umweltschadstoffen kontaminiert sind, stellt in den Industrienationen eine der bisher unbewältigten Aufgaben dar. Allein in Deutschland wurden bis Ende 1993 insgesamt 86 000 Altablagerungen (= stillgelegte Abfalllagerstätten), 53 000 Altstandorte (= gewerbliche Grundstücke, auf denen mit Umwelt gefährdenden Stoffen umgegangen wurde) und ca. 4 000 Rüstungsaltlasten festgestellt. Die Gesamtzahl der z.T. noch nicht vollständig erfassten Altlastenverdachtsflächen wurde auf 240 000 geschätzt, von denen mehr als 100 000 tatsächlich kontaminiert sind. Bei ca. 25 000 ist mit einer Gefährdung für den Menschen zu rechnen und damit besteht Sanierungsbedarf (Franzius 1993).

Jede Altlast ist im Prinzip von ihrer Entstehungsgeschichte her, von der Art der Kontaminationen, deren Konzentration und Wechselwirkung untereinander, nicht mit einer anderen zu vergleichen. Es müssen weiterhin die geologischen Bedingungen und das jeweilige Gefährdungspotenzial mit allen anderen Faktoren in einer Einheit betrachtet werden, um eine Sanierungsstrategie abzuleiten, die nach ihrer Umsetzung auch nachhaltig wirksam ist.

5.1.2 Kontaminationen in Böden und Sedimenten

Beim Eintritt von organischen Schadstoffen in Böden verteilen sich die Schadstoffe im Mehrphasensystem Boden, welches aus organischen und anorganischen Feststoffen, einer Wasserphase und einer Gasphase besteht (Abb. 5-1).

Hierbei treten vielfältige Wechselwirkungen auf, die zu einer Retardierung der Schadstoffe führen können. Der Bodenkörper übernimmt dabei die Funktion der stationären Phase eines chromatographischen Systems. Darüber hinaus wird das System noch komplexer, wenn die Schadstoffe als organische Phase (4. Phase) in das System eintreten. Generell sind in Böden Mikroorganismen anzutreffen, welche die Schadstoffe sofort umsetzen, sofern sie metabolisierbar sind. Im günstigsten Fall kommt es dann zu einem Abbau, der zu einer Teileliminierung führen kann. In vielen Fällen werden die Schadstoffe jedoch nur transformiert und die Metaboliten verteilen sich dann zusätzlich im System. Manchmal können sogar, z.B. bei leichtflüchtigen CKW wie Tri- und Perchlorethylen weit toxischere Produkte wie Vinylchlorid entstehen.

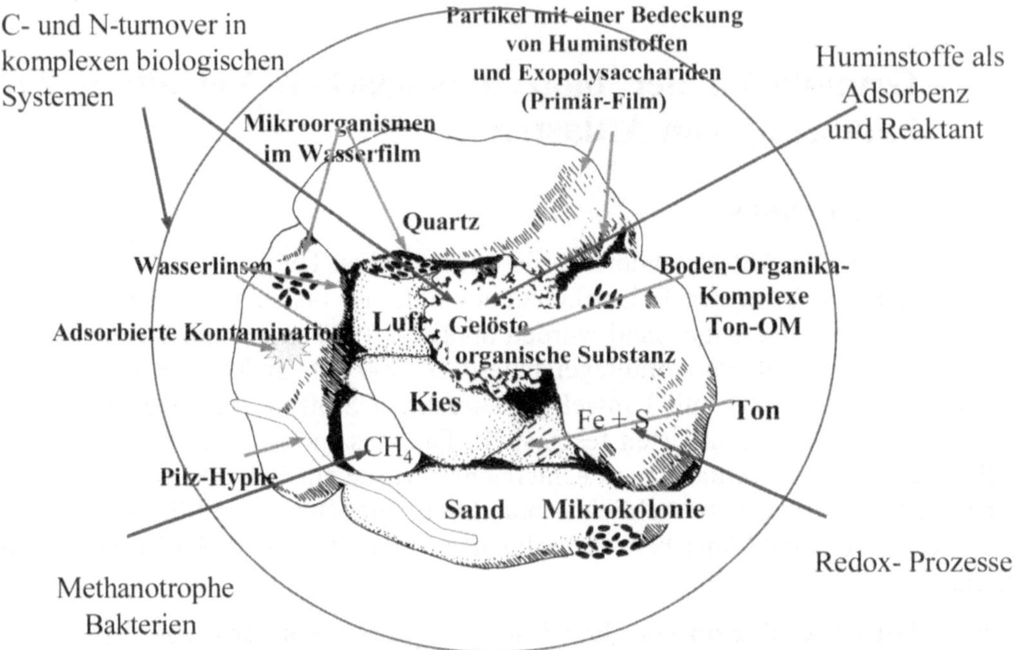

Abb. 5-1. Bodenpartikel mit den unterschiedlichen Reaktionsmöglichkeiten nach Kästner (2000)

Im komplexen System einer Bodenpartikel herrschen folgende Bedingungen:

Organische Schadstoffe sind an anorganischen Partikeln wie Ton oberflächlich adsorbiert. Sie können aber durchaus auch in Poren eingedrungen sein und dort vorhandenes Wasser verdrängt haben.

Es ist weiterhin möglich, dass die Schadstoffe in Abhängigkeit von ihrer Struktur und Ladung an Huminstoffe und anderen organischen Bestandteilen des Bodens (unzersetzte oder im Zersetzungsprozess befindliche organische Materie) an- oder eingelagert sind. Lösliche organische Kontaminanten sind in den Wasserlinsen oder aber im Porenwasser gelöst.

Es ist normalerweise ein breites Spektrum von Mikroorganismen nachzuweisen. Bodenpilze können Hyphen bilden, die wiederum oberflächlich Schadstoffe, auch Schwermetalle, sorbieren können. Die Mikroorganismen kommen in Kolonien vor und sind damit lokal präsent, keineswegs homogen in der Matrix verteilt; sie sind meistens in Biofilmen auf der Matrix fixiert. In Wasserlinsen oder Poren – je nach deren Größe – können sie auch suspendiert vorkommen.

Zur Filmbildung ist ein Primärfilm (aus Huminstoffen oder Polysacchariden) notwendig. Dessen Ausbildung hängt von besonderen Vorbedingungen wie ausreichend Feuchtigkeit, einer definierten Primarbesiedlung u.a. ab.

In der Bodenpartikel herrscht ein Gradient in den Gaskonzentrationen. Sauerstoff wird in Abhängigkeit von der Bodenstruktur durch Diffusion aus der Luft nachgeliefert. In den Poren kann jedoch durch die Atmung der dort vorhandenen Mikroorganismen eine Auszehrung des Sauerstoffs stattfinden. Damit können nebeneinander aerobe und anaerobe Zonen existieren, die entsprechend auch unterschiedlich mit Mikroorganismen besiedelt sind.

Pilze benötigen grundsätzlich Sauerstoff zur Entfaltung ihrer hydrolytischen oder oxidativen Fähigkeiten.

Die methanogenen Bakterien bilden Methan. Dieses diffundiert durch seine geringe Wasserlöslichkeit in entferntere Bereiche. Dort siedeln sich in der Grenzfläche des Kontaktes zum Luftsauerstoff Methan oxidierende Bakterien an. Diese sind für ihre Fähigkeit zur Cooxidation bekannt und in der Lage, eine Vielzahl von Transformationsreaktionen durchzuführen.

Anorganische Redoxreaktionen werden durch bakterielle Interaktionen unterstützt. Eine besondere Rolle spielen dabei die Eisen-Thiobacilli-Wechselwirkungen, die das als Elektronenakzeptor dienende Sulfid und das für den Kohlenstoffmetabolismus notwendige CO_2 aus der Sulfatatmung bzw. der Kohlenstoffoxidation erhalten.

Zu niederen Wertigkeitsstufen reduzierte Schwermetalle (siehe Tab. 5-1) werden als Schwermetallsulfide gebunden. Besitzt die organische Kontamination jedoch Komplexbildungseigenschaften (z.B. Nitriloessigsäure-Derivate), kann eine Mobilisierung erfolgen.

Bildet eine wasserunlösliche organische Kontamination eine Phase, sind Mikroorganismen in der Lage, in direktem Kontakt auf der Oberfläche dieser Phase ihre Aktivität zu entfalten. Auch in einem wasserarmen Milieu (umgekehrte Phase) sind mikrobielle Umsetzungen bekannt.

Das gebildete Kohlendioxid kann zu pH-Gradienten innerhalb eines Bodenpartikels führen. Kohlendioxid ist sehr gut in Wasser löslich, die Löslichkeit steigt entsprechend einer Temperaturabsenkung.

Es werden die in Tab. 5.1 genannten Gruppen von Umweltschadstoffen mit ihren typischen Vertretern in kontaminierten Altlasten gefunden.

Darüber hinaus werden von fast allen Kontaminanten, die an einem Standort in den Boden gelangen, sofort durch biologische Aktivität oder abiotische Reaktionen Metabolite gebildet, welche die obige Liste noch beträchtlich erweitern wür-

Tab. 5-1. Zusammenstellung wichtiger Umweltschadstoffe

Mineralölkohlenwasserstoffe (MKW): Aliphatische KW n-Alkane n-Alkene Isoalkane Cycloparaffine	*Polyzyklische Aromatische KW (PAK)* Naphthalin, Acenaphthylen, Acenaphten, Fluoren, Phenanthren, Anthracen, Fluoranthen, Pyren, Benz(a)anthracen, Chrysen, Benz(b)-, (k)-, und (f)fluoranthen, Benz(a)pyren, Dibenz(a,h)anthracen, Benzo(g,h,i,)perylen, Indeno(1,2,3-cd)pyren (16 EPA PAK)
Aromatische KW: Benzol Toluol Ethylbenzol Xylol (BTEX-Komponenten)	*Leichtflüchtige Chlorkohlenwasserstoffe* (LCKW): Perchlorethylen (PCE) Trichlorethylen (TCE) Dichlormethan
Chlorkohlenwasserstoffe (CKW): Chlorbenzole Chlorphenole Chlordioxine Chlordibenzofurane Polychlorierte Biphenyle	*Phenolische Verbindungen:* Phenol Kresole Xylenole „Schwelereiabwässer"
Ammonium und Cyanide: Düngemittel, Kokereiabwässer	*Sprengstoffe:* 2,4,6-Trinitrotoluol (TNT) Hexogen, Hexyl
Schwermetalle: Cu, Zn, Fe, Cd, Hg, Cr, As, u.a.	RDX

den. Bei Kontaminationen oder Schadensfällen sind in der Regel auch keine Reinsubstanzen freigesetzt worden und in den Untergrund gelangt, sondern „natürliche" oder technische Gemische von mehreren bzw. einer Vielzahl von Einzelstoffen (wie z.B. bei Diesel-, Vergaserkraftstoffen oder Teerölen).

Ein in den Boden gelangtes Schadstoffgemisch verändert sich im Verlauf der Zeit, es altert (engl. aging). Es tritt in langsam ablaufende Reaktionen wie Polymerisationen oder Harzbildungen ein. Leichter flüchtige Bestandteile des Gemisches organischer Verbindungen verdampfen ab oder diffundieren. Polyauxisches Verhalten (siehe Kapitel 3) der vorhandenen Mikroorganismen zehrt leichter utilisierbare Bestandteile aus. Regenwasser kann bei unterschiedlicher Wasserlöslichkeit einen Chromatografieeffekt und damit Änderungen in der Zusammensetzung hervorrufen. Das Eindringen in die Mikroporen der Bodenpartikeln benötigt Zeit, da z.B. vorhandenes Primärwasser verdrängt werden muss.

Aus diesem Grunde ist es nicht möglich, im Experiment durch einfache Schadstoffzugabe in einen Boden das Verhalten einer Altlast zu simulieren.

Das Bemühen, durch Zugabe von Tensiden die Bioverfügbarkeit und Mobilisierung zu erhöhen, war nur selten erfolgreich. Tenside sind oftmals selbst gute Kohlenstoffquellen für Mikroorganismen und werden degradiert. Sie sind andererseits in höheren Konzentrationen auch toxisch und können den biologischen Abbau hemmen. Die Ladung unterschiedlicher Schadstoffe erfordert die genaue Auswahl des eingesetzten Tensids mit Rücksicht auf die Strukturbeziehungen. Tenside können an der Bodenmatrix sorbiert werden und daher nicht ihre die Oberflächenspannung verändernden Eigenschaften entwickeln.

Subaquatische Sedimente sind insbesondere für Schwermetalle eine Senke. Unter den anaeroben Bedingungen der Ablagerungen am Grund von Flüssen und Seen herrschen Sulfat reduzierende Bedingungen. Das gebildete Sulfid bindet die toxischen Schwermetalle oder reduziert die Anionen (Chromat, Arsenat) zu 3-wertigen Verbindungen. Organische Verbindungen können durch molekulare Diffusion oder Bioturbation in den Wasserkörper gelangen. (Abb. 5-2).

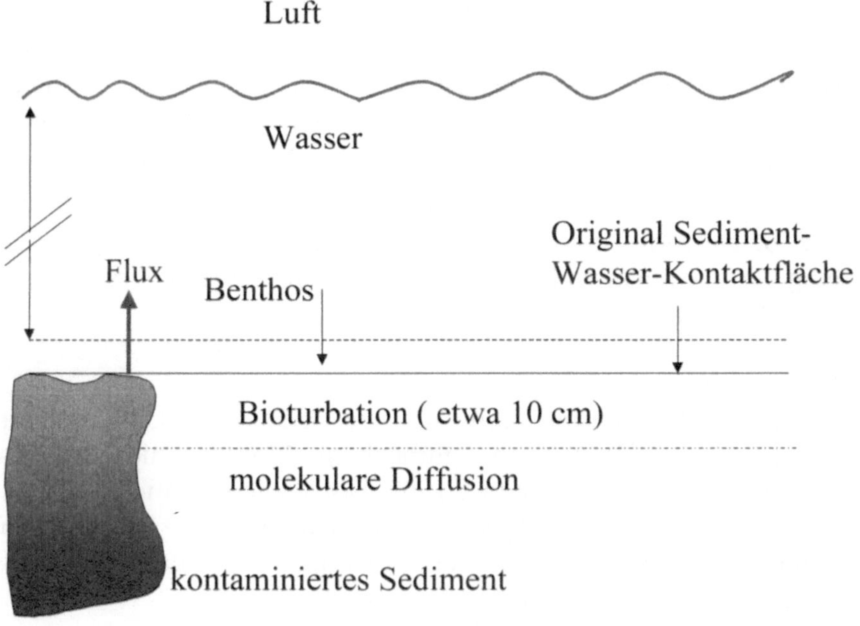

Abb. 5-2. Kontaminiertes subaquatisches jüngeres Sediment (nach Zeman 1994)

5.1.3   Standardtechniken der Bodenreinigung

5.1.3.1   *In situ*-Verfahren

Aus der Darstellung der allgemeinen Eigenschaften eines beliebigen Schadstoffes in einer Bodenpartikel und dem Verhalten der Mikroorganismen leiten sich grundsätzliche Möglichkeiten zur Intensivierung des natürlichen Schadstoffabbaus in einem kontaminierten Boden ab.

In situ-Verfahren zur Bodenreinigung sind in unterschiedlichen Versuchsfeldern erprobt worden. Dabei wurde durch Lanzen für eine Belüftung, durch Infiltration für eine Nährstoffzugabe oder durch Dampfeinleitung für Temperaturerhöhung gesorgt oder aber auch in Bioreaktoren gezüchtete Mikroorganismen in den Boden eingebracht. Es zeigte sich jedoch sehr häufig, dass ursprüngliche Erfolge anhand von analytischen Werten nicht „nachhaltig" und nach gewissen Zeiträumen die Schadstoffe wieder nachweisbar waren. Eine Erklärung ist einfach: Die sowohl analytisch durch Standardtechniken der Extraktion zugänglichen Schadstoffe sind auch im Wesentlichen bioverfügbar, also den Mikroorganismen zugänglich. Sie werden entsprechend abgebaut. Nach diesem Abbau ist jedoch die Konzentrationsdifferenz zu den in den Poren sorbierten, in refraktären Substanzen maskierten oder sich in einem toxisch hohen Konzentrationsbereich befindlichen Schadstoffen so groß geworden, dass aus diesem analytisch nicht zugänglichen Reservoir ein langsamer Konzentrationsausgleich durch Diffusion erfolgte. Damit waren nach einem genügend langen Zeitraum wieder Schadstoffe nachweisbar.

Oftmals waren Erfolge von *in situ*-Versuchen auch Artefakte, da durch die Belüftung flüchtige Schadstoffe ausgetrieben oder durch die Wasserzugabe zur Aufrechterhaltung der notwendigen Feuchtigkeit in tiefere Schichten transportiert wurden.

5.1.3.2   Off site-Verfahren

Die Entwicklung unterschiedlichster Techniken zur Behandlung kontaminierter Böden ist im Detail in einer Reihe von Lehrbüchern, Monographien und Forschungsberichten beschrieben (z.B. Förstner 1993, Hoffmann und Viedt 1998). In diesem Abschnitt werden nur einige allgemeine Prinzipien dargestellt, während im Kapitel 5.3 einige spezielle Verfahren zur Schwermetallelimination beschrieben werden.

Die einfachste Methode ist nach wie vor, ausgebaggerte Böden in einer Miete zu lagern. Diese sollte zur Erhöhung oder zum Initiieren der im Boden vorhandenen Mikroorganismen durchmischt, feucht gehalten und mit Nährstoffen wie Phosphat oder Stickstoffdünger versetzt werden. In Abständen mechanisch umgesetzt, wird für den Boden die ausreichende Durchmischung und Belüftung garantiert. Damit werden Kohlenwasserstoffe aus Tankstellenböden, Transportunfällen oder Rohrbrüchen in Zeiträumen von einem bis maximal zwei Jahren bis auf die Grenzwerte gereinigt und können einer neuen Verwendung zugeführt werden.

Diese Mieten werden auf einem festen Fundament angelegt, das einen Durchtritt der Mietenwässer verhindert, und mit Zelten überdacht. Emissionen flüchtiger Kohlenwasserstoffe werden aus dem Zeltinneren abgesaugt und in Filtern gereinigt.

Ein solch einfaches Mietenverfahren gestattet bei komplexeren Bodenverunreinigungen nahezu keine Beeinflussungsmöglichkeiten der biologischen Aktivitäten und Reaktionsabläufe. Die Anwendung der dargestellten Verhältnisse in einem kontaminierten Boden und die Kenntnis des Verhaltens und der Besonderheiten der häufig verkommenden Hauptschadstoffe erfordert aber eine hohe Variabilität und Anpassung, denn im Prinzip ist – wie schon erwähnt – jeder Schadensfall einzigartig. Um diese erforderliche Variabilität zu ermöglichen, wurde eine Bodenreinigungsanlage entwickelt, die eine Kombination von einem Feststoffbioreaktor und einem Flüssigbioreaktor darstellt (Abb. 5-3 und 5-4).

Das Behandlungsbecken ist mit Drainage und Bodenluftabsaugung ausgestattet. Die Luft wird durch den eingebrachten Boden gesaugt und einem Luftfilter zugeführt. In dem Rührbehälter zur Aufnahme und Behandlung des im Kreislauf geführten Prozesswassers kann das Prozesswasser gegebenenfalls mit Zusätzen versehen oder Nährstoffergänzungen vorgenommen werden. Bei Bedarf ist dieses Gefäß als Bioreaktor zu betreiben. Die Belüftung kann variiert werden, ebenso der pH-Wert.

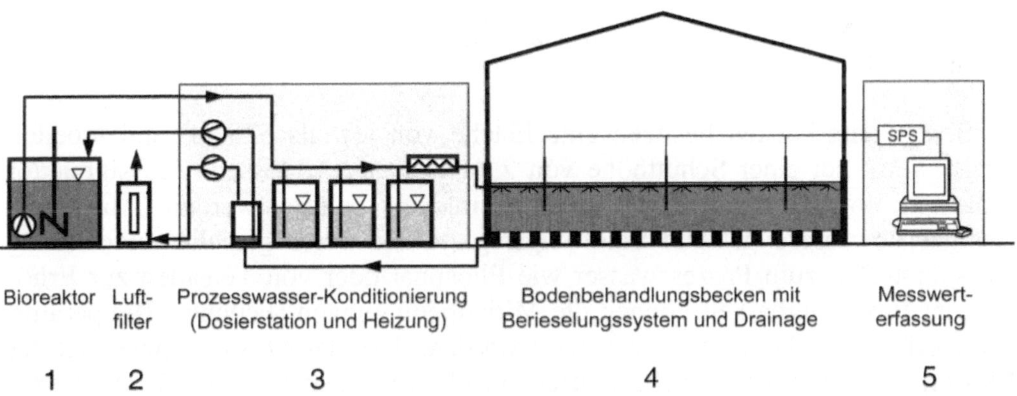

Abb. 5-3. Schematische Darstellung des Bodenreinigungzentrums Hirschfeld (Firma BMU Bauer-Mourik Umwelttechnik – UFZ)

Abb. 5-4. Bodenreinigungszentrum der Firma BMU Bauer-Mourik Umwelttechnik in Hirschfeld – Sachsen (Foto: UFZ, Autor)

Die Behandlungsbecken besitzen eine Fläche von jeweils 525 m² und arbeiten üblicherweise bei einer Schütthöhe von 2 m. Der angeschlossene Flüssigreaktor besitzt ein Volumen von 23 m³ und kann intensiv belüftet werden (Abb. 5-3). Über das Bewässerungs- und Belüftungsregime und durch gezielte Zudosierung von Nährstoffen zum Prozesswasser wie Phosphat oder von Tensiden zur Erhöhung der Bioverfügbarkeit können die Milieubedingungen (Feuchte, Temperatur, Sauerstoffgehalt, pH-Wert) so gesteuert werden, dass das Leistungspotenzial der Mikroorganismen für den Schadstoffabbau effektiv ausgenutzt wird. Durch zusätzliche Wärme isolierende Maßnahmen gelingt es über längere Zeiträume, den für die biologische Reaktion optimalen Bereich zwischen 15 und 25° C aufrecht zu halten. In dieser Reaktorkombination konnten eine Reihe von Problemböden erfolgreich behandelt werden.

Drehrohr-Öfen-ähnliche Bodenreaktoren bieten ebenfalls sehr gute Möglichkeiten einer intensiven Belüftung und Regulation von Temperatur und Feuchtigkeit. Der Energieverbrauch allerdings ist deutlich höher als bei optimierten Mietenverfahren.

Die spezifischen Fragestellungen der Behandlung ausgebaggerter schwermetall-kontaminierter Flusssedimente wird im Kapitel 5.3 dargestellt.

Naturnahe Verfahren unter Nutzung von Pflanzen gestatten die Anwendung eines Kombinationsverfahrens, bei dem Pflanzen zur Konditionierung der Fluss-Schlämme dienen.

Die Nutzung von Pflanzen zur Schwermetallbeseitigung aus Böden ist ebenfalls Inhalt des Kapitels 5.3.

5.1.4   Sediment-Capping

Als eine *in situ*-Behandlungen von Gewässer-Sedimenten kann das subaquatische Capping betrachtet werden, wenngleich es sich hierbei nicht um eine echte Sanie-rung, sondern nur um eine Sicherung handelt, bei der allerdings biologische Re-aktionen stattfinden und über lange Zeiträume mit einer Verminderung des Schad-stoffanteils gerechnet werden kann (Abb. 5-5).

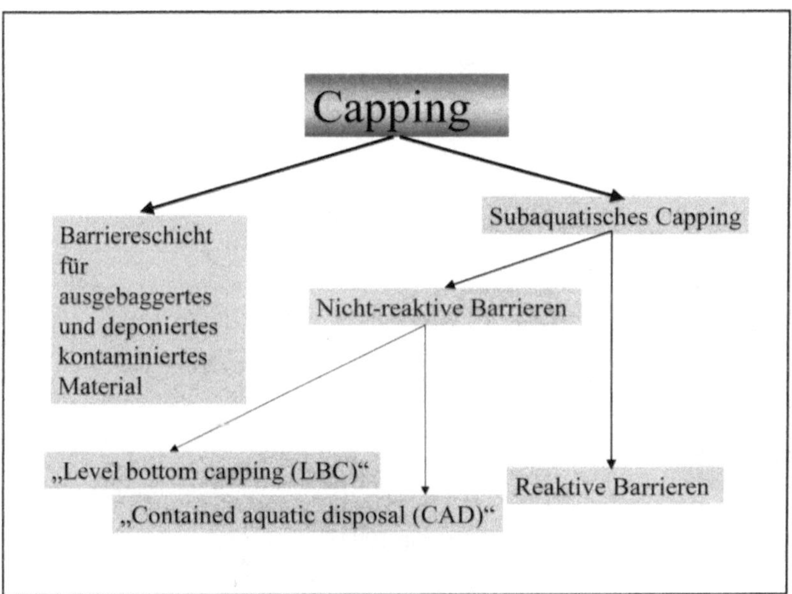

Abb. 5-5. Einteilung der Varianten des subaquatischen Cappings

Subaquatische Ablagerungen von Mineralöl-Kohlenwasserstoffen (MKW), die aus Unfällen, aus bewusster, jedoch gesetzwidriger Ablagerung, durch Einleitung industrieller Abwässer, durch Bilgenwässer in Hafenbecken oder durch vielerlei andere Möglichkeiten in die Gewässer gelangt sind, stellen durch die Ökotoxizität dieser Verbindungen für lange Zeiträume eine potenzielle Gefährdung für aquati-sche Lebewesen dar. Das betrifft nicht nur auf dem Gewässergrund lebende Fische durch direkte Kontakte, sondern in einem weiten Rahmen auch die niederen Wasserlebewesen und somit die gesamte Nahrungskette des Gewässers.

PAK und Schwermetalle können als unlösliche Verbindungen immobilisiert oder sorbiert an der Sedimentmatrix vorliegen. Vermittelt durch das Porenwasser können jedoch Kontaminanten gelöst werden und durch den Austausch mit der darüber liegenden Wassersäule direkt in den Wasserkörper gelangen.

Eine natürliche Bedeckung der Kontaminanten durch Sand und Schlamm durch Strömung und Sedimentation bewirkt normalerweise keine ausreichende Abgrenzung zur Umgebung. Die Aufbringung von künstlichen Schichten (Sande, Tone), als Capping bezeichnet, kann insbesondere für Schwermetalle eine lang anhaltende Immobilisierung hervorrufen, da durch die stabilen anaeroben Bedingungen eine Sulfidbildung einsetzt (Abb. 5-6).

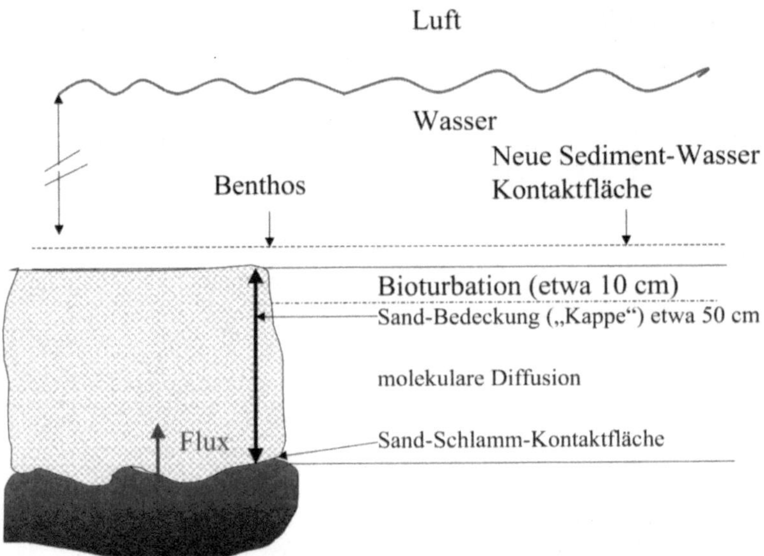

Abb. 5-6. Prinzip des subaquatischen Cappings (Nach Zeman 1994)

Subaquatisches Capping ist überall dort ungeeignet, wo starke Grundströmungen auftreten (z.B. in Gezeiten-Zonen oder in schnell fließenden Gewässern), die eine schnelle Erosion des Capping-Materials bewirken können. Weiterhin können durch eine bereits in Gang gekommene Bioakkumulation der benthischen Fauna wieder erneut Kontaminationen abgelagert werden. Es ist weiterhin ein diffusiver Transport der Kontamination durch die Schicht in den Wasserkörper möglich. Falls die kontaminierte Stelle im Bereich eines Grundwasserstroms liegt, wird nach einer kurzen Verzögerungsphase der erneute Transport der Kontamination in den Wasserkörper möglich sein (advektiver Transport).

Erste Capping-Projekte wurden in den USA Ende der 70er Jahre begonnen. Trotzdem liegen heute nur wenige wissenschaftliche Erkenntnisse aus Feldversuchen vor (z.B. Hamilton Harbour – Azcue et al. 1998).

In Arbeiten von Jacobs und Förstner (1999) wird das Konzept des subaquatischen Cappings mit aktiven Barrieresystemen (sogenannten ABS) als technisch einfache und kostengünstige Alternative zu konventionellen Verfahren der Sedimentsanierung vorgestellt. Das Prinzip besteht in der Abdeckung von kontaminierten Sedimenten mit Materialien, die in großen Mengen kostengünstig zur Verfügung stehen und gleichzeitig eine Reihe von Anforderungen erfüllen. Dazu gehören:

- an den speziellen Schadstoff angepasste Rückhaltemechanismen (z.B. hydrophobe Adsorption, Flockung, Fällung etc.),
- mechanische und chemische Langzeitstabilität unter gegebenen Standortbedingungen,
- hinreichende hydraulische Durchlässigkeit,
- ökologische Unbedenklichkeit.

Das langsame Durchbrechen der Kontaminanten soll durch feste adsorptive Bindung, Fällung oder chemische – mikrobielle oder rein abiotische – Reaktionen verhindert werden. Ein kritischer Punkt in diesem Konzept ist zweifellos die Auswahl des Barrierematerials.

Bewährt haben sich für Kationen in ersten Untersuchungen modifizierte Zeolithe als Sorbenzien. Huminstoffbarrieren sind aufgrund der Erfahrungen aus der Festlegung von PAHs in Huminstoffen bei der Bodensanierung als geeignete Materialien in der Diskussion (Kopinke et al. 1995a und b).

5.1.5   Kontaminationen in Grund- und Oberflächenwässern

Im Wasser gelöste Schadstoffe können in direkten Kontakt mit den Mikroorganismen treten. Damit sind die Umsetzungsgeschwindigkeiten von der Zahl der Mikroorganismen, Nährstoffangebot, Temperatur und eventuellen Limitationsbedingungen abhängig. In Bioreaktoren ist durch intensive Belüftung und gezielte Dosierungen eine Anpassung und Optimierung möglich. Der organische Kohlenstoff findet sich im Idealfall zu 50 % in den gewachsenen Mikroorganismen wieder, der andere Teil ist im gebildeten CO_2 enthalten (s. Kap. 3).

In natürlichen Gewässern bedeutet ebenso eine hohe organische Fracht oder ein hoher Nährstoffgehalt (Phosphat) ein intensives Zellwachstum mit einem hohen Sauerstoffverbrauch. Die Möglichkeiten der Nachlieferung durch die „Oberflächenbelüftung" des Gewässers sind jedoch begrenzt, so dass sich sehr schnell unerwünschte anaerobe Zustände ausbilden können.

Die in die Gewässer gelangten Schadstoffe verteilen sich. Im einfachste Fall, bei einer punktförmigen Einleitung (z.B. Einleiten von Abwässern in einen Fluss), erfolgt eine Verdünnung, die gleichlaufend zum biologischen Abbau die aktuelle Konzentration eines Schadstoffes erniedrigt:

$$C_x = C_0\, e^{-kt}$$

(C_x = Konzentration C am Punkt x, C_0 = Konzentration an der Stelle der Schadstoffeinleitung, k eine Zerfalls- und Abbaurate, t = Zeit vom Einleiten zum Punkt x) (Alloway and Ayres 1993).

Diese Beziehung ist jedoch stark vereinfachend und berücksichtigt nicht alle auftretenden Transportprozesse in einem fließenden Gewässer. Schadstoffe werden nicht nur durch Organismen mineralisiert, sondern können – wie im Beispiel der phenolischen Verbindungen – durch Sauerstoff- und Lichteinwirkung einem Polymerisationsprozess unterliegen. Diese Makromoleküle bleiben zunächst kolloid gelöst und können dadurch über weite Strecken transportiert werden. Höhere Wasserlebewesen und das Phytoplankton können organische Stoffe an ihren Oberflächen sorbieren. Im Wasser gelöste hochmolekulare refraktäre organische Säuren (z.B. Fulvosäuren) wirken als „shuttle" für eine Reihe von organischen Verbindungen und transportieren diese ebenfalls. Im Verlauf des gesamten „Selbstreinigungsprozesses" erfolgt somit eine Mineralisation der gelösten organischen Schadstoffe, aber auch ein vertikaler Transport durch eine Sedimentation koagulierender Teilchen und sorbierender abgestorbener organischer und sich absetzender anorganischer Materie.

So sind die Flusssedimente eine Widerspiegelung der früheren Belastung des Wassers. Ungestörte Sedimente sind eine „Senke" für Fremdstoffe. Da auch im Sauerstoff-gesättigten Flusswasser bereits nach wenigen Zentimetern das Sediment anaerob ist, laufen dort Sulfatreduktion and Methanogenese ab. Das gebildete Sulfid bindet Schwermetalle, organische Verbindungen unterliegen einem langsamen Abbau zu Methan und Kohlendioxid bzw. Schwefelwasserstoff.

In stehenden Gewässern erfolgt anders als in Flüssen eine Schichtung des Wassers durch Dichteunterschiede, die die vertikale Bewegung einschränkt. Dadurch können in großen Wasserkörpern zwischen dem Oberflächenbereich und der Tiefenzone extreme Konzentrationsunterschiede gelöster Substanzen auftreten. Der Übergang zwischen den Zonen ist oftmals scharf begrenzt. Diese Sprungschicht kann sich jedoch innerhalb des Wasserkörpers in Abhängigkeit von der jahreszeitlichen Durchmischung in ihrer Lage verschieben. Die Sedimentationsprozesse durch Polymerisation und absterbende Biomasse unterscheiden sich prinzipiell nicht von denen des fließenden Gewässers.

Eine Reihe organischer Verbindungen sind durch Pharmaka, Pestizide, Kosmetika u.a. in die Oberflächenwässer gelangt und nur in geringsten Konzentrationen nachweisbar. Diese sind oftmals biologisch nicht oder sehr langsam abbaubar, jedoch ist keine akute Toxizität nach Standardtests gegeben; insofern könnten sie als unbedenklich eingestuft werden. Allerdings können sich lipophile Substanzen bei Aufnahme durch verschiedene Organismen anreichern sowie hormonähnliche Wirkungen entwickeln und auf diese Weise auf ein Ökosystem negativ einwirken (engl. endocrine disrupting chemicals: siehe unten).

Die Art und Weise, in der die Stoffe mit dem Boden in Kontakt kommen, hat entscheidenden Einfluss auf ihr weiteres Schicksal. So sind z.B. polyzyklische aromatische Kohlenwasserstoffe (PAK) auf Gaswerksstandorten in der Regel nicht als feste Reinsubstanzen in den Boden gelangt, sondern in einer zähflüssig bis festen Matrix aus Teerölen, die zusätzlich alkylierte PAK und Heterozyklen enthalten und in denen die 16 EPA PAK nur einen kleineren Teil ausmachen (Mueller et al. 1991, Ghoshal et al. 1996). Diese Matrizes haben entscheidenden Einfluss auf die Verteilung in Bodenporen. An ihren Grenzflächen zur Wasserphase unterliegen sie Alterungsprozessen, die den Stofftransport wesentlich verlangsamen können (Ghoshal et al. 1996). Diese Grenzflächen determinieren die Bioverfügbarkeit der Einzelkomponenten und damit auch einen möglichen biologischen Abbau.

Die Verteilung von PAK aus Teeröl oder Dieselöl in die Wasserphase lässt sich näherungsweise mit dem Raoultschen Gesetz beschreiben

$$\frac{\Delta p}{p} = \frac{v_{Stoff}}{v_{LM}}$$ Raoultsches Gesetz: Die Dampfdruckerniedrigung ist zur Menge des gelösten Stoffes proportional (p = Dampfdruck, v = Molzahlen)

(angepasst von Lee et al. 1992a und 1992b). Daher stellen sich die Verteilungsgleichgewichte zwischen der Ölphase und dem Bodenwasser nicht nach dem Verteilungsverhalten der Einzelkomponenten ein, sondern nach dem Anteil der betreffenden Substanz an der gesamten Teerölmenge. Auch bei den meisten anderen Umweltschadstoffen können Matrixeffekte auftreten, wobei jeweils die spezifischen Eigenschaften des Problemstoffes berücksichtigt werden müssen.

Für einen Altstandort ist in Abb. 5-7 der Pfad von der Schadstoffquelle für einen flüssigen organischen Schadstoff beispielhaft dargestellt. Über den Boden und die ungesättigte Zone im Untergrund gelangen die Schadstoffe in das Grundwasser. Sie werden anschließend in Fließrichtung des Grundwassers durch verschiedene Prozesse verteilt. Dabei ist grundsätzlich zu betrachten, ob die flüssige organische Phase leichter oder schwerer als Wasser ist. Man unterscheidet zwischen sogenannten „light non-aqueous phase liquids" (LNAPL´s) oder „dense non-aquaeous phase liquids" (DNAPL´s). DNAPL´s können beispielsweise chlorierte Kohlenwasserstoffe (CKW) oder Teeröle sein. LNAPL´s schwimmen bei Erreichen des Grundwassers auf dessen Oberfläche auf und verteilen sich von dort aus, während DNAPL´s bis zum nächst tieferen Aquitard durchwandern und sich über die gesamte Mächtigkeit des Grundwasserleiters verteilen können. In Senken bilden derartige Phasen dann lokale Kontaminationsherde aus.

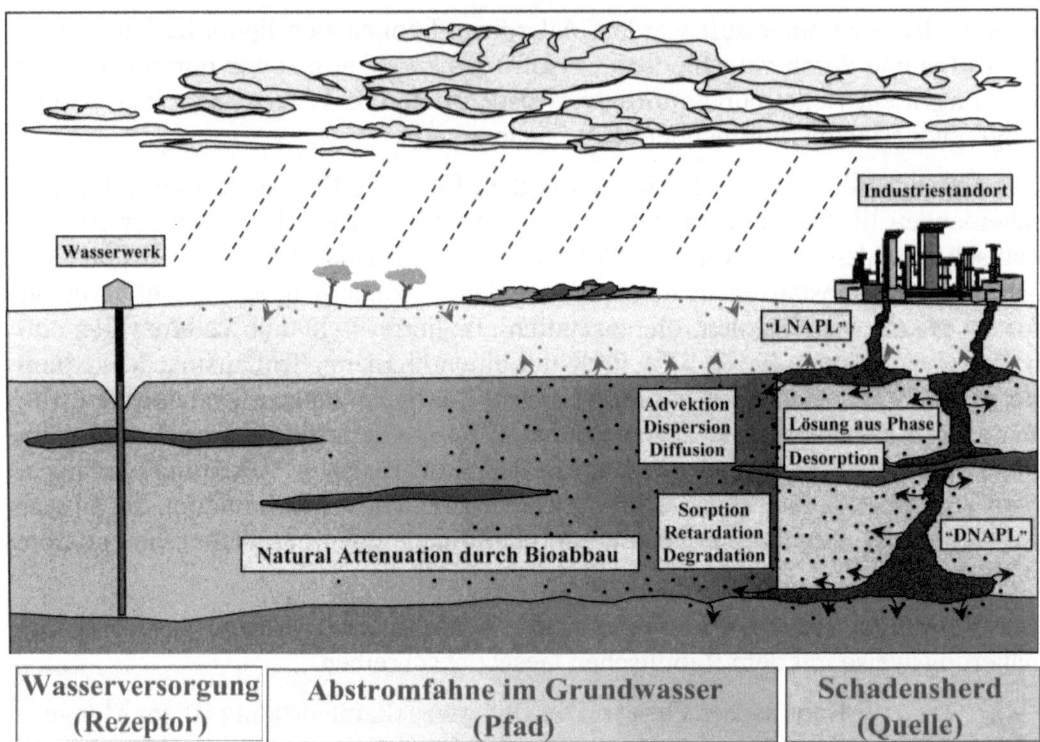

Abb. 5-7. Typisches Schadensszenario durch organische Schadstoffe im Untergrund (nach Teutsch und Gratwohl 1997)

Der Transport und die Verteilung von chemischen Schadstoffen und damit die räumliche Entwicklung von Schadstofffahnen im Grundwasser werden im Wesentlichen durch die Prozesse Advektion, Dispersion, Diffusion, Sorption, Verflüchtigung und Abbau gesteuert. Der Schadstofftransport (gelöste Schadstoffe) erfolgt generell durch Advektion und hydrodynamische Dispersion (Dispersion und Diffusion). Diese Prozesse bewirken eine Migration der gelösten Schadstoffe im Aquifer in Grundwasserfließrichtung und können damit zur Ausbildung von Schadstofffahnen im Abstrom von Schadensfällen führen (Teutsch und Grathwohl 1997).

Die ins Grundwasser gelangten Schadstoffe sind in ihrer Häufigkeit und ihrer Konzentration in verschiedenen Ländern sehr unterschiedlich. Es spiegeln sich darin die Basis der Industrien (Kohle oder Erdöl als Rohstoffe) und der Stand der Technologieentwicklung sowie soziale Besonderheiten wieder. In Tab. 5-2 wird das Schadstoffvorkommen im Vergleich zwischen Deutschland und USA dargestellt.

Tab. 5-2. Vergleich Deutschland und USA (nach Teutsch und Grathwohl 1997)

Platz	Deutschland: Vorkommen [%]	Schadstoff im Grundwasser	USA: Vorkommen [%]	Platz
1	42	Perchlorethylen PCE	35	2
2	39	Trichlorethylen TCE	62	1
3	24	cis + trans Dichlorethylen	28	3
4	16	Benzen	11	14
5	14	Vinylchlorid	10	15
6	8	Trichlormethan	27	4
7	6	1.1.1-Trichlorethan	20	7
8	5	Xylen	*	
9	4	trans- Dichlorethylen	nicht differenziert	
10	4	Toluen	12	12
11	3	Ethylbenzen	*	
12	3	Dichlormethan	20	6
13	2	Dichlorbenzen	*	
14	2	Monochlorbenzen	*	
15	2	Tetrachlormethan	*	
	*	1.2-Dichlorethylen	25	5
	*	1.1-Dichlorethan	20	8
	*	1.1-Dichlorethan	15	9
	*	Phenol	14	10
	*	Aceton	13	11

* nicht unter den 15 betrachteten Schadstoffen benannt

Tab. 5-2 zeigt, dass es sich in der überwiegenden Mehrzahl der Fälle um die leichtflüchtigen halogenierten Kohlenwasserstoffe handelt, die insbesondere durch ihre Anwendung in chemischen Reinigungen in das Grundwasser gelangt sind.

Unter natürlichen Bedingungen eines Grundwasserleiters erfolgt eine ständige Erniedrigung der Konzentration eines Schadstoffes durch biotische und abiotische Prozesse, oftmals aber auch nur durch Verdünnung. Es stellt sich ein Gleichgewichtszustand ein, der bis zu einem völligen Verschwinden des Schadstoffes führen kann, wenn die Ausdehnung der Schadstoff-Fahne zum Stillstand gekommen ist. Die Entscheidung, ob eine Migration noch erfolgt oder aber der Gleichgewichtszustand eingetreten ist, erfordert die Lokalisierung der Schadstofffahne und ihrer Grenzzone. Neben geophysikalischen Methoden ist noch immer die Bohrung und Beprobung über Pegel die sicherste Methode, um zu Grundwasserproben zu gelangen. Ausgebaute Pegel sind beispielhaft in Abb. 5-8 abgebildet.

Es muss bei jeder Bewertung jedoch immer gegenwärtig sein, dass die Bohrung nur einen Punkt in einem keineswegs homogenen Untergrund darstellt.

Abb. 5-8. Grundwasserpegel

5.1.6   „Natural Attenuation" im Grundwasser

Die Summe der die Konzentration der Schadstoffe erniedrigenden Effekte wird als „Natural Attenuation" bezeichnet, die gleichwertige deutsche Bezeichnung „Natürlicher Rückhalt und Abbau" (NRA) hat sich nicht durchsetzen können.

Die amerikanische Umweltbehörde gibt eine Beschreibung, die zusammenfasst:

Die Natural Attenuation-Prozesse ... beinhalten eine Vielzahl physikalischer, chemischer und biologischer Prozesse, die unter geeigneten Bedingungen ohne menschlichen Einfluss die Masse, Toxizität, Mobilität, Volumen oder die Konzentration von Schadstoffen verringern. Diese in situ-Prozesse beinhalten biologischen Abbau, Dispersion, Sorption, Verflüchtigung, radioaktiven Zerfall und chemische oder biochemische Stabilisierung, Transformation oder Zerstörung von Schadstoffen. EPA Directive 9200.4-17P, 1999; aus Track und Michels 2000.

Das Verfolgen der Vorgänge im Untergrund und deren Dokumentation wird als „Monitored Natural Attenuation" bezeichnet, die Unterstützung der natürlichen Prozesse zur Leistungssteigerung durch meist einfache Maßnahmen als „Enhanced Natural Attenuation".

Die „Natural Attenuation" vollzieht sich sowohl in der ungesättigten als auch der gesättigten Bodenzone. Natürliche Abbauprozesse können auch in den Quellen der Schadstoffe stattfinden, so im Boden oder in das Grundwasser gefährdenden Deponien. Diese Quellenbetrachtung ist nach der derzeitigen Herangehensweise nicht einbezogen, gehört jedoch prinzipiell dazu.

Die im Untergrund ablaufenden Prozesse werden von Track und Michels (2000) systematisiert in

destruktive Prozesse:

* biologischer Abbau,
* abiotischer Abbau,
* Humifizierung,
* biologisch-chemische Transformation;

nicht-destruktive Prozesse:

* Sorption,
* Dispersion,
* Immobilisierung,
* Verdünnung,
* Verflüchtigung.

Durch die Verringerung von Masse und Fracht wird eine direkte Wirkung erreicht, die sich in einer Verringerung der Toxizität widerspiegelt (falls keine toxischeren Metabolite entstanden sind). Die indirekte Wirkung der Konzentrationsabnahme mit Verdünnung oder Verlagerung in eine andere Phase (wie bei der Verflüchtigung) wird durch die deutsche Gesetzgebung als Handlungsgrundlage nicht akzeptiert.

Da einerseits die Forderungen nach der Grundwassersanierung berücksichtigt werden müssen, andererseits jedoch die Kenntnis und die Nutzung der natürlichen Prozesse unter Einbeziehung des Faktors Zeit oftmals finanzielle Aufwendungen stark erniedrigen kann, ist „Natural Attenuation" zu einem interessanten Fachgebiet geworden, das sowohl den Gesetzgeber als auch die Hydrogeologen und Ingenieure beschäftigt.

Die meisten Grundwasserschadensfälle sind durch undichte Tanks, Tankfahrzeugunfälle oder fahrlässigen Umgang mit Kraftfahrzeug-Treibstoffen entstanden. In der Regel werden die Inhaltsstoffe Kohlenwasserstoffe, BTEX (Benzen, Toluen, Ethylbenzen, Xyle) unter aeroben Bedingungen mikrobiell gut abgebaut.

Als Beispiel für einen „aktuellen" Grundwasserschadstoff wird Methyl-*tertiärer*-Butylether M*t*BE (vereinfacht: MTBE) betrachtet.

5.1.7 M*t*BE (Methyl-*tertiärer*-butylether) – ein „neuer" Grundwasserschadstoff

Der Ersatz des Antiklopfmittels Bleitetraethyl in Vergaserkraftstoffen mit seinen bekannten negativen Auswirkungen auf die Umwelt führte zum Einsatz von MtBE Methyl-*tertiärer*-Butylether. Neben der Erhöhung der Oktanzahl wirkt es als Oxygenator und verringert die Bildung von Kohlenstoffmonoxid.

MTBE ist sehr gut wasserlöslich (50 g l^{-1}), gilt als ungiftig und beeinflusst die Wasserqualität mit unangenehmem Geruch und Geschmack erst ab 100 μg l^{-1}. In den USA gilt die Empfehlung, dass die Konzentration des MTBE im Trinkwasser nicht höher als 20 – 30 μg l^{-1}sein sollte.

MTBE ist mikrobiologisch sehr schwer abzubauen (stabile Etherbindung). Es wird praktisch nicht an Aktivkohle adsorbiert. Damit wird es auch nicht an Bodenpartikeln festgehalten, sondern wird ausgewaschen und wandert nahezu ohne Verzögerung mit dem Grundwasser mit, falls es dorthin gelangt ist.

In den USA gab es folgende Entwicklung:

- Ab 1970: erster Einsatz von MTBE im Benzin; freiwilliger Zusatz im Benzin in Großstädten zur Verringerung der Luftverschmutzung;
- ab 1992: Forderung des Zusatzes von sauerstoffhaltigen Verbindungen zum Kraftstoff im Winter (2,7 Massenprozent Sauerstoff im Benzin);
- ab 1995: gesetzliche Forderung, dass der Kraftstoff ganzjährig in 7 Großstädten sauerstoffhaltige Zusätze – wie MTBE – enthalten muss (2 Massenprozent Sauerstoff im Benzin).

Es wird heute geschätzt, dass etwa 30 % des in den USA verkauften Kraftstoffes MTBE enthält (nach Schirmer 1999). Es müssen, um den Forderungen nach dem Sauerstoffgehalt im Kraftstoff zu entsprechen, etwa 10 Massenprozent MTBE dem Benzin zugesetzt werden. Es wird geschätzt, dass 1996 mehr als 10 Milliarden Liter dem Benzin zugemischt wurden.

Bei einer derartigen breiten Verwendung war es nur eine Frage der Zeit, dass das wasserlösliche MTBE im Grundwasser in Konzentrationen nachgewiesen wurde, die es als Schadstoff erscheinen lassen. Dieser erste Nachweis erfolgte bereits 1980, neue Schadensfälle zeigten bereits Konzentrationen bis zu 600 μg l^{-1} (Kalifornien) und führten zur Schließung von Trinkwasserversorgungsbrunnen.

In Europa ist eine ähnliche Entwicklung vorgegangen. Die Vergaserkraftstoffe enthalten im Mittel 9 Massenprozent, wobei sehr viel höhere Werte vorkommen können.

MTBE ist aufgrund seiner Etherbindung und des sterischen Molekülaufbaus schwer durch Mikroorganismen abbaubar. Dennoch haben die Untersuchungen gezeigt, dass es Mikroorganismen gibt, die Enzymsysteme zur Degradation besitzen bzw. induzieren können.

Ein metabolischer Abbauweg wird von Church et al. (2000) vorgeschlagen (Abb. 5-9).

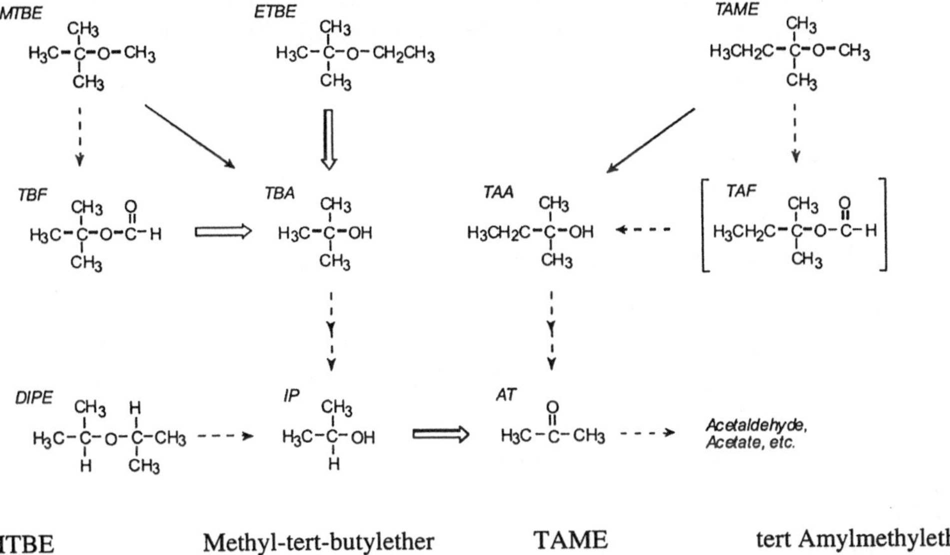

MTBE	Methyl-tert-butylether	TAME	tert Amylmethylether
ETBE	Ethyl-tert-butylether	TBA	tert-Butylalkohol
TBF	tert-Butylformiat	TAA	tert-Amylalkohol
TAF	tert-Amylformiat	DIPE	Diisopropanether
AT	Aceton	IP	Isopropanol

Abb. 5-9. Abbauweg von MTBE (ETBE, TAME) nach Church et al. (2000) (Bakterienstamm PM1)

Der anaerobe Abbau unter methanogenen Bedingungen scheint extrem langsam zu sein. Einer Reihe von Autoren gelang es nicht, den Abbau nachzuweisen. Andere Bedingungen liegen jedoch vor, wenn FeIII-Oxid in Gegenwart von Huminstoffen eingesetzt wird. Finneran und Lovely (2001) zeigten in Laborexperimenten an MTBE-haltigen Sedimenten, dass markiertes MTBE zu Kohlendioxid und Methan umgewandelt wird. Die Geschwindigkeit des Abbaus ist vergleichbar zu der der aeroben Degradation.

Eine gute Biodegradation ist unter cometabolischen Bedingungen beschrieben worden (Liu et al. 2001). Es scheinen gute Bedingungen für den Cometabolismus gegeben zu sein, wenn Isoalkane durch die Mikroorganismen verwertet werden. Eine Monooxygenase (Cyt P450) wird als verantwortlich für den Initialschritt diskutiert.

Erfolge durch einen gesteigerten MTBE-Abbau wurden durch die Animpfung (engl. bioaugmentation) in Mikrokosmen-Studien mit dem Stamm PM1 erreicht (Deeb et al. 2000). Es konnte gezeigt werden, dass im kontaminierten Sediment vorhandene Mikroorganismen durch einfache Sauerstoffzugabe so aktiviert wurden, dass sie MTBE abbauen. So ist auch der Erfolg durch die Zugabe von Sauerstoff abgebenden Verbindungen (ORC oxygen releasing compounds) zu erklären (Anonymus 1 – REGENESIS). Das als Grundlage der OCR dienende

Magnesiumperoxid gibt bei Feuchtigkeitszutritt langsam Sauerstoff an die Umgebung ab und sorgt so für stabile aerobe Bedingungen für die Mikroorganismen.

Die erwähnten positiven Laboruntersuchungen weisen nach, dass auch MTBE prinzipiell einem mikrobiellen Abbau zugänglich ist, wenngleich Feldstudien (Schirmer et al. 2000) zeigten, dass in einem untersuchten Testaquifer ein natürlicher Abbau nicht nachgewiesen werden konnte.

5.1.8   Technische Lösungen zur Grundwasserbehandlung

Die derzeit effektivste, jedoch kostenintensivste Methode ist allgemein eine Grundwasserbehandlung nach dem pump and treat-Prinzip. (Abb. 5-10a). In einer externen Behandlungsstufe wird das in eine Reinigungsanlage geförderte Grundwasser behandelt und danach wieder in den Grundwasserleiter zurückgeführt. Übliche Reinigungstechnologien sind heute

- „pump and treat"-Verfahren (Abb. 5-10a),
- reaktive Wände (Abb. 5-10b),
- „funnel and gate"-Techniken (Abb. 5-10c).

5.1.8.1   „Pump and Treat"-Verfahren

Ausgasungsanlagen (Stripp-Anlagen)
Die Ausgasung – normalerweise durch Einblasen von Luft erreicht – hängt in der ersten Linie ab vom Dampfdruck der auszutreibenden Substanz, der Dauer der Verweilzeit des Wassers in der Stripp-Kolonne, deren Höhe sowie der Wassertemperatur. Das ausgetriebene Gasgemisch wird durch Kühlung kondensiert, Reste des Kontaminanten werden in Aktivkohlefiltern beseitigt. Eine katalytische oder thermische Nachbehandlung des Strippgases wird nach verschiedenen Technologien praktiziert.

Das Einblasen von Luft kann jedoch bereits mikrobiologische Prozesse im Untergrund induzieren (Bioventing), so dass es eine Überlagerung von Effekten gibt.

Adsorptionsfilter
Aktivkohlefilter mit ihrem breiten Sorptionsspektrum und -kapazität (innere Oberfläche von 300 bis 2 000 g/m²) sind noch immer unübertroffen bei der Reinigung von relativ niedrigen Konzentrationen eines Spektrums von organischen Verbindungen. Die Anlagen sind wartungsarm und mit einfachen Signaleinrichtungen für ein Durchschlagen des Filters zu versehen (Abb. 5-11).

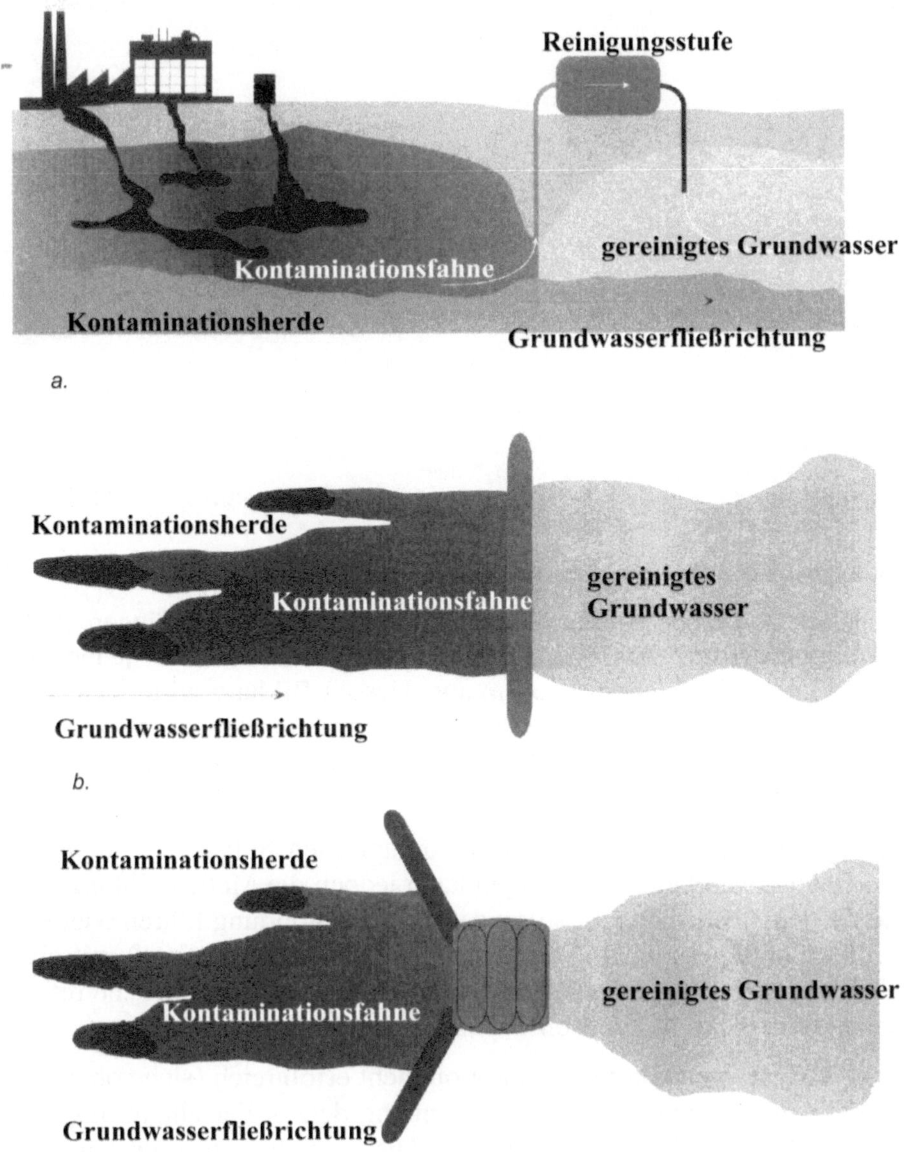

Abb. 5-10a–c. Technologien zur Grundwassersanierung (Zeichnung UFZ)

a) aktive Abstromsanierung „pump and treat"
b) passive Abstromsanierung durch permeable Reaktionswand
c) passive Abstromsanierung durch „funnel and gate"

Abb. 5-11. Adsorptionsanlage zur Grundwasserreinigung (Foto: Autor, UFZ)

Die Filtrations- und Adsorptionswirkung der Aktivkohle wird nach längerem Betrieb durch mikrobiologische Aktivitäten unterstützt. Es bildet sich auf jedem Aktivkohlefilter im Laufe der Zeit ein Biofilm aus. Dessen Bildung wird beeinflusst durch den Sauerstoffgehalt des Grundwassers, der Konzentration der Schadstoffe und deren toxischer Wirkung, der Betriebsdauer und natürlich dem Spektrum der gelösten organischen Verbindungen.

Die Beteiligung des Biofilms am Abbau der organischen Substanzen kann wesentlich sein. Unter anaeroben Bedingungen kann jedoch die Methanbildung nach Überschreiten der Gaslöslichkeit zur störenden Gasblasenbildung führen oder eine zu starke Biofilmbildung zu einem Verstopfen der Poren („Clogging") mit einer Erhöhung des Strömungswiderstandes. Im Grundwasser gelöste natürliche refraktäre Substanzen können die Adsorptionskapazität erniedrigen.

Im Falle des MTBE ist eine Aktivkohlesorption nicht erfolgreich (siehe oben). Im Schadensfalle ist eine katalytische Nachverbrennung derzeit der einzig mögliche Ausweg einer effektiven Schadstoffbeseitigung. Diese ist allerdings nur bei höheren Temperaturen möglich, wofür die gesamte Gasmenge auf die Reaktionstemperatur gebracht werden muss.

5.1.8.2 Permeable reaktive Barrieren (Abb. 5-10b und 5-12)

In den Grundwasserleiter eingebrachte reaktive Wände stellen die einfachste Form der *in situ*-Sanierung kontaminierter Grundwasserleiter dar. Die Reaktion zur Schadstoffbeseitigung ist eine komplexe Umsetzung biotischer und abiotischer Reaktionen.

Das Prinzip der permeablen Wand ist in Abb. 5-12 erläutert. In den kontaminierten Grundwasserleiter wird z.B. durch Schlitz-Baggern quer zur Fließrichtung ein Material eingebracht, das bei einem geringen hydraulischen Widerstand mit den Schadstoffen reagiert und diese in unschädliche Reaktionsprodukte überführt.

Als besonders geeignet hat sich für die niedermolekularen halogenierten Kohlenwasserstoffe metallisches Eisen in Form von Spänen oder kleinen Stücken bewährt, das nach den Gleichungen, die in Abb. 5-13 eingefügt worden sind, reagiert.

Dieses erst seit 1994 bekannte Prinzip des „rosty wall" ist inzwischen zu einem Standardverfahren der *in situ*-Grundwasserreinigung geworden (Gilham and O'Hannesin 1994) (Abb. 5-12 und Abb. 5-14).

So einfach die Grundumsetzung auch erscheint, nach längerem Betrieb wird sie durch mikrobielle Umsetzungen überlagert, ergänzt oder sogar gestört.

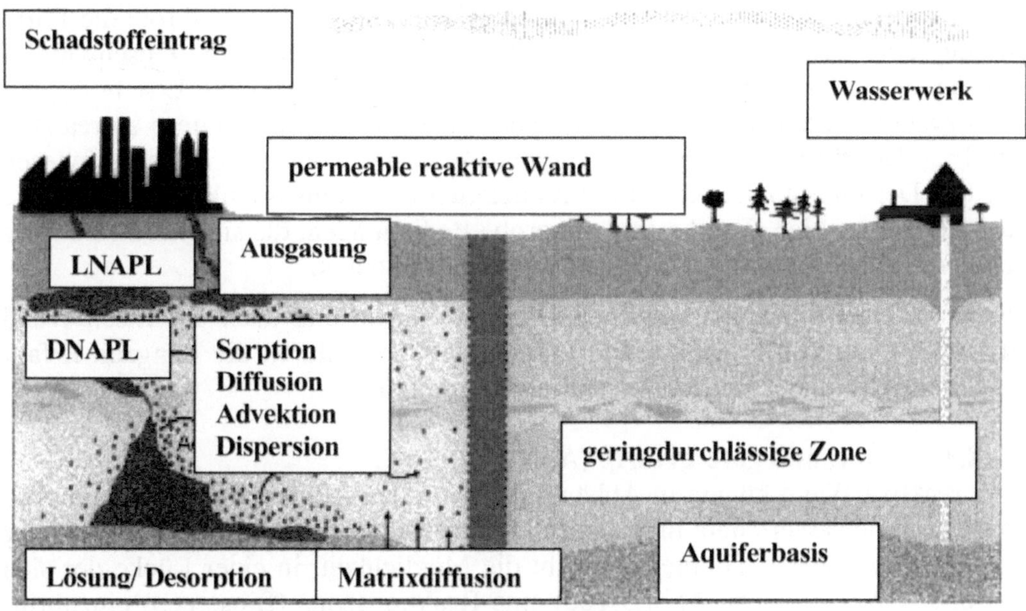

Abb. 5-12. Prinzip der permeablen reaktiven Wand (Zeichnung: UFZ)

CKW-Reduktion mit Eisen

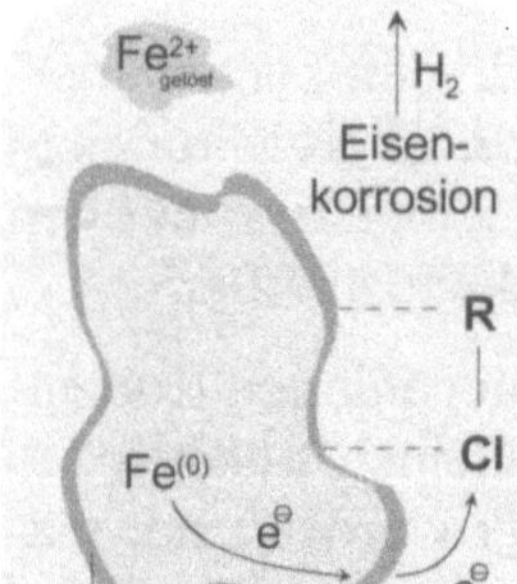

$$Fe^{(0)} + 2H_2O \rightarrow Fe^{2+} + 2OH^- + H_2$$

$$Fe^{(0)} + H_2O + \text{R-Cl} \rightarrow Fe^{2+}_{strukturell} + OH^- + \text{R-H} + Cl^-$$

$$2Fe^{2+}_{strukturell} + \text{R-Cl} + H^+ \rightarrow 2Fe^{3+}_{gelöst} + \text{R-H} + Cl^-$$

Probleme:

- keine Dechlorierung von aromatischen CKW und Dichlormethan

- Dechlorierung aliphatischer CKW zum Teil sehr langsam

Abb. 5-13. Umsetzungen an der reaktiven Eisen-Wand („strukturelles" Eisen: eingeführter Begriff für reaktives Fe^{2+} auf Eisenoberflächen) (Zeichnung: UFZ)

Im Grundwasser enthaltenes geogenes Sulfat kann durch die sich ansiedelnden Sulfatreduzierer reduziert werden und durch die Sulfidbildung zu einer massiven Bedeckung der reaktiven metallischen Oberfläche führen. Eine mikrobielle Film-bildung kann durch die Erhöhung des Diffusionswiderstandes die Geschwindig-keit der gewünschten Grundumsetzung erniedrigen. Die bauliche Errichtung der Schlitzwände ist nur bei relativ oberflächennahen Grundwasserleitern zu realisie-ren. Eine Dechlorierung von halogenierten Aromaten konnte nicht nachgewiesen werden. Der mikrobielle Abbau der reduzierten Reaktionsprodukte in einer Zone nach der permeablen Wand erfordert aerobe Bedingungen, die sich normalerweise ohne zusätzliche Belüftungs-Maßnahmen nicht einstellen.

Die komplexen biotisch-abiotischen Umsetzungen in und nach der Eisen-Wand sind noch nicht völlig geklärt. Die Erkenntnis wächst durch die Langzeit-Erfah-rungen mit Eisen-Wänden bei realen Schadensfällen.

5.1.8.3 Funnel and gate-Prinzip (Abb. 5-10c)

Eine reaktive Wand könnte in Abhängigkeit von den Abmessungen des kontami-nierten Grundwasserleiters unrealistische Dimensionen erfordern. Die Errichtung von Spundwänden in Trichterform gibt die Möglichkeit, in einer Lücke der sich treffenden Wände (siehe Abb. 5-10c) eine Reaktionszone (Bioscreen) einzubrin-gen oder aber einen Reaktor, der dann quasi *in situ* arbeitet.

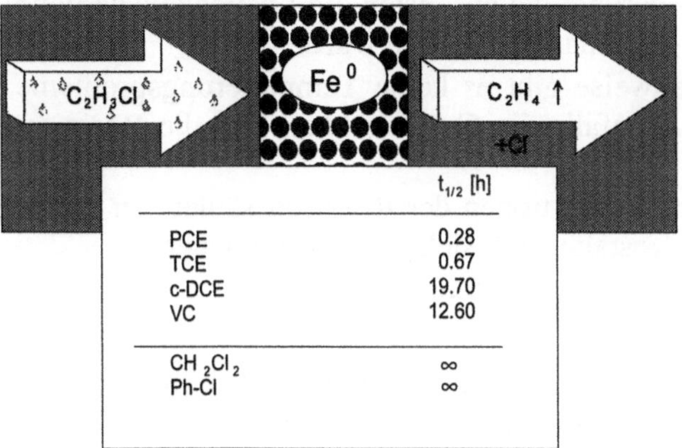

(Halbwertszeit $t_{1/2}$ [h] wurde auf 1 m² Eisen-Oberfläche pro ml Grundwasser normiert)

PCE	Perchlorethylen
TCE	Trichlorethylen
c-DCE	cis-Dichlorethylen
VC	Vinylchlorid
CH_2Cl_2	Methylenchlorid
Ph-Cl	Monochlorbenzol

Abb. 5-14. Relative Umsetzungsgeschwindigkeit verschiedener chlorierter Kohlenwasserstoffe an der Oberfläche von Eisenpartikeln (nach Teutsch und Grathwohl 1996)

5.1.8.4 Forschungseinrichtung: Versuchsanlage SAFIRA (Sanierungsforschung in regionalen Aquiferen) des UFZ (Projektbereich Bergbaufolgelandschaften)

(Weiß et al. 2001)

Das Grundwasser der Region Bitterfeld ist durch nahezu 100 Jahre Elektrochemie (Chloralkali-Elektrolyse und Folgeprodukte) extrem belastet. Anhand eines regionalen Schadensfalles, für den es – bedingt durch die Komplexizität im Hinblick auf den nahe gelegenen Braunkohlentagebau und dessen Stilllegung – nach dem Stand der Technik keine realistischen Sanierungsstrategien gab – werden in einer Versuchsanlage technisch umsetzbare Verfahrensgrundlagen erarbeitet.

Das Grundprinzip ist in Abb. 5-15 dargestellt. Die Schadstofffahne wird durch eine horizontale Drainage angezapft. Der Teilstrom wird direkt in fünf variabel zu füllende Reaktionssäulen mit folgenden Parametern geleitet:

- Länge: 26 m,
- Durchmesser: 1,50 m,
- Variation der Durchflussgeschwindigkeit: bis in den m³h-Bereich.

Diese Anordnung besitzt für Versuchszwecke folgende Vorteile:

- Das Grundwasser wird unter *in situ*-Bedingungen an die reaktiven Oberflächen (Aktivkohle, Katalysatoren, Biofilter) geleitet.

- Es erfolgt keine Druckveränderung, die ansonsten die Löslichkeitsverhältnisse der gelösten Gase (z.B. CO_2, Methan) verändern würde.
- Durch die unterirdische Bauweise gibt es keine Temperierungsprobleme, da wechselnde Temperaturen ebenfalls die Gaslöslichkeit und die Reaktionsgeschwindigkeit beeinflussen würden.
- Die notwendige Probenahme in Sektionen der Reaktionssäulen zur Charakterisierung der Mikrobiologie gestaltet sich sicherer und einfacher.
- Eingestellte Redox-Verhältnisse in den Säulen werden bei einer Beprobung und im Betrieb weniger gestört.

Abb. 5-15 zeigt das Schema der Versuchsanlage SAFIRA Bitterfeld, Abb. 5-16 einen Blick in den Säulenschacht der Versuchsanlage.

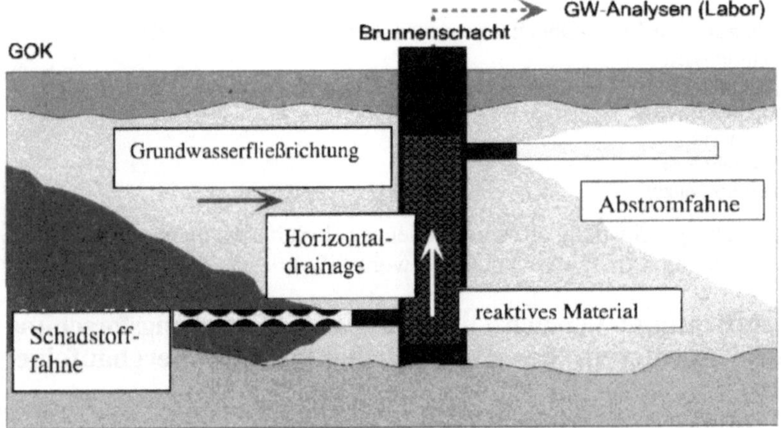

Abb. 5-15. Schema der Versuchsanlage SAFIRA Bitterfeld (Zeichnung: UFZ)

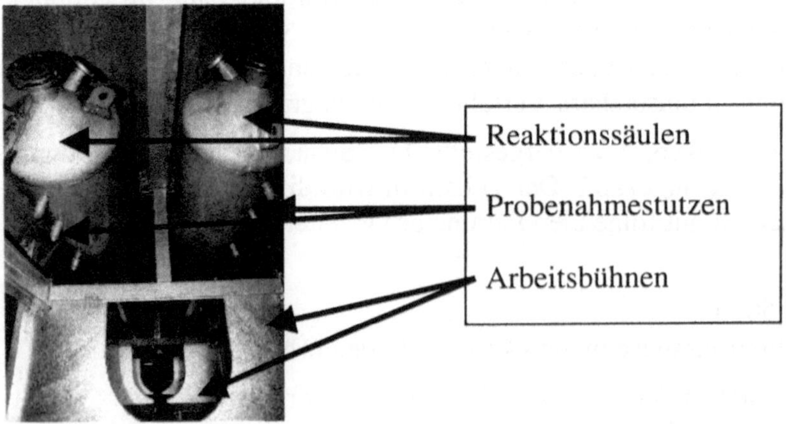

Abb. 5-16. Blick in den Schacht der Versuchsanlage SAFIRA Bitterfeld   (Foto UFZ)

5.1.9   Altlasten in Deponien

Nebenprodukte der chemischen Industrie, Abfall aus Haushalt und allgemeiner Industrie, Asche und Abfälle aus Kraftwerken und Verbrennungsanlagen usw. wurden über Jahrzehnte ungeordnet deponiert. Besonders nach 1989 ergab sich nach der Wiedervereinigung die Möglichkeit, in Mitteldeutschland eine systematische Untersuchung der Altdeponien vorzunehmen und Sanierungskonzepte zu erarbeiten. Dabei sind besonders die Deponien in den Tagebaurestlöchern problematisch, da oftmals keine Dokumentation existiert und Mischdeponien unkalkulierbare Wechselwirkungen der Inhaltsstoffe bewirken.

Nach einer Recherche der LMBV Lausitzer und Mitteldeutsche Bergbau-Verwaltungsgesellschaft mbH (Anonymus 2 2000) existieren im mitteldeutschen Braunkohlesanierungsgebiet 567 Altlastenverdachtsflächen (ALVF), von denen bis Ende 2000 297 saniert bzw. gesichert wurden. Aufgrund durchgeführter Untersuchungen benötigen 152 ALVF keine weitere Behandlung, für 118 ALVF besteht noch Handlungsbedarf. Von den verbleibenden 118 ALVF besteht für 3 ALVF kein Gefahrenpotenzial, 79 werden entsprechend der vorgesehenen Folgenutzung saniert. Es wird eingeschätzt, dass für 36 dieser ALVF ein deutlicher Altlastverdacht und damit Sanierungsbedarf besteht. Die Gefährdungen für die Umwelt bestehen nicht nur darin, dass durch gasförmige Emissionen (z.B. Schwefelwasserstoff) oder direkten Schadstoffkontakt (z.B. mit Teeren oder abgelagerten Insektizid-Nebenprodukten) Gesundheitsschädigungen auftreten können, sondern auch indirekt durch Grundwasserverunreinigungen oder dadurch, dass womöglich Schadstoffe über Pflanzen und Tiere in die Nahrungskette gelangen.

Bei der Vielzahl der Schadensfälle und deren Variabilität nicht nur durch die Schadstoffe selbst, sondern auch durch die geologischen Bedingungen ist jeder Schadensfall einmalig und benötigt eine auf die Besonderheiten abgestimmte Sanierungsstrategie. Das wiederum bedeutet für die bereits bekannten und neu zu entwickelnden Sanierungsverfahren, dass eine Anpassung an Besonderheiten möglich sein muss und Flexibilität Grundvoraussetzung für eine breite Anwendung ist.

5.1.10 Zukünftige Herausforderungen: Endocrine Disrupting Substances (EDS) in Böden und Wasser

Substanzen, die auf die endokrinen Systeme von Lebewesen wirken, stehen seit einigen Jahren im Mittelpunkt des Interesses. Derzeit ist die Phase des Erkennens von Ursache und Wirkung zu vermerken. Die strikte Vermeidung des Gelangens dieser Substanzen in die Umwelt ist der bisher effektivste Schutz. Nachsorgende Verfahren können nur unvollständig sein. Die Entwicklung neuer Verbindungen und die Betrachtung von Synthese, Wirkung und Abbau sind in Entwicklung befindliche Gebiete. In Kapitel 7 „Bioprävention" wird auf einige Aspekte eingegangen.

Die EDS beeinflussen das Wachstum, die Entwicklung oder die Reproduktion der Lebewesen.

Die endokrinen Systeme sind komplexe Mechanismen, die die interne Kommunikation und Regulation zwischen den Zellen beeinflussen. Die endokrinen Systeme schütten z.B. Hormone aus, die als chemische Botenstoffe wirken können. Die Botenstoffe reagieren mit Rezeptoren in den Zellen und lösen auf diese Weise die Zellantwort als biologische Funktion für Wachstum, Embryonalentwicklung und Reproduktion aus.

Diese Botenstoff-Rezeptor-Funktion kann durch natürliche und synthetische Substanzen gestört werden. Es kann zwischen Folgendem unterschieden werden:

- Die Substanz wirkt wie das natürliche Hormon und bindet an den Rezeptor. Die Antwort der Zelle ist die gleiche, man spricht von der agonistischen Antwort.
- Die Substanz kann an den Rezeptor binden und die normale Antwort verhindern (antagonistische Antwort).
- Die Substanz kann die Synthese oder die Kontrolle der natürlichen Botenstoffe beeinflussen.

Die Wirkung der EDS kann nicht nur die komplexen Reaktionen des Organismus direkt betreffen, sondern auch die nachfolgender Generationen.

Die EDS-Wirkung kann von industriellen, landwirtschaftlichen oder häuslichen Abfällen ausgehen. Es können Metabolite von nicht-EDS sein. Bekannt geworden ist die Wirkung von Östrogenen mit agonistischer Antwort, von Medikamenten und deren Metaboliten im Abwasser, von Dioxinen oder PCBs. In Tab. 5-3 sind einige Beispiele zusammengefasst, die Quellen und Substanzen mit EDS-Wirkung darstellen.

Tab. 5-3. Quellen, Kategorie und Beipiele von Substanzen, denen potenzielle EDS-Wirkung zugeschrieben wird (nach Environment Canada http://www.ec.gc.ca)

Beispiele der Quelle	Beispiele für die Anwendung	Beispiele für Substanzen
Verbrennung, Deponie	Polychlorierte Verbindungen	Polychlorierte Dioxine Polychlorierte Biphenyle
Landwirtschaftliche Sickerwässer, atmosphärischer Transport	Organochlor-Pestizide (z.B. in Insekten)	DDT Lindan, Dieldrin[®]
Landwirtschaftliche Sickerwässer	Pestizide	Atrazin[®], Trifluralin[®] Permethrin[®]
Hafenbecken	Organo-Zinn-Verbindungen	Tributylin[®]
Industrielle und häusliche Abwässer	Alkylphenole (als oberflächenaktive Substanzen)	Nonylphenol
Industrielle Produkte	Phthalate (als Weichmacher)	Dibutyl-phthalat, Butyl-benzyl-phthalat
Abwässer aus Haushalt und Landwirtschaft	Natürliche Hormone, z.B. aus der Viehzucht, synthetische Steroide (aus Verhütungsmitteln)	17ß-Estradiol, Östrone, Testosteron, Ethninylestradiol
Pflanzen- und Fruchtverarbeitung, Papierindustrie	Phytoöstrogene	Isoflavone, Ligane, Coumestane

Bekannte Wirkungen, die den EDS zugeschrieben werden, sind

- Deformierungen und Embryo-Sterblichkeit bei Vögeln und Fischen bei Einwirkung von Organochlor-Insektiziden und unterschiedlichen Industrie-Chemikalien,
- eingeschränkte Vermehrung bei Fischen nach Einwirkung von Zellstoff-Fabrikations-Abwässern,
- abnormale Reproduktion bei Schnecken, die Antifouling-Substanzen (Organo-Zinn-Verbindungen) ausgesetzt waren,
- unterdrückte Thyroid- und Immun-Funktionen bei Fisch fressenden Vögeln,
- Feminisierung von Fischen, die in der Nähe von häuslichen Abwassereinleitungen lebten.

Das Gebiet der EDS-Forschung ist neu und in der Entwicklung. Zusammenhänge sind erst unvollkommen bekannt (Endocrine Disruptor Screening Program der EPA Environmental Pretection Agency der USA-Web-Seite: http://www.epa.gov. scipoly/index.htm). Einfache Maßnahmen in der Abwasserbehandlung (siehe Kapitel 4.1) wie die Erhöhung des Schlammalters mit dem Ziel der erhöhten Adsorption an den Belebtschlamm helfen zwar, die geforderten Einleitwerte für das behandelte Abwasser zu erreichen, verlagern jedoch das Problem meistens nur (in diesem Fall: zur Schlammbehandlung).

5.2   Phytoremediation

5.2.1   Abwasserbehandlung in Pflanzenkläranlagen

5.2.1.1   Einleitung

Die Behandlung von Abwässern in naturnahen Pflanzensystemen ist prinzipiell in natürlichen Feuchtgebieten wie Sümpfen, Mooren und feuchten Wiesen, in künstlich angelegten Teichen oder Lagunen sowie in technisch gestalteten Pflanzenkläranlagen (constructed wetlands) möglich. Dabei werden Pflanzenkläranlagen in verschiedenen technologischen Grundausführungen und mit unterschiedlicher Fließcharakteristik angewendet (Kadlec 1987, Wissing 1995).

Die aktive Reaktionszone von Pflanzenkläranlagen ist der Wurzelraum (Rhizosphäre). Dort finden physikochemische und biologische Prozesse statt, die durch die Interaktion von Pflanzen, Mikroorganismen, Bodenkörper und Schadstoffen induziert werden.

Detailliertes Wissen, beispielsweise über die Wirksamkeit verschiedener Pflanzenarten, die Charakteristik der Besiedlung mit Mikroorganismenkonsortien sowie über die Wechselwirkungen von biogenen Verbindungen und speziellen Kontaminanten (Abwasserinhaltstoffe) mit dem Filterbettmaterial kann dabei die limnologische Gestaltung spezieller Anlagen wesentlich beeinflussen und somit den Prozess der Abwasserreinigung effektiver gestalten.

Bisherige Forschungsaktivitäten auf dem Gebiet der Untersuchung und Bewertung von Pflanzenkläranlagen befassten sich zumeist mit technologisch gestalterischen Fragestellungen, wobei der aktive Reaktionsraum der Rhizosphäre im Wesentlichen als „black box" betrachtet wurde. Eine Intensivierung der Grundlagenuntersuchungen der Rhizosphäreninteraktionen kann daher wesentliches, in der Praxis nutzbares, Erkenntnis- und Effizienzwachstum bewirken.

5.2.1.2   Typen von Pflanzenklärsystemen

Nach Wissing (1995) werden die Systeme in folgende drei Hauptgruppen unterteilt:

- Aquakultursysteme: Anlagen ohne aktiven Bodenfilter wie Teiche und Gräben jeweils mit intensiver Besiedlung durch submerse und/oder frei schwimmende Wasserpflanzen.
- Hydrobotanische Systeme: Anlagen mit geringem aktiven Bodenfilterbereich, wobei der Schadstoffabbau hauptsächlich durch Wasserpflanzen und Mikroorganismen im Wasserkörper realisiert wird – Teiche und Gräben mit intensivem Pflanzenbewuchs, vor allem Helophyten,
- Bodensysteme.

Abb. 5-17 zeigt einige ausgewählte Systemtypen.

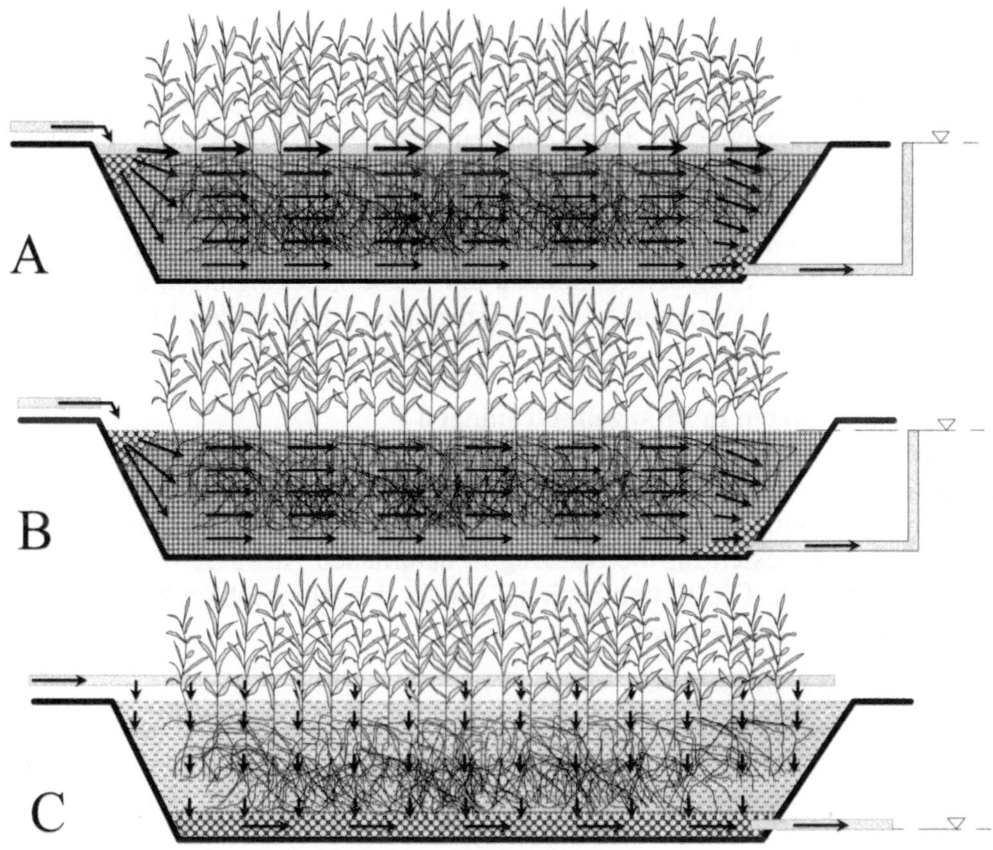

(⟶　　Fließrichtung des Wassers im System)

A:　　horizontal durchflossenes überstautes System
B:　　horizontal durchflossenes nicht überstautes System
C:　　vertikal durchflossenes nicht überstautes System

Abb. 5-17. Vereinfachte Darstellung verschiedener Pflanzenkläranlagentypen

Bodensysteme sind dabei die gebräuchlichsten Pflanzenklärsysteme, wobei eine Vielzahl technologischer Varianten in Bezug auf Design, zusätzliche Ausrüstung, Fließcharakteristik, Bepflanzung, Bodenkörper etc. unterschieden werden können.

Generell unterscheidet man folgende Grundtypen der Bodenfiltersysteme:

- horizontal durchflossene überstaute Systeme (Wasserspiegel über Bodenober-fläche),
- horizontal durchflossene nicht überstaute Systeme (Wasserspiegel unter Bo-denoberfläche),

- vertikal durchflossene nicht überstaute Systeme mit Aufstrom- oder Abstromcharakteristik und kontinuierlicher oder intervallweiser Abwasserbeschickung.

Darüber hinaus werden die Anlagen oft nach der Charakteristik des eingesetzten Bodenmaterials unterschieden. Dabei werden in seltenen Fällen bodenphysikalische Parameter wie Korngröße bzw. Durchlässigkeitsbeiwerte definiert. Zumeist wird allerdings in bindige und nichtbindige Böden bzw. nichtbindige Böden mit bindigen Anteilen unterschieden. In jedem Fall ist das am besten geeignete System an die jeweilige Abwasserproblematik und Standortbedingungen anzupassen, wobei gegebenenfalls kombinierte Lösungen mit konventionellen Methoden anzustreben sind.

5.2.1.3   Pflanzenarten in Pflanzenkläranlagen

Praktische Erfahrungen und entsprechende Experimente zeigten, dass generell Helophytenspezies (Sumpfpflanzen) aufgrund spezifischer wachstumsphysiologischer Eigenschaften, die das Leben unter extremen Rhizosphärenbedingungen gewährleisten, am besten für die Nutzung in naturnahen Abwasserreinigungssystemen geeignet sind. Die Extrembedingungen in der Rhizosphäre können dabei wie folgt charakterisiert werden:

- stark reduziertes Milieu (Eh < - 200 mV),
- H_2S- und CH_4-Bildung,
- saure bzw. alkalische pH-Bereiche,
- toxische Abwasserinhaltsstoffe wie Phenole, Tenside, Biozide, Schwermetalle etc.,
- Salinität.

Prinzipiell sind die in Tab. 5-4 aufgeführten Pflanzenspezies geeignet, wobei Schilf sowie Binsen- und Rohrkolbenarten am häufigsten in der Praxis eingesetzt werden. In jüngster Zeit wurden darüber hinaus auch schnellwüchsige Bäume auf ihre Eignung in Pflanzenkläranlagen untersucht (Greenway und Bolton 1996).

Tab. 5-4. Auswahl einiger in Pflanzenkläranlagen verwendeten Pflanzenarten

Wissenschaftliche Bezeichnung (lateinischer Name)	Deutscher Name
Phragmites australis (CAV.) TRIN. EX STEUD.	Schilf
Juncus effusus L.	Flatterbinse
Schoenoplectus lacustris (L.) PALLA	Teichbinse
Typha angustifolia L.	Schmalblättriger Rohrkolben
Typha latifolia L.	Breitblättriger Rohrkolben
Iris pseudacorus L.	Sumpf-Schwertlilie
Acorus calamus L.	Kalmus
Glyceria maxima (HARTM.) HOLMB.	Großer Wasserschwaden
Carex gracilis CURT.	Scharfe Segge

5.2.1.4 Gastransport in Helophyten und Sauerstoffabgabe in die Rhizosphäre

Höhere Pflanzen reagieren unterschiedlich auf Sauerstoffdefizite in der Rhizosphäre. Während an trockenen Standorten adaptierte typische Landpflanzen unter derartigen Bedingungen nur kurzzeitig überlebensfähig sind, besitzen an Staunässe adaptierte Pflanzen feuchter Standorte wie Feuchtwiesen, Moore, Sümpfe, Gewässeruferzonen sowie Wasserpflanzen anatomische und physiologische Voraussetzungen zum Überleben (Vartapetian und Jackson 1997).

Der Adaptationsgrad ist dabei spezifisch für einzelne Spezies und variiert in einem äußerst breiten Toleranzspektrum von wenigen Stunden bis zu mehreren Monaten Überlebensfähigkeit, wie Experimente in Anaerob-Inkubatoren zeigten (Crawford und Braendle 1996). Grundlage für diese prinzipielle Überlebensfähigkeit der an anoxische Rhizosphärenbedingungen adaptierten Pflanzen ist deren Fähigkeit, ihr Wurzelsystem mit atmosphärischem Sauerstoff zu versorgen. Der Gastransport von den oberirdischen Pflanzenteilen über die Rhizombereiche in das Feinwurzelsystem wird dabei durch spezifische, in der Pflanze gebildete offene Gewebebereiche realisiert. Diese Aerenchyme genannten Gasräume können je nach Adaptationsgrad der Pflanze bis zu 60 % des Gesamtgewebevolumens betragen (Grosse und Schröder 1986). Die im Rhizombereich befindlichen Gasräume werden dabei durch eine knotenartige Segmentierung und Diaphragmen, die einerseits gasdurchlässig sind, anderseits eine sichere Barriere gegen eindringende Flüssigkeiten bilden, geschützt (Soukup et al. 2000). Die unterschiedlichen Möglichkeiten der Genese der Aerenchymstrukturen durch Zelllysis oder Zellformation sowie deren anatomische Besonderheiten war und ist Gegenstand intensiver anatomischer und physiologischer Untersuchungen (Jackson und Armstrong 1999, Drew 1997, Allen 1997, Armstrong et al. 1994).

Dabei stehen u.a. Probleme des Zusammenwirkens von sich ändernden Umweltbedingungen in der Rhizosphäre und die – anatomische Veränderungen in der Pflanze bewirkenden – biochemischen Prozesse im Mittelpunkt des Interesses (Jackson und Armstong 1999).

Haupttriebkräfte des Gasflusses durch die Pflanzen können generell Diffusionsprozesse und/oder intensive unter- und überdruckinduzierte konvektive Stoffströme sein (Allen 1997, Armstrong et al. 1991, Jackson and Armstrong 1999, Grosse und Frick 1999, Grosse 1989). Dabei sind Arten und Kombinatorik der wirksamen Triebkräfte für die Pflanzenarten spezifisch. So ist beispielsweise für *Typhia latifolia* (breitblättriger Rohrkolben) und *Phragmites australis* (Schilf) sehr intensiver konvektiver Gastransport nachweisbar (Bendix et al. 1994, Armstrong und Armstrong 1991). Grundlage dieser Konvektion ist einerseits Unterdruckbildung in Sauerstoff verbrauchenden Pflanzenbereichen und andererseits Überdruckerzeugung im Blattbereich der Pflanzen (Allen 1997). Dabei basiert die Unterdruckbildung im Wesentlichen auf den unterschiedlichen Löslichkeiten des respiratorisch verbrauchten Sauerstoffes und des dabei gebildeten Kohlendioxids. Die Überdruckbildung im Blattbereich führt zu einem Luftstrom durch den gesamten Pflanzenkörper, wobei Transportleistungen von bis zu 10 ml Luft pro Minute ermittelt wurden (Grosse und Schröder 1986, Schröder 1986). Einer der wesentlichen Überdruck erzeugenden Prozesse basiert dabei auf dem Prinzip der Thermoosmose (Grosse und Schröder 1986, Allen 1997).

Auf der Basis des Temperaturunterschiedes von kälterer Phyllosphäre und wärmerem Blattinneren dringen thermoosmotisch Luftmoleküle durch die im Vergleich zu alten Blättern engen Spaltöffnungen der jungen Blätter ein. Durch die Erwärmung im Blattinneren dehnen sich die Gasmoleküle aufgrund der Braunschen Molekularbewegung aus, wodurch ein Rückfluss durch die Spaltöffnungen verhindert ist. Durch das in der Pflanze gebildete Gasleitgewebe ist die Möglichkeit des Ausgleiches des sich im Blattinneren aufbauenden Überdruckes gegeben, infolgedessen die Gasmoleküle innerhalb der Pflanze bis in tiefste Wurzelbereiche weitertransportiert werden. Der Druckausgleich des Pflanzensystems zur Phyllosphäre wird letztlich durch Gasaustrag in älteren Blättern mit größeren Spaltöffnungen realisiert. Die Prozesse des druckinduzierten Gasstromes in Pflanzen sind bereits seit der Mitte des 19. Jahrhunderts Forschungsgegenstand. Dieses Interesse am Gashaushalt höherer Pflanzen belebte sich zunehmend seit den 80er Jahren des 20. Jahrhunderts, nicht zuletzt in Verbindung mit dem zunehmenden Interesse an einer biotechnologischen Nutzung der an Überstaubedingungen adaptierten höheren Pflanzen, beispielsweise zur Abwasserreinigung (Grosse et al. 1996).

Aufgrund der Zuführung atmosphärischer Luft ins Innere der Pflanzen steht respiratorisch nutzbarer Sauerstoff in den unter anoxischen Bedingungen wachsenden Rhizom- und Wurzelbereichen in ausreichendem Maße zur Verfügung. Dieser mit dem Luftstrom zugeführte Sauerstoff erfüllt darüber hinaus noch eine weitere, für das Überleben der Pflanzen wichtige Funktion. An Teilen des Wurzelsystems, im Wesentlichen im Bereich der Wurzelspitzen und an jungen Seitenaustrieben, wird Sauerstoff an die Rhizosphäre abgegeben (Armstrong et al. 1990; Flessa 1991). Diese Sauerstofffreisetzung bewirkt die Bildung eines oxidativen Schutzfilmes unmittelbar an der Wurzeloberfläche, um die empfindlichen Wurzelbereiche vor Schädigungen durch toxische Komponenten in der anoxischen, zumeist extrem reduzierten Rhizosphäre zu schützen (Armstrong et al. 1994; Vartapetian und Jackson 1997). In dieser Schutzschicht, die in Abhängigkeit von der Intensität des reduzierten Zustandes der Rhizosphäre in einer Dicke im Bereich von 1 – 4 mm ausgebildet wird, sind Redoxgradienten von ca. − 250 mV, wie sie häufig in reduzierten Rhizosphären gemessen werden, bis ca. + 500 mV unmittelbar an der Wurzeloberfläche nachweisbar (Flessa 1991). Infolge chemischen und biologischen Sauerstoffbedarfes in der Rhizosphäre wird ständig Sauerstoff aus dem inneren Wurzelbereich freigesetzt. Diese ständige Bereitstellung von Oxidativkraft in der Rhizosphäre ist generell im Hinblick auf die Nutzung der Rhizosphäre für

Abwasserreinigungsprozesse von großem Interesse. Die dabei ermittelten Sauerstoffströme von beispielsweise 126 µmol O_2/h $*$ g Wurzeltrockenmasse für *Juncus ingens* (Binse) (Sorrell und Armstrong 1994) oder 120 – 200 µmol O_2/h $*$ g Wurzeltrockenmasse für *Typha latifolia* (Breitblättriger Rohrkolben) (Jespersen et al. 1998) sind biotechnologisch von Relevanz. Modellrechnungen für *Phragmites australis* (Schilf) ergaben dabei flächenspezifische Sauerstoffeintragsleistungen von 5 – 12 g O_2/m^2 Beetfläche $*$ Tag (Armstrong et al. 1990). Im Hinblick auf eine optimale biotechnologische Nutzung des Oxidationspotenzials bestimmter Helophyten sind generell Kenntnisse zur Quantifizierung dieses Prozesses unter Berücksichtigung der potenziellen Einflussfaktoren von großem Interesse. Dabei sind rhizosphärenspezifische Parameter, wie Redoxzustand, pH-Wert, Sauerstoffkonzentration, chemische Charakteristik, Temperatur und pflanzenspezifische Parameter wie Biomassen, Pflanzenspezies und Entwicklungszustand der Pflanzen ebenso zu berücksichtigen wie phyllosphärenspezifische Faktoren wie beispielsweise Temperatur und Lichtintensität.

Untersuchungen verdeutlichten beispielsweise einen signifikanten Einfluss des Redoxzustandes der Rhizosphäre auf die Intensität des Sauerstoffaustrages durch die Wurzeln von verschiedenen Helophyten (Sorrell und Armstrong 1994, Sorrell 1999, Kludze und Delaune 1996).

5.2.1.5 Pflanzliche Nährstoffaufnahme

Die Hauptmechanismen der Nährstoffentfernung aus dem Abwasser in Pflanzenkläranlagen sind mikrobielle Prozesse wie beispielsweise Nitrifikation, Denitrifikation sowie physikochemische Prozesse wie z.B. die Fixierung von Phosphat durch Eisen und Aluminium im Bodenfilter. Aber auch die Pflanzen sind in der Lage, hohe Konzentrationen an Nährstoffen und Schwermetallen zu tolerieren und teilweise sogar in ihren Geweben zu akkumulieren.

Die Menge an aufgenommenem Phosphor in der oberflächigen Biomasse der Teichbinse beträgt ca. 6,7 g m^{-2} a^{-1} (Seidel 1966). Die mittleren Phosphorgehalte einer großen Anzahl (41) von Helophyten wurden von McJannet et al. (1995) untersucht. Die ermittelten Gehalte in der Trockenbiomasse lagen bei 0,15 – 1,05 %.

Auch die Aufnahme von Stickstoff in die Pflanzenbiomasse ist aus technischer Sicht von geringer Bedeutung, da nur 5 – 10 % des Stickstoffes bei einer Ernte der oberirdischen Biomasse entfernt werden (Thable 1984). Tanner (1996) schätzte die Stickstoffkonzentrationen von Helophyten in der oberirdischen Biomasse auf 15 – 32 mg N g^{-1} Trockenmasse. Aufgrund dieser relativ geringen Gehalte an Nährstoffen wird die Pflanzenbiomasse in Europa aus Gründen des Nährstoffaustrags in der Regel nicht geerntet.

Die Entfernung von Schwermetallen wird durch verschiedene Mechanismen hervorgerufen. Die wichtigsten Prozesse dabei sind die Fällung von Eisen (und anderer Übergangsmetalle) als komplexe Eisenhydroxide in oxischen Zonen und eventuell auch die Fällung von Sulfiden in Anwesenheit des bei der dissimilatorischen Sulfatreduktion entstehende H_2S.

Derzeit wird intensiv an der Selektion schwermetalltoleranter und hyperakkumulierender Pflanzen gearbeitet. Dabei werden sowohl die Methoden der natürlichen Zuchtauswahl als auch die Entwicklung neuer transgener Pflanzen angewandt (Macek et al. 2001). Das Ziel ist dabei die Entwicklung preiswerter Verfahren für die „Rhizofiltration", d.h. die Entfernung von Schwermetallen und Radionukliden usw. aus Abwasserströmen.

5.2.1.6 Abgabe pflanzlicher Kohlenstoffverbindungen

Pflanzen geben über ihre Wurzeln Kohlenstoff in den Boden ab (Rhizodeposition). Solche Rhizodepositionsprodukte (Exsudate, Mucigele, Zellmaterial etc.) bewirken biologische Prozesse in der Rhizosphäre. Die Menge abgegebener organischer Kohlenstoffverbindungen wurde auf 10 – 40 % der photosynthetischen Nettoproduktion landwirtschaftlicher Nutzpflanzen geschätzt (Helal und Sauerbeck 1989). Die chemische Zusammensetzung der Exsudate ist sehr vielfältig. Generell werden Verbindungen, die in Pflanzengeweben vorkommen, auch über die Wurzeln abgegeben. So wurden in Wurzelexsudaten z.B. Zucker und Vitamine wie Thiamin, Riboflavin, Pyridoxin etc., organische Säuren wie Malat, Zitrat, Aminosäuren, Benzoesäuren, phenolische und andere organische Verbindungen identifiziert (Miersch et al. 1989). Das Substanzspektrum ist sowohl art- als auch unterartspezifisch.

Es wird angenommen, dass die Wurzeldepositionsprodukte folgende Funktionen in der Rhizosphäre erfüllen:

* Mobilisierung von Nährstoffen:

Eine Nährstofflimitation kann die Ausscheidung organischer Säuren oder anderer Verbindungen bewirken. Dadurch kann z.B. die Löslichkeit von Eisen und Phosphat erhöht und somit die Nährstoffversorgung der Pflanzen verbessert werden (Hoffland et al. 1992).

* Allelopathischer Effekt:

Einige Pflanzenarten scheiden spezielle Verbindungen in die Rhizosphäre aus, die den Wuchs anderer Pflanzenarten hemmen (Miersch et al. 1989). Dieser Effekt wurde an einigen landwirtschaftlichen Nutzpflanzen ausführlich untersucht. Aus der Literatur sind keine eindeutigen Beweise für Allelopathie bei Helophyten bekannt (Gopal und Goel 1993).

- Rhizosphäreneffekt:

Organische Verbindungen wie Zucker und Aminosäuren können von Mikroorganismen als Substrat verwertet werden, ausgeschiedene Vitamine stimulieren das mikrobielle Wachstum. Helal und Sauerbeck (1989) berichteten, dass der Hauptanteil (80 %) der von Mais ausgeschiedenen organischen Verbindungen durch die Mikroorganismen im Rhizosphärenraum zu CO_2 mineralisiert wird, wodurch die mikrobielle Biomasse im Rhizosphärenraum zunimmt. Des Weiteren wurde gezeigt, dass Pflanzenreste den mikrobiellen Abbau von Xenobiotika beeinflussen (Horswell et al. 1997).

Das Wissen über Wurzelexsudate von Helophyten ist sehr begrenzt. Bislang liegen noch keine Erkenntnisse für ausgewachsene Pflanzen vor. Kaitzis (1970) untersuchte Rhizomextrakte von *Scirpus lacustris* und fand verschiedene Benzenderivate mit Hydoxyl-, Methoxyl-, Aldehyd- und Carboxylgruppen. Diese extrahierten Verbindungen zeigten bakterizide Wirkung und so wurde geschlussfolgert, dass sie für den sogenannten „negativen" Rhizosphäreneffekt verantwortlich sind. So wurde z.B. beschrieben, dass als Ergebnis der Wurzelexsudation von Pflanzen wie *Alisma plantago, Mentha aquatica, Juncus effusus, Scirpus lacustris* und *Alnus glutinosa* die Zellzahlen von *Escherichia coli*, Enterococcen und Salmonellen sowohl in Modellsuspensionen als auch in Krankenhausabwasser drastisch reduziert wurden (Seidel 1973).

Ähnliche Effekte wurden von Burger und Weise (1984) beobachtet, die eine beschleunigte Abnahme der *E. coli* Zellzahl in mit den Helophyten *Glyceria maxima, Schoenoplectus lacustris, Alisma plantago-aquatica* und *Mentha aquatica* bepflanzten Sandfiltern im Vergleich zu unbepflanzten Kontrollen feststellten. Es ist dennoch schwierig, weitere Schlussfolgerungen aus den dargestellten Ergebnissen zu ziehen, da die Beschreibung der experimentellen Bedingungen in den zitierten Referenzen unzureichend ist.

Vincent et al. (1994) untersuchte die Wirkung von *Mentha aquatica, Phragmites australis* und *Scirpus lacustris* auf *E. coli* Suspensionen in monoseptischer *in vitro* Kultur. Alle drei Helophyten unterdrückten das Wachstum von *E. coli* in dem Testsystem, wobei *Scirpus lacustris* am effektivsten war. Nach der Entfernung der Pflanzen aus den Nährlösungen zeigte nur das Nährmedium von *Mentha aquatica* eine schwach antibakterielle Wirkung. Daraus schlossen die Autoren, dass die Wirkung von der Gegenwart der Pflanze oder sogar dem direkten Kontakt mit der Pflanzenwurzel abhängig ist. Ebenso ermittelten Rivera et al. (1995) eine deutlich stärkere Elimination von *E. coli* in der Rhizosphäre von *P. australis* und *T. latifolia* (35 – 91 %) im Vergleich zur unbepflanzten Kontrolle (0 – 35 %). Bei dieser Untersuchung wurde kein Unterschied in der Effektivität der Keimentfernung bezüglich der zwei Pflanzenarten festgestellt.

Trotz der aufgeführten Erkenntnisse ist es schwierig zu verstehen, dass die Wurzelexsudate einerseits das bakterielle Wachstum stimulieren und andererseits hemmend auf das Bakterienwachstum wirken. Weitere Mechanismen wie andere indirekte Wirkungen der Pflanze, Adsorption, Aggregation, Filtration oder die Aktion von Protozoen können dabei eine Rolle spielen (Kadlec und Knight 1996).

5.2.1.7 Rolle des pflanzlichen Abbaus organischer Schadstoffe

Pionierarbeit auf dem Gebiet der Anwendung von Helophyten zur Abwasserbehandlung wurde von Seidel (1968) geleistet. Die Autorin untersuchte zuerst die Entfernung verschiedener Phenole durch Helophyten in Hydroponikkultur und die Toleranz der Pflanzen gegenüber diesen Substanzen. Da diese Untersuchungen in batch-Ansätzen, unter unsterilen Bedingungen durchgeführt wurden, ist zu vermuten, dass die Abnahme sowohl durch Mikroorganismen als auch durch die Pflanzen hervorgerufen wurde. Darüber hinaus wurden bei der Untersuchung der Toleranz gegenüber den Kontaminanten keine konstanten Testkonzentrationen etabliert.

Als Ergebnis dieser Testbedingungen und weiterer Experimente kamen Felgner und Meissner (1968) zu dem Schluss, dass die Aktivität der Pflanzen bei der Phenolelimination vernachlässigbar ist und die Abnahme vor allem durch mikrobiellen Abbau erreicht wird.

Eine Aufnahme von 0,08 mg Phenol g^{-1} Frischmasse d^{-1} ermittelte Kickuth (1970) bei Infusionsexperimenten in sterilen Pflanzengeweben (*Scirpus lacustris*). Als Hauptmetabolit wurde Picolinsäure identifiziert. Daher wurde vermutet, dass der Phenolabbau hauptsächlich über Catechol und die weitere *meta*-Ringspaltung erfolgt. Bei *Lemna gibba* wurde Phenyl-ß-D-glucopyranosid als Metabolit des Phenolabbaus identifiziert (Barber et al. 1995).

Viele Untersuchungen wurden an Wasserhyazinthen (*Eichhornia crassipes*) durchgeführt. Wolverton und McKown (1976) schätzten die Aufnahme von Phenol auf ca. 36 mg/g Trockensubstanz dieser Wasserpflanze innerhalb von 72 h. O'Keeffe et al. (1987a) untersuchten die Entfernung verschiedener substituierter Phenole. Die Aufnahmerate der Isomere nahm in folgender Reihenfolge ab: para >> meta > ortho Kresol. Die Toxizität nahm mit steigender Aufnahmerate zu. Die akut toxische Phenolkonzentration lag bei 400 mg/l (O'Keeffe et al. 1987b), wobei Catechol als früher Metabolit identifiziert wurde.

Über die Metabolisierung von Agro- und anderen Chemikalien in Landpflanzen existiert viel Literatur. Sandermann (1992) unterteilt den Metabolismus von Xenobiotika bei Pflanzen grundsätzlich in drei Phasen:

1. Transformation,
2. Konjugation,
3. Kompartimentation.

Folgende Enzyme spielen dabei eine Rolle:

* Cytochrom P450,
* Glutathiontransferase,
* Carboxylesterase,
* O- und N-Glucosyltransferase,
* O- und N-Malonyltransferase.

Für den Endschritt der Detoxifikation gibt es drei Möglichkeiten:

1. Export in die Zellvakuole,
2. Export in den extrazellulären Raum,
3. Einbau in Lignin oder andere Zellwandkomponenten.

Trotz der oben dargestellten Fähigkeit zur Detoxifikation von Xenobiotika spielen Pflanzen für den direkten Abbau organischer Chemikalien in Klärsystemen im Vergleich zu den Mikroorganismen eine untergeordnete Rolle.

5.2.1.8 Pflanzliche Transpiration

Die Transpiration der Pflanzen ist nicht nur von ökologischer Bedeutung, sie beeinflusst auch ihre technologische Anwendung für die Abwasser-, Boden- und Schlammbehandlung. Evapotranspirationsraten variieren sehr stark. Die Werte für den tropischen Regenwald liegen bei 1,5 bis 2 m a^{-1} im Vergleich zu ca. 0,4 – 0,5 m a^{-1} für Getreidefelder und Wälder in Zentraleuropa und 1,3 – 1,6 m a^{-1} für Feuchtgebiete mit Helophyten (Larcher 1994). Die Transpirationsrate hängt von zahlreichen, das vorherrschende Mikroklima des Ökosystems beeinflussenden Faktoren ab, die bereits von Kadlec und Knight (1996) zusammengestellt wurden. In Pflanzenkläranlagen zur Abwasserreinigung in Zentraleuropa beträgt der Wasserverlust durch Evapotranspiration im Sommer ca. 5 – 15 mm d^{-1}, und kann somit ungefähr 20 – 50 % des Zuflusses betragen. Dieser Aspekt muss in der warmen Jahreszeit berücksichtigt werden (Schütte und Fehr 1992).

5.2.1.9 Bedeutung des mikrobiellen Schadstoffabbaus

In den Pflanzenkläranlagen spielen nicht die Pflanzen, sondern eher die Mikroorganismen die Hauptrolle bei der Transformation und Mineralisation der Nährstoffe und organischen Schadstoffe. In Abhängigkeit vom Sauerstoffeintrag durch die Helophyten sowie der Verfügbarkeit weiterer Elektronenakzeptoren werden die Abwasserinhaltsstoffe über verschiedene Stoffwechselwege metabolisiert. In Subterran-Anlagen (engl. subsurface flow systems) dominieren in Wurzelnähe und an der Rhizoplane (Wurzeloberfläche) aerobe Prozesse. In sauerstofffreien Zonen finden anaerobe Prozesse wie Denitrifikation, Sulfatreduktion und/oder Methanogenese statt.

Aufgrund der verschiedenen Redoxzustände ist eine Pflanzenkläranlage ein metabolisch multipotentes „technisches Ökosystem". Die Immobilisierung der Mikroorganismen durch Biofilmbildung auf den Bodenpartikeln spielt dabei zusätzlich eine wichtige Rolle.

Über den Einfluss der Pflanzenart auf die Zusammensetzung der mikrobiellen Zönose in aufgewachsenen Biofilmen ist bislang wenig bekannt. Erste Ergebnisse über das Wachstum von Weizen, Roggen und Klee in zwei verschiedenen Bodentypen (mit einem Wassergehalt von 70 % der max. Wasserhaltekapazität) wurden von Grayston et al. (1998) vorgelegt. Unter den Testbedingungen wurde die Zusammensetzung der Bakterienzönose in stärkerem Maße von der Pflanzenart als von der Bodenart beeinflusst. Es wurde vermutet, dass die Pflanzen unterschiedliche Exsudate ausscheiden und daher selektiv auf die Mikroorganismenzönosen wirken.

In Pflanzenkläranlagen beeinflussen noch viele andere Faktoren die mikrobielle Gemeinschaft in der Rhizosphäre. Insbesondere bei großer hydraulischer Beanspruchung und hohen Schadstofffrachten ist der Einfluss der Wurzelexsudate im Vergleich zur Kohlenstofffracht vernachlässigbar. So berichteten auch Calhoun und King (1998), dass die Gesellschaft methanotropher wurzelassoziierter Mikroorganismen dreier Helophyten unter bestimmten Laborbedingungen nicht sehr spezifisch war. Dennoch ist es vorstellbar, dass in Pflanzenkläranlagen in Zonen mit geringer organischer Last Wurzelexsudate und abgestorbenes Pflanzenmaterial eine Rolle beim mikrobiellen cometabolischen Abbau schwerabbaubarer organischer Verbindungen spielen können (Moormann et al. 2001).

5.2.1.10 Funktionen der Bodenmatrix in Pflanzenkläranlagen

Eine wichtige Rolle für die komplexen Wechselwirkungsprozesse in Pflanzenkläranlagen spielt die Bodenmatrix. Sie ist Wachstumsgrundlage für die Pflanzen, stellt Aufwuchsoberfläche für die Mikroorganismen zur Verfügung und bestimmt durch die chemische Zusammensetzung und mehr noch durch die spezifischen physikalischen Eigenschaften die Zuführung von Nähr- und Spurenstoffen für die Pflanzen und die Mikroflora und somit die Effektivität ablaufender Reinigungsprozesse. Dabei kommt den durch die physikalische Charakteristik determinierten hydraulischen Bedingungen im Boden entscheidende Bedeutung für die Funktionstüchtigkeit der Anlagen zu. Zur Charakterisierung der spezifischen Bodenverhältnisse dienen physikalische Parameter wie Korngrößenverteilung, Porenvolumen, wirksamer Korndurchmesser, Ungleichförmigkeitsgrad sowie der Durchlässigkeitsbeiwert (Wissing 1995).

In Pflanzenkläranlagen werden die hydraulischen Verhältnisse im Bodenkörper hauptsächlich durch die ursprüngliche Korngrößenverteilung des eingebauten Materials bestimmt. Langjährige intensive Untersuchungen der Hydraulik in Pflanzenkläranlagen ergaben beste Ergebnisse bezüglich hydraulischer Verhältnisse und Schadstoffentfernung bei Einsatz von Mischungen aus Sand und Kies (Börner 1990, Netter 1990, Wissing 1995). Dabei sollten die Durchlässigkeitsbeiwerte generell den Bereich von 10^{-5} m s^{-1} nicht unterschreiten (Bahlo und Wach 1993, Wissing 1995). Offensichtlich sind somit eine ausreichende Aufwuchsfläche für den mikrobiellen Biofilm, ein positiver Einfluss auf das Wurzelwachstum, günstige hydraulische Durchlässigkeit sowie vor allem ein guter Abbau der Kontaminanten realisierbar.

Generell kann das Wurzelwachstum der Pflanzen die hydraulischen Bedingungen im Bodenkörper beeinflussen (Kickuth 1984, Wissing 1995). Einerseits führen Wurzeln und mikrobielle Biomasse zur Verstopfung der Bodenporen, andererseits entstehen durch Wurzelwachstum und den mikrobiellen Abbau toter Wurzeln neue sekundäre Bodenporen. Untersuchungen mit feinkörnigem Bodenmaterial mit Kf-Werten < 10-8 m s^{-1} zur Maximierung der mikrobiellen Aufwuchsflächen zeigten allerdings, dass die postulierten Verbesserungen der hydraulischen Verhältnisse in den untersuchten Pflanzenkläranlagen durch eine Durchwurzelung des als Matrix dienenden Bodenkörpers nicht realisierbar waren. Bei diesen Systemen waren häufig oberflächige Kurzschlussströmungen die Folge (Börnert 1990, Netter 1990). Trotz einer geringen Erhöhung der Kf-Werte auf ca. 10^{-7} m s^{-1} änderten sich die hydraulischen Bedingungen nicht in ausreichendem Maße. Wurzelwachstum war hauptsächlich in der oberen Bodenzone in einer Tiefe von 20 –30 cm feststellbar (Börnert 1990). Der größte Teil des Bodenkörpers blieb aufgrund der ungünstigen hydraulischen Bedingungen mehr oder weniger inaktiv.

Diese Ergebnisse unterstützen die praktischen Erfahrungen, nach denen in Pflanzenkläranlagen der Auswahl und dem Aufbau der Matrix eine besondere Aufmerksamkeit gewidmet werden muss.

5.2.2 Phytoremediation von Schwermetall-belasteten Böden

5.2.2.1 Pflanzen zur Entfernung von Schwermetallen aus Böden

Die Entfernung von Schwermetallen mittels Pflanzen aus Böden ist ebenso wie der Abbau organischer Verbindungen (Kap. 5.3.1) seit langem beschrieben, ohne dass auch hier die wissenschaftlichen Hintergründe vollständig bekannt sind.

Verschiedene Pflanzen können Metalle in Wurzeln oder oberirdischen Pflanzenteilen anreichern. Pflanzen oder Pflanzenteile „extrahieren" somit die Metalle aus dem Boden und können anschließend abgeerntet werden. In Tab. 5-5 sind Beispiele der Spross- und Wurzelakkumulation bei unterschiedlichen Pflanzen angegeben. Die Relationen werden anhand des Bioakkumulationsfaktors (Verhältnis von Metallkonzentration im Pflanzengewebe zum Gehalt im umgebenden Boden) dargestellt (nach Salt et al. 1995).

In Tab. 5-6 sind Beispiele der erreichbaren Metallkonzentrationen in als „Hyperakkumulatoren" bekannten Pflanzen nach Literaturwerten zusammengestellt.

Tab. 5-5. Spross- und Wurzel-Bioakkumulationskoeffizient von *Brassica juncea* und *Thlaspi caerulescens* (nach Salt et al. 1995)

| | Bioakkumulationskoeffizient ± SE | | | |
| | Spross | | Wurzel | |
Metall[1]	*Brassica*	*Thlaspi*	*Brassica*	*Thlaspi*
Cd (5)	175 ± 16	59 ± 12	20 574 ± 4295	4 258 ± 168
Cu (1)	159 ± 32	623 ± 265	55 809 ± 9221	60 716 ± 21 510
Cr (0,4)	80 ± 8	89 ± 15	5 486 ± 393	8 545 ± 2 677
Ni (1)	587 ± 115	2 739 ± 383	11 475 ± 125	8 425 ± 4 220
Pb (5)	3 ± 1	29 ± 23	1 432 ± 1 409	7 011 ± 3 616
Zn (3)	49 ± 31	770 ± 320	1 816 ± 1 739	2 990 ± 1 424

[1] Anfangskonzentration in mg/l
Anmerkung: Hydroponisch gewachsene Pflanzen wurden für 8 Tage der Einwirkung von Metall-Lösungen ausgesetzt.

Tab. 5-6. Metallkonzentrationen in bekannten Hyperakkumulatoren

Metall	Pflanzenspezies	Konzentration in „erntefähigem" Material von Pflanzen, gewachsen in kontaminierten Böden
Cd	*Thlaspi caerulenscens*	1 800 mg kg^{-1} in Sprossen
Cu	*Ipomoca alpina*	12 300 mg kg^{-1} in Sprossen
Co	*Haumaniastrum robertii*	10 200 mg kg^{-1} in Sprossen
Pb	*T. rotundifolium*	8 200 mg kg^{-1} in Sprossen
Mn	*Macadamia neurophylla*	51 800 mg kg^{-1} in Sprossen
Ni	*Psychotria deuarrei*	47 500 mg kg^{-1} in Sprossen
	Sebertia acuminata	25 % bez. auf Trockengewicht im Saft
Zn	*T. caerulenscens*	51 600 mg kg^{-1} in Sprossen

Anmerkung: Die Zahlenwerte sind bezogen auf Trockengewicht (nach Cunningham und Ow 1996)

Durch Rhizofiltration beseitigen geeignete Pflanzen toxische Schwermetalle auch aus belasteten Abwässern durch Adsorption, Präzipitation und Aufkonzentration.

Phytostabilisation bedeutet die Festlegung von Schwermetallen durch Pflanzen, um eine Auswaschung in das Grundwasser oder einen atmosphärischen Austrag zu vermeiden.

5.2.2.2 Akkumulationsmechanismen

Zum Verständnis des Mechanismus der Aufnahme von Schwermetallen durch die Pflanze sind Kenntnisse über die Wurzelaufnahme, den Transport innerhalb der Pflanze und den zellulären Ort der Akkumulation notwendig.

Die Wurzel ist durch die Ausscheidung (Wurzelexsudation) von chelatisierenden Verbindungen (Phytosiderophore) in der Lage, im Boden gebundene Schwermetalle zu lösen (siehe Tab. 5-7).

Tab. 5-7. Mobilisierungsreaktionen zur Metallaufnahme durch Pflanzenwurzeln (nach Salt et al. 1995)

Reaktion für	Reaktionstyp	Wirkung	erhöhte Löslichkeit
Muginsäure	Phytosiderophor	Komplexbildung	Zn, Cu, Mn
Aveninsäure	Phytosiderophor	Komplexbildung	
Metallothionine	Phytosiderophor	Komplexbildung	
	Phytochelatin	Komplexbildung	
Reduktasen	Fe^{3+}-Red. Löslichkeit		Cu, Mn, Fe, Mg
(Membran gebunden)	Cu^{2+}-Red.		
Acidifikation	pH-Erniedrigung	Löslichkeit	

Die aufgeführten Reaktionen sind nicht losgelöst von der Mycorrhiza (Pilzsymbiose mit der Pflanzenwurzel) zu betrachten. In gleicher Weise können in der Rhizoplane und Rhizosphäre bakterielle Aktivitäten die Metallimmobilisierungseffekte unterstützen.

Die gelösten Metalle gelangen über einen aktiven, energieabhängigen Carriertransport mit geringer Spezifität in die Wurzelzellen. In der Pflanze ist die Anreicherung im Wurzelbereich deutlich höher als im Sprossbereich. Daraus ergeben sich wichtige Konsequenzen für die Ernte der akkumulierenden Pflanze.

Von Ye et al. (1997b) wird ein Vergleich zwischen *Typha latifolia*, die unterschiedlich jeweils auf unkontaminierten oder auf mit Zink, Blei und Cadmium kontaminierten Böden gewachsen waren, gezogen. Die Pflanzen des kontaminierten Standortes zeigen in den Wurzeln eine deutlich höhere Konzentration an Schwermetallen. (2-mal höher: Zn und Pb, 3-mal höher: Cd). Die Autoren können in der Diskussion ihrer Ergebnisse nicht die Hypothese einer Adaptation von Pflanzen an schwermetallhaltige Standorte unterstützen, sondern sehen vielmehr konstitutive Voraussetzungen als die Gründe der Hyperakkumulation an.

In einer anderen Arbeit (Ye et al. 1997a) zeigen die gleichen Autoren ebenfalls am Beispiel von *Typha latifolia*, dass im Gegensatz zu anderen Pflanzen Eisenplaque auf den Wurzeln bei einer Kupfer- und Nickelakkumulation in der Pflanze keine Rolle spielt. Eisenplaque bildet sich in Eisen(II)-haltigen anoxischen Wässern von Feuchtgebieten durch den Sauerstoffeintrag der Pflanze.

Krämer et al. (1996) weisen am Beispiel von *Alyssum lesbiacum* nach, dass die Nickelkonzentration in den Blättern mit der Konzentration von Histidin korreliert. Damit übernimmt diese Aminosäure eine Tranporter-Funktion und spielt eine Rolle in der Toleranz der Pflanze gegenüber höheren Nickelkonzentrationen. In der Chelatbildung konnte eine erwartete Nickel-Schwefel-Bindung nicht nachgewiesen werden.

Phytovolatisation ist ein wichtiger geochemischer Prozess und nicht ausschließlich den Pflanzen eines Systems zuzuordnen. Bakterielle und abiotische Prozesse spielen gleichermaßen eine wichtige Rolle. In Feuchtgebieten kann durch den gezielten Einsatz von geeigneten Pflanzen z.B. die geogene Konzentration an Selen erniedrigt werden (Zhang und Moore 1997). Die Komplexität der Volatisation als Dimethylselenid wird anhand der Vielzahl von zusammenwirkenden Faktoren deutlich. Einfluss haben vor allem die vorhandene Selenkonzentration, die Speziation des Selens (organisch oder anorganisch gebunden), die Temperatur, der Luftstrom, ein Rhythmus von trockenen und feuchten Bodenzuständen sowie die Zersetzung des organischen Pflanzenmaterials.

Am Beispiel der Unterwasserpflanze *Myriophyllum* im System Wasser – Sediment werden Volatisierungsraten von 40 µg / d m^2 erreicht.

Salzgras (*Distichlis spicata*) (Wu et al. 1997) hingegen scheidet aus salzhaltigen Böden überwiegend Selenat aus.

5.2.3 Stickstoffelimination in Wurzelraumanlagen

Abb. 5-18. Wurzelraumanlage zur Stickstoffelimination aus Deponiewasser (Foto: UFZ)

5.2.3.1 Bewachsene Bodenfilter zur Stickstoffelimination

Der Einfluss der Pflanzen auf die Umsetzungsprozesse in bewachsenen Bodenfiltersystemen wird in der Literatur recht unterschiedlich dargestellt. So beschrieben Breen und Chick (1995), dass die Bewurzelung und das Systemalter zu den wichtigsten Einflussfaktoren zählen, die die Unterschiede in den Kohlenstoff-, Phosphor- und Stickstoffprofilen der untersuchten Systeme ausmachen. Weiterhin zeigten sich Unterschiede in den Stickstofffrachten der Winter- und der Sommermonate. Sikora et al. (1995) untersuchten horizontal durchströmte Modellsysteme mit einer Fläche von ca. 55 m². Dabei stellten sie dar, dass im Sommer die bepflanzten Systeme eine höhere Umsetzungsrate für DOC (*Dissolved Organic Carbon*) aus häuslichem Abwasser (0,6 g/(m² d) – 1,1 g/(m² d)) als das unbepflanzte System (0,5 g/(m² d)) aufwiesen. In der Winterzeit egalisierten sich diese Unterschiede, und es wurde von beiden Systemen eine Umsetzungsrate von ca. 0,35 g/(m² d) erreicht.

Phipps und Crumpton (1994) zeigten in einer Feldstudie, dass Belastungen aus der landwirtschaftlichen Bewirtschaftung gut mittels bewachsener Bodenfilter entfernt werden können. In dieser Studie wurden Umsetzungsraten von 78 – 95 % für Nitrat und 54 – 75 % für die gesamte Stickstofffracht beobachtet. Da im Einlaufstrom die Nitratkonzentration um 3 mg/l und die Ammoniumkonzentrationen unter 0,05 mg/l lagen, kann davon ausgegangen werden, dass die oben dargestellten Umsetzungsleistungen hauptsächlich auf die Denitrifikation zurückgeführt werden können. Weiterhin wurde deutlich gezeigt, dass durch Steigerung der hydraulischen Belastung auch der Austrag von organischen Stickstoffkomponenten zunahm.

Daum und Schenk (1996a) berichteten über die N_2O- und N_2-Freisetzung aus Hydrokulturen von *Cucumis sativus*. Dort wurde festgestellt, dass ein geringeres Pflanzenwachstum, die damit verbundene geringere Wurzelatmung und Exsudation von organischen Komponenten, welche als C-Quelle für die Mikroorganismen dienen, mit einer Verminderung der N_2- und N_2O-Emissionsraten einhergehen. Dies kann als Indiz für die Kopplung der Exsudation von organischen Verbindungen der Pflanzen mit den Stickstoffumsetzungen speziell mit der Denitrifikation gesehen werden. Diese These bestätigten Daum und Schenk (1996b) durch den Nachweis der Koppelung der N-Emission aus Hydroponikkulturen mit dem Vorhandensein von leicht verstoffwechselbaren C-Quellen für die Denitrifikation.

Modelluntersuchungen zur Umsetzung von Industrieabwässern führten Zachritz et al. (1996) durch. Die Autoren beschrieben die 99 %-ige Reinigung eines mit 40 mg/l Benzoat belasteten Wassers in Pflanzenkläranlagen, die mit *Scirpus validus* bepflanzt waren. Benzoat wurde als Modellsubstanz für die Testung der Abbauleistung von halogenierten und nichthalogenierten Ringsystemen gewählt, da hier Benzoat als Intermediat auftritt.

Untersuchungen von Williams et al. (1994), die an einem 140 m² großen, mit *Phragmites australis* bepflanzten Kiesbettsystem durchgeführt wurden, zeigten einen Unterschied zwischen den Biofilmen, die auf Rhizomen bzw. Kies aufwuchsen. Sie stellten fest, dass der rhizomale Biofilm eine höhere Bakteriendichte aufwies. Diese höhere Dichte wird auf die Exsudation von löslichen organischen

Substanzen durch die Pflanzenwurzel sowie die Zersetzung der abgestorbenen Wurzelteile und damit auf die Freisetzung von organischen Materialien zurückgeführt. Nach Knowles (1982) wirkte sich dies ebenfalls auf das Potenzial und die Dichte der denitrifizierenden Bakterien in diesem System aus. In der Arbeit von Williams et al. (1994) wurde weiterhin eindeutig gezeigt, dass in den ersten Metern einer horizontal durchströmten PKA die Bedingungen für die Nitrifikation nicht günstig sind, denn dort ist durch den aeroben Abbau der organischen Substanz bedingt nur wenig Gelöstsauerstoff vorhanden. Diese Tatsache stellt die Nitrifikation als Konkurrenzreaktion um den Sauerstoff mit den aeroben C-Substratumsetzungen dar. Diese Hypothese konnte durch die untersuchten Stickstoffumsetzungspotenziale bestätigt werden. Weiterhin wurde deutlich, dass der auf Wurzeloberflächen wachsende Biofilm eine höhere Nitrifikationsrate aufweist als der im selben System auf Kiesoberflächen aufwachsende Biofilm (Willams et al. 1994).

Die Rolle der Pflanzen im Prozess der Stickstoffelimination wird unterschiedlich diskutiert und reicht von Auflockerung des Kiesbettes (Sandford et al. 1995, Gish und Jury 1983) über Abgabe von Sauerstoff (Brix 1994) und organischer Materie zur Begünstigung der umsetzenden Biozönose (Groffman et al. 1996, Myrold und Tiedje 1981) bis zum günstigen Aufwuchsträger für Mikroorganismen.

Den Versuch, die Beeinflussung der Bakteriozönose direkt mit dem Wachstum von Typha in Verbindung zu setzen, machten Crumpton et al. (1993). Dabei stellten sie allerdings nur eine bis zu 10 %-ige Abhängigkeit der Nitratumsetzung vom Wachstum der Makrophyten fest und postulierten als geschwindigkeitsbestimmenden Schritt der Denitrifikation nicht die Umsetzung, sondern den Transport des Nitrats zu den anaeroben Zonen.

Als Rhizosphäre wird der Bereich des Bodens bezeichnet, der von den Wurzeln und deren Exsudation beeinflusst wird. Dieser Boden beinhaltet nach Angle et al. (1996) 5 – 20 mal mehr Bakterien als der von Pflanzen unbeeinflusste Boden, welche zudem größer als vergleichbare Arten im unbeeinflussten Boden sind.

Nijburg und Laanbroek (1997) stellten in Experimenten mit im Sediment wachsenden *Glyceria maxima* heraus, dass die Pflanze im Fall einer kleinen Nitratkonzentration einen entscheidenden Einfluss auf die sich etablierende denitrifizierende Biozönose hatte. Bei Nitratkonzentrationen über 530 μg NO_3^-/g TS hatte die Pflanze nur noch eine sehr geringe Bedeutung für die Zusammensetzung der Biozönose und deren Metabolismus. War jedoch Ammonium vorhanden, gewann die Pflanze wieder an Bedeutung für die Koppelung von Nitrifikation und Denitrifikation.

Der geringe Sauerstoffgehalt hat nicht nur Einfluss auf die Bakteriozönose, sondern auch auf die im System wachsenden Pflanzen. Aus diesen Gründen sind nur bestimmte Pflanzen – Helophyten – für das Wachstum auf dauerhydromorphen, meist anaeroben Böden geeignet. Weiterhin müssen die Pflanzen in PKA auch mit hohen Konzentrationen an organischen Verbindungen sowie hohen Salz- und Nährstofffrachten und den damit hervorgerufenen Milieubedingungen in Bezug auf pH-Wert, Gelöstsauerstoff, Redoxpotenzial etc. zurechtkommen.

Brix und Sorell (1996) beschrieben für *Phalaris arundinacea* und *Glyceria maxima*, dass ein Sauerstoff gesättigtes wie auch anoxisches Medium keine signifikanten Auswirkungen auf das Pflanzenwachstum hat. Brändle et al. (1996) stellten die Toleranz einiger Helophyten gegenüber Eutrophierung und der Verbreitung in bestimmten Habitaten zusammen. Dabei zeigte sich, dass sich *Phalaris arundinacea*, *Glyceria maxima*, *Typha latifolia* durch ihre Toleranz gegenüber Eutrophierung besonders für die Bepflanzung von PKA eignen. In der Regel sollte beim Bau einer PKA diese mit einer Vielzahl unterschiedlicher Arten bepflanzt werden, so dass sich durch Adaptations- und Ausleseprozesse die geeignetsten Arten durchsetzen und sich so die für die Milieubedingungen günstigste Zönose ausbildet.

5.2.3.2 Einflussfaktoren auf die Nitrifikation im Wurzelraum

Unter der Nitrifikation wird die biologische Oxidation von Ammonium zu Nitrat über Nitrit verstanden. Diese Umsetzung wird von zwei phylogenetisch nicht näher verwandten Bakteriengruppen durchgeführt, die über den freien Metabolit Nitrit verbunden sind. Für den ersten Schritt – die Nitritifikation – gilt folgende Reaktionsgleichung (Gl. 1):

$$NH_4^+ + 3/2\,O_2 \rightarrow NO_2^- + H_2O + 2\,H^+ \qquad \Delta G^\circ = -270\,kJ/molG. \tag{1}$$

Diese Umsetzung wird von den sogenannten Ammoniumoxidierern durchgeführt. Diese Gruppe besteht hauptsächlich aus Proteobakterien (Kowalchuk et al. 1999, Kowalchuk et al. 1997). Zu den Hauptvertretern zählen die Gattungen Nitrosomonas, Nitrosobacter und Nitrosolobus (siehe Tab. 5-8).

Der zweite Teilprozess – die Nitratifikation – ist die Umsetzung des entstandenen Nitrits zum Nitrat (siehe Gl. 2)

$$NO_2^- + 1/2\,O_2 \rightarrow NO_3^- \qquad \Delta G^\circ = -77\,kJ/molG. \tag{2}$$

Die für diese Umsetzung verantwortlichen Bakterien werden als Nitritoxidierer bezeichnet. Eine Zusammenstellung der dazugehörigen Gattungen ist Tab. 5-8 zu entnehmen.

Die Gleichungen zum Chemismus (Gl. 1 und Gl. 2) der Nitrifikation sind hier vereinfacht dargestellt; so geht z.B. die Bildung von gasförmigen Stickoxiden nicht mit ein (Stüven et al. 1992).

Tab. 5-8. Taxonomische Einordnung der Nitrifikanten nach der NCBI–Datenbank

Stoffwechselgruppe/ Metabolische Leistung	Gattung	phylogenetische Einordnung
Ammoniumoxidierer	Nitrosomonas	β-Subdivision der Proteobacteria
	Nitrosospira	β-Subdivision der Proteobacteria
	Nitrosospina	β-Subdivision der Proteobacteria
	Nitrosococcus	γ-Subdivision der Proteobacteria
Nitritoxidierer	Nitrobacter	α-Subdivision der Proteobacteria
	Nitrospira	Nitrosira Gruppe
	Nitrospina	δ-Subdivision der Proteobacteria
	Nitrococcus	γ-Subdivision der Proteobacteria

Die zu diesen beiden Gruppen gehörenden Mikroorganismen werden als chemolithoautotrophe Mikroorganismen bezeichnet, d.h., sie gewinnen ihre Energie aus der Umsetzung von anorganischer Materie, die sie ebenfalls als C-Quelle benutzen. Im Fall der Nitrifikation wird die Energie aus der Oxidation von Ammonium bzw. Nitrit (siehe Gl. 1 und Gl. 2) gewonnen. Als C-Quelle wird Kohlendioxid über den Calvinzyklus (Stryer 1991) in organische Biomasse umgebaut.

Bisheriger Stand des Wissens ist die Tatsache, dass die Gattungen Nitrosomonas und Nitrobacter die Hauptvertreter der Nitrifikanten darstellen. Diese Darstellung und damit auch die Modellorganismen für viele Untersuchungen müssen durch die Erkenntnisse aus den nichtkultivierenden Methoden grundlegend geändert werden. In diesem Zusammenhang beschrieben Schramm et al. (1998), dass die Gattungen Nitrosospira und Nitrospira die Hauptvertreter in Abwasserkläranlagen und sicher auch in allen eutrophen Gewässern sind.

Viele Parameter haben einen signifikanten Einfluss auf die Nitrifikation, so z.B. pH-Wert, Temperatur, Sauerstoffkonzentration sowie die Konzentration unterschiedlicher Hemmstoffe. Der pH-Wert beeinflusst die Umsetzung durch die Einflussnahme auf die Enzymaktivität und auf die Gleichgewichte des Carbonats, Nitrits und des Ammoniums. Die beiden erwähnten Verbindungen haben eine Hemmwirkung auf die Nitrifikation durch freies Ammoniak und salpetrige Säure.

Unvorteilhaft für die Optimierung der Nitrifizierung ist die Tatsache, dass sich Reinkulturen der Nitrifikanten nur sehr schwer isolieren, kultivieren und damit auch untersuchen lassen. Molekularbiologische Techniken (siehe Wagner et al. 1996) bieten zwar die Möglichkeit, die beteiligten Bakterien und Enzyme zu bestimmen aber für viele Untersuchungen (z.B. Bestimmung von kinetischen Koeffizienten) sind Reinkulturen unumgänglich.

Für einige Einflussfaktoren wurden mathematische Abhängigkeiten bestimmt, welche aus den dargestellten Gründen nur zu einem geringen Teil an Reinkulturen erarbeitet wurden. Für den überwiegenden Teil der publizierten Modelle wurden nicht näher definierte Mischkulturen (z.B. Klärschlamm) benutzt.

Aus der mathematischen Beschreibung des funktionellen Zusammenhanges von maximaler Wachstumsrate und pH-Wert sowie Temperatur wurde für die Nitrifikation ein pH-Optimum von 7,8 für den Temperaturbereich von 15 – 25 °C ermittelt (Antoniou et al. 1990). Weitere Untersuchungen an einer nitrifizierenden Mischpopulation zeigten ein Temperaturoptimum bei 25 °C (Balmelle et al. 1992). Hier wurde für den Temperaturbereich von 30 – 35 °C eine deutliche Nitritanhäufung im Reaktor verzeichnet. Für den pH-Wert wurde ein Optimum bei 8 bestimmt. Diese Daten stimmen somit tendenziell mit denen von Antoniou et al. (1990) überein.

Der Einfluss des pH-Wertes auf das Ammonium und Nitrit wird durch die Gleichungen (4) bzw. (8) beschrieben, wobei T als Temperatur in [°C], c als Konzentration in [mg/l] einzusetzen sind.

$$NH_4^+ + OH^- \rightarrow NH_3 + H_2O \tag{3}$$

$$NH_{3,\,free} = \frac{c_{NH_4^+}}{K_b/K_w + 10^{pH}} \tag{4}$$

$c_{NH_{3,free}}$ $\qquad$ Ammoniakkonzentration in [mg N/l]

$c_{NH_4^+}$ $\qquad$ Ammoniumkonzentration in [mg N/l]

K_b $\qquad$ Dissoziationskonstante für Ammoniak in [–]
K_w $\qquad$ Dissoziationskonstante für Wasser in [–]
pH $\qquad$ pH-Wert

$$K_W = 0{,}69 \cdot 10^{-14} \text{ bei } 20°C \tag{5}$$
$$K_b = 1 * 10^{-9{,}24} \text{ bei } 20\,°C$$

Aus K_b und K_w ergibt sich unter der Berücksichtigung der Temperaturabhängigkeit:

$$K_b/K_w = \exp^{-6334/T} \tag{6}$$

T   Temperatur in [K]

$$NO_2^- + H_3O + \rightarrow HNO_2 + H_2O \tag{7}$$

$$c_{HNO_2} = \frac{cNO_2^-}{K_a * 10^{pH}} \tag{8}$$

c_{HNO_2} Konzentration an undissoziierter salpetriger Säure in [mg N/l]

$c_{NO_2^-}$ Nitritkonzentration in [mg N/l]

K_a Dissoziationskonstante für Salpetersäure in [–]

$$K_a = \exp^{-2300/T} \tag{9}$$

Aus diesen Gleichungen wurde die Abb. 5-19 unter Verwendung der bekannten Hemmkonzentrationen berechnet.

Die Abb. 5-19 stellt die Bereiche der Inhibierung der Nitrifikation durch bestimmte pH-Werte dar. Der Bereich 1 beschreibt das Gebiet der ungehinderten Nitrifikation. Im Bereich 2 beginnt die Inhibierung der Nitrifikanten durch freie HNO_2, wobei der Bereich 3 den Beginn der Inhibierung der Nitratifikation durch freies Ammoniak darstellt. Der Bereich 4 ist der Initialbereich der Inhibierung der Nitritifikation durch freies NH_3. Die Bereiche zwischen diesen klar abgegrenzten Bezirken werden durch vielfältige Bedingungen beeinflusst (Turk und Mavinik 1989).

Den Mechanismus der Inhibierung durch undissoziierte Säuren (z.B. salpetrige Säure) beschrieben Boon und Laudelot (1962) durch die nicht-kompetetive Inhibierung, was von Andrews (1968) bestätigt wurde. Neufeld et al. (1980) stellten über einen einfachen Inhibierungsansatz dar, dass erst ab einer Konzentration von 10 mg NH_3/l mit einer maßgeblichen Inhibierung zu rechnen ist.

Als weiterer Parameter, der speziell für bewachsene Bodenfilter als limitierender Faktor für die Nitrifikation auftreten kann, wird der Gelöstsauerstoffgehalt angesehen. Hierzu geben Wijffels et al. (1995) folgenden auf der Michaelis-Menten-Beziehung beruhenden Ansatz an:

Bedingt durch die geringe Wachstumsrate der Nitrifikanten kann das beobachtete adhärente Wachstum als Strategie für eine höhere Persistenz im System angesehen werden. Dieser Strategie folgend wachsen die Nitrifikanten in der Regel in Biofilmen. Wagner et al. (1996), Pollard et al. (1996) sowie Furumai und Rittmann (1994) beschrieben die Schichtung von heterotrophen und autotrophen Mikroorganismen. Dabei stellten sie heraus, dass sich an der obersten Schicht die am schnellsten wachsenden Mikroorganismen – im Regelfall heterotrophe Bakterien – befanden, die damit im Vorteil bei der Konkurrenz um Platz und Nährstoffe sind.

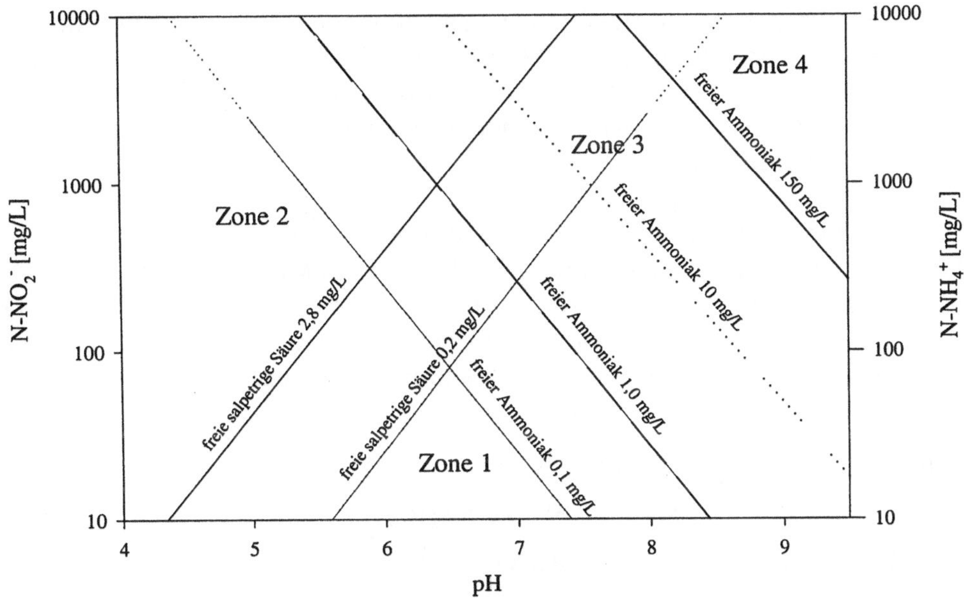

Zone 1: ungehinderte Nitrifikation – salpetrige Säure < 0,2 mg/l und freier Ammoniak < 1,0 mg/l
Zone 2: inhibierte Nitratifikation durch salpetrige Säure > 2,8 mg/l
Zone 3: inhibierte Nitratifikation durch freien Ammoniak > 10 mg/l
Zone 4: Inhibierung beider Nitrifikationsschritte durch freien Ammoniak > 150 mg/l

Abb. 5-19. Darstellung der pH-Toleranz der Nitrifikation (berechnet nach Anthonisen et al. 1976)

Biofilme können als halbfeste, poröse Materialien angesehen werden, die sich durch Mikroorganismen unter bestimmen Bedingungen bilden. Sie bestehen aus Makromolekülen, die sich als Polymermatrix organisieren, und den darin eingebetteten Mikroorganismen. Diese Umgebung nimmt Einfluss auf die Stofftransportphänomene: Die Weglänge der Diffusion in diesen Matrizes steigt gegenüber der Weglänge in Lösungen. Aus dieser gesteigerten Weglänge folgt, dass die Diffusionsgeschwindigkeit gegenüber der Geschwindigkeit in Lösungen geringer wird.

Die Ausbildung von Biofilmen ist von mehreren Faktoren abhängig, so beschrieben van Benthum et al. (1997), dass die Strömungsbedingungen zu den Haupteinflussfaktoren zählen. Sie stellten fest, dass eine Biofilmbildung nur beobachtet wird, wenn die hydraulische Verweilzeit im untersuchten System (Airliftreaktor) kleiner ist als der reziproke Wert der spezifischen Wachstumsrate.

Die Profile von Sauerstoff, pH-Wert und Redoxpotenzial in Biofilmen gestatten Aussagen über deren Aktivität, welche noch durch die Strukturaussagen mit *in situ*-Nachweismethoden für bestimmte Bakterien erweitert werden können (Schramm et al. 1996, Amann und Kühl 1998).

Für die Etablierung von Nitrifikanten in anaeroben Systemen wie z.B. in überstauten Böden ist der durch die Pflanzen eingetragene Sauerstoff von entscheidender Bedeutung. Bodelier et al. (1996) beschrieben für mit *Glyceria maxima* bepflanzte Sedimente 50 bis 75 mal mehr Nitrifikanten im Wurzelraum als im wurzelfernen Sediment. Das Wurzelzonen-Sediment-Verhältnis für Ammonium oxidierende Bakterien ist ca. 9.

5.2.3.3 Einflussfaktoren auf die Denitrifikation im Wurzelraum

Die Denitrifikation wird als anaerobe mikrobielle Reduktion von Nitrat bzw. Nitrit zum molekularen Stickstoff definiert. Hierbei können als Intermediate Stickstoffmonoxid und Distickstoffmonoxid auftreten. Unter Einbeziehung von Acetat als Elektronendonator können folgende Reaktionsgleichungen (Gl. 22) nach Cervantes et al. (1998) aufgestellt werden:

$$CH_3COONa + 4\ NO_3^- \rightarrow 4\ NO_2^- + NaHCO_3 + CO_2 + H_2O$$

$$CH_3COONa + 4\ NO_2^- + 2\ H^+ \rightarrow 2\ N_2O + NaHCO_3 + CO_2 + H_2O + 2\ OH^-$$

$$CH_3COONa + 4\ N_2O \rightarrow 4\ N_2 + NaHCO_3 + CO_2 + H_2O \tag{22}$$

Die oxidierten Stickstoffverbindungen werden als Elektronenakzeptoren benutzt.

Die heterotrophen, denitrifizierenden Bakterien folgen einem chemoorganotrophen Stoffwechsel (Kap. 3).

Aus ökologischer Sicht betrachtet, ist diese Stoffwechselleistung essentiell für Reinigungsprozesse, denn sie stellt den einzigen Weg dar, die N-Eutrophierung von Gewässern durch Reduktion bis zum molekularen Stickstoff zu verhindern (Kap. 4.1.4). Diese Form des anaeroben Stoffwechsels ist nicht nur bei einer engen Gruppe von Mikroorganismen anzutreffen, sondern sie ist sehr heterogen über viele verschiedene Bakteriengattungen und -arten (Zumft 1992) und einige Hefen (Toritsuka et al. 1997) verteilt. Auf Grund dieser Diversität beruhen viele Methoden zur Bestimmung der Aktivität und Anzahl auf der Messung von Stoffwechselprodukten der Denitrifikanten (Alef 1991). Weiterhin könnten molekularbiologische Methoden, die Teile von Sequenzen der am Denitrifikationsprozess beteiligten Enzyme nachweisen, Erfolg versprechen. Bei diesen Enzymen konzentriert man sich hauptsächlich auf die Nitritreduktase (Braker et al. 1998). Dieses Enzym kann für die Denitrifikation als Schlüsselenzym bezeichnet werden, denn es trennt die echten Denitrifikanten von den Nitratreduzierern (Ward et al. 1993 und Ward 1995). Die Nitratreduzierer können nur Nitrat zum Nitrit reduzieren.

Die an der Denitrifikation beteiligten Enzyme besitzen unterschiedliche Inhibierungskoeffizienten gegenüber Sauerstoff, wobei sich beim Vergleich der Literatur kein klares Bild über die Hemmkonzentrationen ergibt.

Die Emission von Stickoxiden durch die Pflanze ist im Prozess der Stickstoffelimination unerwünscht, wird jedoch nachgewiesen. Für N_2O beschrieben Denmead et al. (1979) Emissionsraten für feuchte Gebiete von 302 g N/(ha d). Für Roggenfelder wurden Emissionsraten von ca. 900 g N/(ha d) beschrieben (Rolston et al. 1976). Als Gründe für das gehäufte Auftreten der Intermediate können der pH-Wert, die Sauerstoffkonzentration und das Stickstoff-Kohlenstoffverhältnis angegeben werden. Weiterhin sind die Konzentrationen an Spurenelementen wie z.B. Metalle, die für die Enzymbildung essentiell sind, von entscheidender Bedeutung (Cervantes et al. 1998).

Von besonderer Bedeutung für die Stickstoffelimination ist das Verhältnis C/N. Laboruntersuchungen mit idealen Kohlenstoffquellen wie Acetat oder Benzoat sind jedoch nicht auf reale Bedingungen übertragbar. Beispielhaft werden die Ergebnisse der Untersuchungen von van Oostrom und Russell (1994) an einem mit *Glyceria maxima* bewachsenen Bodenfilter genannt. Die Ergebnisse zeigen eine mittlere flächenbezogene Umsatzleistungen für Abwässer aus der Nahrungsmittelindustrie von 3,0 g N/(m² d) für den Sommerbetrieb und 0,6 g N/(m² d) für den Winterbetrieb.

5.2.3.4 Mechanismus und Einflussfaktoren der anoxischen Ammoniumoxidation

Broda (1977) beschrieb, dass sowohl aus thermodynamischer als auch aus evolutionärer Sicht eine Gruppe Mikroorganismen existieren müsste, die Ammonium zu Stickstoff unter Nutzung von Nitrit oder Nitrat oxidieren kann (siehe Gleichung 23):

$$NH_4^+ + NO_2^- \rightarrow N_2 + 2\,H_2O \qquad \Delta G_R^\circ = -95\,kJ/mol\,NH_4^+. \qquad (23)$$

Das Nitrit hierfür kann sowohl aus der Nitrifikation als auch aus der Denitrifikation stammen. Van de Graaf et al. (1990) konnten die derart postulierte Bildung von N_2 zeigen, dessen Entstehungsmechanismus der Gleichung (23) entspricht. Dieser Nachweis wurde mit Hilfe von ^{15}N-angereichertem Ammonium durchgeführt. Durch die Zugabe von ^{15}N-angereichertem Ammonium wurde $^{29}N_2$ von entsprechender Häufigkeit nachgewiesen. Diese Stoffwechselleistungen wurden an einem denitrifizierenden Bioreaktor nach einer Adaptationszeit von ca. 450 Tagen beobachtet (Mulder et al. 1995).

Zur Aufklärung des Reaktionsmechanismus wurden weiterführende Untersuchungen durchgeführt. Daraus folgend schlugen van de Graaf et al. (1997) das in der Abb. 5-20 dargestellte Reaktionsschema vor.

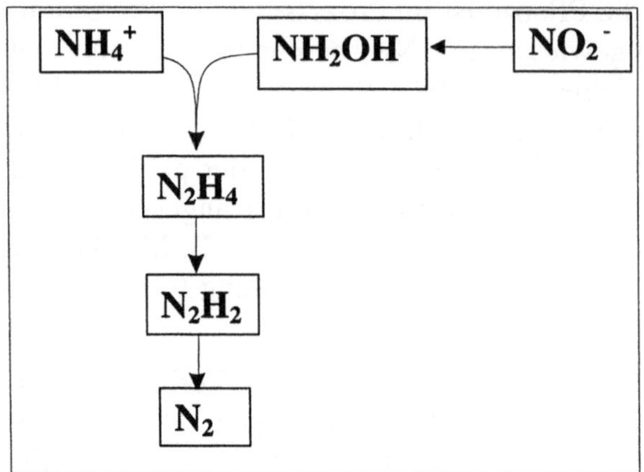

Abb. 5-20. Chemismus der anoxischen Ammoniumoxidation (vorgeschlagen von van de Graaf et al. 1997)

5.2.3.5 Stickstoffumsetzung durch die Chemodenitrifikation

Clark (1962) bezeichnete den Prozess des Zerfalls von Nitrit als Chemodenitrifikation. Unter der Chemodenitrifikation wird die nichtenzymatisch bedingte Nitritzersetzung verstanden.

Dieser Prozess wurde u.a. von Bremner (1968) und Nelson und Bremner (1970) untersucht. Die Chemodenitrifikation besitzt eine Relevanz für die Betrachtung von natürlichen als auch technischen Systemen, da hier z.B. nach Systemstörungen oder bei der Änderung von Zustandsgrößen eine Erhöhung der Nitritkonzentration auftreten kann.

Als Reaktionsgleichung wird

$$3\,HNO_2 \rightarrow HNO_3 + 2\,NO + H_2O \tag{24}$$

vorgeschlagen. Untersuchungen von Nelson und Bremner (1970) zeigten, dass Nitrat hierbei nur in geschlossenen Systemen nachweisbar war. Aus dieser Tatsache lässt sich schlussfolgern, dass das Nitrat kein direktes Umsetzungsprodukt der Zersetzung war, sondern als Produkt aus den Reaktionsprodukten entstand. Aus diesem Grund wurde von Nelson und Bremner (1970) folgende Reaktionsgleichung vorgeschlagen:

$$2\,HNO_2 \rightarrow NO + NO_2 + H_2O \tag{25}$$

Durch die Stabilität der Moleküle der salpetrigen Säure bedingt, sind nur die dissoziierten Moleküle an der Umsetzung beteiligt. Dadurch wird eine starke Abhängigkeit dieses Prozesses vom pH-Wert deutlich.

Als weiterer Einflussfaktor trat der organische Kohlenstoff auf. Die bisherigen Veröffentlichungen betrachteten die Chemodenitrifikation in landwirtschaftlichen Böden bzw. Modellsystemen mit organischen Kohlenstoffgehalten von ca. 0,1 – 9,2 % (Nelson und Bremner 1970). In bewachsenen Bodenfiltern, die zur Reinigung von Abwässern benutzt werden, ist mit organischen Kohlenstoffgehalten zu rechnen, die dem unteren Bereich der untersuchten Böden entsprechen. Dies ergibt sich u.a. aus dem sich im System aufbauenden Biofilm – hierzu geben Christensen und Characklis (1989) eine Biomassedichte von $0,01 – 0,13$ g TS/cm^3 an.

Die eingebrachten wie auch die im Bodenkörper vorhandenen organischen Verbindungen können einerseits zum Fixieren, d.h. Einbau des gebildeten Nitrits führen (Stevenson et al. 1970, Austin 1961) und andererseits als katalytisches Zentrum zur Freisetzung von Stickoxiden dienen (Porter 1969, Nelson 1967, Austin 1961). Als weitere Einflussgröße führte Wullstein (1967) Metallionen an, die ebenfalls katalytisch wirken.

Bremner (1957) zeigte N_2- und N_2O-Emissionen beim Kontakt von Nitritlösungen mit Aminoverbindungen sowie mit Huminsäuren und Lignin im sauren Medium. Der hier zu Grunde liegende Mechanismus wird als van Slyke Reaktion bezeichnet (Beyer und Walter 1991).

5.2.4 Konditionierung von Baggerschlämmen mit Pflanzen

Frische Baggerschlämme aus Häfen oder ehemals stark belasteten Flüssen sind anoxisch, schluffig und damit praktisch wasserundurchlässig (s. Abb. 5-21). Verfügbarer Luftsauerstoff wird durch biologische und abiotische Prozesse verbraucht. Damit ist diese Matrix für jede technische Behandlung schlecht zugänglich. In Monodeponien an der Luft gelagerte und nach Jahren der Lagerung vererdete Sedimente waren dagegen gut wasserdurchlässig und z.B. für Laugungsprozesse gut geeignet (Kap. 5.3). Sie waren teilweise spontan mit Pflanzen bewachsen.

Aus dieser Beobachtung wurde ein Konditionierungsprozess entwickelt. Voraussetzung war dafür, dass Pflanzen gefunden wurden, die den hohen Schwermetallgehalt der Baggerschlämme tolerierten und sich so entwickelten, dass die angestrebte „Vererdung" und somit eine Strukturveränderung erreicht wurde.

Abb. 5-21. Frisch gebaggerter Flussschlamm zeigt eine pastöse Konsistenz (Foto: UFZ)

Parzellenversuche zur Konditionierung von Sedimenten wurden in mit Drainage ausgestatteten Becken bei 0,5 m Schütthöhe mit an Staunässe angepassten Gräsern (z.B. *Phalaris arundinacea, Phragmites australis*) durchgeführt (Löser et al. 1999). Abb. 5-22 zeigt die Interaktion der Wurzeln mit dem Sediment. Lufteintrag durch die Wurzeln, mikrobielle Umsetzungen sowie Pflanzen- und Mikroorganismen-Ausscheidungen führen zu einer Veränderung der Bodenstruktur.

Abb. 5-22. Durchdringung eines gebaggerten Sedimentes mit Pflanzenwurzeln (Foto: UFZ)

Die komplex ablaufenden physikalischen, chemischen und biologischen Prozesse bewirkten einen irreversiblen Wasserentzug, die Herstellung oxischer Milieubedingungen und eine Partikelvergrößerung. Bereits nach einer Vegetationsperiode (6 Monate) hatte der schwarze Schlamm eine hellgraue bis rötlichbraune Färbung und eine erdige Struktur angenommen. Das Material war auch bei hohen Wasserdurchsätzen perkolierbar. Die Charakterisierung des Unterschiedes zwischen dem unbehandelten und konditioniertem Sediment ist Abb. 5-25 zu entnehmen.

Um die Konditionierung unter praxisnahen Bedingungen zu untersuchen, wurde an der Weißen Elster bei Leipzig die SECON-Versuchsanlage (SEdiment CONditioning) errichtet (Abb. 5-24). Die Anlage besteht aus 6 Behandlungsbecken mit je 50 m^3 Volumen, die von einer befahrbaren Rampe aus beschickt und beprobt werden können. Da die Anlage Schütthöhen bis zu 2 m ermöglicht, ist die artspezifische Durchwurzelung verschiedener Pflanzen und die innerhalb einer Vegetationsperiode erreichbare Konditionierungstiefe bestimmbar (Zehnsdorf et al. 2001).

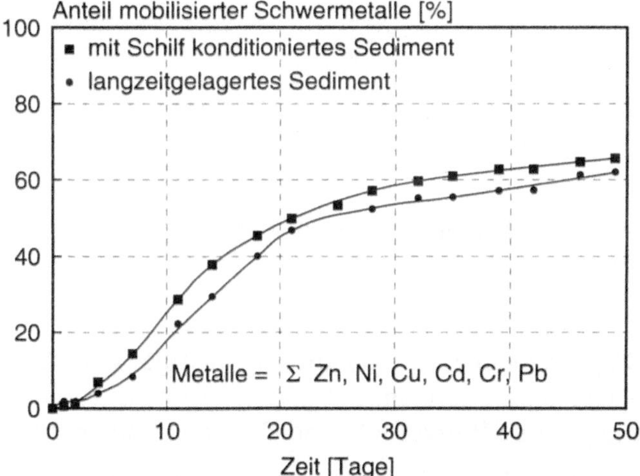

Abb. 5-23. Metall-Solubilisierung beim Bioleaching eines Langzeit gelagerten Flusssedimentes (6 Jahre) und eines mit Pflanzen konditionierten Sedimentes (6 Monate)

Abb. 5-24. SECON-Versuchsanlage zur Konditionierung frisch gebaggerter Flusssedimente (Standort Kleindalzig bei Leipzig, UFZ, Foto: UFZ)

Parameter	Sediment frisch gebaggert	Sediment 6 Monate konditioniert
Konsistenz	 schlammig-pastös	 krümlig-erdig
Wassergehalt [%]	56	30
Redoxpotenzial [mV]	−250	+340
S Oxidationsgrad	15	58
pH-Wert	7,4	5,7
Wasserdurchlässigkeit $[m^3/m^2/h]$	~ 0	1,9

Abb. 5-25. Änderung physikalisch-chemischer Parameter eines Weiße-Elster-Sedimentes vor und nach Konditionierung mit *Phalaris arundinacea*

Abschließende Bemerkungen

Die derzeitigen Nachteile der Phytoremediation sind die ungünstige Verteilung von Metallen zwischen Wurzel- und Sprossbereich, die geringe Biomassebildung von anreichernden Pflanzen sowie geringe Wurzeltiefe und Bodendurchdringung.

Zukünftige Entwicklungen zeichnen sich mit folgenden Schwerpunkten ab:

- traditionelle pflanzenzüchterische Veränderungen (Wurzelmasse),
- Mutantenzucht mit erhöhter Metallakkumulation,
- Erhöhung der Aktivität der degradierenden Wurzelenzyme (Peroxidasen, Laccase, Oxygenasen),
- Gentransfer spezifischer Leistungen aus Mikroorganismen (z.B. Phytochelatine),
- Ausscheidung von spezifischen Verbindungen, die die mikrobielle Aktivität im Wurzelraum steigern (durch transgene Pflanzen),
- gezielte Beeinflussung der Pilz-Pflanze (Mycorrhiza)-Interaktion.

5.3 Mikrobielles Leaching und Sanierung anorganisch belasteter Böden und Sedimente

5.3.1 Einleitung

Schwermetalle sind als Spurenelemente für die ungestörte Zellfunktion unabdingbar. Sie bilden Zentralatome in Redoxkatalysatoren und sind am Elektronentransfer und Energiehaushalt beteiligt. Ein Mangel an Spurenelementen bedeutet Stresszustände für die Reproduktion der Zelle. Mikroorganismen können unter solchen Bedingungen z.B. mit der Ausscheidung von Komplexbildnern antworten, die eine Mobilisierung der Schwermetalle aus der Umgebung bewirken und diese damit bioverfügbar machen (z.B. durch Siderophore, Zitronensäure). Ein Überschuss an Schwermetallen hingegen wirkt toxisch, da wichtige Zellfunktionen geblockt werden können (z.B. schwefelhaltige Proteine) oder auch eine Antagonistenwirkung erreicht wird, die wiederum einen Mangel vortäuscht (z.B. Eisen-Kupfer-Antagonismus). Zudem können Zellmembranpotenziale verschoben werden und die Zellfunktion nachhaltig stören.

Auf der anderen Seite gibt es auch Beispiele für eine Toleranz gegenüber hohen Schwermetallkonzentrationen. Pflanzen können als Indikatorpflanzen dienen, indem sie geogen bedingte hohe Schwermetallvorkommen im Boden anzeigen. An derartigen Standorten kommt es zur Artenverarmung und schließlich zur Dominanz der tolerierenden Pflanzen.

Im Boden kommen Schwermetalle im Poren- bzw. Bodenwasser als gelöste freie Ionen oder als Metallchelate vor. Für die Chelatbildung sind insbesondere Fulvosäuren verantwortlich. Weiterhin können sie sowohl an den anorganischen als auch an organischen und als Ionenaustauscher wirkenden Bodenfraktionen reversibel Plätze besetzen. Schwermetalle kommen weiterhin fest (kovalent) gebunden an der organischen oder als Schwermetalle in unlöslicher Form (Carbonate, Sulfide oder Oxide) in der anorganischen Fraktion vor. Der Vollständigkeit halber wird aufgeführt, dass Schwermetalle in Mineralbestandteilen eingeschlossen sein können und damit meistens aus nicht-anthropogener Tätigkeit stammen, also geogenen Ursprungs sind. Schließlich können sie sorbiert an der anorganischen Fraktion der Bodenbestandteile vorliegen.

Aus der Tätigkeit des Menschen entstandene Kontaminationen mit Schwermetallen, Radionukliden und Metalloiden belasten die Umwelt in gleichem Maße wie organische Verbindungen. Die Verteilung in die Ökosysteme erfolgt im Wesentlichen über den Luft- bzw. Wasserweg. Die konkrete Zuordnung zu den Quellen einer toxischen Wirkung ist schwierig, zumal organische und anorganische Belastungen häufig gemeinsam auftreten. Anders als im Fall der Organika spielen unbekannte Zerfallsprodukte oder Metabolite eine untergeordnete Rolle. Damit

„verschwinden" Schwermetalle nicht. Sie können nur aus dem System ausgekreist werden, so z.B. durch das Abernten von akkumulierenden Pflanzen oder durch Solubilisierung mit anschließender Abtrennung aus der Flüssigphase.

Die Strategien zur Sanierung von mit Schwermetallen kontaminierten Feststoffen wie Böden, aquatischen Sedimenten oder Abprodukten technischer Prozesse beschränken sich somit auf wenige Prinzipien:

- das mechanische Entfernen aus dem gefährdeten Ökosystem und die nachfolgende Deponierung;
- das Herauslösen der anorganischen Schadstoffe aus dem Feststoff mit nachfolgender Aufarbeitung der metallhaltigen Lösungen;
- die biologisch oder chemisch/physikalisch eingeleitete Fixierung *in situ* oder off site;
- die biologische Akkumulation mit anschließender Entfernung aus dem System.

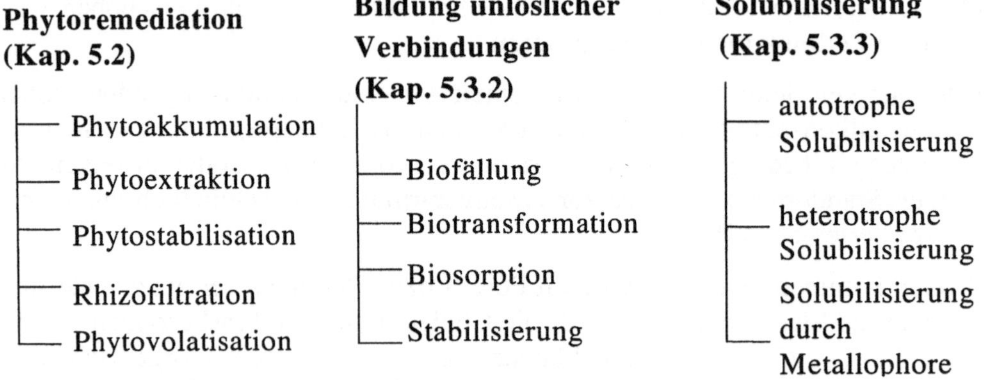

Abb. 5-26. Die Schwermetallbeseitigung aus Feststoffen durch biologische Prozesse (nach Diels et al. 1997)

Die nachfolgende Darstellung verschiedener Sanierungsmöglichkeiten erfolgt nach der in Abb. 5-26 vorgenommenen Einteilung.

5.3.2 Bildung unlöslicher Verbindungen

Dieser Abschnitt wird der Vollständigkeit halber nur in kurzer Form einbezogen. Eine ausführliche aktuelle Übersicht ist bei Diels et al. (1997) zu finden.

5.3.2.1 Biofällung

Der Prozess der Bildung von unlöslichen Sulfiden durch Sulfat reduzierende Bakterien (SRB) benötigt eine Kohlenstoffquelle. Der Redox-Wert sollte bei − 200 mV liegen. SRB sind gegen höhere Metallionenkonzentrationen empfindlich.

Der Einfluss von unterschiedlichen Metallionen auf die Aktivität von *Sulfolobus sp.* wird durch Mier et al. (1996) untersucht. Für eine *in situ*-Fällung wird von Groudev (1997) eine Kombination von Leaching durch Thiobacilli in oberen Boden-Horizonten und nach deren Transport durch das Oberflächenwasser in tieferen Schichten eine Immobilisierung durch SRB-Aktivitäten als Sulfide vorgeschlagen. Nach drei Monaten Versuchsdauer wurden keine löslichen Metalle in der unteren Bodenschicht nachgewiesen.

Verschiedene Bakterien sind in der Lage, die Fällung von Kolloiden zu unterstützen. So können aus FeIII-Salzlösungen Eisenoxidhydrate – z.B. $Fe(H_2O)_5(OH)_5(OH)^{++}$ – gefällt werden (Konhauser 1997). Die Fähigkeit zur Fällung von Schwermetallen durch einige Bakterienarten verspricht neue wissenschaftliche Erkenntnisse und praktische Ansätze (Diels et al. 1997). Bei diesem Vorgang bindet zunächst das Metall an der Oberfläche der Bakterien. Aufgrund des zellulären Stoffwechsels kommt es mit Hilfe von Liganden zur Kristallbildung außerhalb der Zelle. Dieser Prozess ist irreversibel, langsam und abhängig von Temperatur und Stoffwechsel. Der Vorteil ist eine hohe Metallanreicherung im Vergleich zur Biomasse. Beschrieben wird die Anwendung von *Citrobacter sp.* (Roig et al. 1997) zur Anreicherung von Cadmium und Radionucliden als Phosphate. Das Verhältnis von Metall zu Biomasse kann bei Anwendung von Glycerin-2-Phosphat als Substrat am Beispiel des Cadmiums 9 g Cd/g Biomasse erreichen.

In dem von Diels und Mitarbeitern entwickelten Verfahren werden *Alcaligenes eutrophus*-Zellen mit hoher Schwermetallresistenz verwendet, welche durch effektive Kationen-Effluxsysteme bedingt wird. Zusammen mit dem metabolisch gebildeten CO_2 werden die durch den Efflux entstandenen hohen Metallionenkonzentrationen außerhalb der Zelle an Kristallisationszentren, die wiederum durch Liganden gebildet wurden, festgelegt. Die Zellen können im Verlauf des Prozesses von einer Kruste von Metallsalzkristallen umgeben werden. Die Entwicklung zum BICMER (Bacteria Immobilized Composite Membran Reactor)-Konzept erbrachte erstaunliche Metallabreicherungen aus Wässern bzw. die Rückhaltung im Bioreaktor (Diels et al. 1997).

5.3.2.2 Biotransformationen

Tab. 5-9. Auswahl mikrobieller anorganischer Transformationsreaktionen (nach Diels et al. 1997)

Bildungsform vor mikrobieller Reaktion	Bildungsform nach mikrobieller Reaktion	Amerkung
Mn^{2+}	Mn^{4+}	schwerlöslich
Ag^+	Ag^o	Ausfällung
As^{3+}	AsO_4^{--}	bessere Kopräzipitation mit Fe^{3+}
CrO_4^{-}	Cr^{3+}	schwerlöslich
Au^+, Au^{+++}	Au^o	Goldplättchenbildung
Fe^{3+}	$Fe_3O_4 (Fe^{2+} Fe^{3+})$	Magnetit-Bildung

Tab. 5-9. Fortsetzung

SeO_4^-	Se^o	Ausfällung
TeO_4^-	Te^o	Ausfällung
Hg^o	$(CH_3)_2Hg$	erhöhte Toxizität
SeO_4^-	$(CH_3)_2SeO_2$	verringerte Toxizität
Sn	Methylierungsprodukte	bekannt
As		desgleichen
Te		desgleichen
Pb		desgleichen
Ge		desgleichen

Mikroorganismen können Metalle von einer Wertigkeitsstufe in eine andere überführen. Wie im Falle der *Thiobacillus*-Reaktionen können biotische und abiotische Reaktionen gekoppelt sein. Es ist ebenfalls möglich, dass durch Mikroorganismen nichtmetallische Verbindungen wie Hydride gebildet oder Methylgruppen übertragen werden. Eine Auswahl von mit Wertigkeits- oder Bindungsänderungen verbundenen mikrobiellen Reaktionen ist in Tab. 5-9 zusammengefasst (nach Diels et al. 1997).

5.3.2.3 Biosorptionen

Es wird die Eigenschaft der Zellwand- und Membranbestandeile von Bakterien, Pilzen, Algen und Pflanzen sowie Kationen reversibel durch Sorption und/oder Ionenaustausch aus wässrigen Lösungen zu binden, zur Anreicherung genutzt.

Praktisch können sowohl lebende Organismen als auch abgestorbene Zellen oder Isolate verwendet werden. Die Bindung geschieht schnell, ist temperaturunabhängig und ebenfalls unabhängig vom Stoffwechsel. Die aktiven Gruppen der Zellpolymere sind organische Phosphate, Carboxyl- Sulfhydryl- und Aminogruppen.

Diels et. al. (1997) geben einen Überblick über das Schema des nach dem Prinzip der Biosorption arbeitenden BIO-FIX-Verfahrens und über einige Leistungsdaten.

5.3.2.4 Stabilisierungen

Mikrobiologische Solubilisierungen verlaufen in Deponien, Bergbauhalden und Tagebaukippen je nach geologischer Beschaffenheit auch ungewollt. Durch den Sauerstoffzutritt oder -eintrag durch Wasser beginnen die mikrobiellen Oxidationen ungewollt und sind nicht mehr zu kontrollieren. Eine Grund- oder Oberflächenwasser-Kontamination ist nicht mehr auszuschließen. Die Erkenntnisse der Mechanismen des mikrobiellen Angriffs gestatten eine gewisse Einflussnahme.

Die Abdeckung mit Folie ist nur von zeitweiligem Erfolg. Die Abdeckung von Halden des Uranbergbaus mit Erde kann unter bestimmten Voraussetzungen ein negatives Resultat zeigen. Durch Regenwasser aus der Bodenschicht herausgelöste Fulvo- und Huminsäuren können z.B. UranVI zu UranIV reduzieren. Die Humatkomplexe des UranIV sind jedoch löslich.

Ondruschka und Glombitza (1993) erprobten den Einsatz von Substanzen, die auf die autochthonen *Thiobacilli* hemmend wirken. Untersucht wurden fluoridhaltige Abbauprodukte, abbaubare Alkylsulfonate und ein Biozid der Isothiazolon-Gruppe (Kathon). Die Untersuchungen erfolgten sowohl im Labor als auch im kleintechnischen Maßstab. Alle drei Substanzgruppen hemmten bereits in geringen Konzentrationen (z.B. Tensid E 30: 20 mg/l, Katon 0,3 % bezogen auf die aktive Erzoberfläche) die *Thiobacilli*-Aktivitäten vollständig. Eine Reaktivierung der *Thiobacilli* war nicht möglich.

Die gleiche Bedeutung hat die Inhibierung der Pyritoxidation zur ursächlichen Vermeidung der Bildung saurer Bergbauseen in geschütteten Halden des Braunkohlebergbaus.

In feinkörnigem Material (Sedimente) wurde eine nachhaltige Inhibierung unerwünschter mikrobieller Laugungsprozesse auch bei Anwendung hoher Konzentrationen an anionaktiven Tensiden (SDS) nicht erreicht (Seidel et al. 2000).

5.3.3 Solubilisierungen von Schwermetallen durch Mikroorganismen

Das Herauslösen der Schwermetalle aus kontaminierten Feststoffen (Böden, Sedimenten, Industrieabfällen) kann durch starke pH-Wert-Erniedrigung mittels Säuren und/oder durch Komplexbildung erfolgen.

Es ist nahe liegend, die in Böden oder Sedimenten enthaltenen Schwermetalle mit preiswerten Mineralsäuren herauszulösen. Salzsäure erbrachte bei aquatischen Sedimenten günstige Lösungsergebnisse (Müller und Riethmeyer 1982). Ein Verfahrensvorschlag zur Dekontamination von Fluss- und Hafenschlämmen sah einen Löseschritt mit 30 %-iger Salzsäure bei einem End-pH-Wert zwischen 0,5 und 1,0 vor, gefolgt von der Fällung der gelösten Schwermetalle mit Calciumhydroxid und einer anschließenden Eliminierung von Restmengen der Schwermetalle durch eine Carbonatfällung. Die praktische Anwendung des Verfahrens scheiterte aus Kostengründen. Hauptnachteile des Einsatzes von Salzsäure sind Unselektivität – es blieb praktisch nur der Quarzsand zurück – und Werkstoffprobleme. Darüberhinaus werden einige Schwermetallsulfide, bedingt durch ihre Schwerlöslichkeit, mit Mineralsäure nur unvollständig gelöst.

Untersuchungen zum Lösen der Schwermetalle aus kontaminierten Böden und Sedimenten durch Nutzung mikrobieller Aktivitäten begannen ebenfalls in den 80er Jahren (Calmano et al. 1983). Mit der Entwicklung der Umweltbiotechnologie – insbesondere unter dem Gesichtspunkt der Entwicklung ökologischer und ökonomischer Verfahren (Bioremediation) – fand dieses Gebiet wieder zunehmendes Interesse. Das spiegelt sich insbesondere durch eine Reihe aktueller Review-Artikel wider (Brierley und Brierley 1997, Johnson und Roberto 1997,

Bosecker 1997, Krebs et al. 1997, Diels et al. 1997, Agate 1996, Peiffer 1996, Rawlings 1997, Gaylarde und Videla 1995).

5.3.3.1 Mikrobielle autotrophe Solubilisierung

Die autotrophe Solubilisierung erfolgt durch chemolithoautotrophe (CO_2 als Kohlenstoffquelle benötigende) Bakterien der Gattung *Thiobacillus*. Es ist dem Charakter nach eine biochemische Oxidation, die unlösliche Metallsulfide in lösliche Sulfate umwandelt. Der Gesamt-Prozess des Herauslösens wird als Laugung oder Leaching bezeichnet.

Das autotrophe Leaching besitzt für die Gewinnung von Kupfer und Uran eine große historische und noch immer aktuelle praktische Bedeutung (Rawlings 1997) und steht aktuell im Blickfeld wissenschaftlich und praktisch orientierter Untersuchungen.

Von der Verfahrensweise her kann zwischen einem direkten und indirekten Leaching unterschieden werden.

Beim direkten Leaching ist der unmittelbare Kontakt zwischen den Bakterien und dem Mineralsulfid notwendig. Die Reaktion verläuft nach den im folgenden Schema (Abb. 5-27) zusammengefassten Schritten.

Es kann eine summarische Reaktion angegeben werden, bei der MeS für verschiedene Mineralsulfide von Kupfer, Zink, Blei, Molybdän, Antimon, Kobalt und Nickel steht. Für Pyrit gelten die Reaktionen 1-3.

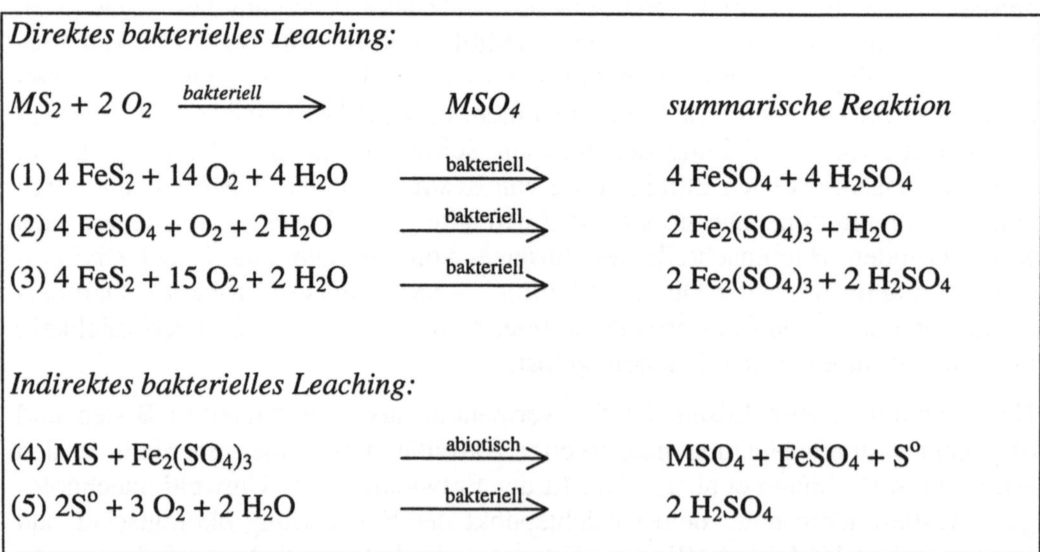

Abb. 5-27. Biotische und abiotische Reaktionen des Schwefelumsatzes (nach Bosecker 1997)

Für die beim direkten Leaching aufgeführten Reaktionen ist das Bakterium *Thiobacillus ferrooxidans* verantwortlich. Beim indirekten Leaching wird dagegen durch eine abiotische Reaktion elementarer Schwefel dann gebildet, wenn durch einen pH-Wert < 5 genügend III-wertiges Eisen in Lösung gehalten wird (Abb. 5-27, Gl. 4). Die Rückoxidation des reduzierten Eisens erfolgt wiederum durch einen biologischen Schritt durch *T. ferrooxidans*. Diese Kombination abiotisch-biotischer Schritte ist $10^5 - 10^6$-mal schneller als der rein abiotische Schritt, wie von Lacey und Lawson 1970 gezeigt wurde. Der Schwefel wird in der aufgezeigten Reaktionsfolge durch *T. thiooxidans* zu Schwefelsäure oxidiert, die wiederum den pH-Wert senkt (Abb. 5-25, Gl. 5).

Beispiele für praktische Anwendungen der autotrophen Solubilisierung
Schwermetallkontaminierte Gewässersedimente stellen weltweit ein Problem dar. Sie werden aus praktischen Gründen ausgebaggert und sind entweder Sondermüll mit entsprechenden Deponiepreisen oder müssen behandelt werden. Insbesondere die in Hafenbecken, Flussmündungen und in den jahrzehntelang vernachlässigten Flusssystemen auf dem Gebiet der ehemaligen DDR lagernden Sedimente sind zu einem großen Entsorgungsproblem geworden. Um die derzeitigen Dimensionen aufzuzeigen, soll erwähnt werden, dass allein in Sachsen in den Flüssen und Staubecken 18 Mio t Sedimente lagern, von denen 6 Mio t dringend beräumt werden müssen.

Gewässersedimente sind unter anoxischen Bedingungen im aquatischen System eine Schwermetall- und Schwefelsenke. Eingetragene Metall- und Sulfationen werden von Sulfat reduzierenden Bakterien in Metallsulfide transformiert. Durch anthropogene und geogene Einträge erreichen die Gehalte an potenziell toxischen Schwermetallen (z.B. nach Klärschlammverordnung) in der Summe oft Größenordnungen von 0,5 %. Der S-Gehalt in Sedimenten kann 2 % übersteigen, der Schwefel liegt überwiegend in sulfidischer Form vor. In Böden liegt er im Vergleich dazu meist im Bereich 0,02 – 1 %. Bei Veränderung der Milieubedingungen, insbesondere bei Kontakt mit Sauerstoff (Aufwirbelung, Ausbaggerung), setzt das Leaching der Metalle durch mikrobielle Oxidations- und Versauerungsprozesse ein. Hierbei stellen reduzierte Schwefelverbindungen einen Elektronendonator für die autotrophen *Thiobacilli* dar und werden bis zum Sulfat oxidiert. Hohe Gehalte an reduzierten Schwefelverbindungen beschleunigen die Mobilisierung der Schwermetalle (Seidel et al. 1995). Wurde z.B. der S-Gehalt in Sedimenten durch mikrobielle Sulfatreduktion von 1,1 % auf 2,7 % aufgestockt, dann stieg nach 4 Wochen Suspensionsleaching mit den autochthonen *Thiobacilli* die Löslichkeit der Metalle in der Summe von 52 % auf 66 %.

Ähnliche Wirkungen zeigt elementarer Schwefel. Beim Perkolationsleaching von oxischen Sedimenten wurden deutliche Unterschiede im Leachingverhalten von nur angesäuertem Sediment (geringe mikrobielle Aktivität, Leachinggrad der Metalle 26 %) und von Sediment mit 1 % Schwefelzusatz (hohe mikrobielle Aktivität, Leachinggrad der Metalle 63 %) beobachtet (Seidel et al. 1996). Der Zusammenhang zwischen pH-Absenkung, Schwefel-Oxidationsgrad und Metallsolubilisierung wurde näher untersucht (Seidel et al. 1998b).

Wurden oxische Sedimentsuspensionen nur mit Schwefelsäure bei pH 3 geleacht, so betrug nach vier Wochen der Leachinggrad der Metalle 36 %. Nach Zumischung von 2 % Schwefel – bezogen auf Sediment-Trockenprodukt – konnten, ohne dass eine anfängliche Ansäuerung erfolgte, 59 % der Metalle gelöst werden. 85 % des Schwefels wurden oxidiert, durch die mikrobielle Schwefelsäureproduktion sank der pH-Wert auf 2,64. Zusätzliche Maßnahmen wie die Zugabe eines Nährmediums, die initiale pH-Absenkung und die Animpfung mit Thiobacillus-Kulturen aus der Uranerzlaugung bewirkten nur geringfügige Verbesserungen der Leachinggrade. Die Ergebnisse bestätigen den an Klärschlämmen gezeigten Vorteil des mikrobiellen Leachings gegenüber einer abiotischen Säurebehandlung (Blais et al. 1992).

Tab. 5-8. Einfluss der Prozessbedingungen nach 28 Tagen Suspensionsleaching von Sedimenten auf Änderungen des pH-Wertes, des Schwefeloxidationsgrades und die Schwermetallsolubilisierung (Seidel et al. 1998b)

Serie	Leaching-Prozess	pH im Leachat		S im Trockenprodukt [%]			Oxidiertes S° [%]	Me Leachinggrad [%]
		Beginn	Ende	Σ S	SO_4-S	red. S		
1	nur Wasser	6,01		0,84	0,68	0,16		
	(Kontrolle)		5,65	0,79	0,63	0,16	-	3
2	+ H_2SO_4	3,05		1,67	1,51	0,16		
			4,0	1,57	1,40	0,17	-	36
3	+ 2 % S°	5,74		2,65	0,50	2,15		
			2,64	2,56	2,23	0,33	85	59
4	+ 2 % S°	5,84		3,28	1,14	2,14		
	+ 9K Medium		2,64	3,93	3,95	0	100	61
5	+ 2 % S°	4,18		3,75	1,68	2,07		
	+ 9K Medium + Animpfung		2,56	3,64	3,48	0,16	92	63

Me = Σ Cd, Cr, Co, Cu, Mn, Ni, Pb, Zn

(9K-Medium: Zusammensetzung des Mediums siehe Seidel et al. 1998b)

Bei Anwendung des Suspensionsleaching werden unter optimalen Wachstumsbedingungen für die *Thiobacilli* die meisten Schwermetalle in wenigen Wochen weitgehend solubilisiert. Die Sedimenteigenschaften spielen eine untergeordnete Rolle. Will man sehr große Sedimentmengen behandeln, dann ist jedoch ein Suspensionsleaching ökonomisch nicht vertretbar. Eine Alternative ist das Perkolationsleaching von Sedimenten in Anlehnung an die mikrobielle Erzlaugung (Halden- oder Haufenlaugung).

In einer *ex situ*-Pilotversuchsanlage an der Weißen Elster bei Leipzig wurde eine Machbarkeitsstudie zur Festbettlaugung von mit in einer Monodeponie abgelagerten oxischen Sedimenten sowie mit frisch gebaggertem anoxischem Schlamm durchgeführt (Seidel et al. 1998b). Die beiden Versuchsbecken fassten je 20 t Sediment. Das Sediment wurde mit etwa 1 % elementarem Schwefel gemischt und in den Becken etwa 80 cm hoch ausgebracht. Anschließend wurde mit Prozesswasser (200 l/h) perkoliert, welches zu Beginn mit Schwefelsäure auf pH < 4 eingestellt wurde. Durch diese Maßnahmen werden die autochthonen *Thiobacilli* aktiviert und die Solubilisierung der Metalle kommt schneller in Gang. Die im Leachat gelösten Schwermetalle und das enthaltene Sulfat wurden durch Fällung mit Kalkhydrat abgetrennt.

Aus einem hoch belasteten oxischen Sediment der Weißen Elster konnte nach 120 Tagen Perkolationsleaching etwa 60 % der Schwermetallfracht entfernt werden. Für Zn, Cd, Ni, Co und Mn wurden Leachinggrade bis zu 80 % erreicht, Cu konnte zu 31 % herausgelöst werden. Pb und As wurden erwartungsgemäß nicht solubilisiert. Hingegen ließen sich aus dem anoxischen Sediment die Schwermetalle

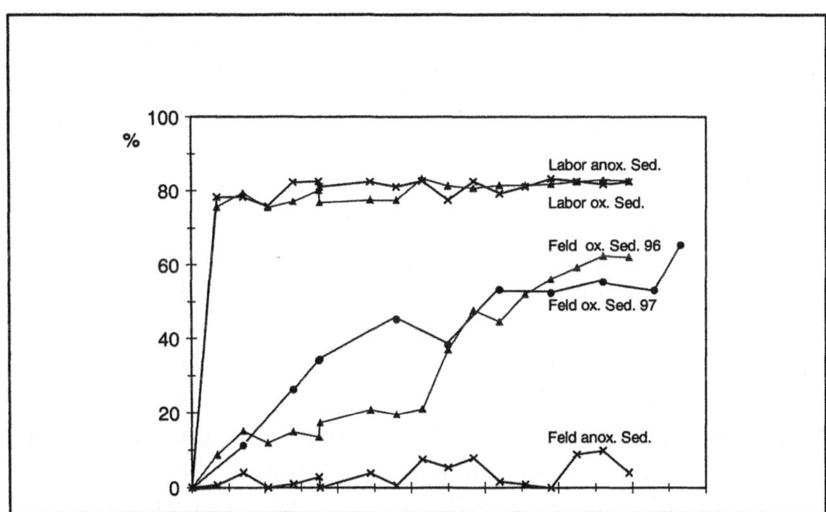

Abb. 5-28. Leachinggrad der Schwermetalle aus oxischen und anoxischen Sedimenten der Weißen Elster unter Labor- und Feldbedingungen

nicht entfernen. Begleitende Versuche zur Suspensionslaugung mit oxischen und anoxischen Sedimentproben im Labor ergaben keine Unterschiede im Leachingverhalten, jeweils etwa 80 % der Schwermetallfracht waren unter optimalen Milieubedingungen mobilisierbar (Abb. 5-28).

Die Hauptstufen eines Verfahrenskonzeptes zur Verringerung der Schwermetall-belastung von Gewässersedimenten sind in Abb. 5-29 schematisch dargestellt.

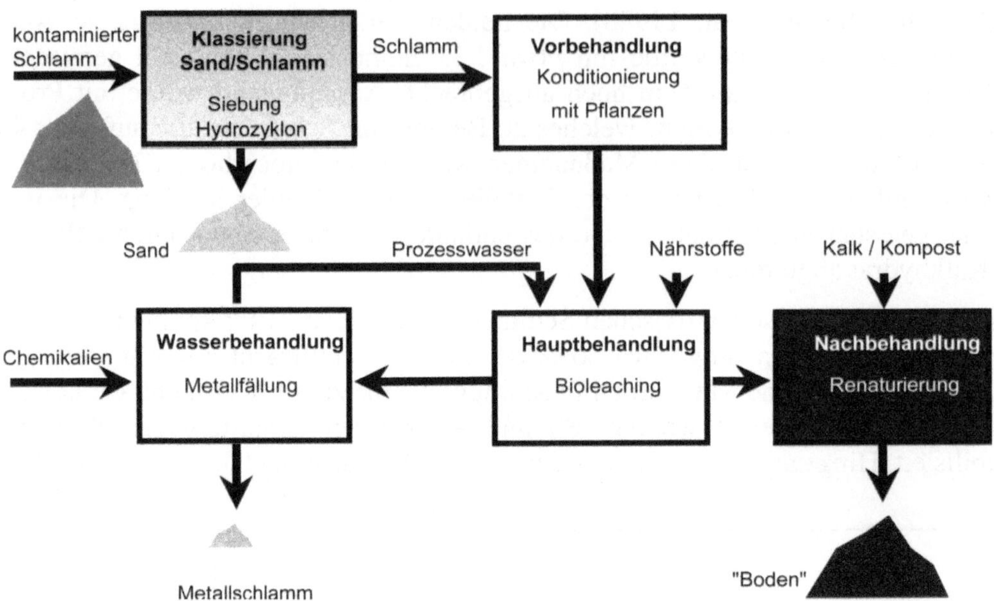

Abb. 5-29. Fließbild des Verfahrens zur Reinigung Schwermetall-belasteter Sedimente durch Bioleaching (Löser et al. 2001)

Durch eine Vorprüfung wird zunächst die Eignung der Sedimente für das bakteri-elle Leaching (Bioleaching) bewertet. Die Materialeigenschaften der Sedimente werden durch die vorgelagerte Konditionierung der Schlämme und eine nachgelagerte Revitalisierung des gelaugten Materials so verändert, dass sich die Stoff-transporteigenschaften der Matrix verbessern und die Rückführung der gereinig-ten Feststoffe in den Stoffkreislauf gewährleistet ist. In der Hauptstufe werden durch Bioleaching im Festbett die Schwermetalle solubilisiert und im Leachat angereichert. Aus diesem werden sie kontinuierlich abgetrennt. Die gereinigten Sedimente sollen als Bodenkomponente z.B. bei Rekultivierungen eingesetzt werden.

Die Optimierung des Laugungsverfahrens unter praxisnahen Bedingungen erfolgt in der BIOLEA-Pilotanlage im Bodenreinigungszentrum Hirschfeld in Zusam-menarbeit mit einem Praxispartner (Abb. 5-30).

Die BIOLEA-Pilotanlage ist eine Perkolationsanlage mit integrierter Prozesswas-seraufbereitung. In drei Festbettreaktoren (Volumen je 3 m^3) kann bei Schütt-höhen bis 2 m gelaugt werden. In der Wasseraufbereitung erfolgt die Ausfällung der Schwermetalle durch Alkalisierung.

Abb. 5-30. BIOLEA-Pilotanlage zum Sediment-Bioleaching (Bodenreinigungszentrum Hirschfeld von Bauer-Mourik-Umwelttechnik) (Foto: UFZ)

Bei Bioleaching von vererdeten Sedimenten in der BIOLEA-Anlage stieg die Temperatur im Festbettreaktor nach wenigen Tagen durch intensive Wärmeproduktion durch die mikrobiellen Aktivitäten auf über 40 °C an (Abb. 5-31). Die O_2-Zehrung und CO_2-Produktion gibt Aufschluss über den Verlauf der bakteriellen Aktivitäten (Abb. 5-32).

Ursachen für den Temperaturanstieg zu Beginn des Prozesses sind Aktivitäten der heterotrophen Mikroorganismen; der zweite Anstieg des O_2-Verbrauchs resultiert aus der mikrobiellen Oxidation des zugemischten Schwefels durch die laugungsaktiven autotrophen Bakterien. CO_2 wird während der gesamten Laugungsphase in größerer Menge freigesetzt und ist somit kein Mangelfaktor. Es erfolgte eine schnelle Versauerung auf pH 2,8. Bereits nach 20 Tagen war die maximale Schwermetall-Solubilisierung erreicht, ca. 65 % der Schwermetalle wurden aus dem Feststoff entfernt (Löser et al. 2000).

Im folgenden Teil werden aus der Literatur erkennbare Entwicklungstendenzen zur Leistungssteigerung der mikrobiellen Solubilisierung zusammengefasst.

Ein Überblick über die Mikrobiologie der autotrophen Laugungsprozesse ist bei Bosecker (1997) zu finden. Die Animpfung mit *Thiobacilli* zur Leistungssteigerung bei der Haufen- oder Perkolationslaugung hat bislang unbefriedigende Ergebnisse erbracht.

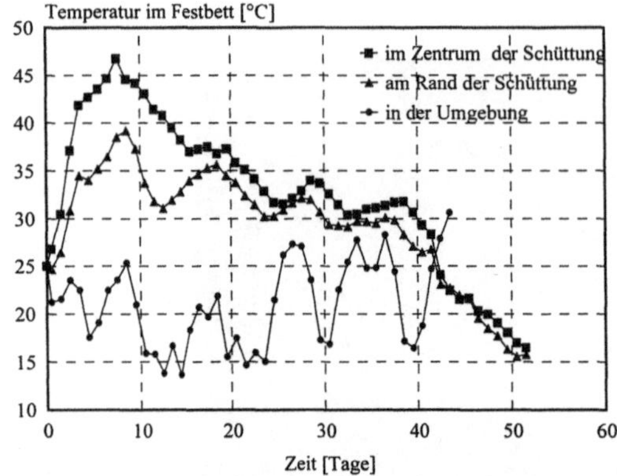

Abb. 5-31. Temperaturverlauf im Festbett bei Bioleaching von konditioniertem Weiße-Elster-Sediment + 2 % S° (BIOLEA-Reaktor wärmeisoliert)

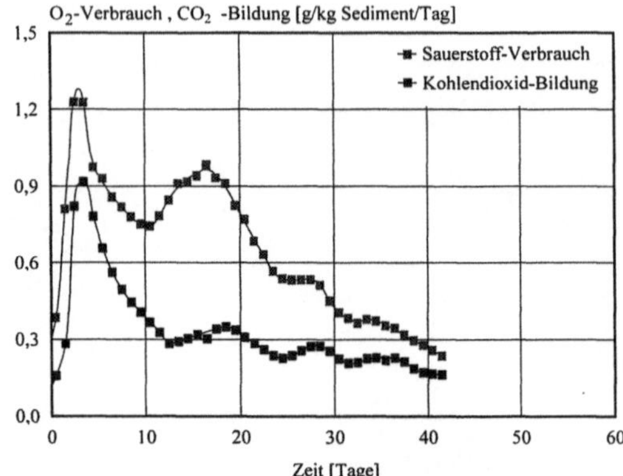

Abb. 5-32. O_2-Verbrauch und CO_2-Bildung nach Passage von Luft durch konditioniertes Weiße-Elster-Sediment + 2 % S° in der BIOLEA- Anlage

Ein weiteres acidophiles chemolithotrophes, Eisen oxidierendes Bakterium wurde als *Leptospirillum ferrooxidans* charakterisiert. Es ist säuretoleranter als *Thiobacilli sp.* und toleriert höhere Konzentrationen von Uran, Molybdän und Silber. Es kann jedoch nur zusammen mit *T. ferrooxidans* und *T. thiooxidans* wirken, da es keinen Schwefel und keine Schwefelverbindungen angreift.

Von Bosecker (1997) wird ebenfalls eine zusammenfassende Darstellung thermophiler chemolithoautotropher Eisen oxidierender Bakterien gegeben.

Von Leduc et al. (1997) wird die Resistenz von verschiedenen Thiobacillus-Stämmen gegenüber Schwermetallen untersucht. Eine Adaptation von autochthonen Eisen oxidierenden Stämmen aus drei unterschiedlichen Böden wird von Zagury et. al. (1994) beschrieben. Beginnend bei 4,0 wurde nach mehreren Passagen ein pH-Wert < 2,5 erreicht. Die Leachingzeit wurde von 18 – 30 Tagen auf 2 – 8 Tage verkürzt. Ein Einfluss der Metallspeziation auf die Leachingkapazität wurde gefunden. Ebenso war der Effekt bei den untersuchten Metallen unterschiedlich.

Tichy und Nydl (1997) entwickelten eine Bestimmungsmethode für Thiobacilli in kontinuierlichen Leaching-Prozessen dicker Suspensionen von Frischwasser-Sedimenten (modifizierte „most probable number"-Methode).

Die PCR-unterstützte Bestimmung von *Thiobacillus ferrooxidans* und *Leptospirillum ferrooxidans* aus Bergbau- Bioleaching-Prozessen wird von de Wulf Durand et. al. (1997) beschrieben. Diese Methode vereinfacht die Bestimmung acidophiler Bakterien entscheidend.

Die Aktivierung der autochthonen Thiobacilli zum Leaching schwermetallbelasteter Böden wird von Zaguri et al. (1994) beschrieben. Entgegen der bisher beschriebenen Verfahrensweise ist, um ein optimales Leaching zu erhalten, ein Absenken des pH-Wertes durch Säurezugabe unter den von den Autoren gewählten

Bedingungen nicht notwendig. White et al. (1998) beschreiben zum Leaching kontaminierter Böden im Labormaßstab die Kombination eines SOB-Reaktors (engl. sulfur oxidizing bacteria) mit einem SRB-Reaktor (sulfate reducing bacteria). Nach 100 Tagen wurde ein pH-Wert von 2,5 erreicht; bis zu diesem Wert wurden Chrom und Kupfer nicht mobilisiert. Die Ausfällung der Schwermetalle als Sulfide wurde unter anoxischen Bedingungen unter Verwendung von Ethanol als Kohlenstoffquelle vorgenommen.

Blei bildet unlösliche Sulfate, dementsprechend ist eine Ansäuerung mit Schwefelsäure nicht möglich. Mercier et al. (1996) untersuchen die prinzipielle Möglichkeit der Anwendung von $FeCl_2$ als Substrat und von Salzsäure zur Schaffung eines optimalen pH-Wertes am Beispiel belasteter aquatischer Sedimente. Es wird im Vergleich zur Schwefelsäureanwendung eine doppelt so hohe Solubilisierung des Bleis nachgewiesen. Die grundlegende Fe^{II}-Fe^{III}-Reaktion wird nicht gestört. Im Falle des Kupfers wird der Solubilisierungsgrad jedoch verringert.

Es wurde der Einfluss des Schwefelgehaltes in Sedimenten auf die Mobilisierung von Schwermetallen in Flusssedimenten untersucht (Seidel et al. 1995). Der häufig als Elektronendonator hinzugefügte elementare Schwefel wirkt in Abhängigkeit von seiner Modifikation (Benmoussa et al. 1994). Biologisch produzierter Schwefel unterstützt die Thiobacilli-Kultivation im Hinblick auf Bioleaching-Prozesse (Tichy et al. 1994).

Der Einfluss von Substrat, der Temperatur und der Konzentration der Feststoffe wird von Couillard und Chartier (1993) beim Leaching von Flusssedimenten untersucht.

Zwischen der Löslichkeit von Blei und Kupfer und der Konzentration des Substrates ($FeSO_4 \cdot 7\,H_2O$) ergibt sich zwischen 5 und 20 % keine Beeinflussung. Ein Erniedrigen der Temperatur von 21 auf 10 °C senkt die Kupfer-Solubilisierung, jedoch nicht die des Bleis.

Kinetische Modelle für die Oxidation von Schwefel und das Bakterienwachstum sind von Konishi et al. (1994) und für die Eisenoxidation von Nemati und Webb (1997) aufgestellt worden.

Die Mikroorganismen der Leaching-Prozesse müssen mit den Metallsulfiden und dem elementaren Schwefel zur Umsetzung in direkten Kontakt treten. Dabei spielen Biofilme eine wichtige Rolle. Sand et al. (1995) bewerten das bakterielle Leaching von diesem bisher wenig beachteten Standpunkt.

Die Wichtigkeit der Veränderung der Oberflächen der mineralischen Sulfide durch den bakteriellen Angriff wird durch Martingago et al. (1997) durch Röntgenstrukturanalyse belegt. Die Oberflächenoxidation spiegelt sich in der Morphologie und der Oberflächenstruktur wieder. Die katalytische Wirksamkeit von Silberionen bei diesem Prozess wird beschrieben.

Die Schlüsselrolle des direkten Kontaktes auf die Geschwindigkeit des Leachings wird von Porro et al. (1997) herausgestellt. Die Adhäsion der *Thiobacilli* an der mineralischen Phase war abhängig von der Zusammensetzung des Kultivationsmediums. Eine lineare Abhängigkeit zwischen Anhaftung (in Prozent) und Leaching-Effizienz wurde jedoch nicht gefunden. Die direkte Umsetzungsreaktion wurde bestätigt, da auch bei Abwesenheit von Eisen die Umsetzung mit den Sulfiden stattfand.

Eine wichtige Rolle für die Leaching-Prozesse wird Lipopolysacchariden der äußeren Membran von *T. ferrooxidans* zugeschrieben. Ihre Extraktion verhinderte die Anlagerung an den mineralischen Sulfiden (Escobar et al. 1997).

Die besten Leaching-Ergebnisse werden erwartungsgemäß bei der Suspensions- oder Perkolationslaugung erreicht.

In einer Pilotanlage, die eine Kombination von Perkolator und Flüssigkeits-Bioreaktor darstellt und die Anpassung der Parameter Belüftung, pH-Wert und Temperatur erlaubt, wurden Optimierungsversuche durchgeführt (Löser et al. 1997, Zehnsdorf et al. 1998, Seidel et al. 1998a).

Die Anlage gestattet weiterhin die problemlose Zudosierung aller notwendigen Hilfs- und Nährstoffe. Damit ist auch die Möglichkeit gegeben, das empfindliche System der *Thiobacilli*-Reaktionen zu optimieren.

5.3.3.2 Mikrobielle heterotrophe Solubilisierung

Die autotrophe Laugung ist anwendbar für mineralische Sulfide, für Frischwassersedimente aus reduzierendem Milieu und für Faulschlämme. In Böden und zum Teil in Sedimenten liegen jedoch die Schwermetalle als Karbonate, Silikate oder Oxide vor. Eine Säurezugabe ist erst dann wirksam, wenn die Pufferkapazität überschritten wird. Aus diesem Grunde werden Komplexbildner benötigt, die die Schwermetalle aus ihrer Matrix mobilisieren können.

Genutzt wird die Fähigkeit von Mikroorganismen, derartige Chelatbildner aus zugesetzten Kohlenstoffquellen bilden zu können. Dabei sind besonders Pilze befähigt, die Zucker zu organischen Säuren wandeln können. Diese Prozesse werden auch als Produktsynthesen industriell angewendet.

Von Krebs et al. (1997) wird eine zusammenfassende tabellarische Darstellung der in der Literatur beschriebenen chemolithoautrophen und heterotrophen Leachingprozesse gegeben.

Als Mikroorganismen werden vorwiegend die Pilze *Aspergillus sp.*, *Penicillium sp.* und *Trichoderma sp.* beschrieben. Als Hefen finden sich *Candida sp.* und *Yarrowia sp.*, bekannte Bakterien sind durch *Acetobacter sp.*und *Pseudomonas sp.* vertreten.

Die chelatisierenden Verbindungen sind Zitronensäure, Oxalat, Malat, Gluconat, Pyruvate, Aminosäuren und Lactat.

Das zukünftige Hauptanwendungsgebiet des heterotrophen Leachings liegt wahrscheinlich in der Nutzung von Abfallstoffen als Ressource (Krebs et al. 1997) wie z.B. Flugasche, Filterstäube, Elektronikschrott u.a.

Problematisch wird bei länger andauernden Leaching-Prozessen die Kokurrenz der heterotrophen Begleitflora um das Leaching-Agenz als Kohlenstoffquelle sein.

Glombitza et al. (1988) schlagen die Nutzung von *Acetobacter methanolicus* zur Seltenen-Erden-Laugung vor. Dieser Stamm wächst unsteril auf Methanol und oxidiert zugefügte Glucose zu Gluconsäure, die zur Metallionenbindung fähig ist.

5.3.3.3 Solubilisierung durch Metallophore

Die Fähigkeit von Mikroorganismen, unter Schwermetall-Limitationsbedingungen chelatisierende Verbindungen ausschließlich zum Zweck der Bioverfügbarkeitserhöhung zu bilden, ist bekannt. Metallophore allgemein oder im Fall des Eisens Siderophore werden unter Mangelbedingungen unterschiedlicher Schwermetalle gebildet. Im weiteren Sinne kann die Ausscheidung der Zitronensäure (Zn-Limitation) oder von heute genutzten Antibiotika (z.B. Tetracycline) unter diesem Gesichtspunkt betrachtet werden.

Von Diels et al. (1997) wird ein Beispiel der Anwendung eines Stammes von *Alkaligenes eutrophus* beschrieben, der im Labormaßstab zur Dekontamination von Schwermetall-belasteter Gartenerde eingesetzt wurde. Eine 10-stündige Behandlung in einem Schlammreaktor führte nach einer Abtrennung durch Sedimentation zu einer Biomassephase, in der die Schwermetalle angereichert waren.

Ähnlich wie bei der autotrophen Laugung sind im Falle der Bildung von Metallophoren noch grundlegende Fragen zu klären, die jedoch neue Ansatzpunkte eröffnen können.

Abschließende Bemerkungen

Zur Schwermetallentfernung aus festen Matrices sind thermische und physikalische Verfahren wie Lösung, Adsorption, Schmelzeinschluss, Verdampfung u.a. meistens schneller als die biologischen Verfahren der Schwermetallentfernung. Erreichbare Endkonzentrationen sind ebenso bei einem Vergleich heranzuziehen wie das Langzeitverhalten von Festlegungen und Einschlüssen. Die Ökonomie wird letztlich die Entscheidung über die Wahl des anzuwendenden Verfahrens treffen. Allerdings können auch unrealistische Verhältnisse wie Sonderkonditionen von Deponien Bedingungen schaffen, denen eine Nachhaltigkeit abzusprechen ist. Tab. 5-9 gibt einen Überblick der Entwicklung der Deponiepreise (Raum Leipzig, Stand 2001). Eine Konkurrenz gegenüber einem biologischen Verfahren mit Preisen um 40 – 50 €/t ist derzeit kaum möglich.

Tab. 5-9. Preisvergleich der Entwicklung der Deponiepreise1995 – 2001

Beispiel: kontaminierte Flusssedimente		
09/95	Monodeponie	250 – 300 €/t
	Sonderdeponie	200 – 500 €/t
05/97	Flussschlamm	60 €/t
01/99	Flussschlamm	30 €/t
derzeit:		
Z2	Bodenklasse	ca. 7 €/t
Z3	TaSi, Dep.Kl. I	30 €/t
Z4	TaSi, Dep. Kl.II	50 €/t/t
Z5	TA Abfall, z.B.	80 €/t

Die Möglichkeiten der Rückgewinnung der Schwermetalle sowie das Erschließen von neuen Ressourcen aus Abfallstoffen werden ebenfalls die Wahl des jeweiligen Wirkprinzips beeinflussen. Die biologischen Verfahren beziehen die Faktoren Zeit und teilweise Raum ein. Bei der zukünftig immer dringlicher werdenden Prozessbetrachtung im Sinne der Optimierung von Massen- und Energiebilanzen eines Gesamtprozesses – also auch vorgelagerter und nachgelagerter verfahrensfremder Schritte – werden die biologischen Prozesse Vorteile zeigen.

Besonders am Beispiel der Phytoremediation sollte veranschaulicht werden, wie komplexe natürliche Prozesse genutzt werden können. Das bis heute wenig erschlossene biologische Potenzial der Pflanzen-Mikroorganismen-Boden (Sediment)-Interaktion wird durch neue Analyse- und Strukturerkennungsmethoden schrittweise zugängig (z.B. Biozönosen in Filmen, Mycorrhiza).

Die Anwendung molekularbiologischer Prinzipien sowohl in der Beschreibung des biologischen Gesamtsystems als auch in der zielgerichteten Zucht z.B. schwermetallresistenter Pflanzen eröffnet neue Perspektiven.

Im komplexen Geschehen einer Sanierung durch umweltbiotechnologische Verfahren werden nicht nur naturwissenschaftliche Nachbar-Disziplinen einzubeziehen sein, sondern ebenso ökonomisch und ökologisch ausgerichtete Fachrichtungen.

Literatur zu 5.1 – 5.3

Agate, A.D. (1996) Recent advances in microbial mining. World Journal of Microbiology & Biotechnology 12 (5): 487–495

Alef, K. (1991) Bestimmung der wahrscheinlichen Zahl denitrifizierender Bakterien. In: Alef, K. (Hrsg.) Methodenhandbuch Bodenmikrobiologie. ecomed, Landsberg/Lech

Allen Jr., L.H. (1997) Mechanisms and rates of O_2 transfer to and through submerged rhizomes and roots via aerenchyma. Soil Crop Sci. Soc. Florida Proc. 56: 41–54

Alloway, B.J., Ayres, D.C. (1993) Schadstoffe in der Umwelt. Bearbeitet von U. Förstner. Spektrum Akademischer Verlag, Heidelberg Berlin Oxford

Amann, R., Kühl, M. (1998) *In situ* methods for assessment of microorganisms and their activities. Current Opinion in Microbiology, Vol. 1: 352–358

Andrews, J.F. (1968) A mathematical model for the co-substrates. Biotechnology and Bioengineering, Vol. 10: 707–723

Angle, J.S., Gagliardi, J.V., McIntosh, M.S., Levi, M.A. (1996) Enumeration and expression of bacterial counts in the rhizosphere. In: Stotzky, G., Bollay, J.-M. (Eds.) Soil Biochemistry, Vol. 9: 233–250

Anonymus 1. Firmenschrift REGENESIS Enhanced aerobic bioremediation of MTBE with ORC

Anonymus 2 (2000) Schrift der LMBV Lausitzer und Mitteldeutsche Bergbau-Verwaltungsgesellschaft mbH LMBV/VT 40

Anthonisen, A.C., Loehr, R.C., Prakasam, T.B.S., Srinath, E.G. (1976) Inhibition of nitrification by ammonia and nitrous acid. Journal Water Pollution Control Federation, 48 (5): 835–852

Antoniou, P., Hamilton, J., Koopman, B., Jain, R., Holloway, B., Lyberatos, G., Svoronos, S.A. (1990) Effect of temperature and pH on the effective maximum specific growth rate of nitrifying bacteria. Water Research, Vol. 24, Iss. 1: 97–101

Armstrong, J., Armstrong, W. (1991) A convective through-flow of gases in *Phragmites australis* (Cav.) Trin. ex Steud., Aquatic Bot. 39: 75–88

Armstrong, W., Armstrong, J., Beckett, P.M. (1990) Measurement and modelling of oxygen release from roots of *Phragmites australis*. In: Cooper, P.F. Findlater, B.C. (Eds.) The use of constructed wetlands in Water Pollution Control. Pergamon Press, Oxford, 41–51

Armstrong, W., Bechett, P.M., Justin, S.H.W., Lythe, S. (1991) Convective gas-flows in Wetland plant aeration, In: Jackson, M.B., Davies, D.D., Lambers, H. (Eds.) Plant life under oxygen deprivation. SPB Academic Publishing bv. The Hague, 283–302

Armstrong, W., Braendle, R., Jackson, M.B. (1994) Mechanisms of flood tolerance in plants. Acta Bot. Neerl. 43 (4): 307–358

Austin, A.T. (1961) Nitrosation in organic chemistry. Science in Progress, XLIX, pp. 619–640

Azcue, J.M., Zeman, A.J., Förstner, U. (1998) International review of application of subaqueous capping techniques for remediation of contaminated sediments. Proceedings 3rd Int. Congr. on Environm. Geotechniques, Lissabon, 7.–11.9.1998

Bahlo, K., Wach, G. (1993) Naturnahe Abwasserreinigung. Ökobuch Verlag, Staufen bei Freiburg

Balmelle, B., Nguyen, K.M., Capdeville, B., Cornie, J.C., Deguin, A. (1992) Study of factors controlling nitrite build-up in biological processes for water nitrification. Water Technology, Vol. 26 (5–6): 1017–1025

Barber, J.T., Sharma, H.A., Ensley, H.E., Polito, M.A., Thomas, D.A. (1995) Detoxification of phenol by the aquatic angiosperm, *Lemna gibba*. Chemosphere 31(6): 3567–3574

Bendix, M., Tornbjerg, T., Brix, H. (1994) Internal gas transport in *Typha latifolia* L. and *Typha angustifolia* L.1. Humidity-induced pressurization and convective through flow. Aquat. Bot. 49: 75–89

Benmoussa, H., Tyagi, R.D., Campbell, P.G.C. (1994) Heavy metal bioleaching and stabilization of municipal sludges: Effect of the form of elemental sulfur used as substrate. Revue des Sciences de l'Eau 7 (3): 235–250

Beyer, H., Walter, W. (1991) Lehrbuch der organischen Chemie. S. Hirzel Verlag Stuttgart

Blais, J.F., Tyagi, R.D., Auclair, J.C., Huang, C.P. (1992) Comparison of acid and microbial leaching for metal removal from municipial sludge. Water Sci. Technol. 26: 197–206

Bodelier, P.L.E., Libochant, J.A., Blom, C.W.P.M., Laanbrocek, H.J. (1996) Dynamics of nitrification and denitrification in root-oxygenated sediments and adaptation of ammonia-oxidizing bacteria to low-oxygen or anoxic habitats. Applied and Environmental Microbiology, Vol. 62, Iss. 11: 4100–4107

Boon, B., Laudelot, H. (1962) Kinetics of nitrite oxidation by *Nitrobacter winogradskyi*. Biochem. Jour., Vol. 85: 440

Börner, T. (1990) Einflußfaktoren für die Leistungsfähigkeit verschiedener Konstruktionsvarianten von Pflanzenkläranlagen. In: Pflanzenkläranlagen – besser als ihr Ruf? 21. Wassertechnisches Seminar am 18.09. 1990 an der TH Darmstadt, Eigenverlag, pp 239–256

Börnert, W. (1990) Wissenschaftliche Begleituntersuchungen an der Pflanzenkläranlage Hofgeismar-Beberbeck. In: Pflanzenkläranlagen – besser als ihr Ruf? 21. Wassertechnisches Seminar am 18.09. 1990 an der TH Darmstadt, Eigenverlag, pp 69–90

Bosecker, K. (1997) Bioleaching: Metal solubilization by microorganisms. FEMS Microbiology Reviews 20 (3-4): 591–604

Braker, G., Fesefeldt, A., Witzel, K.-P. (1998) Development of PCR primer systems for amplification of nitrite reductase genes (nirK and nirS) to detection denitrifying bacteria in environmental samples. Applied and Environmental Microbiology, Vol. 64, No. 10: 3769–3775

Brändle, R., Pokorny, J., Kvet, J., Cizkova, H (1996) Wetland plants as a subject of interdisciplinary research. Folia Geobotanica & Phytotaxonomica 31, (1): 1–6

Breen, P.F., Chick, A.J. (1995) Rootzone dynamics in constructed wetlands receiving wastewater: A comparison of vertical and horizontal flow systems. Water Sci. Tech. 32 (3): 281–290

Bremner, J.M. (1957) Studies on soil humic acid: II. Observation on the estimation on free amino groups. Reaction of humic acid and lignin preparations with nitrous acid. The Journal of Agricultural Science, Vol. 48: 352–360

Bremner, J.M. (1968) The nitrogenous constituents of soil organic matter and their role in soil fertility. Organic Matter and Soil Fertility, pp. 143–185

Brierley, C.L., Brierley, J.A. (1997) Microbiology for the metal mining industry. In: Hurst, C.J., Knudsen, G.R., McInerney, M.J., Stetzenbach, L.D., Walter, M.V. (Eds.) Manual of Environmental Microbiology. ASM Press Washington, pp 830–841

Brix, H. (1994) Function of macrophytes in constructed wetlands. Water Science and Technology, Vol. 29, Iss. 4: 71–78

Brix, H., Sorrell, B.K. (1996) Oxygen stress in wetland plants: Comparison of de-oxygenated and reducing root environments. Functional Ecology, 10(4): 521–526

Broda, E. (1977) Two kinds of lithotrophs missing in nature. Zeitschrift für Allgemeine Mikrobiologie, Vol. 17, No. 6: 491–493

Burger, G., Weise, G. (1984) Untersuchungen zum Einfluß limnischer Makrophyten auf die Absterbegeschwindigkeit von *Escherichia coli* im Wasser. Acta hydrochim. et hydrobiol. 12 (3): 301–309

Calhoun, A., King, G.M. (1998) Characterization of root-associated methanotrophs from three freshwater macrophytes: *Pontederia cordata, Sparganium eurycarpum*, and *Sagittaria latifolia*. Appl. Environ. Microbiol. 64: 1099–1105

Calmano, W., Ahlf, W., Förstner, U. (1983) Heavy metal removal from contaminated sludges with dissolved sulfur dioxid in combination with bacterial leaching. Proc. Int. Conf. Heavy metals in the environment. Heidelberg CEP Consultants Edinburgh

Cervantes, F., Oscar, M., Gomez, J. (1998) Accumulation of intermediates in a denitrifying process at different copper and high nitrate concentrations. Biotechnology Letters, Vol. 20, No. 10: 959–961

Christensen, B., Characklis, W. (1989) Physical and chemical properties of biofilms. In: Biofilms. John Wiley & Sons, New York

Church, C.D., Tratnyek, P.G., Scow, K.M. (2000) Pathways for degradation of MTBE and other fuel oxygenates by isolate PM1. Abstract of Papers of the American Society 219: 194 ENVR Part 1

Clark, F.E. (1962) Loss of nitrogen accompanying nitrification. Trans. Int. Soc. Soil Sci. Comm. IV and V: 173–179

Couillard, D., Chartier, M. (1993) Biological decontamination of sediments polluted by heavy metals: Study of the influence of the substrate, the concentration of total solids and the temperature. Environmental Technology 14 (19): 919–930

Crawford, R.M.M., Braendle, R. (1996) Oxygen deprivation stress in a changing environment. Journal of Experiment al Botany, Vol. 47, Nr. 295: 145–159

Crumpton,W.G., Isenhart, T.M., Fisher, S.W. (1993) Fate of non-point source nitrate loads in freshwater wetland: Results from experimental wetland mesocosms. In: Moshiri, G.A. (Ed.) Constructed Wetlands for Water Quality Improvement, Chapter 29

Cunningham, S.D., Ow, D.W. (1996) Promises and Prospects of Phytoremediation. Plant Physiol. 110: 715–719

Daum, D., Schenk, M.K. (1996a) Influence of nitrogen concentration and form in the nutrient solution on N_2O and N_2 emissions from a soilless culture system. Zeitschrift für Pflanzenernährung und Bodenkunde, Bd. 159, Heft 6: 557–563

Daum, D., Schenk, M.K. (1996b) Gaseous nitrogen losses from a soilless culture system in the greenhouse. Plant and Soil, Vol. 183, Iss. 1: 69–78

de Wulf Durand, P., Bryant, L.J., Sly, L.I. (1997) PCR-mediated detection of acidophilic, bio-leaching-associated bacteria. Applied and Environmental Microbiology 63, 7: 2944–2948

Deeb, R.A., Scow, K.M., Alvarez-Cohen, L. (2000) Aerobic MTBE biodegradation: an examination of past studies, current challenges and future research directions. Biodegradation 11 (2–3): 171–186

Denmead, O.T., Freney, J.R., Simpson, J.R. (1979) Nitrous oxide emission during denitrification in a flooded field. Soil Science Society of America Journal, Vol. 43: 716–718

Diels, L., Wuertz, S., Van Roy, S., Carpels, M., Hooyberghs, L., Springael, D., Kreps, S., Ryngaert, A., Mergeay, M. (1997) Bioprozesse zur Entfernung von Schwermetallen aus Wasser und Boden. In: Knorr, C., von Schell, T. (Hrsg.) Mikrobieller Schadstoffabbau. Fried. Vieweg & Sohn Verlagsgesellschaft mbH Braunschweig/Wiesbaden, pp 261–289

Drew, M.C. (1997) Oxygen deficiency and root metabolism: injury and acclimation under hypoxia and anoxia, Annu. Rev. Plant Physiol. Plant Mol. Biol. 48: 223–250

Escobar, B., Huerta, G., Rubio, J. (1997) Influence of lipopolysaccharides on the attachment of *Thiobacillus ferrooxidans* to minerals. World Journal of Microbiology & Biotechnology, Vol. 13, Iss. 5: 593–594

Felgner, G., Meissner, B. (1968) Untersuchungen zur Reinigung phenolhaltiger Abwässer durch die Flechtbinse (*Scirpus lacustris* und *S. Tabernaemontani*). 2. Mitteilung; Fortschritte der Wasserchemie 9: 199–214

Finneran, K.T., Lovley, D.R. (2001) Anaerobic Degradation of Methyl tert-Butylether (MTBE and tert-Butyl alcohol (TBA) Environ. Sci. Technol. 35: 1785–1790

Flessa, H. (1991) Redoxprozesse in Böden in der Nähe von wachsenden und absterbenden Pflanzenwurzeln, Verlag Marie L. Leidorf, Buch am Erlbach

Förstner, U. (1993) Umweltschutztechnik, Springer-Verlag Berlin Heidelberg New York

Franzius, V. (1993) Sanierung kontaminierter Standorte: Rahmenbedingungen, Sanierungsgesellschaften, Sanierungstechniken, E. Schmidt-Verlag

Furumai, H., Rittmann, B.E. (1994) Evaluation of multiple-species biofilm and floc processes using a simplified aggregate model. Water Science and Technology, Vol. 29, Iss. 10–11: 439–446

Gaylarde, C.C. Videla, H.A. (Ed.) (1995) Biology of World Resources Series, 1. Bioextraction and biodeterioration of metals. pp xvi+372p. Cambride University Press: Cambridge, England, UK; New York, New York, USA. 0 (0) pp 63–84

Ghoshal, S., Ramaswami, A., Luthy, R.G. (1996) Biodegradation of naphthalene from coal tar and heptamethylnonane in mixed batch systems. Environ. Sci. Technol. 30: 1282–1291

Gilham, R.W., O'Hannesin, S.F. (1994) Enhanced Degradation of halogenated aliphatics by zero-valent iron. Ground water 32, (6): 958–964

Gish, T.J., Jury, W.A. (1983) Effect of plant roots and root channels on solute transport. American Society of Agricultural Engineers, pp. 440–444

Glombitza, F., Iske, U., Bullmann, M. (1988) Mikrobielle Laugung von seltenen Erdelementen und Spurenelementen. BioEngineering 3: 37–43

Gopal, B., Goel, U. (1993) Competition and allelopathy in aquatic plant communities. The botanical review 59 (3): 155–210

Grayston, S.J., Wang, S., Campbell, C.D., Edwards, A.C. (1998) Selective influence of plant species on microbial diversity in the rhizosphere. Soil Biol. Biochem. 30: 369–378

Greenway, M., Bolton, K.G.E. (1996) From wastes to resources – turning over a new leaf: Melaleuca trees for wastewater treatment, Environ. Res. Forum 5-6: 363–366

Groffman, P.M., Eagan, P., Sullivan, W.M., Lemunyon, J.L. (1996) Grass species and soil type effects on microbial biomass and activity. Plant and Soil, Vol. 183: 61–67

Grosse, W. (1989) Thermoosmotic air transport in aquatic plants affecting growth activities and oxygen diffusion to wetland soils. In: Hammer, D.A. (Ed.) Constructed wetlands for wastewater treatment. Municipal, Industrial and Agricultural. Lewis Publishers, Chelsea, 469–416

Grosse, W., Armstrong, J., Armstrong, W. (1996) A history of pressurised gas-flow studies in plants. Aquatic Botany 54: 87–100

Grosse, W., Frick, H.J. (1999) Gas transfer in wetland plants controlled by Graham's law of diffusion. Hydrobiologia 415: 55–58

Grosse, W., Schröder, P. (1986) Pflanzenleben unter anaeroben Umweltbedingungen, die physikalischen Grundlagen und anatomischen Voraussetzungen. Ber. Dtsch. Bot. Ges. 99: 367–381

Groudev, S.N. (1997) Microbial detoxification of heavy metals in soil. 4th International *In situ* and on Site Bioremediation Symposium New Orleans, Vol. 3, p 409

Helal, H.M., Sauerbeck, D. (1989) Carbon turnover in the rhizosphere. Z. Pflanzenernähr. Bodenk. 152: 211–216

Hoffland, E., van den Boogaard, R., Nelemans, J., Findenegg, G. (1992) Biosynthesis and root exudation of citric and malic acids in phosphate-starved rape plants. New Phytol. 122: 675–680

Hoffmann, J., Viedt, H. (1998) Biologische Bodenreinigung: ein Leitfaden für die Praxis, Springer Verlag, Berlin, Heidelberg New York

Horswell, J., Hodge, A., Killham, K. (1997) Influence of plant carbon on the mineralisation of atrazine residues in soils. Chemosphere 34: 1739–1751

Jackson, M.B., Armstrong, W. (1999) Formation of Aerenchyma and the processes of plant ventilation in relation to soil flooding and submergence. Plant biol. 1: 274–287

Jacobs, P.H., Förstner, U. (1999) Concept of subaqueous capping of contaminated sediments with active barrier systems (ABS) using natural and modified zeolithes. Wat. Res. 33(9): 2083–2087

Jespersen, D.N., Sorrell, B.K., Brix, H. (1998) Growth and root oxygen release by *Pypha latifolia* and its effects on sediment methanogenesis. Aquatic Botany 61: 165–180

Johnson, D.B., Roberto F.F. (1997) Heterotrophic acidophiles and their roles in the bioleaching of sulfide minerals. In: Rawlings, D.E. (Ed.) Biomining: Theory, Microbes and Industrial Processes. Springer-Verlag Berlin Heidelberg New York, pp 259–279

Kadlec, R.H. (1987) Northern natural wetland water treatment systems. In: Reddy, K.R., Smith, W.H. (Eds.) Aquatic plants for water treatment and resource recover. Magnolia Publishing Inc.

Kadlec, R.H., Knight, R.L. (1996) Treatment Wetlands. Lewis Publishers, CRC Press, Inc., pp 181–280

Kaitzis, G. (1970) Mikrobiozide Verbindungen aus *Scirpus lacustris* L. (Ein Beitrag zur Ökochemie des Wurzelraumes). Dissertation Universität Göttingen

Kästner, M. (2000) Humification-Process or Formation of reractory soil organic matter. In: Rehm, H.J., Reed, G. (Eds.) Biotechnology. Vol 11b. Vol. Ed. Klein, J. Wiley-VCH, pp 90–125

Kickuth, R. (1970) Ökochemische Leistungen höherer Pflanzen. Naturwissenschaften 57: 55–61

Kickuth, R. (1984) Das Wurzelraumverfahren in der Praxis. Landschaft und Stadt 16 (3): 145–153

Kludze, H.K., Delaune, R.D. (1996) Soil redox intensity effects on oxygen exchange and growth of Cattail and Sawgrass. Soil Sci. Soc. Am. J. 60: 616–621

Knowles, R. (1982) Denitrification. Microbial Rev., 46 (1): 43–73

Konhauser, K.O. (1997) Bacterial iron biomineralisation in nature. FEMS Microbiology Reviews 20: 315–326

Konishi, Y., Takasaka, Y., Asai, S. (1994) Kinetics of growth and elemental sulfur oxidation in batch culture of *Thiobacillus ferrooxidans*. Biotechnology and Bioengineering 44 (6): 667–673

Kopinke, F.-D., Pörschmann, J., Remmler, M. (1995a) Sorption behaviour of anthropogenic humic matter. Naturwissenschaften 82: 28–32

Kopinke, F.-D., Pörschmann, J., Stottmeister, U. (1995b) Sorption of organic pollutants on anthropogenic humic matter. Environmental Science & Technology 298 (4): 941–950

Kowalchuk, G.A., Naoumenko, Z.S., Derikx, P.J.L., Felske, A., Stephen, J.R., Arkhipchenko, I.A. (1999) Molecular Analysis of Ammonia-Oxidizing Bacteria of the beta Subdivision of the Class Proteobacteria in Compost and Composted Materials. Applied and Environmental Microbiology, Vol. 65, Iss. 2: 396–403

Kowalchuk, G.A., Stephen, J.R., de Boer, W., Prosser, J.I. (1997) Analysis of ammonia-oxidizing bacteria of the subdivision of the class proteobacteria in coastal sand dunes by denaturing gradient gel electrophoresis and sequencing of PCR amplified 16S ribosomal {DNA} fragments. Applied and Environmental Microbiology, Vol. 63, Iss. 4: 1489–1497

Krämer, U., Cotter-Howells, J.D., Charnock, J.M., Baker, A.J.M., Smith, J.A.C. (1996) Free histidine as a metal chelator in plants that accumulate nickel. Nature 379: 635–638

Krebs, W., Brombacher, C., Brossard, P.P., Bachofen, R., Brandl, H. (1997) Microbial recovery of metals from solids. FEMS Microbiology Reviews 20 (3-4): 605–617

Lacey, D.T., Lawson, F. (1970) Kinetics of the Liquid-phase oxidation of acid ferrous sulfate by the bacterium *Thiobacillus ferrooxidans*. Biotechnol. Bioeng. 12: 29–50

Larcher, W. (1994) Ökophysiologie der Pflanzen. 5. Auflage, Verlag Eugen Ulmer Stuttgart, pp 216–217

Leduc, L.G., Ferroni, G.D., Trevors, J.T. (1997) Resistance to heavy metals in different strains of *Thiobacillus ferrooxidans*.World Journal of Microbiology & Biotechnology 13 (4): 453–455

Lee, L.S., Hagwall, M., Delfino, J.J., Rao, P.S.C. (1992a) Partitioning of polycyclic aromatic hydrocarbons from Diesel fuel into water. Environ. Sci. Technol. 26: 2104–2110

Lee, L.S., Rao, P.S.C., Okuda, I. (1992b) Equilibrium partitioning of polycyclic aromatic hydrocarbons from coal tar into water. Environ. Sci. Technol. 26: 2110–2115

Liu, C.Y., Speitel, G.E., Georgiou, G. (2001) Kinetics of MTBE cometabolism at low concentrations by pure cultures of butane degradating bacteria. Applied and environmental Microbiology 67 (5): 2197–2201

Löser, C., Seidel, H., Hoffmann, P., Zehnsdorf, A. (2001) Remediation of heavy-metal contaminated sediments by solid-bed bioleaching. Environ. Geol. 40 (4-5): 644–650

Löser, C., Seidel, H., Hoffmann, P., Zehnsdorf, A., Fischer, R. (1997) Microbial remediation of hydrocarbon contaminated soil in percolator systems of pilot and large scale. Eco-Informa '97 Neuherberg/München, pp 314–319

Löser, C., Zehnsdorf, A., Hoffmann, P., Seidel, H. (1999) Conditioning of heavy metal-polluted river sediments by helophytes. Int. J. Phytoremediation 1: 339–359

Löser, C., Zehnsdorf, A., Schönbein, K., Seidel, H. (2000) Remediation of heavy-metal-polluted river sediment by bioleaching: experiments on a pilot scale. 2nd Euroconference "Bacterial-Metal/Radionuclide Interaction: Basic Research and Bioremediation", Rossendorf 30.8.–1.9. 2000, Abstract Book, pp 66–69

Macek, T., Mackova, M., Pavlikova, D., Szakova, J., Truska, M., Cundy, A.S., Kotrba, P., Yanceyy, N., Scouten, W.H. (2001) Accumulation of cadmium by transgenic tobacco. ISEB 2001 Meeting on Phytoremediation. 15 – 17 May in Leipzig

Martingago, J.A., Roman, E., Blazquez, M., Quintana, C., Vazquez, L. (1997) Chemical and morphological changes of the pyrite induced by leaching and bioleaching processes in the presence of catalytic Ag ions. Langnuir 13 (13): 3355–3363

McJannet, C.L., Keddy, P.A., Pick, F.R. (1995) Nitrogen and phosphorus tissue concentrations in 41 wetland plants: a comparison across habitats and functional groups. Functional Ecology. 9: 231–238

Mercier, G., Chartier, M., Couillard, D. (1996) Strategies to maximize the microbial leaching of lead from metal-contaminated aquatic sediments. Water Research 30 (10): 2452–2464

Mier, J.L., Ballester, A., Gonzalez, F., Blazquez, M.L., Gomez, E. (1996) The influence of metallic ions on the activity of Sulfolobus BC. Journal of Chemical Technology and Biotechnology 65 (3): 272–280

Miersch, J., Krauss, G.-J., Schlee, D. (1989) Allelochemische Wechselbeziehungen zwischen Pflanzen – eine kritische Wertung. Wiss. Z. Univ. Halle 38(3): 59–74

Moormann, H., Kuschk, P., Stottmeister, U. (2001) The effect of rhizodeposition by helophytes on the bacterial degradation of organic pollutants. ISEB 2001 Meeting on Phytoremediation. 15 – 17 May in Leipzig

Mueller, J.G., Middaugh, D.P., Lantz, S.E., Chapman, P.J (1991) Biodegradation of creosote and pentachlorophenol in contaminated groundwater: Chemical and biological assessment. Appl. Environ. Microbiol. 57: 1277–1285

Mulder, A., van de Graaf, A.A., Robertson, L.A., Kuenen, J.G. (1995) Anaerobic ammonium oxidation discovered in a denitrifying fluidized bed reactor. FEMS Microbiology Ecology, No. 16: 177–184

Müller, G., Riethmayer, S. (1982) Chemische Entgiftung: das alternative Konzept zur problemlosen und endgültigen Entsorgung Schwermetall-belasteter Baggerschlämme. Chemiker-Zeitung 106: 289–292

Myrold, D.D., Tiedje, J.M. (1981) Establishment of denitrification capacity in soil: effects of carbon, nitrate and moisture. Soil Biol. Biochem., Vol. 17: 819–822

Nelson, D.W. (1967) Chemical transformation of nitrite in soils. Ph.D. Thesis, Iowa State University

Nelson, D.W., Bremner, J.M. (1970) Gaseous products of nitrite decomposition in soils. Soil Biology and Biochemistry, Vol. 2: 203–215

Nemati, M., Webb, C. (1997) A kinetic model for biological oxidation of ferrous iron by *Thiobacillus ferrooxidans*. Biotechnology and Bioengineering 53 (5): 478–486

Netter, R. (1990) Leistungsfähigkeit von bewachsenen Bodenfiltern am Beispiel der Anlagen Germerswang am See. In: Pflanzenkläranlagen – besser als ihr Ruf? 21. Wassertechnisches Seminar am 18.09.1990 an der TH Darmstadt, Eigenverlag, pp 135–156

Neufeld, R.D., Hill, A.J., Aderoya, D.O. (1980) Phenol and free ammonia inhibition to Nitrosomonas activity. Water Research, Vol. 14: 1695–1703

Nijburg, J.W., Laanbroek, H.J. (1997) The influence of Glyceria maxima and nitrate input on the composition and nitrate metabolism of the dissimilatory nitrate–reducing bacterial community. FEMS Microbiology Ecology, Vol. 22: 57–63

O'Keeffe, D.H., Wiese, T.E., Benjamin, M.R. (1987a) Effects of positional isomerism on the uptake of monosubstituted phenols by the water hyacinth; Aquatic plants for water treatment and resource recovery. In: Reddy, K.R., Smith, W.H. (Eds.) Orlando, Florida

O'Keeffe, D.H., Wiese, T.E., Brummet, S.R., Miller, T.W. (1987b) Uptake and metabolism of phenolic compounds by the water hyacinth (*Eichhornia crassipes*). Recent Adv. Phytochem. 21: 101–121

Peiffer, S. (1996) Die Oxidation von Eisensulfiden und ihre Auswirkungen auf die Umwelt. In: Fachgruppe Wasserchemie der GDCh (Hrsg.) Chemie und Biologie der Altlasten. VCH Verlagsgesellschaft Weinheim, New York, Basel, Cambridge, Tokio, pp 131–139

Phipps, R.G., Crumpton, W.G. (1994) Factors affecting nitrogen loss in experimental wetlands with different hydrologic loads. Ecological Engineering, Vol. 3: 399–408

Pollard, P.C., Flood, J.A., Ashbold, N.J. (1996) The direct measurement of bacterial growth in biofilms of emergent plants (Schoenoplectus) of an artificial wetland. Water Science and Technology, Vol. 32, Iss. 8: 251–256

Porro, S., Ramirez, S., Reche, C., Curutchet, G., Alonso Romanowski, S., Donati, E. (1997) Bacterial attachment: Ist role in bioleaching processes. Process Biochemistry, Vol. 32, Iss. 7: 573–578

Porter, L.K. (1969) Gaseous products by anaerobic reaction of sodium nitrite with oxime compounds and oximes synthesized from organic matter. Soil Sci. Soc. Am. Proc., Vol. 32: 696–702

Rawlings, D.E. (1997) Biomining: Theory, Microbes and Industrial Processes. Springer-Verlag Berlin Heidelberg New York, pp 1–302

Rivera, F., Warren, A., Ramirez, E., Decamp, O., Bonilla, P., Gallegos, E., Calderon, A., Sanchez, J.T. (1995) Removal of pathogens from wastewaters by the root zone method (RZM). Wat. Sci. Technol. 32 (3): 211–218

Roig, M.G., Manzano, T., Diaz, M. (1997) Biochemical process for the removal of uranium from acid mine drainages. Water Research, 31 (8): 2073–2083

Rolston, D.E., Fried, M., Goldhamer, D.A. (1976) Denitrification measured directly from nitrogen and nitrous oxide gas fluxes. Soil Science Society of America Journal, Vol. 40: 259–266

Salt, D.E., Blaylock, M., Kumar, N.P.B.A., Dushenkov, V., Ensley, B.D., Chet, I., Raskon, I. (1995) Phytoremediation: A novel strategy for the removal toxic metals from the Environment using plants. Biotechnology Vol 13: 468–474

Sand, W., Gerke, T., Hallmann, R., Schippers, A. (1995) Sulfur chemistry, biofilm, and the (in)direct attack mechanism: A critical evaluation of bacterial leaching.Applied Microbiology and Biotechnology 43 (6): 961–966

Sandermann, H. (1992) Plant metabolism of xenobiotics; Trends. Biochem. Sci. 17: 82–84

Sandford, W.E., Steenhuis, T.S., Parlange, J.-Y., Surface, J.M., Peverly, J.H. (1995) Hydraulic conductivity of gravel and sand as substrates in rock-reed filters. Ecological Engineering, Vol. 4: 321–336

Schirmer, M. (1999) Das Verhalten des Benzininhaltstoffes Methyltertiärbutylether (MTBE) in Grundwasser. Grundwasser 3: 95–102

Schirmer, M., Hubbard, C., Butler, B., Devlin, R., Barker, J. (2000) The Borden Field Experiment – Where has the MTBE gone? EPA API MTBE Biodegradation Workshop Cincinatty OH Febr. 1–3, 2000

Schramm, A., de Beer, D., Wagner, M., Amann, R. (1998) Identification and activities In Situ of *Nitrospira* and *Nitrospira spp.* as dominant populations in a nitrifying fluidized bed reactor. Applied and Environmental Microbiology, Vol. 64, (9): 3480–3485

Schramm, A., Larsen, L.H., Revesbech, N.P., Ramsing, N.B., Amann, R., Schleifer, K.-H. (1996) Structure and function of a nitrifying biofilm as determined by *in situ* hybridisation and the use of microelectrods. Applied and Environmental Microbiology, Vol. 62, No. 12: 4641–4647

Schütte, H., Fehr, G. (1992) Neue Erkenntnisse zum Bau und Betrieb von Pflanzenkläranlagen. Korrespondenz Abwasser 39 (6): 872–879

Seidel, H., Müller, R.A., Roland, U. (1998a) Biologische Bodensanierung – mit Mikroorganismen auf die „sanfte" Art. Geospektrum 1: 16–18

Seidel, H., Ondruschka, J., Kuschk, P., Stottmeister, U. (1995) Influence of the sulphur content in sediments on the mobilization of heavy metals by bacterial leaching. In: Haberer, K. (Ed.) Vom Wasser, Band 84 (Water, Vol. 84) 446 p. VCH Verlagsgesellschaft mbH, Weinheim, Germany, VCH Publishers, Inc.: New York, New York, USA. 0 (0), pp 419–430

Seidel, H., Ondruschka, J., Morgenstern, P., Stottmeister, U. (1998b) Bioleaching of heavy metals from contaminated aquatic sediments using indigenous bacteria: A feasibility study. Water Sci. Technol. 37 (6-7): 387–394

Seidel, H., Ondruschka, J., Morgenstern, P., Wennrich, R., Hoffmann, P. (2000) Bioleaching of heavy metal contaminated sediments by indigenous Thiobacilli: metal solubilization and sulfur oxidation in presence of surfactants. Appl. Microbiol. Biotechnol. 54: 854–857

Seidel, H., Ondruschka, J., Weißbrodt, E., Stottmeister, U. (1996) Cleaning of sediments contaminated with heavy metals by bacterial leaching: A treatment concept. Vom Wasser, Band 86 (Water, Vol. 86) 455 p. VCH Verlagsgesellschaft mbH: Weinheim, Germany, VCH Publishers, Inc.: New York, New York, USA. 86 (0), pp 363–375

Seidel, K. (1966) Reinigung von Gewässern durch höhere Pflanzen. Die Naturwissenschaften 53 (12): 289–297

Seidel, K. (1968) Elimination von Schmutz- und Ballaststoffen aus belasteten Gewässern durch höhere Pflanzen; Vitalstoffe – Zivilisationskrankheiten 4

Seidel, K. (1973) Leistungen höherer Wasserpflanzen unter heutigen extremen Umweltbedingungen. Verh. Internat. Verein. Limnol. 18: 1395–1405

Sikora, F.J., Zhu, T., Behrends, L.L., Steinberg, S.L., Coonrod, H.S. (1995) Ammonium removal in constructed wetlands with recirculating subsurface flow: Removal rates and mechanisms. Water Science and Technology, Vol. 32, Iss. 3: 193–202

Sorrell, B.K. (1999) Effect of external oxygen demand on radial oxygen loss by Juncus roots in titanium citrate solutions, Plant, Cell and Environment, 22: 1587–1593

Sorrell, B.K., Armstrong, W. (1994) On the difficulties of measuring oxygen release by root systems of wetland plants, Journal of Ecology 82: 177–183

Soukup A., Votrabova, O., Cizkova, H. (2000) Internal segmentation of rhizomes of Phragmites australis: protection of the internal aeration system against being flooded. New Phytol. 145: 71–75

Stevenson, F.J., Harrison, R.M., Wetselaar, R., Leeper, R.A. (1970) Nitrosation of soil organic matter. III. Nature of gases produced by reaction on nitrite with lignins, humic substances, and phenolic constituents under neutral and slight acidic conditions. Soil Sci. Soc. Am. Proc., Vol. 34: 430–435

Stryer, L. (1991) Biochemie. Spektrum Akad. Verlag, Heidelberg, Berlin, Oxford

Stüven, R., Vollmer, M., Bock, E. (1992) The impact of organic matter on nitric oxide formation by *Nitrosomonas europaea*. Archives of Microbiology, Vol. 158, No. 5: 439–443

Tanner, C.C. (1996) Plants for constructed wetland treatment systems – A comparison of the growth and nutrient uptake of eight emergent species, Ecol. Eng. 7: 59–83

Teutsch, G., Grathwohl, P. (1996) *In situ*-Reaktionswände – ein neuer Ansatz zur passiven Sanierung von Boden- und Grundwasserverunreinigungen. Grundwasser 1/96

Teutsch, G., Grathwohl, P. (1997) Literaturstudie zum natürlichen Rückhalt/Abbau von Schadstoffen im Grundwasser. Technischer Bericht der Eberhard-Karls-Universität Tübingen

Thable, T.S. (1984) Einbau und Abbau von Stickstoffverbindungen aus Abwasser in der Wurzelraumanlage Othfresen. Dissertation, Gesamthochschule Kassel, Universität Hessen

Tichy, R., Janssen, A., Grotenhuis, J.T.C., Lettinga, G., Rulkens, W.H. (1994) Possibilities for using biologically-produced sulphur for cultivation of thiobacilli with respect to bioleaching processes. Bioresource Technology 48 (3): 221–227

Tichy, R., Nydl, J. (1997) Quantifying the growth of sulphur-oxidizing bacteria during bioleaching of a thick suspension. Biotechnology Techniques, Vol. 9, Iss. 9: 679–682

Toritsuka, N., Shoun, H., Singh, U.P., Park, S.Y., Iizuka, T., Shiro, Y. (1997) Functional and structural comparison of nitric oxide reductases from denitrifying fungi Cylindrocarpon tonkinense and *Fusarium oxysporum*. Biochimica et Biophysica Acta - Protein Structure and Molecular Enzymology, Vol. 1338, Iss. 1: 93–99

Track, T., Michels, J. (2000) Resümee des 1. Symposiums „Natural Attenuation" – Möglichkeiten und Grenzen naturnaher Sanierungsstrategien. Kreysa, G., Track, T., Michels, J., Wiesner (Hrsg.) DECHEMA Gesellschaft für Chemische Technik und Biotechnologie

Turk, O., Mavinic, D.S. (1989) Stability of nitrite build-up in an activated sludge system. J.W.P.C.F., Vol. 61, Iss. 8: 1440–1448

van Benthum, W.A.J., van Loosdrecht, M.D.M., Heijnen, J.J. (1997) Control of heterotrophic layer formation on nitrifying biofilms in a biofilm airlift suspension reactor. Biotechnology and Bioengineering, Vol. 53, Iss. 4: 397–405

van de Graaf, A.A., de Bruijn, P., Robertson, L.A., Jetten, M.S.M., Kuenen, G. (1997) Metabolic pathway of anaerobic ammonium oxidation on the basis of 15N studies in a fluidized bed reactor. Microbiology, Vol. 143: 2415–2451

van de Graaf, A.A., Mulder, A., Slijkhuis, H., Robertson, L.A., Kuenen, J.G. (1990) Anoxic ammonium oxidation. Proceedings 5th European Conference on Biotechnology in Copenhagen, July 8–13, 1990, Vol. 1, pp. 388–391

van Oostrom, A.J., Russell, J.M. (1994) Denitrification in constructed wastewater wetland receiving high concentrations of nitrate. Water Science and Technology, Vol. 29, Iss.: 7–14

Vartapetian, B.B., Jackson, M.B. (1997) Plant adaptations to anaerobic stress. Annals of Botany 79, (Supplement A): 3–20

Vincent, G., Dallaire, S., Lauzer, D. (1994) Antimicrobial properties of roots exudate of three macrophytes: *Mentha aquatica L.,Phragmites australis (Cav.) Trin.* and *Scirpus lacustris L.* Proceedings 4th International Conference on Wetland Systems for Water Pollution Control, 6 – 10 November 1994, Guangzhou, China, pp 290–296

Wagner, M., Rath, G., Koops, H.-P., Flood, J., Amann, R. (1996) *In situ* analysis of nitrifying bacteria in sewage treatment plants. Water Science and Technology, Vol. 32, Iss. 1–2: 237-244

Ward, B.B. (1995) Functional and taxonomic probes for bacteria in the nitrogen cycle. In: Joint, I. (Ed.) Molecular ecology of aquatic microbes, pp. 73–86

Ward, B.B., Cockcroft, A.R., Kilpatrick, K.A. (1993) Antibody and DNA probes for detection of nitrite reductase in seawater. Journal of General Microbiology 193: 2285–2293

Weiß, H., Teutsch, G., Fritz, P., Daus, B., Grathwohl, P., Trabitzsch, R. Feist, B., Ruske, R., Böhme, O., Schirmer, M. (2001) Sanierungsforschung in regional kontaminierten Aquiferen (SAFIRA). I. Information zum Forschungsschwerpunkt am Standort Bitterfeld, Grundwasser 6(3): 113–122

White, C., Sharman, A.K., Gadd, G.F. (1998) An integrated microbial process for the bioremediation of soil contaminated with toxic metals. Nature Biotechnology 16: 572–575

Wijffels, R., de Gooijer, C.D., Schepers, A.W., Beuling, E.E., Mallee, L.F., Tramper, J. (1995) Dynamic modeling of immobilized *Nitrosomonas europeae*: Implementation of diffusion limitation over expanding microcolonies. Enzyme and Microbial Technology, Vol. 17, Iss. 5: 462–471

Williams, J.B., May, E., Frod, M.G., Butler, J.E. (1994) Nitrogen transformation in gravel bed hydroponic beds used as a tertiary treatment stage for sewage effluents. Water Science and Technology, 29 (4): 29–36

Wissing, F. (1995) Wasserreinigung mit Pflanzen, Verlag Eugen Ulmer, Stuttgart

Wolverton, B.C., McKown, M.M. (1976) Water hyacinths for removal of phenols from polluted waters. Aquatic Botany 2: 191–202

Wu, L., Enberg, A.W., Guo, X. (1997) Effects of elevated selenium and salinity concentration in root zone on selenium and salt secretion in Saltgrass *(Distichlis spicata L)*. Ecotoxicol. Environmental Safety 37: 251–258

Wullstein, L.H. (1967) Soil nitrogen volatilization. Agric. Sci. Rev. Coop. State Res. U.S. Dept. Agric., Vol. 5: 8–12

Ye, Z.H., Baker, A.J.M., Wong, M.H., Willis, A.J. (1997a) Copper and nickel uptake, accumulation and tolerance in *Pypha latifolia* with and without iron plaque on the root surface. New Phytol. 136: 481–488

Ye, Z.H., Baker, A.J.M., Wong, M.H., Willis, A.J. (1997b) Zinc, lead and cadmium tolerance, uptake and accumulation by *Typha latifolia*. New Phytol. 136: 469–480

Zachritz, W.H., Lundie, L.L., Wang, H. (1996) Benzoic acid degradation by small, pilot scale artificial wetlands filter (AWF) systems. Ecological Engineering, Vol. 7: 105–116

Zagury, G.I., Subbanarasiah, K., Tyagi, R. (1994) Adaption of indigenous iron-oxidizing bacteria for bioleaching of heavy metals in contaminated soils. Environmental Technology 15: 517–530

Zehnsdorf, A., Hoffmann, P., Fischer, R. (1998) Untersuchungen zur Steigerung der Effektivität einer mikrobiologischen Bodenreinigungsanlage. Altlastenspektrum 4: 209–213

Zehnsdorf, A., Löser, C., Hoffmann, P., Seidel, H. (2001) Konditionierung schwermetallbelasteter Gewässersedimente durch Pflanzen. Wasser und Boden (in Druck)

Zeman, A.J. (1994) Subaquatic capping of very soft contaminated sediments. Canadian Geotechnical Journal 31, 4: 570–577

Zhang, Y., Moore, J.N. (1997) Environmental Conditions Controlling Selenium Volatization from a Wetland System. Environ. Sci. Technol. 31: 511–517

Zumft, W.G. (1992) The denitrifying prokaryotes. In: Balows, A., Trüper, H.G., Dworkin, M., Harder, W., Schleifer, K.-H. (Eds.) The Prokaryotes. 2nd edition, Springer Berlin Heidelberg New York

6 Nutzung biotechnologischer Prinzipien bei komplexen Entsorgungs- und Sanierungsaufgaben

6.1 Altholzentsorgung durch Kompostierung

6.1.1 Holzschutz und Holzschutzmittel

Holz ist ein Baumaterial mit herausragenden Eigenschaften und auch durch moderne Baumaterialien nicht zu ersetzen. Es besteht im Wesentlichen aus Cellulose und Lignin. Diese Verbindungen können durch Pilze und Holz zerstörende Insekten zersetzt werden. Durch den damit verbundenen Verlust der mechanischen Eigenschaften sind besonders bei einer Verwendung im Bauwesen Gefährdungen nicht auszuschließen.

Überall dort, wo durch konstruktive Maßnahmen die Holzzersetzung nicht ausgeschlossen werden kann, wird für tragende oder versteifende Holzkonstruktionen vom Gesetzgeber ein Schutz gegen Schädlingsbefall gefordert. Im Teil 3 der DIN 68800 wird definiert: *Holz, das der Gefahr von Bauschäden durch Insekten und/oder der Gefährdung durch Pilze entsprechend der Zuordnung zu einer Gefährdungsklasse ausgesetzt ist, muss zusätzlich zu den baulichen Maßnahmen nach DIN 68800 Teil 2 durch chemische Maßnahmen geschützt werden.* Die Auswahl der Holzschutzmittel hat nach festgelegten Anforderungen an die Wirksamkeit, gesundheitliche Unbedenklichkeit und Umweltunbedenklichkeit zu erfolgen. Es ist weiterhin festgelegt, die Auswahl des Holzschutzmittels so zu treffen, dass aus ökonomischen Gründen ein Anpassen an den Gefährdungsgrad des Holzes erfolgt. Voraussetzung für die Anwendung ist weiterhin, dass die erforderliche Menge eines Mittels in ausreichender Tiefe und mit gleichmäßiger Verteilung einzubringen ist.

Die Definition der Holzschutzmittel ist ebenfalls in der DIN 68800 Teil 3 gegeben: *Holzschutzmittel enthalten biozide Wirkstoffe zum Schutz des Holzes gegen tierische und pflanzliche Schädlinge. Sie sind nur dort zu verwenden, wo der Schutz des Holzes erforderlich ist.*

In der DIN 52175 werden die Holzschutzmittel in

- wasserlösliche Holzschutzmittel,
- ölige Holzschutzmittel,
- Öl-/Salzgemische,
- Emulsionen,
- Holzschutzmittel anderer Beschaffenheit

unterschieden.

Die Wirkstoffe der Holzschutzmittel sind vereinfacht zusammengefasst:

- *in wasserlöslichen Holzschutzmitteln:*

  - CF-Salze   Chrom und Fluor-Verbindungen,
  - SF-Salze   Silicofluoride,
  - B-Salze   anorganische Borverbindungen,
  - CK-Salze   Chrom- und Kupferverbindungen,
  - CKF-Salze   Chrom-, Kupfer- und Fluorverbindungen,
  - CFB-Salze   Chrom-, Fluor- und Borverbindungen,
  - CKA-Salze   Chrom-, Kupfer- und Arsenverbindungen;

- *in öligen Holzschutzmitteln und Emulsionen:*

  - organische Fungizide gegen Holz zerstörende und Holz verfärbende Pilze,
  - organische Insektizide.

Als organische Fungizide und Insektizide fanden bzw. finden bis heute folgende Verbindungen Verwendung:

- *Teeröle (Kreosotöle):*

  Die bei der Teerdestillation anfallenden Schweröle enthalten fungizid und insektizid wirkende Bestandteile und werden seit langem als Holzschutzmittel eingesetzt. Als besonders gut wirksam gegen Holz zerstörende Pilze und Insekten und auch gegen im Meerwasser lebende Schädlinge des Holzes ist das Steinkohlenteeröl (Carbonileum, Kreosotöl) bekannt. Es wird wegen seiner Auswaschbeständigkeit zur Schutzbehandlung von Bahnschwellen, Brücken- und Wasserbauholz und Masten eingesetzt. Braunkohlenteeröl ist weit weniger wirksam, wurde aber als Lösemittel für Pentachlorphenol genutzt. In dieser Mischung fand es Anwendung zum Tränken von Masten und Schwellen.

- *Pentachlorphenol (PCP):*

  PCP war bis 1989 als Holzschutzmittel zugelassen, ist jedoch in Deutschland verboten worden. Andere Länder, z.B. die USA und Großbritannien, verfügten nur eine Einschränkung der Anwendung, jedoch kein vollständiges Verbot, da dort die gesundheitlichen Risiken anders eingeschätzt werden. Es wurde viel verwendet, ist jedoch heute ebenfalls nicht mehr im Einsatz.

- *Synthetische Pyrethroide:*

  Die Pyrethrine als Wirkstoff der Pyrethroide leiten sich von Wirkstoffen der Chrysanthemen ab und bestehen aus Estern der Cyclopropancarbonsäuren und Cyclopentanol. Sie stellen heute 30 % der weltweit insgesamt angewendeten Insektizide dar. Sie wirken spezifisch auf das Nervensystem von Insekten. In Säugetieren werden sie schnell metabolisiert und ausgeschieden. Jedoch sind sie neuerdings als potente Neurotoxine erkannt worden und damit in der Anwendung umstritten.

Eine ausführliche Aufstellung der Zusammensetzung und Eigenschaften von Holzschutzmitteln ist bei Müller (1993) zu finden.

Als Technologien zur Holzbehandlung werden angewendet:

- *SF-Salze, HF-Salze, B-Salze:* Streichen, Spritzen, Tauchen;
- *CF-Salze, CK-Salze, CFB-Salze:* Kesseldruck,- Trogtränk-, Einstelltränk-, Verschäumungsverfahren;
- *Teerölpräparate (Carbonileen):* Kesseldruckverfahren;
- *Lösemittelhaltige Präparate:* Organische Fungizide und Insektizide: Streichen, Tauchen, Spritzen;
- *Ölige Präparate:* Streichen, Spritzen.

Durch die Vielzahl der genutzten Holzschutzmittel, ihre völlig unterschiedliche Zusammensetzung (organische oder anorganische Verbindungen) und Anwendung (Oberflächen-Behandlung oder Druckimprägnierung) ist Altholz normalerweise inhomogen, wenn nicht bereits bei der Erfassung für eine Erkennung und Sortierung gesorgt wird. Eine biologische Behandlung von Altholz stößt an das Problem, dass organische und anorganische Holzschutzmittel nebeneinander vorliegen können. Eine Entfernung der Holzschutzmittel würde grundsätzlich unterschiedliche Verfahren benötigen. Aus diesem Grunde wurde ein Zuordnungskonzept erarbeitet, das eine Einteilung in drei Gruppen vorsieht:

- Gruppe 1:   Abfälle von nicht behandeltem Holz (H1),
- Gruppe 2:   Abfälle von behandeltem Holz ohne schädliche Verunreinigungen (H2):

- verleimte, beschichtete, lackierte und sonstige Holzabfälle ohne halogenhaltige Verbindungen in der Beschichtung und ohne Holzschutzmittel (H2.1);
- Holzabfälle mit halogenorganischen Verbindungen und ohne Holzschutzmittel (H2.2);
- mit Holzschutzmitteln behandelte und sonstige mit Verunreinigungen belastete Holzabfälle (H2.3).

- Gruppe 3:   Holzabfälle mit schädlichen Verunreinigungen (H3):

- mit Holzschutzmitteln behandelte Holzabfälle, die Wirkstoffe mit Quecksilber, Arsen- und/oder Kupfer-Verbindungen, PCP oder Teeröle enthalten,
- verunreinigte Holzabfälle, die bei der Entsorgung nach Art, Beschaffenheit und Menge in besonderem Maße gesundheits-, Luft oder Wasser gefährdend sein können.

Aus diesem Grunde ist die Kenntnis der ehemaligen Holzbehandlung notwendig, die durch Schnellerkennung oder analytische Methoden möglich ist.

Holzschutzmittel zeigen vielfach die Ausbildung hydrophober Eigenschaften und verschließen Holzporen. Somit zeigen behandelte und unbehandelte Hölzer ein unterschiedliches Benetzungsverhalten. Die Messung des Randwinkels erlaubt eine erste Zuordnung. Die Möglichkeiten einer Holztrennung über diesen Effekt wurden bereits diskutiert (Harms et al. 1998).

Für Althölzer wird die Anwendung neuerer analytischer Verfahren möglich:

- Laserspektroskopische Methoden (Löbe und Lucht sowie Morak et al. in Harms et al. 1998): Bei der Laserplasmaanalyse werden Laser induzierte Mikroplasmen spektralanalytisch vermessen. Der Laser als Anregungsquelle ermöglicht die Messung beliebig vieler Proben ohne Probenaufschluss. Die Bestimmung der im Plasma enthaltenen freien Atome und Ionen erfolgt anhand der emittierten charakteristischen Linienstrahlung. Das Messprinzip gestattet eine direkte Analyse der Haupt- und Spurenelemente innerhalb weniger Sekunden. Die Nachweisempfindlichkeit von anorganischen Salzen beträgt wenige mg/kg. Organische Verbindungen können nur über charakteristische funktionelle Gruppen nachgewiesen werden. Dadurch ist lediglich eine Grobklassifizierung in Schadstoffgruppen möglich. Es kann weiterhin die Schadstoffverteilung im Holz und damit die Eindringtiefe der chemischen Verbindungen festgestellt werden. Die Holzart sowie Unterschiede in der Feuchtigkeit spielen keine Rolle.
- Organische Holzschutzmittel können durch mobile Gaschromatographie (drei Detektoren, Thermodesorptionseinheit) vor Ort nachgewiesen werden. Die notwendige Zeit für eine PCP-Analyse wird mit 30 s beschrieben. Pro Arbeitstag sind z.B. 100 Analysen zu bewältigen (Kübler et al. in Harms et al. 1998).

6.1.2   Möglichkeiten der Altholzverwertung

Durch eine kurze Darstellung verschiedener Möglichkeiten der Altholzverwertung soll die Einordnung der Altholzkompostierung in den Bereich der Entsorgungsmöglichkeiten und das Erkennen der Vor- und Nachteile verschiedener Entsorgungsmöglichkeiten erleichtert werden (Anonymus 1996).

6.1.2.1 Deponierung

Die Deponierung von Altholz ohne vorherige Behandlung ist im Sinne der TA-Siedlungsabfall (1993) ab dem Jahr 2005 ausgeschlossen, da zukünftig nur noch Stoffe mit weniger als 5 % organischem Anteil deponiert werden dürfen. Gegenwärtig wird jedoch noch Altholz deponiert, da einige Deponiebetreiber bis zu diesem Zeitpunkt ihre zum Teil recht großen Deponien auslasten wollen. Die Betreiber von Deponien, die nicht mehr TASI-tauglich gemacht werden können, aber noch Laufzeiten besitzen, die unter normaler Verfüllung bis weit nach 2005 reichen würden, nehmen gegenwärtig zu Grenzkosten Abfälle herein. So hoffen sie wenigstens auf einen beschränkten Rückfluss ihrer Investitionsmittel. Dieser von der Altholzdeponierung ausgehende Kostendruck bringt zur Zeit die Wirtschaftlichkeit alternativer Entsorgungsmöglichkeiten in harte Bedrängnis.

6.1.2.2 Verbrennung

Bei der Verbrennung von Althölzern wird deren Verbrennungswärme genutzt und das Reststoffvolumen erheblich vermindert. Bei der Verbrennung von Holz kann es zu schädlichen Emissionen kommen, hervorgerufen durch unvollständigen Ausbrand oder durch holzfremde, in den Brennstoff eingebrachte Elemente, z.B. Halogene, Schwefel oder Schwermetalle. Dies gilt besonders für die Verbrennung im Haushalt oder in anderen Kleinfeuerungsanlagen. Bei der unkontrollierten Verbrennung von mit arsenhaltigem Holzschutzmittel behandeltem Holz wird das Arsen zum größten Teil emittiert. Chromhaltiges Holzschutzmittel kann zu kanzerogenen sechswertigen Chromverbindungen in der – möglicherweise emittierten – Asche führen. Bei einer gemeinsamen Verbrennung von mit kupferhaltigem Holzschutzmittel behandeltem Holz und PVC kann das Kupfer die Dioxinbildung katalysieren (Stephan 1994). In Feuerungsanlagen mit einer Nennwärmeleistung unter 50 kW, die nach der 1. Bundesimmissionsschutzverordnung (1. BImSchV) genehmigt sind, dürfen nur naturbelassene Holzabfälle verwertet werden. Für die Verbrennung von belastetem Altholz gelten die Bestimmungen der 17. BImSchV bzw. der 4. BImSchV. Ab einer Nennwärmeleistung zwischen 50 kW und 1 MW dürfen auch Holzabfälle verbrannt werden, die verleimtes, beschichtetes, lackiertes oder gestrichenes Altholz umfassen, sowie sonstiges behandeltes Altholz ohne halogenierte Verbindungen in der Beschichtung und ohne Holzschutzmittel (Nr. 1.2 der 4. BImSchV). In Feuerungsanlagen, die nach Nr. 1.3 der 4. BImSchV genehmigt sind, darf zusätzlich Altholz verbrannt werden, das halogenorganische Verbindungen in der Beschichtung enthält, aber frei von Holzschutzmitteln ist. Genügt die Feuerungsanlage der 17. BimSchV, ist darin auch eine Verwertung von mit Holzschutzmitteln belastetem Altholz möglich. Auf Grund des für die Verbrennung von belastetem Altholz hohen technischen Aufwandes entstehen dabei Entsorgungskosten (Stand: 1997) zwischen 25,- € (Feinfraktion) und 175,- € (unzerkleinert), während sich beim Verkauf von unbehandeltem Altholz Erlöse zwischen 5,- € (Grobfraktion) und 30,- € (Feinfraktion) erzielen lassen (Buermann et al. 1997) (Originalangaben in DM).

Nur 15 % der in den USA anfallenden belasteten Schwellen und Masten werden verbrannt, 65 % von ihnen werden weiterverwendet und die restlichen 20 % deponiert. Durch die entstehenden Kosten für Transport und Verbrennung ist eine Deponierung der Schwellen teilweise kostengünstiger als ihre Verbrennung (Anonymus 1997).

Abgesehen von der geringen Akzeptanz der Abfallverbrennung bei der Bevölkerung ist zur Zeit die Verbrennungskapazität für Abfälle, vom Hausmüll bis zum besonders überwachungsbedürftigen Abfall, eine knappe und damit wertvolle Ressource, die jenen Stoffen vorbehalten bleiben sollte, deren anderweitige Verwertung oder Entsorgung entweder unmöglich oder sehr problematisch ist (Klassert 1994). So beklagen zwar die Betreiber von Müllverbrennungsanlagen die geringe Müllzuweisung durch die entsorgungspflichtigen Körperschaften (Anonymus 1999a), da diese gegenwärtig ihren Müll kostengünstig auf Deponien entsorgen können, für eine thermische Verwertung des gesamten Müllaufkommens fehlt in Deutschland jedoch die Kapazität. Die Kapazität der zur Zeit in Deutschland in Betrieb bzw. im Bau befindlichen Müllverbrennungsanlagen beträgt $14{,}52 \cdot 10^6$ t/a. Das durchschnittliche Müllaufkommen je Einwohner betrug 1994 413,99 kg; dies entspricht einer Gesamtmenge von $30{,}76 \cdot 10^6$ t. Auch bei der optimistischen Prognose, die für das Jahr 2005 von einer Senkung des durchschnittlichen Müllaufkommens je Einwohner auf 267,65 kg ausgeht, fehlt zu diesem Zeitpunkt immer noch eine Verbrennungskapazität von $8{,}99 \cdot 10^6$ t/a (Billigmann und Schulz-Ellermann 1997). Bei Betrachtung der Planungszeiträume für derartige Projekte ist ersichtlich, dass die fehlende Verbrennungskapazität auch in der nächsten Zeit nicht geschaffen wird (Abb. 6-1).

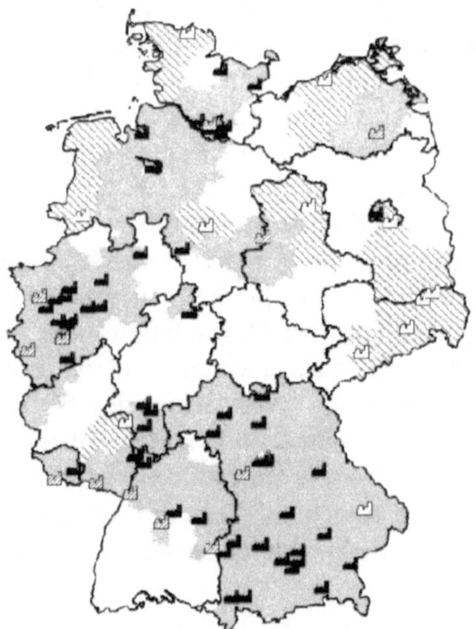

Abb. 6-1. Müllverbrennungsanlagen (MVA) in Deutschland (Stand 1997), graue Fläche: durch MVA abgedecktes Gebiet, schraffierte Fläche: überplantes Gebiet, schwarze Symbole: MVA in Betrieb, schraffierte Symbole: MVA in Bau, weiße Symbole: MVA in Planung (Billigmann und Schulz-Ellermann 1997)

6.1.2.3 Stoffliche Verwertung

In den USA werden teilweise geschredderte Altschwellen mit Kunstharz als Bindemittel zu neuen Schwellen verarbeitet (Klassert 1994). Von Anonymus (1993) wird ein ähnliches Verfahren zur Verwertung von alten Spanplatten beschrieben. Die fein geschredderten Platten werden mit biologischen Bindemitteln zu Granulaten verpresst, die als Styropor-Ersatz im Verpackungssektor eingesetzt werden können. An gleicher Stelle wird vorgeschlagen, aus diesem Produkt verrottbare Gefäße für die Pflanzenzucht herzustellen.

Verfahren zur Lösemittelextraktion der Schadstoffe aus dem Holz werden untersucht, eine technische Nutzung ist jedoch noch nicht bekannt (Klassert 1994).

Die früher übliche Weiternutzung von Bahnschwellen im Privatbereich, z.B. als Baumaterial für Gartenlauben, Ställe oder Zäune, ist aus toxikologischen und rechtlichen Gründen nicht mehr möglich. Die Verordnung zum Schutz vor gefährlichen Stoffen (Gefahrstoffverordnung – GefStoffV 1993) untersagt in Deutschland die Verwendung teerölimprägnierter Althölzer im Einwirkungsbereich von Privatpersonen.

Die Verwendung von geschreddertem Altholz im Garten- und Landschaftsbau ist eine Möglichkeit zur stofflichen Weiternutzung des Holzes. Vor dem Einsatz des Holzes, z.B. auf Rekultivierungsflächen des Braunkohlenbergbaus oder zum Schutz von Hanglagen vor Erosion, wird eine Verringerung des nun als Schadstoff angesehenen Holzschutzmittels angestrebt. Biologische Verfahren zur Reduzierung der Schadstoffbelastung können in kleinen Anlagen unweit vom Anfallort, in dessen Umgebung das behandelte Substrat im günstigsten Fall auch wieder nutzbringend eingesetzt wird, erfolgen und sind somit auch in Hinblick auf den Transportaufwand eine kostengünstige und umweltgerechte Alternative zu den bereits genannten Möglichkeiten der Altholzverwertung und Entsorgung.

Die Möglichkeit des Schadstoffabbaus in teerölbelastetem Holz durch Pilze wird von Majcherczyk und Hüttermann (1998) und von Kühne und Schwarz (1997) beschrieben. Die in diesen Arbeiten dargestellten Versuche gehen jedoch nicht über den Technikumsmaßstab hinaus. Der biologische Schadstoffabbau in belastetem Holz ist Gegenstand der Verfahren von Ringpfeil et al. (1994a, 1994b), Chmieleski und Kuhnert (1994) und Füchsel (1997). Auch von verschiedenen Firmen, z.B. Preussag Noel (Darmstadt) oder Mibrag (Borna), werden biologische Entsorgungsverfahren als Erfolg versprechend angesehen (Marutzky et al. 1993). Zu den genannten Verfahren sind jedoch keine detaillierten Untersuchungen zur Kinetik des Schadstoffabbaus bekannt, und es fehlen Untersuchungen zum Einfluss der Milieubedingungen auf den Rotteprozess.

Möglichkeiten zur biologischen und chemisch-technischen Dekontamination von mit salzhaltigen Holzschutzmitteln belastetem Holz wurden von Stephan (1994) untersucht. Bei diesem Verfahren werden die Schutzsalze durch organische Säuren ausgewaschen. Diese Säure kann auch durch Festbettfermentation des Altholzes mit Pilzen produziert werden. Der Pilz *Antroida vaillantii* bildet während des Holzabbaus hauptsächlich Oxalsäure. Die als Schutzsalzwirkstoffe eingesetzten Chromverbindungen können mit der Säure reagieren und werden in wasserlösliche Chromverbindungen überführt und ausgewaschen. Enthaltenes Kupfer fällt als Kupferoxalat aus. Dieses kann mit wässriger Ammoniaklösung ausgewaschen werden.

Das gleiche Prinzip wird von Leithoff (1997) genutzt. Der Pilz wird auf unkontaminierten Holzschnitzeln vorgezüchtet. Die Optimierung des Prozesses hinsichtlich Temperatur und Feuchtigkeit zeigte, dass das Pilzwachstum bei 34 – 36 °C eingestellt wurde. 45 – 100 % Holzfeuchte erwiesen sich am günstigsten für das Wachstum. Der erzielbare Reinheitsgrad wurde mit Restgehalten von 150 ppm Kupfer und Chrom bestimmt. Damit wurden die Grenzwerte der Güterichtlinie Kompost weit überschritten. Der Einsatz als Mulch oder Pflanzsubstrat ist für die behandelten Hackschnitzel nicht möglich.

6.1.3   Überblick über die Kompostierung

6.1.3.1   Kompostierung von Grünschnitt- und Bioabfällen

Die mikrobiologischen Vorgänge, der Verlauf des Rotteprozesses und die Verfahrensführung bei der Kompostierung von Biomüll, Haushaltabfällen und Klärschlamm ist in einer Reihe von Arbeiten untersucht worden (z.B. Epstein 1997, Beckmann 1990, Krogmann 1994, Jäger 1997, Haug 1993, Mathur 1991).

Kompostierung ist der biologische Abbau von organischer Substanz unter kontrollierten aeroben Bedingungen (Epstein 1997). Die Geschwindigkeit des Abbaus der organischen Substanz wird von einer Vielzahl von Milieufaktoren beeinflusst. Viele dieser Parameter stehen in enger Wechselbeziehung und werden zum einen durch die Tätigkeit der Mikroorganismen beeinflusst und üben zum anderen selbst Einfluss auf die Tätigkeit der Mikroorganismen aus. Von großem Einfluss auf den mikrobiellen Abbau der organischen Substanz sind der Sauerstoff- und Wassergehalt des Rottesubstrates. Weitere wichtige, die mikrobielle Aktivität und somit den Verlauf der Kompostierung beeinflussende Faktoren sind die Temperatur, der pH-Wert und die Versorgung mit Nährstoffen, besonders Kohlenstoff und Stickstoff. Kohlenstoff ist die prinzipielle Energiequelle für die meisten Mikroorganismen, und Stickstoff ist notwendig als Baustein zur Proteinsynthese. Die sich von Pflanzenbausteinen ableitenden Verbindungen sind Polymere (Kohlenhydrate, Proteine, Lipide, Cellulose, Hemicellulosen, Lignine, Cutine, Suberine, Wachse). Durch die mikrobiellen Aktivitäten kommen von abgestorbenen Bakterien, Pilzen und eventuell Algen Zellwandbestandteile wie Mureine, Chitine und Melanine hinzu. Bei der Rotte von organischem Material fehlen die anorganischen Komponenten des Bodens, die den Mineralisierungsprozess durch Sorptions- und Phasengrenzprozesse stark beeinflussen. Der größte Teil der organischen Pflanzensubstanz wird depolymerisiert und mineralisiert oder dient dem Neuaufbau organischer Polymerverbindungen. Eine besondere Rolle nimmt das Lignin ein, das den Pflanzen mechanische Festigkeit gibt und gegen mikrobiellen Angriff schützt. Dementsprechend ist es gegen den Zersetzungsprozess während der Rotte besonders widerstandsfähig. Lignin ist ein Heteropolymer mit einem Molekulargewicht von 100 000 Dalton oder größer. Das dreidimensional angeordnete Makromolekül besteht aus Phenylpropansäure-Monomeren, die über C-C- und C-O-C-Bindung verbunden sind. Phenolische sowie Carboxylgruppen bestimmen die Eigenschaften des Makromoleküls, insbesondere Brückenbindungen und Chelatisierungen (Abb. 6-2). Die mikrobielle Degradation des Ligninmoleküles ist möglich durch Radikalreaktionen. Die Ligninasen werden nahezu ausschließlich durch Basidiomyceten gebildet, mit Ausnahme einiger Deuteromyceten, Fungi imperfecti, Actinomyceten und Bakterien. Der enzymatische Angriff erfolgt auf die Seitenketten zwischen Cα- und Cβ-Atomen und auf den aromatischen Ring.

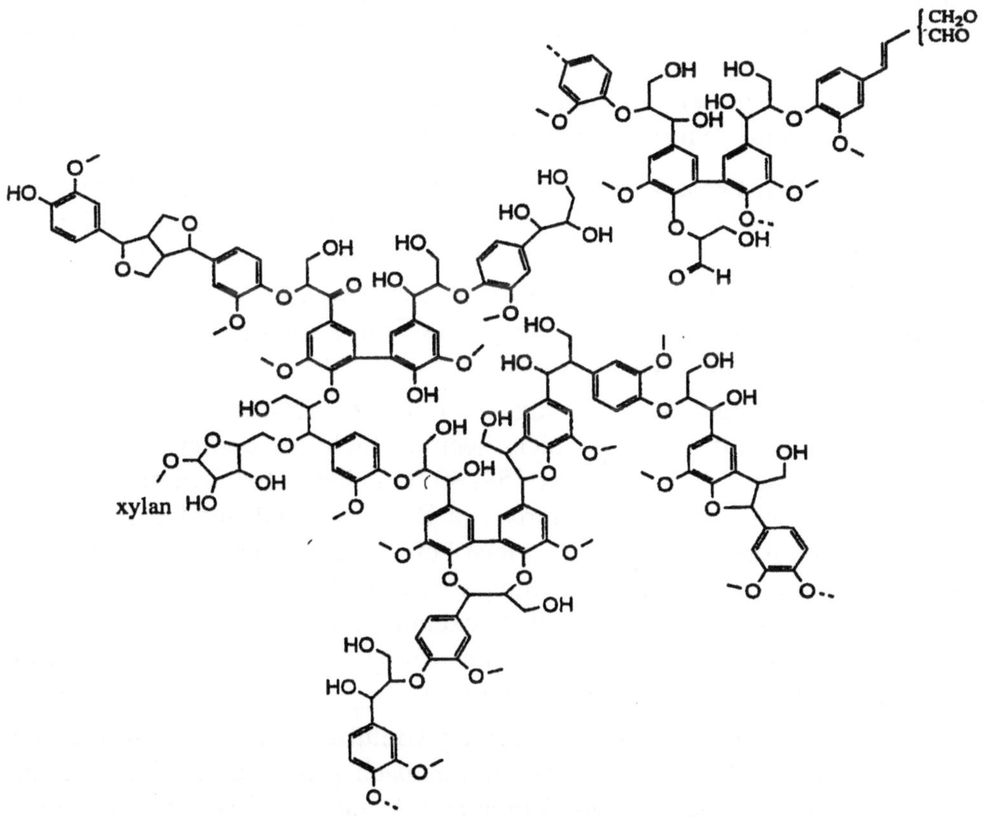

Abb. 6-2. Ligninpolymer eines Weichholzes (qualitatives Modell nach Brunow 2001)

Während des lignolytischen Zersetzungsprozesses bilden sich an den Bruchstücken Carboxylgruppen, deren relative Zunahme den Kompostierungsprozess begleitet. Es ist wichtig herauszustellen, dass die radikalische Oxidation des Lignins begleitet werden kann durch die Oxidation anderer persistenter, auch anthropogener Verbindungen. Diese Tatsache ist von besonderer Bedeutung für die Detoxifikation während eines Humifizierungsprozesses.

Die Humifizierung ist auch ein wichtiger Prozess im Kohlenstoff- und Stickstoffkreislauf. Der durch niedere Temperaturen zeitlich eingeschränkte Zersetzungsprozess führt auf der nördlichen Halbkugel zu großen Kohlenstoffsenken (z.B. Torfbildung). In der Äquatorialzone hingegen verlaufen auch die lignolytischen Prozesse mit höherer Geschwindigkeit, so dass es kaum zu einer Anreicherung von organischer Substanz im Boden kommen kann.

6.1.3.2 Beeinflussung der Kompostierung

Temperatur
Bedingt durch die Wechselwirkungen zwischen der durch die mikrobielle Tätigkeit erzeugten Wärme, der damit verbundenen Temperaturerhöhung des Substrates, der Wärmeabgabe an die Umgebung und der Auswirkung der Substrattemperatur auf die Tätigkeit der Mikroorganismen verläuft die Kompostierung in charakteristischen Temperaturphasen (Abb. 6-3, Kutzner und Jäger 1994):

- In der mesophilen Phase kommt eine Vielfalt von Bakterien und Pilzen zur Entwicklung, deren Wachstumsoptimum bei 20 – 40 °C liegt. Ihnen fallen die am leichtesten abbaubaren Inhaltsstoffe „zum Opfer". Infolge ihrer Stoffwechseltätigkeit erhöht sich die Temperatur auf etwa 40 – 50 °C. Dann stellen sie jedoch ihre Tätigkeit ein, und ein großer Teil – sofern er nicht resistente Sporen bzw. Konidien bildet – stirbt ab.

- Mit einer geringfügigen Verzögerung, die in einer „Temperaturschulter" zum Ausdruck kommt (oft allerdings nicht sehr deutlich ausgeprägt), beginnt die thermophile Phase, die bis zu etwa 75 – 80 °C anhält. Hier kommt es zu der Entwicklung eines breiten Spektrums von Bakterien und nur weniger Pilze, deren Temperaturmaximum jedoch meist bei 55 – 65 °C erreicht ist. Bei völliger Unterbindung der Wärmeableitung können 80 °C weit überschritten werden. In diesem Fall kann es zur Selbstentzündung des Materials kommen, die zwar bei Kompost sehr selten beobachtet wurde, häufig jedoch bei der Einbringung von ungenügend getrocknetem Heu.

- Je nach der Strategie der Kompostierung (Belüftung, Feuchte) sowie dem Ausgangsmaterial (Nährstoffvorrat) kann es nach Erreichen des Temperaturmaximums zur Ausbildung eines Temperaturplateaus bei 60 – 70 °C kommen, das mehrere Tage oder gar Wochen anhält. Dieses ist häufig bei der Nachrotte von Bioabfällen in großen Mieten zu beobachten. In dieser Phase setzt die thermophile Mikroflora ihre Abbautätigkeit fort und führt damit zur Reifung des Komposts.

- In der Abkühlphase nehmen infolge Substraterschöpfung (oder auch Austrocknung) die mikrobiellen Aktivitäten der thermophilen Mikroflora ab, und es kommt zu einer Wiederbesiedlung des Komposts durch mesophile Bakterien und Pilze, die entweder aufgrund von Sporen-/Konidienbildung die beiden vorangegangenen Phasen im Inneren des Kompostmaterials überlebt haben oder als vegetative Keime in den äußeren Zonen dem Temperaturstress entgangen sind. Auch diese Phase trägt noch zur „Reifung" des Komposts bei, d.h. zu seiner völligen Stabilisierung.

In der Temperaturerhöhung der Rotte zeigt sich zum einen deren mikrobielle Aktivität, und zum anderen wird durch die Temperatur die Tätigkeit der Mikroorganismen angeregt. Von MacGregor et al. (1981) wurde der Rotteprozess zwischen Kompostmieten, bei denen der Temperaturverlauf nicht beeinflusst wurde, mit Mieten, bei denen hingegen die Temperatur durch Steuerung der Belüftung beeinflusst wurde, verglichen. Als Kompostmaterial diente ein Gemisch von Klärschlamm und Holz im Verhältnis 1:1,8 (kg/kg). Die Rotte, bei der durch Steuerung der Belüftung die Maximaltemperatur auf 45 °C begrenzt wurde, war durch eine robustere Mikroorganismenpopulation, höheren Sauerstoffverbrauch und Wärmeproduktion sowie durch schnellere Austrocknung des Materials gegenüber einer Rotte gekennzeichnet, die ungeregelt eine Maximaltemperatur von über 70 °C erreichte (Abb. 6-3).

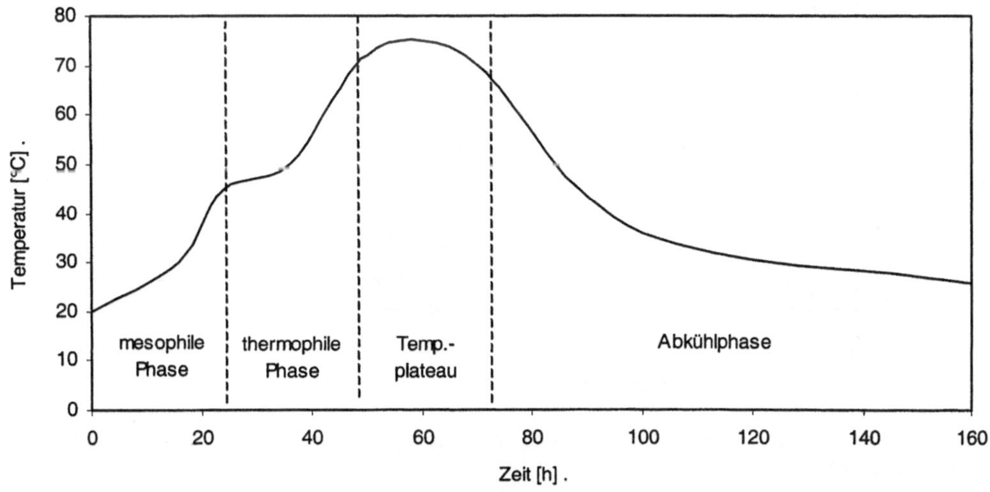

Abb. 6-3. Typischer Temperaturverlauf der Kompostierung von Grünschnitt- und Bioabfall

Viel et al. (1987) beschreiben bei der gemeinsamen Kompostierung von Klärschlamm (32 %), Flotationsschaum (8 %) und Pappelsägespänen (60 %) drei Phasen des Zusammenhanges zwischen Temperatur und mikrobieller Tätigkeit: Zwischen einer Temperatur von 55 °C und 60 °C stieg der O_2-Verbrauch linear von 1,7 l auf 2,0 l / h·kg TS. Zwischen 60 °C und 70 °C lag das Optimum des O_2-Verbrauchs, die durchschnittliche Verbrauchsrate betrug 2,0 − 2,3 l / h·kg TS. Bei Temperaturen zwischen 70 °C und 76 °C wurde die mikrobielle Tätigkeit deutlich gehemmt, die durchschnittliche Verbrauchsrate lag bei 1 − 1,8 l/h·kg TS.

Die beschriebenen Beispiele zeigen, dass die maximale mikrobielle Aktivität nicht bei der im Rotteverlauf maximal erreichbaren Temperatur liegt. Das Temperaturoptimum ist substratabhängig und entspricht dem Temperaturoptimum der das Substrat bevorzugt verwertenden Mikroorganismen.

Als Temperaturoptimum für den Schadstoffabbau in Böden geben Hupe et al. (1995) 30 °C, Bossert und Bartha (1984) 20 − 40 °C und Filip (1990) 25 − 40 °C an. Kohring et al. (1995) zeigen den schnellsten Abbau von Fluoren und Fluoranthen durch aus Sanierungsmieten isolierten Reinkulturen in einem Temperaturbereich von 22 − 34 °C, während bei einer Temperatur von 40 °C keine PAK-Metabolisierung mehr beobachtet wurde (Abb. 6-4). Von Wagenführ (1988) wird für die Hackschnitzelfermentation mit dem Weißfäulepilz *Trametes versicolor* als optimale Temperatur 26 °C und für *Pleurotus ostreatus* 27 °C angegeben.

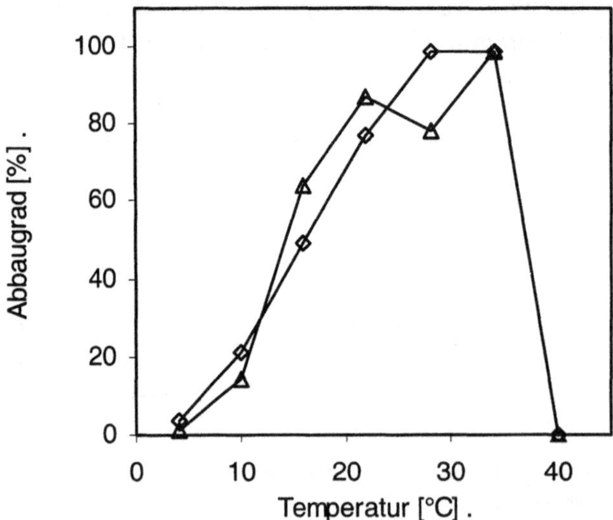

Abb. 6-4. Temperaturabhängigkeit des Abbaus von Fluoren (◇) und Fluaranthen (△) in 50 Tagen (Kohring et al. 1995)

Feuchtigkeit

Die Versorgung mit Nährstoffen und das Wachstum der Mikroorganismen ist nur in wässriger Lösung möglich. Das bedeutet, dass die Oberfläche des abzubauenden Substrates von Wasser umhüllt sein muss. Der minimale Wassergehalt der

Rotte ist dabei abhängig vom Bedarf der Mikroorganismen; der maximal mögliche Wassergehalt wird durch die Konkurrenz zwischen Luft und Wasser in den Poren des Rottegutes bestimmt (Tab. 6-1). Bei zu hohem Wassergehalt ist eine ausreichende Sauerstoffversorgung nicht mehr gewährleistet, da die Luft nicht mehr zu allen Stellen der Rotte gelangt. Die optimale Feuchte ist abhängig vom Verhältnis der mineralischen zu den organischen Stoffen in der Rotte. Sie kann um so höher sein, je höher der organische Anteil des Kompostmaterials ist (Thomé-Kozmiensky 1985). Bakterien benötigen im Allgemeinen höhere Feuchten als Pilze (Kutzner und Jäger 1994).

Tab. 6-1. Wassergehalt bei der Kompostierung

Feuchte	Substrat	Quelle
opt. H_2O: 40 – 60 Gew.-% max. H_2O: 70 Gew.-%	Müllkompost	Bidlingmaier 1983
min. H_2O: 25 Gew.-% max. H_2O: 70 Gew.-% opt. H_2O: 55 – 65 Gew.-%	Müllkompost	Christ 1993
50 % Wk_{max}	Bioabfallkompost	Gallenkemper et al. 1993
50 – 80 % WK_{max}	Boden	Harder und Höpner 1991
55 – 65 % WK_{max} 45 – 55 % WK_{max}	statische Rotte, Boden dynamische Rotte, Boden	Hupe et al. 1995
min. H_2O: 20 Gew.-% min. H_2O: 0,94 a_W	Bioabfallkompost	Krogmann 1994
min. H_2O: 30 – 35 Gew.-% max. H_2O: 74 – 90 Gew.-% max. H_2O: 75 – 85 Gew.-% max. H_2O: 55 – 65 Gew.-% max. H_2O: 50 – 55 Gew.-%	 Sägemehl, Hackschnitzel, Rinde Stroh Papier, Müll Küchenabfälle, Rasenschnitt	Kutzner und Jäger 1994
22 – 76 Gew.-%	Holz/Klärschlamm	MacGregor et al. 1981
65 Gew.-%	Baumrinde	Meinken 1985
50 – 60 Gew.-%	Holz	Stephan 1994
min. H_2O: 30 Gew.-% opt. H_2O: 50 Gew.-%	Müll/Klärschlamm	Thomé-Kozmiensky 1985

Der absolute Wassergehalt stellt bei der Beurteilung der Rottebedingungen nur einen groben Anhaltspunkt dar, da nur das Wasser in den Kapillaren und der Oberflächenfilm auf dem Rottegut für die Mikroorganismen frei verfügbar ist (Kutzner und Jäger 1994). Das osmotisch im Rottegut gebundene Quellwasser, der Wasserdampf in der Rotte und das Sickerwasser werden bei der Bestimmung des Wassergehaltes mit berücksichtigt, sind aber nicht für die Mikroorganismen verfügbar und nehmen somit keinen unmittelbaren Einfluss auf ihre Tätigkeit.

Besser lassen sich die Feuchte und die daraus resultierenden Bedingungen für das Wachstum von Mikroorganismen durch die Wasseraktivität (a_W-Wert) charakterisieren (Krogmann 1994, Kutzner und Jäger 1994, Schlegel 1992). Die Wasseraktivität ist das Verhältnis zwischen dem Dampfdruck über einer Substanz oder Lösung zum Dampfdruck über reinem Wasser. Sie kann bestimmt werden durch Messung der relativen Luftfeuchte, die sich in einem geschlossenen Gefäß über dem Substrat einstellt. Die Wasseraktivität ist bei gleicher absoluter Feuchte vom Material abhängig. Sie sollte bei der Kompostierung mindestens 0,94 betragen (Krogmann 1994).

Verschiedentlich wird auch die Feuchtigkeit in Relation zur maximalen Wasserhaltekapazität (WK_{max}) angegeben (Gallenkemper et al. 1993, Hupe et al. 1995). Die maximale Wasserhaltekapazität ist vom Kompostmaterial abhängig und ändert sich während des Rotteverlaufs. Bei Untersuchungen zum Vergleich zwischen Selbsterhitzung und Atmungsaktivität von Kompostmaterial wurden von Gallenkemper et al. (1993) für die Selbsterhitzung ein Feuchteoptimum von 25 – 40 % WK_{max} und für die Atmungsaktivität ein Optimum von 50 – 80 % WK_{max} ermittelt. Diese Differenzen lassen sich auf die unterschiedlichen Versuchsbedingungen zurückführen. Bei geringerer Gutfeuchte können höhere Maximaltemperaturen auftreten, da weniger Energie zum Erwärmen des Wasser benötigt wird. Als günstig werden von Gallenkemper et al. (1993) eine Feuchte des Kompostmaterials von 50 % WK_{max} angesehen.

Eine Feuchte von 50 – 60 Gew.-% stellt sich im Holz – abhängig von Holzart und Vorbehandlung – nach 24-stündiger Wässerung ein (Stephan 1994).

Bei der Hackschnitzelfermentation mit dem Braunfäulepilz *Formitopsis pinicola* wurde von Körner (1991) ab einer Holzfeuchte von 17 Gew.-% Wachstum festgestellt. In einem Bereich von 28 – 55 Gew.-% wurde kein Einfluss der Holzfeuchte auf das Wachstum des Pilzes beobachtet. Die Holzfeuchte kann sich aber auf die lag-Phase des Pilzes auswirken. So dauerte im zitierten Beispiel bei einer Feuchte von 33 – 44 Gew.-% die lag-Phase des Pilzes nur 0,5 Tage, während sie in anderen Bereichen bis 2,0 Tage betrug. Für die Hackschnitzelfermentation mit den Weißfäulepilzen *Trametes versicolor* und *Pleurotus ostreatus* wird von Wagenführ (1988) eine optimale Holzfeuchte von 40 – 60 Gew.-% angegeben.

Da nur ca. 10 % der produzierten Wärme zur Erwärmung der zur Belüftung eingetragenen Luft und die restlichen 90 % zur Verdunstung des Wassers genutzt werden, lässt sich aus der Abnahme der Feuchtigkeit auch auf den Rottefortschritt schließen (MacGregor et al. 1981). Die Beeinflussung des Wassergehaltes des Kompostmaterials ist neben der Regelung der Rottetemperatur ein wichtiger Aspekt zur zügigen Erlangung befriedigender Kompostqualitäten (Abb. 6-5).

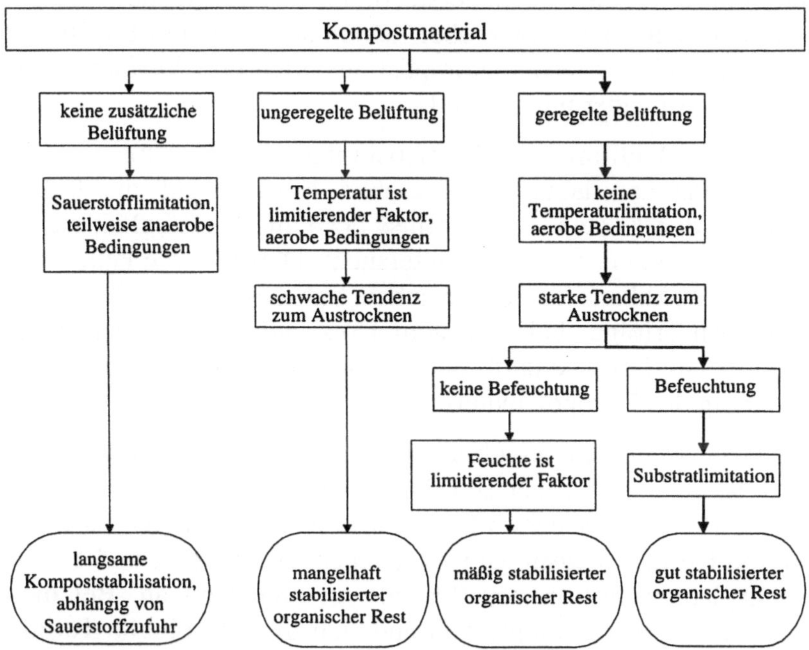

Abb. 6-5. Einfluss verschiedener Kompostierungsstrategien auf die biologische Aktivität (Finstein et al. 1986)

Belüftung

Durch die Belüftung der Rotte sollen die Mikroorganismen ausreichend mit Sauerstoff versorgt werden. Es wird die bei der Oxidation der organischen Substanz entstehende Wärme abgeführt und durch Wasseraufnahme der Luft das Substrat getrocknet.

Den Einfluss verschiedener Belüftungsmethoden auf den Rotteverlauf bei der Kompostierung von landwirtschaftlichen Abfällen untersuchten Fernandes und Sartaj (1997). Sie verglichen an Kompostmieten mit einem Volumen von 5 m^3 die Belüftungsmethoden natürliche Belüftung, passive Belüftung und Zwangsbelüftung. Bei der natürlichen Belüftung erfolgt die Sauerstoffversorgung der Rotte durch Diffusion von Luft in den Mietenkörper und der Sauerstofftransport innerhalb der Rotte durch thermischen Auftrieb. Die passive Belüftung ist der natürlichen Belüftung ähnlich, jedoch wird hier durch in den Mietenkörper eingebaute perforierte Röhren die Sauerstoffaufnahme erleichtert. Bei der Zwangsbelüftung wird durch derartige Röhren oder durch einen perforierten Boden Luft in die Mieten gepresst bzw. hindurchgesaugt. Die Sauerstoffversorgung durch passive Belüftung war in den Untersuchungen von Fernandes und Sartaj (1997) ähnlich wie bei der Zwangsbelüftung. Die passive Belüftung hat jedoch gegenüber der Zwangsbelüftung den Vorteil, dass keine zusätzliche Energie zur Belüftung benötigt wird.

Bei der natürlichen Belüftung war die Sauerstoffkonzentration in der Miete zu Versuchsbeginn etwas geringer. Dies hatte aber keinen signifikanten Einfluss auf den Rotteverlauf, so dass sich der fertige Kompost aus allen drei Verfahrensvarianten nicht wesentlich voneinander unterschied.

Eine weitere Methode zur Belüftung von Kompostmieten ist das Umsetzen. Die Häufigkeit des Umsetzens hat dabei einen großen Einfluss auf die bei der Kompostierung entstehenden Kosten. Der Einfluss der Umsetzhäufigkeit auf den Rotteverlauf wurde von Michel et al. (1996) untersucht. Dabei wurde keine signifikante Beeinflussung des Abbaus der organischen Substanz und anderer Parameter festgestellt. Jedoch erfolgte bei häufigem Umsetzen eine schnellere Zunahme der Schüttdichte. Die Ursache dafür ist die mit dem Umsetzen verbundene zusätzliche Zerkleinerung des Kompostmaterials.

Nach Bidlingmaier (1983) und Körner (1991) soll die O_2-Konzentration in der Abluft nicht unter 10 % liegen. Strom et al. (1980) geben eine minimale O_2-Konzentration von 5 % an. Bei einer Sauerstoffkonzentration von weniger als 2 % ist mit dem Auftreten von Geruchsbelastungen zu rechnen. Auch Suler und Finstein (1977) geben eine O_2-Konzentration von 2 % als unzureichend an. Bei dieser Konzentration wird der Abbau gehemmt, während sich die mikrobielle Tätigkeit bei einer O_2-Konzentration zwischen 10 – 18 % nur unwesentlich unterschied.

Nach Finstein et al. (1986) ist in Abhängigkeit der Substratfeuchte eine minimale O_2-Konzentration in der Abluft von 5 – 10 % notwendig. Scheffer und Schachtschabel (1992) zeigen die Mineralisierung von im Boden eingebrachtem Weizenstroh in Abhängigkeit des Sauerstoffgehaltes der Bodenluft (Abb. 6-6). Daraus lässt sich interpolieren, dass bei O_2-Konzentrationen über 10 % die Mineralisierung nicht signifikant gehemmt wird.

Im Allgemeinen wird zur Ableitung der Reaktionswärme und zur Trocknung des Substrates ein Mehrfaches an Luft benötigt, als zur O_2-Versorgung der Mikroorganismen notwendig ist, so dass bei einer kontrollierten Verfahrensführung nicht mit einer Sauerstofflimitation der mikrobiellen Tätigkeit gerechnet werden muss. So wird bei der kompletten Oxidation organischen Materials eine Energiemenge von 14 000 kJ/kg Sauerstoff frei. Bei Zuluft mit einer Temperatur von 20 °C und 50 % relativer Luftfeuchte, die die Rotte Wasser gesättigt mit einer Temperatur von 60 °C verlässt, werden 38,7 kg trockene Luft zur Ableitung der Reaktionswärme benötigt und nur 4,31 kg Luft zur Sauerstoffversorgung (Finstein et al. 1986).

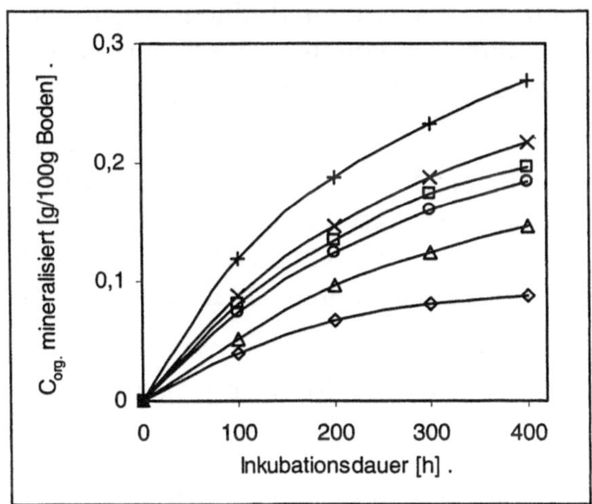

Abb. 6-6. Mineralisierung von im Boden eingebrachtem Weizenstroh bei unterschiedlichen Sauerstoffgehalten der Bodenluft ($+$ 21 % O_2, $\times$ 5 % O_2, $\square$ 2,5 % O_2, $\triangle$ % O_2, $\diamondsuit$ 0 % O_2) (Scheffer und Schachtschabel 1992)

pH-Wert

Die meisten Mikroorganismen wachsen am besten bei einem neutralen pH-Wert, wobei sich im alkalischen Milieu meist Bakterien und im sauren Milieu vorwiegend Pilze durchsetzen. Der pH-Wert von Pflanzen beträgt ungefähr 6 und wird bei der Lagerung von Pflanzenabfällen durch anaerobe Vorgänge gesenkt (Krogmann 1994). Holz hat im Allgemeinen einen pH-Wert von 5 – 6 (Wagenführ 1988).

Der pH-Wert des Kompostmaterials übt auf den Rotteverlauf einen wesentlichen Einfluss aus (Fricke 1990). Für das Ausgangsmaterial der Kompostierung von Bioabfall und Hausmüll ist ein in gewissen Grenzen schwankender neutraler pH-Wert (Glathe et al. 1985) bzw. ein leicht alkalisches Milieu am günstigsten (Thomé-Kozmiensky 1985). Durch Schaffung eines sauren Milieus kann die Dominanz Holz zerstörender Pilze unterstützt werden (Körner 1994). Als günstigen Bereich für den Schadstoffabbau in Böden wird von Filip (1990) ein pH-Wert von 6 – 8, von Dalyan et al. (1991) ein pH-Wert von 6,5 – 8,0 und von Hupe et al. (1995) ein pH-Wert von 4,6 – 9,5 angegeben.

Ein Absinken des pH-Wertes bei der Kompostierung deutet auf die Bildung organischer Säuren und die Produktion von CO_2. Während der Kompostierung steigt in der thermophilen Phase, bedingt durch den Abbau bzw. die Verflüchtigung organischer Säuren, der pH-Wert im Allgemeinen an. In der Reifephase des Komposts sinkt dann durch Aufnahme von Ammonium und Nitrifikation der pH-Wert wieder. Bei leicht abbaubarem Substrat kann durch pH-Anhebung zu Beginn der Kompostierung der Temperaturanstieg in der Rotte beschleunigt werden. Der

Abbau des Substrates führt in diesem Fall zur verstärkten Bildung organischer Säuren, die sonst die mikrobielle Tätigkeit inhibieren könnten. Durch ausreichende Belüftung wird weniger CO_2 in der Rotte angereichert, woraus ein höherer pH-Wert resultiert als bei ungenügend belüfteten Rotten (Krogmann 1994).

Der Vergleich der pH- Änderung bei Rotten unterschiedlicher Maximaltemperatur zeigte bei der Rotte mit der höchsten mikrobiellen Aktivität (Temperatur 45 °C) einen schnelleren Anstieg als bei den anderen Rotten (55 °C und 65 °C), die durch eine geringere mikrobielle Aktivität gekennzeichnet waren (MacGregor et al. 1981).

Die Beeinflussung des pH-Wertes durch verschiedene Mikroorganismen beim mikrobiellen Abbau von Holz ist in Tab. 6-2 zusammengefasst (Körner 1994).

Tab. 6-2. Änderung des pH-Wertes von Holz durch verschiedene Mikroorganismen (Körner 1994)

Braunfäulepilze	starker Anstieg des pH-Wertes, bis die Cellulose um etwa die Hälfte abgenommen hat
Weißfäulepilze	anfangs schwacher oder kein Anstieg des pH-Wertes, später Absinken
Moderfäulepilze	beständiges Absinken des pH-Wertes
Bläuepilze	schwaches Absinken des pH-Wertes
bakterielles Faulen	sehr langsamer Anstieg des pH-Wertes

Nährstoffe

Nach Kohlenstoff, Sauerstoff und Wasserstoff steht Stickstoff bei der elementaren Zusammensetzung organischer Substanz an vierter Stelle. Das C/N-Verhältnis in der Biomasse beträgt 5 – 7. Da nur ca. 20 % des im Substrat vorhandenen Kohlenstoffs zum Aufbau neuer Biomasse und 80 % für die Energiegewinnung benötigt wird, beträgt das optimale C/N-Verhältnis bei der Kompostierung von Grün- und Bioabfall 25 – 35 (Thomé-Kozmiensky 1985). Für holziges Material wird ein C/N-Verhältnis von 35 – 40 empfohlen (Krogmann 1994).

Bei zu hohen C/N-Verhältnissen wird der Beginn der Rotte verzögert. Zur Reduzierung des C/N-Verhältnisses sind mehrere Lebenszyklen der Mikroorganismen notwendig. Der in die Biomasse eingebaute Stickstoff steht nach Absterben und Lyse der Zellen wieder zum Biomasseaufbau zur Verfügung, während ca. $^2/_3$ des in die Zellen eingebauten Kohlenstoffs durch andere Mikroorganismen zu CO_2 veratmet wird. Bei zu engem C/N-Verhältnis steht zu wenig Kohlenstoff zum Aufbau von Aminosäuren zur Verfügung, so dass ein Teil des Stickstoffs als Ammoniak freigesetzt werden kann. Jedoch ist die Wachstumsrate der Mikroorganismen in diesem Fall höher, besonders bei der Klärschlammkompostierung (Thomé-Kozmiensky 1985).

Von Bedeutung für den Rotteverlauf ist die Art der Stickstoffgabe. Von Meinken (1985) wurde bei der Kompostierung frischer Fichtenrinde Stickstoff in Form von Harnstoff, Ammoniumsulfat und Calciumnitrat zugegeben. Bei den Rotten, denen der Stickstoff in Form von Harnstoff zugegeben wurde, konnte ein schnellerer und höherer Temperaturanstieg beobachtet werden als bei den anderen Rotten. Nach zwei Wochen Kompostierungsdauer war die Rotte mit Harnstoff von einem dichten Pilzmycel durchwachsen. Bei der Rotte mit Ammoniumsulfat wurde nach dieser Zeit nur wenig Pilzmycel festgestellt, und in der Rotte mit Calciumnitrat war überhaupt kein Mycel feststellbar. Die Abb. 6-7 zeigt den Einfluss von Stickstoffkonzentration und Bindungsform auf den Sauerstoffverbrauch bei der Kompostierung von Grünschnitt- und Bioabfall.

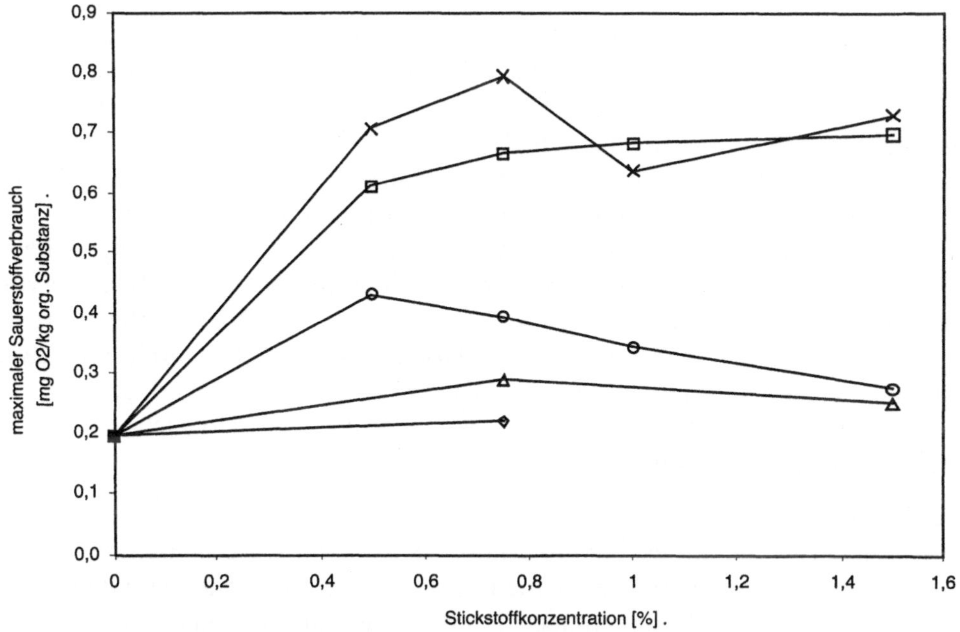

Abb. 6-7. Einfluss von Stickstoffkonzentration und Bindungsform auf den Sauerstoffverbrauch während der Kompostierung ($\Diamond$ $Ca(NO_3)_2$, $\triangle$ KNO_3, O NH_4NO_3, $\square$ NH_4OH, $\times$ $CO(NH_2)_2$) (Epstein 1997)

Die Ausprägung des ligninolytischen Enzymsystems wird bei einigen Weißfäulepilzen durch die Stickstoffkonzentration im Medium beeinflusst. Dazu gibt es jedoch uneinheitliche Angaben, die teilweise für den gleichen Pilz gegensätzliche Aussagen treffen. Zum Beispiel beschreiben Leatham und Kirk (1983) für *Phanerochaete chrysosporium* die Ausprägung des ligninolytischen Enzymsystems bei Stickstoffmangelbedingungen, während Srinivasen et al. (1995) für diesen Pilz die höchste Laccaseaktivität bei ausreichender Stickstoffversorgung beobachtet haben. Bei *Corioliopsis gallica* wurde von Calvo et al. (1998) die höchste Laccaseaktivität bei Stickstoffmangel gemessen. Für *Nematoloma frowardii* beschreiben Hofrichter und Fritsche (1997) die höchste Laccaseaktivität bei ausreichender Stickstoffversorgung, während bei Stickstoffmangel die Aktivität aller drei ligninolytischen Enzyme gehemmt wurde.

Substratstruktur

Die Substratstruktur beeinflusst den Rotteprozess auf verschiedene Weise. Durch die Struktur des Kompostmaterials müssen die Sauerstoffversorgung der Mikroorganismen, die Abführung des gebildeten CO_2 sowie die Abführung der Reaktionswärme durch Sättigung der sich erwärmenden Zuluft mit Wasser gewährleistet sein (Kutzner und Jäger 1994). Von der Substratstruktur ist der Druckverlust in der Rotte und somit der zur Belüftung erforderliche Energieaufwand abhängig.

Das Porenvolumen sollte 20 – 30 Vol.-% (Krogmann 1994, Kutzner und Jäger 1994) bzw. 25 – 35 Vol.-% (Christ 1993) der Rotte betragen. Nach Christ (1993) ist bei einem Porenvolumen von unter 25 Vol.-% keine ausreichende O_2-Versorgung der Mikroorganismen mehr gewährleistet, während bei einem Porenvolumen von über 35 Vol.-% das Wasserhaltevermögen der Rotte sinkt, so dass eine unzureichende Versorgung mit Nährstoffen eintreten kann. Die von Körner (1991) für die Hackschnitzelfermentation als optimal angegebene Schüttdichte von 170 – 190 kg/m^3 entspricht bei einer geschätzten Holzdichte von 450 – 800 kg/m^3 einem Porenvolumen von 58 – 79 Vol.-%. Dieser hohe Wert ist durch die Form und Druckstabilität des Holzes begründet. Durch die hohe Wasserhaltekapazität des Holzes ist ein Wasser- und Nährstoffverlust nicht zu erwarten. Auch von Stahel et al. (1987) werden für Holzschnitzel eine durchschnittliche Schüttdichte von 200 kg/m^3 angegeben.

Für die Porosität des Kompostmaterials, also die Größe der Zwischenräume und Luftkanäle in der Rotte, gilt es, ein Optimum einzustellen. Durch möglichst kleine Partikel wird die den Mikroorganismen zur Verfügung stehende Oberfläche vergrößert. Kleine Partikel können aber durch das auf sie drückende Gewicht soweit verdichtet werden, dass dadurch die Sauerstoffversorgung behindert wird. Bei holzigem Material ist noch bei einer Partikelgröße unter einem Zentimeter die Strukturstabilität gewährleistet. Bei Küchenabfällen sollten zur Sicherung der Substratstruktur die Partikel größer als 2,5 – 5 cm sein (Krogmann 1994). Von Körner (1994) wurde der Einfluss der Hackschnitzelgröße auf das Durchwachsen mit Braunfäulepilzmycel untersucht. Dabei konnte für Holzhackschnitzel mit einer Länge von 20 – 30 mm und einer Breite von 4 –10 mm kein Einfluss der Größe auf das Mycelwachstum nachgewiesen werden.

Zusammenfassend kann gesagt werden, dass der mikrobielle Zersetzungsprozess der organischen Pflanzensubstanz unter Bedingungen verläuft, die auch die gleichzeitige Zersetzung von Schadstoffen ermöglichen. Die Frage, ob genetische

Information (z.B. unzersetzte DNA aus Pflanzen oder Mikroorganismen) in der persistenten Restsubstanz enthalten sein kann, ist von besonderer Bedeutung für die Zersetzung genetisch veränderten Pflanzenmaterials oder auch für Hygienisierungsprozesse. Sie kann heute noch nicht abschließend beurteilt werden. Erste Ergebnisse der Untersuchung gentechnisch veränderter Maispflanzen während des Kompostierungsprozesses zeigten, dass die eingebrachte neue Erbinformation (in diesem Falle Herbizid-Resistenz) nicht weitergegeben wurde. Die Kompostierung von derartigen Pflanzenresten wird empfohlen (Peters et al. 2000).

6.1.4 Mikrobieller Abbau von PAK

PAK entstehen bei der Pyrolyse und der unvollständigen Verbrennung vieler fossiler und anthropogener Substanzen (Abb. 6-8). Da sie auch bei natürlichen Vorgängen, wie z.B. Waldbränden und Vulkanismus entstehen, sind sie ubiquitär verbreitet, und es entstanden im Verlauf der Evolution Mikroorganismen, die zum Abbau von PAK befähigt sind. Der Abbau von PAK erfolgt über verschiedene Wege und Mechanismen, die von der Struktur des jeweiligen Stoffes, vom Organismus und den herrschenden Umgebungsbedingungen abhängig sind. Kästner et al. (1993) unterscheiden die folgenden drei Typen des PAK-Abbaus: vollständige Mineralisierung, cometabolische Transformation und unspezifische radikalische Oxidation. Ein zusammenfassender Überblick wird von Kästner (2000a) gegeben (Abb. 6-9).

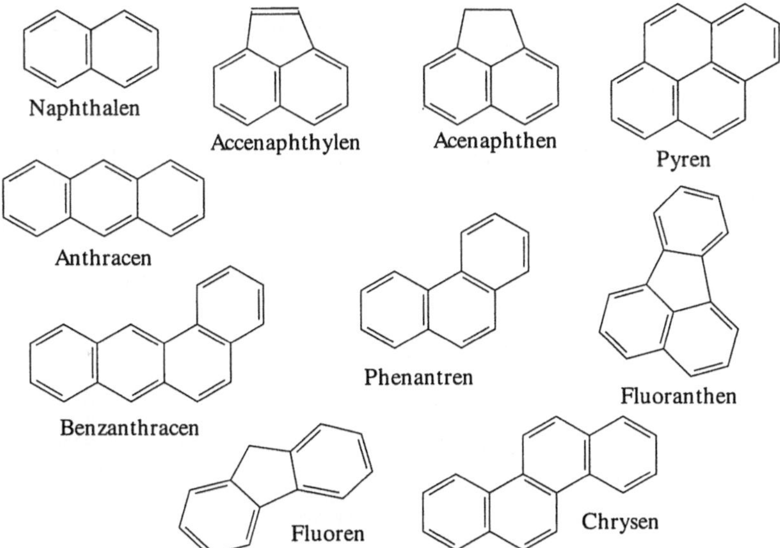

Abb. 6-8. Auswahl von 16 wichtigen von der EPA als Standards benannten PAK (nach Kästner 2000a)

Die vollständige Mineralisierung erfolgt intrazellulär ohne Bildung bzw. Akkumulation von Zwischenprodukten. Das Ringgerüst wird dabei vollständig abgebaut; als Hauptprodukt entsteht CO_2. Der vollständige Abbau zu CO_2 ist theoretisch erst nach sehr langer Zeit abgeschlossen, da ein Teil des Kohlenstoffs auch in die Biomasse eingebaut wird und erst mineralisiert wird, wenn diese Zellen lysieren und als Substrat für andere Mikroorganismen dienen.

Viele Mikroorganismen, die nicht auf PAK als alleiniger Kohlenstoff- und Energiequelle wachsen können, sind bei Anwesenheit einer weiteren Kohlenstoffquelle zur Transformation von PAK befähigt. So werden viele PAK mit mehr als drei Ringen bei Vorhandensein einer anderen Kohlenstoffquelle mikrobiell transformiert, während sie isoliert einem Abbau widerstehen. Die cometabolische Transformation von PAK erfolgt überwiegend intrazellulär. Bei der partiellen Oxidation des Ringgerüstes kommt es in der Regel zur Akkumulation leichtoxidierter Metabolite. Das Auftreten von CO_2 als Produkt ist möglich. Bei Bakterien ist der Initialschritt der cometabolischen Transformation in vielen Fällen ähnlich dem unter mineralisierenden Bedingungen, jedoch kommt es häufig nicht zur Ringspaltung. Pilze transformieren PAK häufig zu trans-Diolen. Unter Umständen kann durch die Transformation erst das kanzerogene Potenzial der PAK aktiviert werden. Die gebildeten Intermediate sind ähnlich den kanzerogenen und mutagenen Stoffen, die aus PAK in Säugerzellen gebildet werden. Sie unterscheiden sich aber in ihrer sterischen Konformation. Diese Produkte müssen nicht ebenfalls toxisch wirken. Vielmehr kann die Bildung wasserlöslicher Sulfat-, Glucuronid- und Glykosidkonjugate, die im Verlauf des weiteren Stoffwechsels aus der Zelle ausgeschieden werden können, einen Mechanismus zur Entgiftung des Organismus darstellen (Pothuluri et al. 1990).

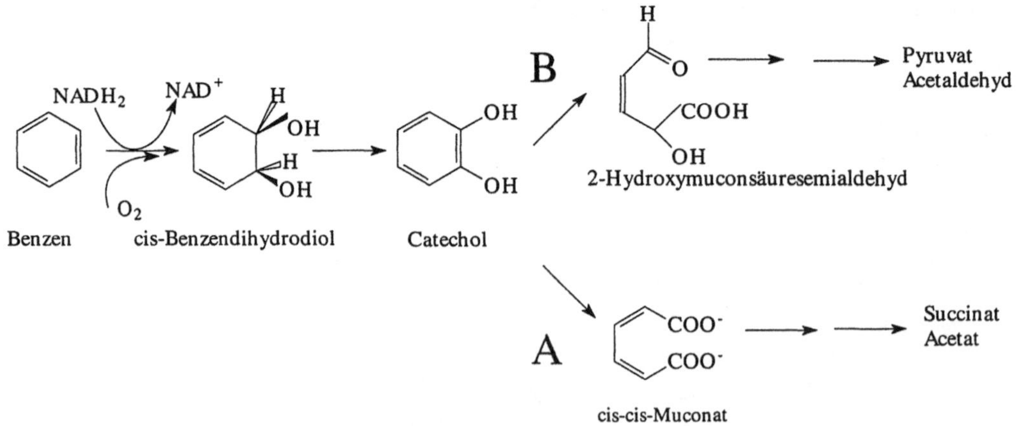

Abb. 6-9. Vereinfachter Weg der Ringspaltung nach dem ortho-Weg (A) bzw. dem meta-Weg (B) mit der Bildung von Metaboliten des zentralen Stoffwechsels (nach Kästner 2000a)

Die unspezifische radikalische Oxidation wird durch die Eigenschaften der ligninolytischen Enzymsysteme der Weißfäulepilze ermöglicht. Mit Hilfe des ligninolytischen Enzymsystems sind die Weißfäulepilze zum Abbau des Lignins befähigt. Aufgrund der makromolekularen Struktur und der Wasserunlöslichkeit kann der Abbau des Lignins nur über extrazelluläre Enzyme erfolgen. Mit diesen Enzymsystemen (Ligninperoxidasen, manganabhängigen Peroxidasen und Laccasen), deren Wirkungsmechanismen im Detail noch nicht vollständig aufgeklärt sind, sind die Pilze fähig, durch radikalkatalysierte Spaltungsreaktionen Lignin unspezifisch zu depolymerisieren (Kästner 1998). Diese Enzymsysteme sind jedoch nicht nur am Abbau des Lignins beteiligt, sondern sie katalysieren auch die Reaktionen zum Ligninaufbau. Bereits 1948 konnte Freudenberg Coniferylalkohol durch die in einem Extrakt aus *Agaricus campester* enthaltene Laccase polymerisieren (Krüger 1976). Hofrichter et al. (1999) beschreiben die durch Meerrettichperoxidase katalysierte Polymerisation von Coniferylalkohol zu einem „synthetischen Lignin". Aufgrund der Ähnlichkeit der Ligninstruktur mit PAK (Abb. 6-8), aber auch mit polychlorierten Biphenylen, können Weißfäulepilze auch, zumindest teilweise, durch unspezifische radikalische Oxidation Xenobiotika abbauen. Der biologische Abbau von Huminstoffen wird in einer Übersicht von Kästner und Hofrichter (2001) zusammenfassend dargestellt.

6.1.5   Festlegung von Schadstoffen in Huminstoffen

Die biotische Zersetzung des Lignins führt zu Makromolekülen mit einer erhöhten Zahl von funktionellen Gruppen, die im Verlauf der Humifizierung zu weiteren Interaktionen fähig sind. In diese Wechselbeziehungen können auch anthropogene Stoffe oder deren Umsetzungsprodukte mit Mikroorganismen einbezogen werden. Unterstützt werden die chemischen Umsetzungen durch Photooxidation. Die Reaktionsprodukte sind im Normalfall mikrobiologisch weniger angreifbar, da die Bioverfügbarkeit der Einzelkomponenten erniedrigt worden ist.

Zur Charakterisierung des Humifizierungsprozesses wurden aus pragmatischen Gründen Einteilungen getroffen, von denen sich die Unterscheidung in

- Fulvinsäuren (Molmassen 250 – 2 100 Dalton), Fraktion löslich in Säuren und Basen,
- Huminsäuren (HS) (Molmassen 1 400 – 100 000 Dalton), Fraktion löslich in Basen, mit Säuren ausfällbar,
- Humine (Molmassen wie Huminsäuren, die Struktur ist jedoch komplexer), Fraktion unlöslich in Säuren und Basen

herausgebildet hat.

Es gab eine Vielzahl von Versuchen, die Struktur der Huminstoffe zu beschreiben. Die Eigenschaften der HS, die für die Umsetzung mit niedermolekularen organischen Verbindungen wichtig sind, lassen sich am besten dadurch erklären, dass eine dreidimensionale Matrixanordnung nach sterischen und energetischen Gegebenheiten erfolgt. Diese Anordnung kann durch äußere Einwirkungen wie z.B. Temperaturerhöhung, pH-Veränderungen, Interaktionen mit Wasser u.a. verändert werden. Die dreidimensionale Matrix besitzt Hohlräume, in die kleinere Moleküle „hineinpassen" können. Dadurch ist ein Schutz- oder Käfigeffekt erklärbar, der zu einem „Verschwinden", d.h. der Unmöglichkeit eines analytischen Nachweises mit traditionellen Methoden, führen kann. Die Zahl und Art der funktionellen Gruppen, die Ausbildung hydrophiler und hydrophober Zonen ist verantwortlich für physikalische Eigenschaften wie für die Veränderung der Oberflächenspannung („Tensideigenschaften"). Die Einbeziehung von Kationen in die dreidimensionale Struktur bewirkt entscheidende Veränderungen der Eigenschaften. Insbesondere die Möglichkeiten eines Elektronentransfers durch Fe(III)-Fe(II)-Reaktionen unter Beteiligung des HS-Moleküles (Elektronen-Shuttle) eröffnet neue Aspekte einer Huminstoff-Schadstoffwechselwirkung und der indirekten Beteiligung von Mikroorganismen z.B. an der Eisen(III)-Reduktion.

Bei einer Wechselwirkung innerhalb des Huminstoffmoleküles und mit Fremdstoffen spielen Stickstoffverbindungen eine besondere Rolle. Die Art der Bindung (Amide, heterocyclisch, Azogruppen) ist entscheidend für die Stabilität der Bindung selbst.

Die HS sind aggregiert und bei hohem Wassergehalt kolloid. Die Aggregate selbst sind durch schwache Wechselwirkungen verbunden und können mechanisch getrennt werden.

HS besitzen eine hohe Lichtabsorption und erscheinen dadurch schwarz. Die Rolle chinoider Strukturen mit der Ausbildung von Elektronenresonanzen mag dafür verantwortlich sein. Die elektrische Leitfähigkeit liegt zwischen der von Halbleitern und isolierenden Stoffen.

Es beginnt sich durchzusetzen, von Huminstoffen allgemein als refraktären (= schwer abbaubaren, persistenten) Substanzen zu sprechen.

Aus der Bodenkunde ist durch die Anwendung von Pestiziden und Herbiziden der Begriff der nicht extrahierbaren Rückstände (bound residues) bekannt geworden. Diesen Effekt kann man überall dort beobachten, wo in Böden und Sedimenten ein organischer Anteil vorhanden ist. Die Bildung von nicht extrahierbaren Rückständen hängt stark von den reaktiven Gruppen der niedermolekularen Verbindung ab. So bilden Verbindungen mit Carboxyl-, Hydroxyl-, Phosophat-, Nitro- und Aminogruppen leicht „bound residues", chlorierte Verbindungen hingegen weniger. Bei der Untersuchung der Agrochemikalien war es von besonderem Interesse, ob sich kovalente Bindungen zur Matrix ausbilden. Durch ^{15}N-NMR-Spektroskopie konnte gezeigt werden, dass ^{15}N-markiertes Anilin in natürliche

Huminstoffe kovalent eingebunden wurde. Dabei wurden Anilinhydrochinon, Anilinchinon, Anilide und N-Heterocyclen in diesem Prozess nachgewiesen.

Die allgemeine Betrachtung der Einlagerung auch anderer umweltrelevanter Verbindungen wie PAKs fand zunehmendes Interesse unter dem Aspekt der Beständigkeit der gebildeten Assoziate. Von Kästner liegt eine zusammenfassende Darstellung vor (Kästner 2000b).

Die Art der Bindung an die Matrix kann unterschieden werden nach Sorption, physikalischer Einlagerung in die Hohlräume und nach erwähnter kovalenter Bindung. Die Sorption ist reversibel und wird bewirkt durch van-der-Waals-Kräfte, Wasserstoffbrückenbildung, Dipol-Dipol-Wechselwirkung, elektrostatische Wechselwirkungen, Liganden-Austausch und Charge-Transfer-Komplexe. Diese Kräfte können sich addieren und die Adsorptions-Desorptions-Hysterese von PAK in der organischen Bodenmatrix bewirken. Danach werden 30 – 50 % der Ausgangssubstanz auch nach einigen Wochen nicht desorbiert. Die Einlagerung in Hohlräume der Huminstoff-Matrix-Struktur ist abhängig von hydrophilen-hydrophoben Wechselwirkungen. Die stabilste Form ist die Bildung kovalenter Bindungen. Diese ist für PAK erst dann möglich, wenn eine Modifikation des inerten Kohlenwasserstoffmoleküles stattgefunden hat. Dazu müssen die Bedingungen für mikrobiologische Startreaktionen gegeben sein, so z.B. Enzyminduktionen. Eine Unterscheidung im Fall der PAK zwischen sorbierten und gebundenen Molekülen ist durch Pyrolyse-GC-MS (thermische Zersetzung der Untersuchungssubstanz in einer Pyrolysezelle, der eine Gaschromatografie-Massenspektroskopie-Kopplung nachgeschaltet ist) möglich. PAK zeigen bei mikrobiologischen Reaktionen eine unvollständige Umsetzung, so dass immer ein bemerkenswerter Anteil der unumgesetzten Ausgangssubstanzen wieder extrahiert werden kann.

Die Stabilität der gebildeten Huminstoff-PAK-Komplexe ist von besonderer praktischer Relevanz. Huminstoffe selbst können ein geologisches Alter von mehreren tausend Jahren erreichen. Die schnell umsetzbare organische Bodenfraktion (aktiver Boden) erreicht 1 – 5 Jahre, die langsam zersetzbare Fraktion 20 – 40 Jahre. Es ist jedoch nicht möglich, aus dem zu erwartenden turn over der Huminstoffe auf die Beständigkeit der „bond residues" zu schließen. Richnow et al. (1995, 1998) und Kästner et al. (1999) arbeiteten mit ^{14}C-markiertem Anthracen in Böden und fanden nach der vollständigen Auszehrung des markierten Anthracens eine leichte kontinuierliche Mineralisation, jedoch keine Mobilisierung der Ausgangssubstanz. Alterungssimulation durch Zusatz von Huminstoffe zersetzenden Pilzen und mechanische Behandlung wie Einfrieren und Auftauen zeigten ebenfalls die Stabilität der bound residues. Es konnte sogar eine erhöhte Mineralisierung der Ausgangssubstanzen beobachtet werden, die mit Änderungen der Matrix-Struktur zusammenhängen könnte. Aus der organischen Matrix konnten mehr als 50 % der Ausgangssubstanzen mit der Huminsäurefraktion gefällt werden und waren durch organische Lösungsmittel nicht zu extrahieren. Die zitierten

Autoren untersuchen den Abbau der gebundenen Reste (bis 340 Tage) und unterscheiden zwei Phasen des Abbaus: In der ersten erfolgt ein schneller Metabolismus der Ausgangsverbindungen, in der zweiten ein langsamer Umsatz der gebundenen Rückstände. Es errechnen sich nach einer Kinetik 1. Ordnung eine Halbwertszeit von etwa 55 Tagen für Phase 1 und 720 Tagen für Phase 2. Diese Phasenunterscheidung ist nicht möglich beim Einsatz von gemischten PAK wie z.B. Teerölen.

Von praktischer Bedeutung z.B. für die Verwendung von belastetem Kompost für Rekultivierungen ist die eventuelle Aufnahme der gebundenen Reste durch Pflanzen. Kästner et al. (2000 b) berichten über Pflanzenversuche mit Anthracen. Es wurden nur 0,002 % der im Wurzelbereich vorhandenen Aktivität (^{14}C-Anthracen – *Avena sativa*) bzw. 0,006 % (*Lepidium sativum*) durch die Pflanzen aufgenommen. Andere Autoren bestätigen die Größenordnung dieser Aussagen (Roggen 0,01 – 0,08 %, Soja Bohne 0,07 – 0,2 %). Erwähnenswert ist in diesem Zusammenhang, dass der gemessene Übergang in die Pflanze der Ausgangssubstanz zuzuordnen ist und nicht dem gebundenen Rückstand. Es wird geschlussfolgert, dass bei einer hohen Intensität der Humifikation und des Metabolismus der gemessene Transfer in die Pflanze geringer wird. Der Transfer zur Pflanze betrug 0,1 % der verbleibenden Aktivität nach mikrobieller Degradation der PAK im Vergleich zu 1 % Übergang bei Anwesenheit der Ausgangssubstanz.

6.1.6   Kompostierung von unbelastetem und belastetem Holz

6.1.6.1   Allgemeine Übersicht

Bei der Klärschlamm- und Bioabfallkompostierung wird häufig geschreddertes Holz als Strukturbildner verwendet. Durch das Holz wird überschüssiges Wasser aus dem Substrat gebunden und das Porenvolumen der Rotte erhöht (Haug 1993, Laos et al. 1998). Der Holzanteil in der Rotte beträgt dabei meist 10 – 60 Gew.-%.

Holz, welches als Oberflächenabdeckung im Garten- und Landschaftsbau verwendet wird, sollte aus verschiedenen Gründen vorher kompostiert werden. Beim Einbringen von unkompostiertem Holz in den Boden wird der leicht verwertbare Kohlenstoff der Cellulose und Polyose von den Mikroorganismen verwertet. Infolge des großen C/N-Verhältnisses im Holz wird auch der Stickstoff im Boden in die Biomasse eingebaut und ist somit für die Pflanzen nicht verfügbar. Dadurch wird das Pflanzenwachstum gehemmt und die Pflanzen sind anfälliger für Krankheiten. Einige Bodenmikroorganismen können bei Nährstofflimitation durch die Abgabe von Exoenzymen das Wachstum anderer Mikroorganismen hemmen, darunter auch von phytopathogenen Mikroorganismen. Durch den mit unkompostiertem Holz in den Boden eingebrachten leicht verwertbaren Kohlenstoff wird dieser Mechanismus blockiert und gleichzeitig das Wachstum von phytopathogenen Mikroorganismen gefördert. Ein dritter negativer Aspekt des Ausbringens unkompostierten Holzes in den Boden besteht in der Verknüpfung der Erhöhung der Wasserhaltekapazität des Bodens durch die eingebrachten Holzchips *und* dem Eintrag einer leicht verwertbaren Kohlenstoffquelle. Zu Beginn des Frühlings ist mit Holzchips supplementierter Boden fast bzw. ganz Wasser gesättigt, und die Bodentemperatur steigt. Durch die feuchten und warmen Bedingungen werden besonders das Rhizom schädigende, phytopathogene Mikroorganismen bevorzugt (Anonymus 1999b).

Die Holz-Klärschlamm-Kompostierung, bei der die Entsorgung von Holz das hauptsächliche Prozessziel ist, beschreibt Koch (1981). Holzabfälle der Forstwirtschaft wurden auf jeweils 300 m^2 Fläche zu Wällen von 2 – 3 m Breite und 1 – 1,5 m. Höhe aufgeschichtet. Zur pH-Stabilisierung wurden 0,3 – 0,6 kg CaO oder Ca(OH)$_2$ je m^2 auf das Holz gegeben. Auf die Holzwälle wurden 30 – 50 l Klärschlamm (3 – 6 % Trockensubstanz) je m^2 verregnet. Dieser Klärschlamm wurde fast vollständig vom Holz adsorbiert. Nach einem Jahr waren bis zu 70 % des Holzes verrottet, und nach drei Jahren war es fast vollständig mineralisiert bzw. in Humus umgewandelt. Bei Holz, dem kein Klärschlamm zugegeben wurde, waren nach vier Jahren kaum Spuren von Verrottung zu finden. Während der Kompostierung erfolgte keine aktive Belüftung oder andere Einflussnahme.

Die Arbeiten von Wagenführ (1988) und Körner (1991, 1994) beschäftigen sich nicht mit Kompostierung im engeren Sinne. Da man die Kompostierung als eine spezielle Art der Festbettfermentation auffassen kann, enthalten sie jedoch für die Altholzkompostierung interessante Aspekte. In diesen Arbeiten wurde die Wirkung von Braun- und Weißfäulepilzen zur Verbesserung der Eigenschaften des Holzes bei der Faserwerkstoffherstellung untersucht. Durch die Fermentation der Holzhackschnitzel mit diesen Pilzen kann der Energieaufwand beim Zerfasern um bis zu 40 % gesenkt werden. Weiterhin weisen die aus biotechnologisch behandeltem Holz hergestellten Faserplatten eine höhere Biegefestigkeit als Faserplatten aus unbehandeltem Holz auf.

Durch Kompostierung mit dem Einsatz von Weißfäulepilzen konnten Majcherczyk und Hüttermann (1998) mit PAK belastete Bahnschwellen und mit DDT, Lindan und PCP belastetes Holz in einem Zeitraum von 4 – 8 Wochen weitgehend dekontaminieren. Das zu dekontaminierende Holz wurde nach Zerkleinerung mit Kartoffelpülpe und Wasser vermischt und mit Pilzmaterial beimpft. Die Kartoffelpülpe unterstützt dabei als leicht zugängliches Substrat das Anwachsen der Pilze auf dem Holz. Durch die Pülpe wurden optimale Nährstoffbedingungen für die Weißfäulepilze geschaffen und gleichzeitig wurde das Wachstum der Begleitflora gehemmt, so dass sich die Pilze auch unter unsterilen Bedingungen durchsetzen können. Die Kompostierung wird in geschlossenen Mieten oder Containern durchgeführt. Als Vorteile dieses Verfahrens werden abwasserfreier Betrieb, niedriger Energieverbrauch und die mögliche weitgehende Mineralisierung des Holzes zu Wasser und CO$_2$ genannt. Der Einfluss von Belüftung, Temperatur,

Substrat und Zuschlagstoffen ist für die Anwendung unter realistischen Bedingungen noch nicht hinreichend untersucht, um verlässliche Aussagen zum Betriebsverhalten dieses Verfahrens treffen zu können. Untersuchungen zum Einfluss der Schadstoffkonzentration auf die Abbaurate zeigten, dass bei unverdünnten Proben der Abbau der Schadstoffe schneller erfolgte als bei Proben, die mit unbelastetem Holz verdünnt wurden. Der schnellere Abbau wird dadurch erklärt, dass die Schadstoffe in der gleichen Zeit bei der Verdünnung nicht so intensiv durch den Pilz angegriffen werden konnten wie bei den unverdünnten Proben.

In dem Verfahren von Ringpfeil et el. (1994a) zur Kompostierung zerkleinerter, Teeröl imprägnierter Alt- und Resthölzer wird das zerkleinerte Alt- und Restholz mit Nährstoffen und einer Mikroorganismensuspension vermischt und belüftet. Die Animpfkonzentration der Mikroorganismensuspension liegt bei $1 - 2 \text{ kg} \cdot \text{t}^{-1}$. Das Verfahren kann als Boxen- und Mietenkompostierung durchgeführt werden. Im Verfahren von Ringpfeil et al. (1994b) wird ein mit Holzschnitzel gefüllter Fermentor mit einem Fermentor verbunden, in dem eine Mikroorganismenkultur auf einer Teeröl-Nährstoffsuspension vermehrt wurde. Durch Perkolation der Flüssigkeit über das Holz sollen dem Holz verstärkt zum Teerölabbau befähigte Mikroorganismen zugeführt werden. Zum Ende des Prozesses wird das dekontaminierte Holz durch Waschen mit Wasser von den anhaftenden Mikroorganismen befreit. Das Waschwasser wird zum Ansetzen einer neuen Perkolatorfüllung verwendet.

Ebenfalls als Boxen- oder Mietenkompostierung ist das Verfahren von Chmieleski und Kuhnert (1994) anwendbar. Bei diesem Verfahren wird das geschredderte Holz mit Klärschlamm aus der Zuckerherstellung vermischt. Weitere Zuschlagstoffe können Laub, Reisig, Schilf, Stroh- oder Rasenschnitt sein. Als Inoculum dient $3 - 5\ \%$ Schwellen-Altkompost bzw. wird mit verschiedenen Mikroorganismen z.B. *Pseudomonas putida* oder *Flavobacterium rhodococcus* beimpft. Als Mischungsverhältnis zwischen Teeröl belastetem, geschreddertem Holz und den Zuschlagstoffen wird der Bereich von 1,5 – 2,3 empfohlen. Als Mietengröße wird eine Breite von 3,5 – 4,0 m und eine Höhe von 1,5 – 1,8 m angegeben. Die Miete wird mit Laub und Grünschnitt abgedeckt, um sie vor dem Austrocknen zu schützen.

Im Verfahren von Füchsel (1997) wird die Altholzdekontamination mit der Verwertung von Gülle kombiniert. Das geschredderte, Schadstoff belastete Holz wird in offenen wannenförmigen Behältern mit Gülle vermischt. Durch die Holzstruktur wird ein ausreichender Sauerstoffeintrag für die mikrobielle Verwertung der in der Gülle enthaltenen Kohlenstoffverbindungen ermöglicht. In einem Beispiel gibt Füchsel (1997) für den Abbau einer Mineralölkohlenwasserstoffbelastung von 500 mg/kg auf unter 10 mg/kg eine Zeit von 10 Tagen an. Eine Reduzierung der Belastung mit Halogenkohlenwasserstoffen von 100 mg/kg erfolgte nicht.

6.1.6.2 Kompostierung in Laboranlagen

Zur Untersuchung und Optimierung des Rotteprozesses werden Kompostierungen in Laboranlagen durchgeführt. Diese Laboranlagen entsprechen im Wesentlichen drei Systemen (Krogmann 1994):

- adiabatisches System,
- isothermes System,
- physikalisches System.

Bei einem *adiabatischen System* findet kein Wärmefluss über die Systemgrenze statt. Unter Versuchsbedingungen wird deshalb die Umgebungstemperatur entsprechend der Komposttemperatur geregelt. Die Zuluft wird ebenfalls auf die Komposttemperatur vorgewärmt und mit Wasser gesättigt. Dadurch sollen jegliche Energieverluste des Systems vermieden werden. Die Enthalpie der Zuluft entspricht zu jedem Zeitpunkt der Enthalpie der Abluft, und im Rottegut bilden sich keine Temperaturgradienten. Da der Wassergehalt der Zu- und Abluft zu jedem Zeitpunkt konstant ist und während der Oxidation der organischen Substanz Wasser frei wird, steigt der Wassergehalt während des Rotteprozesses. Durch zu hohen Temperaturanstieg während des Rotteverlaufes wird die Mikroorganismenpopulation stark geschädigt bzw. wird der Rotteprozess beendet. Durch dieses Modell wird der erste Temperaturanstieg im Batch-System simuliert, eine Untersuchung des weiteren Rotteverlaufes ist nicht möglich. Da die Regelung der Umgebungs- und Zulufttemperatur steuerungstechnisch sehr aufwändig ist, kommt es beim praktischen Betrieb (Abb. 6-10) zu Energieverlusten des Systems.

Durch Abgabe der produzierten Wärmeenergie wird im *isothermen System* die Komposttemperatur konstant gehalten. Die Zuluft wird auf die festgelegte Temperatur erwärmt und mit Wasser gesättigt. Auch bei diesem System kommt es zu keiner Enthalpieänderung zwischen Zu- und Abluft. Im Rottegut bilden sich keine Temperaturgradienten, und die Feuchtigkeit des Kompostmaterials steigt während des Rotteverlaufes. Der Rotteprozess lässt sich theoretisch bis zur vollständigen Mineralisierung der organischen Substanz führen. Ziel dieses Modells ist die Untersuchung der Kompostierung bei festgelegten Temperaturen (Abb. 6-11).

Ein wichtiger Unterschied zwischen Laborkompostierung und realen Kompostmieten besteht im Verhältnis zwischen Oberfläche und Volumen. Durch das ungünstig hohe Oberfläche/Volumen-Verhältnis der Laboranlage wird ein großer Teil der produzierten Wärme durch Wärmeleitung an die Umgebung abgegeben. Da nun nicht mehr ausreichend Wärme zur Verdunstung des Wassers in der Rotte zur Verfügung steht, wird in der Laboranlage das Kompostmaterial nicht wie in der realen Rotte getrocknet. In einer realen Rotte ist die Wasserverdunstung der Hauptmechanismus der Energieabgabe. Beim *physikalischen System* (Abb. 6-12) wird durch die Kombination von Isolation des Rottegefäßes und Regelung der Umgebungslufttemperatur die Energieabgabe des Systems durch Wärmeleitung minimiert. Die Umgebungstemperatur wird bei diesem Modell so geregelt, dass der Wärmestrom aus der Rotte über die Reaktorwand konstant ist. Die Folge ist eine höhere Temperatur in der Rotte, der eine höhere mikrobielle Aktivität und eine intensive Trocknung des Kompostmaterials durch die Verdunstung des Wassers folgt. Ein Teil der Energie wird auch durch Erwärmung der Zuluft abgeführt, so dass sich entlang des Luftweges ein Temperaturgradient bildet. Auch dies ist typisch für reale Kompostmieten. Dieses Modell ist als Ausschnitt aus dem Kern einer Kompostmiete interpretierbar und erlaubt die Simulation des kompletten Rotteprozesses (Hogan et al. 1989).

In Tab. 6-3 sind die wichtigsten Unterscheidungsmerkmale der beschriebenen Modelle gegenübergestellt. Bestehende Laboranlagen sind meist Modifikationen dieser Systeme. Veränderungen der Kompostierungsanlage müssen beim Vergleich von Ergebnissen und der Maßstabsübertragung berücksichtigt werden.

Tab. 6-3. Charakterisierung von Laboranlagen zur Kompostierung (Krogmann 1994)

Laboranlage	Adiabatisches System	Isothermes System	Physikalisches System
Ziel	Simulierung des ersten Temperaturanstiegs	Simulierung der Kompostierung bei einer bestimmten Temperatur	Simulierung des gesamten Kompostierungsprozesses
Temperaturkontrolle des Reaktormantels	Nachfahren der Temperatur der Kompostmatrix	Thermostat mit fest eingestellter Temperatur	Nachfahren der Temperatur, so dass die Kompostmatrix in der Summe keine Energie über die Oberfläche abgibt
Konditionierung der Zuluft	Temperatur der Kompostmatrix, Wasser gesättigt	Temperatur der Kompostmatrix, Wasser gesättigt	Außentemperatur, Wasser gesättigt
Enthalpiedifferenz zwischen Zu- und Abluft	Vernachlässigbar	Vernachlässigbar	Hohe Differenzen vorhanden
Temperaturgradient in der Kompostmatrix	Nicht vorhanden	Nicht vorhanden	Vorhanden
Wassergehalt	Nimmt zu	Nimmt zu	Sinkt
Beendigung der mikrobiellen Aktivität	Durch zu hohe Temperatur	Durch Substraterschöpfung	Durch Wassermangel und/oder Substraterschöpfung

Abb. 6-10. Technikumsanlage zur Kompostierung von Altholz (Foto: UFZ)

Abb. 6-11. Laboranlage zur Kompostierung unter isothermen Bedingungen (Foto: UFZ)

Abb. 6-12. Versuchsanlage zur Kompostierung nach dem physikalischen System (Foto: UFZ)

Literatur

1. BImSchV: Erste Verordnung zur Durchführung des Bundes-Immissionsschutzgesetzes – Verordnung über Kleinfeuerungsanlagen

4. BImSchV: Vierte Verordnung zur Durchführung des Bundes-Immissionsschutzgesetzes – Verordnung über genehmigungsbedürftige Anlagen

17. BImSchV: Siebzehnte Verordnung zur Durchführung des Bundes-Immissionsschutzgesetzes – Verordnung über Verbrennungsanlagen für Abfälle und ähnliche brennbare Stoffe

Anonymus (1988) Lexikon der Holztechnik. Leipzig, Fachbuchverlag

Anonymus (1993) Zur stofflichen Verwertung von Spanplatten. Holz-Zentralblatt 119: 1742

Anonymus (1996) Handbuch Abfall 1, Möglichkeiten und Grenzen einer Verwertung von Rest- und Altholz

Anonymus (1997) Recovering Treated Lumber. BioCycle 7 (38): 34–38

Anonymus (1999a) Müllverbrennung: Kreis verklagt das Land NRW. ENTSORGA-Magazin für Entsorgungswirtschaft 1–2: 13

Anonymus (1999b) Reader's Q & A. BioCycle 4 (40): 27

Beckmann, M. (1990) Die Sukzession der Bodenfauna und ihre Beziehung zu physikalischen und chemischen Parametern während der Rotte bei verschiedenen Kompostierverfahren. Universität Bremen, Bremen

Bidlingmaier, W. (1983) Das Wesen der Kompostierung von Siedlungsabfällen. In: Müllhandbuch. KZ 5305, Lfg. 6/83, Erich Schmidt Verlag, Berlin

Billigmann, F.-R., Schulz-Ellermann, H.-J. (1997) Kreislaufwirtschaft in der Praxis. Nr. 5: Thermische Behandlung/Energetische Nutzung. In: ENTSORGA gemeinnützige Gesellschaft mbH zur Förderung der Abfallwirtschaft und der Städtereinigung (Hrsg.)

Bossert, J., Bartha, R. (1984) The fate of petroleum in soil ecosystems. In: Atlas, R.M. (Ed.) Petroleum microbiology. Macmillan Comp., New York

Brunow, G. (2001) Methods to reveal the structure of lignin. In: Steinbüchel, A. (Ed.) Vol. 1 Hofrichter, M., Steinbüchel, A. (Eds.) Lignin, humic substances and coal. Wiley-VCH, pp 89–116

Buermann, H., Harbeke, T., Affüpper, M. (1997) Altholzrecycling: Technologien und Markt. Entsorgungspraxis 4/97: 20–23

Calvo, A.M., Copa-Patiño, J.L., Alonso, O., González, A.E. (1998) Studies of the production and characterization of laccase activity in the basidiomycete *Coriolopsis gallica*, an efficient decolorizer of alkaline effluents. Archives of Microbiology, 171 (1): 31–36

Chmieleski, J., Kuhnert, S. (1994) Patentschrift DE 43 16 260 C1: Verfahren zur Entsorgung von teeröl- bzw. salzimprägnierten Gleisholzschwellen oder ähnlich imprägnierten Hölzern. Deutsches Patentamt, München

Christ, O. (1993) Verfahren zur Bioabfallbehandlung: Kompostierung – Vergärung In: Bauer, W.P. (Hrsg.) Kompostierung von Bioabfällen. München: Akad.-Verlag,

Dalyan, U., Harder, H., Höpner, T. (1991) Hydrocarbon Biodegradation in Sediments and Soils: A Systematic Examination of Physical and Chemical Conditions – Part II: pH-values. Erdöl und Kohle-Erdgas-Petrochemie vereinigt mit Brennstoffchemie 6: 337–342

DIN 68 000 Tl.1 –5(5/1974 –3/1990)

Epstein, E. (1997) The Science of Composting. Technomic Publishing Company, Lancaster, Basel

Fernandes, L., Sartaj, M. (1997) Comparative Study of Static Pile Composting Using Natural, Forced and Passive Aeration Methods. Compost Science & Utilization, (5) 4: 65–77

Filip, Z. (1990) Biologische Verfahren. In: Weber, H.H. (Hrsg.) Altlasten – Erkennen, Bewerten, Sanieren. Springer-Verlag Berlin Heidelberg New York, pp 300–328

Finstein, M.S., Miller, F.C., Storm, P.F. (1986) Waste Treatment Composting as a Controlled System. In: Rehm, H.J., Reed, G. (Eds.) Biotechnology Vol. 8: Microbial Degradation. VCH-Verlagsgesellschaft, Weinheim, 363–398

Fricke, K. (1990) Grundlagen der Kompostierung. EF-Verlag für Energie- und Umwelttechnik, Berlin

Füchsel, H. (1997) Patentschrift DE 44 39 710 C2: Verfahren zur Herstellung eines kompostähnlichen Bodenverbesserungsmittels aus schadstoffbelastetem geschreddertem Holz. Deutsches Patentamt, München

Gallenkemper, B., Becker, G., Kötter, A. (1993) Bewertungskriterien für Qualität und Rottestadium von Bioabfallkompost unter Berücksichtigung der verschiedenen Anwendungsbereiche. BMFT-Statusseminar: Neue Techniken zur Kompostierung, 55–70

GefStoffV (1993) Verordnung zum Schutz vor gefährlichen Stoffen (Gefahrstoffverordnung)

Glathe, H., Küster, E., Niese, G., v. Klopotek, A. (1985) Biologie der Rotteprozesse bei der Kompostierung von Siedlungsabfällen. Müllhandbuch, KZ 5200, Lfg. 2/85, Erich Schmidt Verlag, Berlin

Harder, H., Höpner, T. (1991) Hydrocarbon Biodegradation in Sediments and Soils: A Systematic Examination of Physical and Chemical Conditions – Part V: Moisture. Erdöl und Kohle-Erdgas-Petrochemie vereinigt mit Brennstoffchemie 9: 329–332

Harms, M., Lorenz, W., Bahadir, M., Lay, J.P. (1998) Altholzverwertung – Probleme und Lösungen. Zeller-Verlag Osnabrück

Haug, R.T. (1993) The Practical Handbook of Compost Engineering. Lewis Publishers, Boca Raton, Ann Arbor, London, Tokyo

Hofrichter, M., Fritsche, W. (1997) Depolymerization of low-rank coal by extracellular fungal enzyme systems. II. The ligninolytic enzymes of the coal-humic-acid-depolymerizing fungus *Nematoloma frowardii* b19. Applied Microbiology and Biotechnology 47 (4): 419–424

Hofrichter, M., Scheibner, K., Haas, R., Nüske, J., Fritsche, W. (1999) Die Mangan-Peroxidase ligninolytischer Pilze: Ein innovatives biokatalytisches System zur Eliminierung von Umweltschadstoffen. In: Heiden, S. (Hrsg.) Biotechnologie im Umweltschutz: Bioremedation: Entwicklungsstand – Anwendungen – Perspektiven. Erich Schmidt Verlag, Berlin, pp 108–116

Hogan, J.A., Miller, F.C., Finstein, M.S. (1989) Physical Modeling of the Composting Ecosystem. Applied and Environmental Microbiology, 55 (5): 1082–1092 American Society for Microbiology

Hupe, K., Herrenklage, J., Lüth, J.-C., Stegmann, R. (1995) Enhancement of the biological degradation processes in contaminated soils. In: van den Brink, W.J., Bosman, R., Arendt, F. (Eds.) Contaminated Soil '95. Kluwer Academic Publishers, Dordrecht, Boston, London

Jäger, T. (1997) Untersuchungen zur Kompostierung in Laboranlagen: Bilanzierung, Mikrobiologie und Celluloseabbau, TH Darmstadt, Darmstadt

Kästner, M., Mahro, B., Wienberg, R. (1993) Biologischer Schadstoffabbau in kontaminierten Böden unter besonderer Berücksichtigung der Polyzyklischen Aromatischen Kohlenwasserstoffe. In: Stegmann, R. (Hrsg.) Hamburger Berichte Bd. 5. Economica Verlag, Bonn

Kästner, M. (1998) Verteilung des Kohlenstoffes beim mikrobiellen Abbau von Fremdstoffen im Boden unter besonderer Berücksichtigung der polyzyklischen aromatischen Kohlenwasserstoffe: Metabolisierung, Mineralisierung und Humifizierung. Habilitationsschrift Friedrich-Schiller-Universität Jena

Kästner, M., Streibich, S., Beyrer, M., Richnow, H.H., Fritsche, W. (1999) Formation of bond residues during microbial degradation of [14 C] anthracene in soil. Applied Environmental Microbiology 65: 1834–1842

Kästner, M. (2000a) Degradation of aromatic and polyaromatic compounds. In: Rehm, H.J., Reed, G. (Eds.) Biotechnology. 2. Ed. Vol. 11b Environmental Processes, Vol. Ed.: Klein, J. pp. 212–239. Wiley-VCH Weinheim

Kästner, M. (2000b) „Humification" Process of formation of refractory soil organic matter. In: Rehm, H.J., Reed, G. (Eds.) Biotechnology. 2. Ed. Vol. 11b: Environmental processes II, Vol. Ed.: Klein, J., Wiley-VCH Weinheim, pp 90–125

Kästner, M., Hofrichter, M. (2001) Biodegradation of humic substances. In: Steinbüchel, A. (Ed.) Biopolymers. Vol. 1 Lignin, humic substances and coal. Vol. Eds.: Hofrichter, M., Steinbüchel, A., Wiley-VCH Weinheim

Klassert, A. (1994) Verwertung Teerölimprägnierter Althölzer. Die Holzschwelle 103: 23–27

Koch, E. (1981) Die Holz-Klärschlamm-Kompostierung: Ein neues Verfahren zur ökogerechten Entsorgung und Verwertung von kommunalen und forstwirtschaftlichen Abfallprodukten. Leben und Umwelt (18) 5: 107–112, Kilda-Verlag Fritz Pölking, Greven

Kohring, G.-W., Brassat, U., Brosette, S., Giffhorn, F. (1995) Untersuchungen zum PAK-Abbau durch isolierte Organismen aus biologischen On-Site-Sanierungen: Nachweis PAK-verwertender Organismen und Temperaturabhängigkeit des Wachstums. DECHEMA-Jahrestagung 95 Bd. II, DECHEMA, pp 67–68

Körner, I. (1994) Verfahren zur unsterilen Hackschnitzelfermentation mit Pilzen als Vorbehandlungsmethode für die ökologische Herstellung ausgewählter Holzwerkstoffe, TU Dresden

Körner, S. (1991) Verfahren zur stofflichen Modifikation des Rohholzes für die Holzwerkstoffherstellung, TU Dresden

Krogmann, U. (1994) Neueste Erkenntnisse über die Grundlagen der Kompostierung. Entsorgungspraxis 4: 13–21

Krüger, G. (1976) Lignin – seine Bedeutung und Biogenese. Chemie in unserer Zeit (10) 1: 21–29

Kühne, G., Schwarz, U. (1997) Dekontaminierung durch Fermentation – Pilze übernehmen den Abbau toxischer Stoffe in Althölzern. TU Dresden

Kutzner, H.J., Jäger, T. (1994) Kompostierung aus mikrobiologischer Sicht – Ein Essay. Hohenheimer Seminar, Bd. 5 , Gießen, pp 281–303

Laos, F., Mazzarino, M.J., Walter, I., Roselli, L. (1998) Composting of Fish Waste with Wood By-Products and Testing Compost Quality as a Soil Amendment: Experiences in the Patagonia Region of Argentina. Compost Science & Utilization (6) 1: 59–66

Leatham, G.F., Kirk, T.K. (1983) Regulation of ligninolytic activity by nutrient nitrogen in white-rot basidiomycetes. FEMS Microbiology Letters 16: 65–67

Leithoff, H. (1997) Möglichkeiten und Grenzen der Überführung eines biologischen Reinigungsverfahrens für schutzsalzgetränkte Hölzer in den Technikumsmaßstab. Dissertation Universität Hamburg, Fachbereich Biologie

MacGregor, S.T., Miller, F.C., Psarianos, K.M., Finstein, M.S. (1981) Composting Process Control Based on Interaction Between Microbial Heat Output and Temperature. Applied and Environmental Microbiology, 41 (6): 1321–1330, American Society for Microbiology

Majcherczyk, A., Hüttermann, A. (1998) Bioremediation of wood treated with preservatives using white-rot fungi. In: Bruce, A., Palfreyman, J.W. (Eds.) Forest Products Biotechnology. Taylor & Francis, London, 129–140

Marutzky, R., Peek, D., Willeitner, H. (1993) Deutsche Gesellschaft für Holzforschung e.V. – Informationsdienst Holz: Entsorgung von schutzmittelhaltigen Hölzern und Reststoffen. Erich Schmidt Verlag, Berlin

Mathur, S.P. (1991) Composting Processes. Bioconversation of Waste Materials to Industrial Products. In: Martin, A.M. (Ed.) Elsevier Applied Science Publishers Ltd., London, New York, pp 147–183

Meinken, E. (1985) Verfügbarkeit von Pflanzennährstoffen in Kultursubstraten aus Baumrinde. Universität Hannover

Michel Jr., F.C., Forney, L.J., Huang, A.J.-F., Drew, S., Czuprenski, M., Lindenberg, J.D., Reddy, C.A. (1996) Effects of Turning Frequency, Leaves to Grass Mix Ratio and Windrow vs. Pile Configuration on the Composting of Yard Trimmings. Compost Science & Utilization, (4) 1: 26–43

Müller, K. (1993) Holzschutzpraxis: Ein Handbuch in Tabellen. Bauverlag Wiesbaden Berlin

Peters, S., Koschinsky, S., Tebbe, C.C. (2000) Untersuchungen zum Gentransfer bei der Kompostierung gentechnisch veränderter herbizidresistenter Maispflanzen. Forschungsbericht 296 33 905, Texte Umweltbundesamt

Pothuluri Jairaj, V., Freeman, J.P., Evans, F.E., Cerniglia, C.E. (1990) Fungal Transformation of Fluoranthene. Applied and Environmental Microbiology, 56 (10): 2974–2983, American Society for Microbiology

Richnow, H.H., Seifert, R., Kästner, M., Mahro, B., Horsfield, B. (1995) Rapid screening of PAH residues in bioremediated soils Chemosphere 31: 3991–3999

Richnow, H.H., Annweiler, E., Fritzsche, W., Kästner, M. (1998) Organic pollutants associated with macromolecular soil organic matter and the formation of bond residues in: Xenobiotics in the environment (Block, J.C., Baveye, P., Goncharuk, V.V. Edts) NATO ASI Series Vol XX Dordrecht: Kluwer Academic Publishers

Ringpfeil, M., Gerhardt, M., Weißbach, G., Lieckfeldt, U. (1994a) Offenlegungsschrift DE 42 06 794 A1: Verfahren zur Kompostierung von zerkleinerten, teerölimprägnierten Alt- und Resthölzern. Deutsches Patentamt, München

Ringpfeil, M., Weißbach, G., Gerhard, M., Matthies, F. (1994b) Offenlegungsschrift DE 42 06 795 A1: Verfahren zur mikrobiellen Entfernung von Teerölen aus imprägnierten Alt- und Resthölzern. Deutsches Patentamt, München

Scheffer, F., Schachtschabel, P. (1992) Lehrbuch der Bodenkunde, Ferdinand Enke Verlag, Stuttgart

Schlegel, H.G. (1992) Allgemeine Mikrobiologie. Thieme-Verlag Stuttgart

Srinivasan, C., D'Souza, T.M., Boominathan, K., Reddy, C.A. (1995) Demonstration of Laccase in the White Rot Basidiomycete Phanerochaete chrysosporium BKM-F1767. Applied Environmental Microbiology 61 (12): 4274–4277

Stahel, R., Schuler, B., Ledergerber, E. (1987) Altholz – eine vernachlässigte Resource. Verlag Rüegger, Grüsch

Stephan, I. (1994) Untersuchungen zur biologischen und chemisch-technischen Entgiftung von Schutzsalzgetränktem Holz. Universität Hamburg

Strom, P.F., Morris, M.L., Finstein, M.S. (1980) Leaf Composting Through Approriate, Low-Level Technology. Compost Science, Land Utilisation, pp 44–48

Suler, D.J., Finstein, M.S. (1977) Effect of Temperature, Aeration, and Moisture on CO_2 Formation in Bench-Scale, Continuously Thermophilic Composting of Solid Waste. Applied and Environmental Microbiology, 33 (2): 345–350, American Society for Microbiology

TA Siedlungsabfall (1993) Dritte Allgemeine Verwaltungsvorschrift zum Abfallgesetz – Technische Anleitung zur Verwertung, Behandlung und sonstigen Entsorgung von Siedlungsabfällen

Thomé-Kozmiensky, K.J. (1985) Kompostierung von Abfällen. Bd. 1, EF-Verlag für Energie- und Umwelttechnik, Berlin

Viel, M., Sayag, D., Peyre, A., André, L. (1987) Optimization of In-Vessel Co-Composting Through Heat Recovery. Biological Wastes 20: 167–185, Elsevier Applied Science Publishers Ltd.

Wagenführ, A. (1988) Praxisrelevante Untersuchungen zur Nutzung biotechnologischer Wirkprinzipien bei der Holzwerkstoffherstellung. TU Dresden

6.2   Nachhaltige biologische Sanierung TNT-kontaminierter Bodenmaterialien

6.2.1   Einführung

Die Gesamtproduktion von 2,4,6-Trinitrotoluol (TNT), des wichtigsten Explosivstoffs des 2. Weltkrieges, belief sich im dritten Reich auf über 800 000 t. In Folge der Produktion, durch Havarien und schließlich durch unsachgemäße Demontage von Anlagen gelangte er weiträumig in Boden und Grundwasser, so dass TNT sowie seine Vorläufer- und Nebenprodukte heute eine Gruppe von zentralen Kontaminanten bei Rüstungsaltlasten sind. TNT und verwandte Nitroaromaten sind aromatische Verbindungen, die eine oder mehrere Nitrogruppen ($-NO_2$) an einem Benzolring tragen. Generelle Bedeutung haben Nitroaromaten als Ausgangs-, Zwischen- oder Nebenprodukte der chemischen Industrie und primär als schwer abbaubare Bestandteile bei der Behandlung von Industrieabwässern.

Erste Untersuchungen zum TNT-Metabolismus gehen bereits auf die vierziger Jahre des vergangenen Jahrhunderts zurück, als Urinproben von Arbeitern einer Munitionsfabrik auf Metabolite untersucht wurden. Die gefundenen Produkte deuteten auf eine reduktive Umsetzung hin: Hydroxylaminodinitrotoluole, Aminodinitrotoluole, acetylierte Aminodinitrotoluole, Diaminonitrotoluole, deren demethylierte Derivate (Nitrophenylendiamine) sowie Amino-nitrokresole konnten schon damals nachgewiesen werden (Lemberg und Callahan 1944). Viele dieser Metabolite konnte man in der Folge auch in Mikroorganismen, Pflanzen und Tieren nachweisen, was auf ein universell vorhandenes Stoffwechselprinzip hindeutet. Im Laufe der Zeit wurden weitere Metabolite identifiziert, aber bis heute konnte der Stoffwechselweg nicht restlos aufgeklärt werden.

Der klassische Weg, die mikrobiologische Abbaubarkeit von Schadstoffen zu untersuchen, beginnt mit der Isolation und Anzucht derjenigen Mikroorganismen im Labor, die möglichst mit diesem Schadstoff als Kohlenstoff- bzw. Energiequelle wachsen können. Ist, wie im Falle von TNT, der Abbau der Schadstoffe von anderen Wachstumssubstraten abhängig (Cometabolismus), so kann der Nachweis der Mineralisierung über den Einsatz radioaktiv markierter Substanzen erfolgen. In der Sanierungspraxis haben die daraus gewonnenen Erkenntnisse allerdings wenig Aussagekraft, da eine Mineralisation der Schadstoffe im Boden nur selten nachweisbar ist. Vielmehr muss mit einer Festlegung (Kap. 6.1) an Bodenpartikeln und Huminstoffen gerechnet werden. Da eine chemische Analyse diese Festlegung nicht erfassen kann, „verschwinden" Schadstoffe und bekannte Metabolite im Verlauf einer Sanierung, und es entsteht eine Bilanzlücke, die die Nachhaltigkeit von biologischen Sanierungsverfahren in Frage stellt.

Ohne Berücksichtigung der Humifizierung erscheint heute die weitere Untersuchung von Abbauwegen von TNT wenig sinnvoll.

Mit Hilfe von ^{14}C-markiertem TNT ist die Festlegung von Kontaminanten und Metaboliten zu verfolgen und zu quantifizieren. ^{15}N-markiertes TNT erlaubte den Einsatz der NMR-Technologie, um qualitative Aussagen über die Bindung und chemische Umgebung der eingebundenen schadstoffbürtigen Substanzen zu erhalten. Zum Nachweis der Nachhaltigkeit wurden Langzeit- und Remobilisierungsuntersuchungen an den sanierten Bodenmaterialien durchgeführt. Und schließlich sollten ökotoxikologische Tests an sanierten Standortböden nicht nur den Erfolg der Sanierung belegen, sondern auch das Bindeglied zwischen den Laboruntersuchungen und den realen Sanierungsfällen darstellen. Damit konnte in bisher nie gekanntem Umfang die Nachhaltigkeit von spezifischen on site-Sanierungstechnologien belegt werden. Eine Verallgemeinerung der Ergebnisse auf andere Technologien erscheint allerdings fraglich, weil Mechanismen, die zur Festlegung führen, zunächst die Mobilität der Schadstoff-Derivate erhöhen, was bei falsch gewählten Rahmenparametern zu einem Austrag von Metaboliten führen kann.

Zusammenfassende Darstellungen zum biologischen Abbau von Nitroaromaten bzw. zur Langzeitstabilität und Remobilisierung sind bei Spain et al. (2000), Spain 1995 und Mahro et al. (2000) zu finden.

6.2.2   TNT-spezifische Rüstungsaltlasten

Ein Report des Umweltbundesamtes Berlin weist zwanzig Produktionsstätten für TNT aus, die im Zeitraum von vor dem ersten Weltkrieg bis 1990 in Deutschland betrieben wurden (Abb. 6-13; Thieme et al. 1996). Die weltweit erste TNT-Fabrik war in Leverkusen-Schlebusch von 1904 bis 1926 in Betrieb (Homburg 1995). In Schönebeck an der Elbe wurde TNT noch bis 1990 produziert (Thieme et al. 1996). Nach Einstellung der Produktion und Demontage der relevanten Installationen sind die Gelände verschiedener ehemaliger Rüstungsfabriken heute zu Wohn- und/oder Gewerbegebieten umgenutzt worden (Schneider 1989). Ein bemerkenswertes Beispiel ist das Gelände der ehemaligen TNT-Fabrik in Krümmel bei Hamburg, auf dem heute ein Atomkraftwerk steht. Lediglich die Standorte bei Clausthal-Zellerfeld im Harz („Werk Tanne"; Braedt et al. 1998), Hallschlag („Espagit") in der Eifel (Schmitz 1995), Elsnig bei Leipzig (Trimborn 1995) und Schönebeck an der Elbe (Thieme et al. 1996) liegen heute brach.

Im Dritten Reich wurde bis zum Ende des 2. Weltkrieges nicht nur in diesen zwanzig Produktionsstätten Munition produziert und gelagert. Munitionsanstalten waren über das ganze Land verteilt (Preuß und Wiegandt 1992). Eine Studie von 1996 listet 3 240 Rüstungsaltlasten-Verdachtsflächen auf (Thieme et al. 1996), von denen mindestens 750 potenziell mit Explosivstoffen kontaminiert sind (Abb.

6-13; Preuß 1996). Es wird geschätzt, dass sich die kontaminierten Flächen zu über 10 000 km^2 aufsummieren (Preuß 1996).

6.2.3 Herstellung von TNT

TNT wurde im dritten Reich in einem dreistufigen Nitrierungsverfahren („Deutsches Verfahren") hergestellt, wobei die in sich geschlossenen Prozessschritte in verschiedenen Gebäuden durchgeführt wurden. Die explosionsgefährdeten Produktions- und Lagerräume waren aus Sicherheitsgründen in ausreichendem Abstand voneinander errichtet und mit hohen Erdwällen – den sogenannten Sprengmauern – nach allen Seiten gesichert. Der heiße Sprengstoffbrei wurde durch oberirdisch verlegte Rohrleitungen von Gebäude zu Gebäude gepumpt. Die Rohrleitungen waren stark isoliert und wurden mit Wasserdampf beheizt, der in werkseigenen Kraftwerken erzeugt wurde (Braedt et al. 1998).

Für die Produktion des Sprengstoffs waren enorme Wassermengen notwendig. Im „Werk Tanne" fielen z.B. bei einer Produktion von 4 000 t TNT pro Monat täglich 5 000 bis 6 000 m^3 saure Abwässer aus den TNT-Wäschen an, die bis an die Löslichkeitsgrenze mit TNT-kontaminiert waren. Weitere 35 000 m^3 wurden täglich als Kühlmittel benötigt, um den Nitrierungsprozess zu kontrollieren. Die Gesamtabwassermenge belief sich im „Werk Tanne" auf ca. 40 000 m^3 pro Tag (Kayed 1989). Diese große Menge verunreinigten Abwassers wurde nur neutralisiert und direkt in die Vorfluter eingeleitet, auf dem Werksgelände versickert oder über Schluckbrunnen in den Untergrund versenkt.

Bedingt durch diesen enormen Wasserverbrauch lagen Sprengstoffwerke in wasserreichen Gegenden – unseren heutigen Trinkwassereinzugsgebieten. Durch Produktion, Havarien (Explosionen), Bombenangriffe und schließlich die Demontage durch die Alliierten wurden die Gelände weiträumig mit Nitroaromaten (Mono-, Di- und Trinitrotoluole) kontaminiert. Und noch heute, mehr als 50 Jahre nach Ende des zweiten Weltkrieges, werden die Nitroaromaten bei jedem Regen ausgespült, so dass teure Aktivkohle-Filteranlagen das Grundwasser schützen müssen.

An vielen Standorten wurden neben TNT auch verschiedene andere Sprengstoffe bzw. Treibmittel produziert, darunter Hexogen und Pikrinsäure. Zusammen mit den Zwischen- und Nebenprodukten der industriellen TNT-Herstellung ergeben sich somit eine Vielzahl von sprengstofftypischen Verbindungen (STV). Durch den Betrieb eigener Kraftwerke und durch Delaborierung von Feindmunition auf sogenannten Brandplätzen finden sich als weitere Kontaminanten PAK und Schwermetalle.

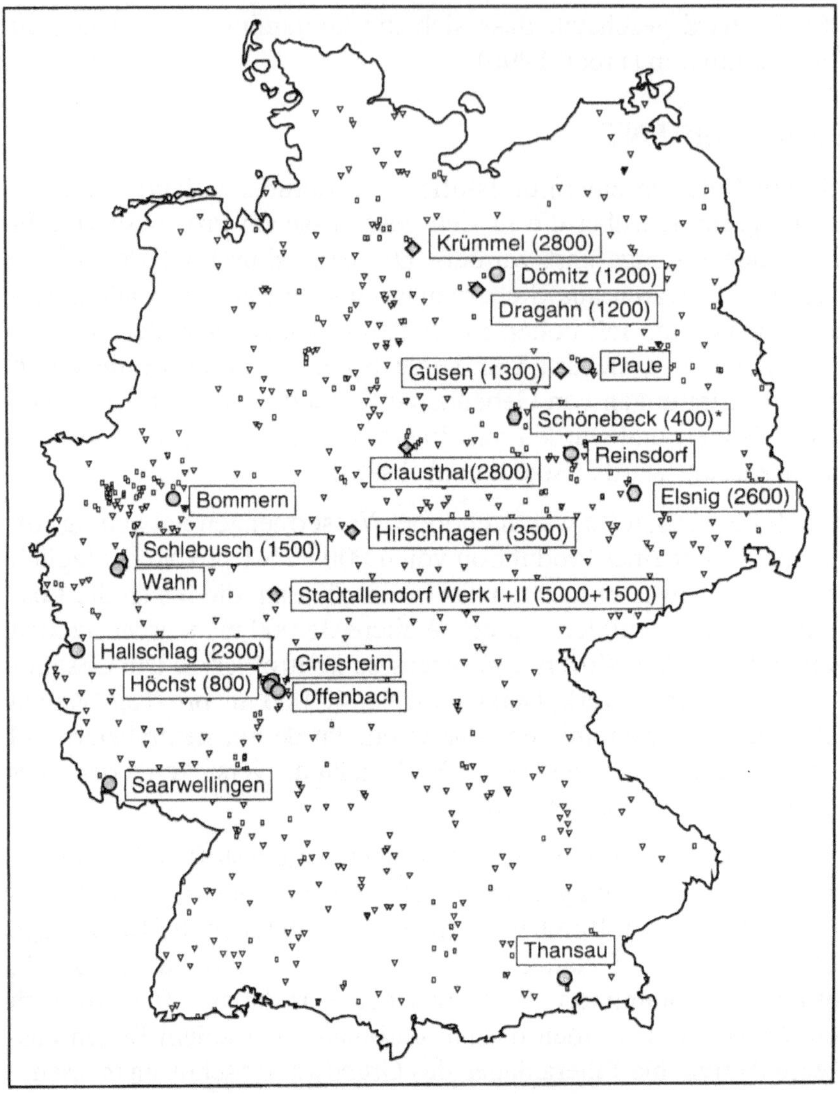

Legende: (O) Betrieb vor oder im ersten Weltkrieg, (O) Betrieb im ersten und zweiten Weltkrieg, (◇)Betrieb im zweiten Weltkrieg, (∇) Munitionsanstalten und -Lager; (□) u.a. Pulverfabriken. Zusammengestellt aus Homburg (1995), Preuß und Haas (1987) sowie Thieme et al. (1996)

*In Schönebeck wurde bis 1990 TNT produziert.

Legende: (O) Betrieb vor oder im ersten Weltkrieg, (O) Betrieb im ersten und zweiten Weltkrieg, (◇)Betrieb im zweiten Weltkrieg, (∇) Munitionsanstalten und -Lager; (□) u.a. Pulverfabriken. Zusammengestellt aus Homburg (1995), Preuß und Haas (1987) sowie Thieme et al. (1996)

*In Schönebeck wurde bis 1990 TNT produziert.

Abb. 6-13. TNT-Fabriken und -Verdachtsstandorte in der Bundesrepublik Deutschland. TNT-Fabriken sind namentlich gekennzeichnet (Monatsproduktionskapazität in t)

6.2.4 Toxikologie von TNT

In mehreren Untersuchungen wurde nachgewiesen, dass 2,4,6-Trinitrotoluol und viele Abbauprodukte sowohl auf Fische (Osmon und Klausmeier 1972), Ratten und Mäuse (Ashby et al. 1985) als auch auf Algen und aquatische Pflanzen (Smock et al. 1976, Sunahara et al. 1999, Won et al. 1976 und 1974) toxisch wirken. Auf verschiedene Mikroorganismen – wie Hefen, Pilze, Actinomyceten und gram-positive Bakterien – wirkt TNT ab einer Konzentration von 50 mg/l toxisch (Klausmeier et al. 1973). Aber auch die Vorprodukte des TNT, die Dinitrotoluole, werden als sehr toxisch eingestuft und wirken zudem kanzerogen und mutagen (Schneider et al. 2000).

Die Symptome der Vergiftungen beim Menschen nach inhalativer oder dermaler Aufnahme von Mononitrotoluol, Dinitrotoluol und TNT wenige Tage nach Expositionsbeginn sind wie folgt beschrieben: Allgemeine Schwäche, Kopfschmerzen, Appetitlosigkeit, Benommenheit, Übelkeit, Schlaflosigkeit, Gliederschmerzen, Gefühllosigkeit verschiedener Hautpartien und Durchfall. Starke Veränderungen des Blutbildes sind die Folge der Exposition. Besonders auffällig ist eine Cyanose, eine blau-rote Verfärbung von Lippen, Fingernägeln und Haut infolge Sauerstoffunterversorgung. Hervorgerufen wird sie durch reduzierte Metabolite des TNT, die für vermehrte Methämoglobinbildung und Hämolyse verantwortlich gemacht werden. Die Metaboliten des TNT wirken Leber schädigend (Koss et al. 1989).

6.2.5 Sanierung TNT-kontaminierter Standorte

6.2.5.1 Sanierungsoption: Biologische Verfahren

In der Vergangenheit wurden verschiedene on site-Verfahrensansätze zur biologischen Bodenbehandlung im Rahmen von Machbarkeitsstudien getestet:

- In Hessisch-Lichtenau/Hirschhagen wurde ein zweistufiges Reaktorverfahren (Bodensuspension) mit 30 t (Lenke et al. 1998) getestet.
- In Hallschlag wurden ein zweistufiges Reaktorverfahren (Bodensuspension) mit 50 t und ein anaerob/aerobes Kompostierungsverfahren mit 50 t getestet (Schmitz 1995).
- In Leverkusen wurde ein anaerob/aerobes Kompostierungsverfahren mit 45 t getestet (Warrelmann und Walter 1997).

Das „Werk Tanne" bei Clausthal-Zellerfeld war und ist häufig „Testobjekt" von biologischen Verfahren zur Sanierung TNT-belasteter Böden: Im Kleinmaßstab wurden dort on site-Mieten mit Weißfäulepilzen (Braedt et al. 1998) und Streu abbauenden Pilzen (Fritsche et al. 2001b, Herre et al. 1997) getestet. Im Rahmen der maßstabsgerechten Erprobung biologischer Sanierungsverfahren (Dahn und Michels 2001) wurden ein anaerob/aerobes Kompostierungsverfahren (Walter und Fischer 2001), ein dynamisches Beetverfahren (Dohnalek-Droste et al. 2001) und ein Mietenverfahren mit Weißfäulepilzen (Spreinat et al. 2001a) jeweils im 70 t-Maßstab getestet. Zur Zeit wird auch eine *in situ*-Behandlung auf einer Fläche von 175 m² erprobt (Warrelmann et al. 2000). Die abschließenden Ergebnisse liegen aber noch nicht vor.

Für alle beschriebenen on site-Verfahren wurden umfangreiche Tests zur Nachhaltigkeit der jeweiligen Sanierungsmaßnahme durchgeführt (s.u.), die die Unbedenklichkeit der sanierten Bodenmaterialien belegen. Kein anderes biologisches oder nicht-biologisches Verfahren zur Dekontamination von TNT wurde in Deutschland mit diesem Aufwand getestet. Die Notwendigkeit für diese Prüfung ergibt sich aus dem Metabolismus von TNT.

Es wurden oder werden noch weitere biologische off site- und *in situ*-Verfahren zur Reinigung TNT-kontaminierter Böden/Bodenmaterialien in Deutschland entwickelt. Diesen fehlt zur Zeit aber der Nachweis der Nachhaltigkeit (Reinhard und Feldmann 1998, Thomas et al. 2001) oder eine großmaßstäbliche Erprobung (Held et al. 1997).

6.2.5.2 Biologischer Abbau von Nitroaromaten

Nitroaromaten stellen eine große Klasse von umweltrelevanten Kontaminanten dar. Viele wurden oder werden als Zwischenprodukte für die Herstellung nicht nur von Sprengstoffen, sondern auch von Farbstoffen, Herbiziden, Pharmazeutika, Polyurethan-Schäumen, aber auch für weit verbreitete Duftstoffe (Moschus Xylol und Moschus Keton) produziert (Bruns-Nagel et al. 1998, Rippen 1999). Nitroaromaten stellen die Basis aller chemischen Synthesen dar, deren Produkte Stickstoff-Funktionen am aromatischen Ring tragen (Hartter 1985).

Bereits 1966 konnte gezeigt werden, dass Aromaten, die Nitrogruppen tragen, generell biologisch schwerer abbaubar sind als ihre nicht nitrierten Analoga (Alexander und Lustigman 1966). Im Rahmen der Untersuchung verschiedener Abbauwege von Nitroaromaten sind für den initialen Angriff bisher vier Alternativen nachgewiesen (s. Tab. 6-4):

1. Oxidation des aromatischen Ringes,
2. Oxidation einer Methylgruppe (wenn vorhanden),
3. Reduktion einer Nitrogruppe,
4. Reduktion des aromatischen Ringes.

Tab. 6-4. Beispiele des aeroben Abbaus von verschiedenen Nitroaromaten

Enzym	Nitroaromat	Charakteristisches Zwischenprodukt	Verwertung als ...-Quelle[1]	Literatur
Weg 1: Initiale Oxidation des aromatischen Ringes				
Dioxygenase	Nitrobenzol	Catechol	C+E+N	Nishino und Spain 1995
	2-Nitrotoluol	3-Methylcatechol	C+E+N	Haigler et al. 1994
	2,4-Dinitrotoluol	4-Methyl-5-Nitrocatechol	C+E+N	Spanggord et al. 1991, Nishino et al. 2000a
	2,6 Dinitrotoluol	3-Methyl-4-Nitrocatechol	C+E+N	Nishino et al. 2000a
	2,6 Dinitrophenol	4-Nitropyrogallol	C+E+N	Ecker et al. 1992
	1,3 Dinitrobenzol	4-Nitrocatechol	N	Dickel u. Knackmuss 1991
Monooxygenase	2-Nitrophenol	Catechol	C+E+N	Zeyer u. Kearney 1984
	4-Nitrophenol	Hydrochinon	C+E+N	Spain u. Gibson 1991
Weg 2: Initiale Oxidation der Methylgruppe				
Monooxygenase	4-Nitrotoluol	4-Nitrobenzoesäure	C+E+N	Haigler u. Spain 1993, Rhys-Williams et al. 1993
Weg 3: Initiale Reduktion der Nitrogruppe				
Nitroreduktase	Nitrobenzol	2-Aminophenol	C+E+N	Nishino et al. 2000b
	4-Nitrotoluol	6-Amino-*m*-Cresol	N	Spiess et al. 1998
	2,4-Dinitrotoluol	2-Amino-4-Nitrotoluol	-	Nishino et al. 2000a
	2,6-Dinitrotoluol	2-Amino-6-Nitrotoluol	-	Nishino et al. 2000a
	2,4,6-Trinitrotoluol	Aminodinitrotoluole	-	Lewis et al. 1997
Weg 4: Initiale Reduktion des aromatischen Ringes				
F_{420}-abhängiges Enzymsystem (Lenke et al. 2000)	2,4-Dinitrophenol	Hydrid-Dinitrophenol	C+E+N	Lenke et al. 1992
	2,4,6-Trinitrotoluol	Hydrid-Trinitrophenol	C+E+N	Lenke u. Knackmuss 1992
	2,4,6-Trinitrotoluol	Dihydrid-Trinitrotoluol[2]	-	Vorbeck et al. 1998

[1] C+E+N-Quelle: Kohlenstoff-, Energie- und Stickstoffquelle

[2] Hydrid-Meisenheimer-Komplexe

Weg 1 ist unter aeroben Bedingungen für verschiedene Mono- und Dinitroaromaten beschrieben. Die entsprechenden Mono- oder Dioxygenasen bilden die korrespondierenden Catechole unter Abspaltung von Nitrit. Diese Nitroaromaten können in aller Regel auch als Wachstumssubstrat verwertet werden. Der ebenfalls produktive Weg 2 ist bisher nur für den aeroben Abbau von 4-Nitrotoluol beschrieben und vereint den oxidativen und den reduktiven Weg: Nach Oxidation der Methylgruppe zum Nitrobenzoat wird die Nitrogruppe reduziert und als Ammonium freigesetzt (Haigler und Spain 1993, Rhys-Williams et al. 1993).

Die initiale Reduktion einer Nitrogruppe ($R-NO_2$) als Weg 3 erfolgt schrittweise über die Zwischenstufen Nitroso- (R-NO) und Hydroxylamino- (R-NHOH) zur Aminogruppe ($R-NH_2$). Unter aeroben Bedingungen endet die Reduktion häufig auf der Stufe der Hydroxylamino-Gruppe (sogenannte partielle Reduktion). Ein Abbau auf dem Weg 3 scheint nur cometabolisch zu erfolgen (Nishino et al. 2000b), wobei es zur Anreicherung von Teilabbau-Produkten kommen kann. Ebenfalls cometabolisch erfolgt die Reduktion des aromatischen Ringes (Weg 4). Diese ungewöhnliche initiale Reaktion ist bisher nur für wenige Polynitroaromaten beschrieben: TNT, 2,4-Dinitrophenol und 2,4,6-Trinitrophenol (Pikrinsäure; Lenke et al. 2000). Die enzymatisch katalysierte Hydrierung des Ringes führt zu gefärbten Hydrid-Meisenheimer-Komplexen. Es konnten Bakterienstämme isoliert werden, die Dinitrophenol und Pikrinsäure über Hydrid-Meisenheimer-Komplexe denitrieren und als C+E+N-Quelle nutzen können (Lenke und Knackmuss 1992, Lenke et al. 1992). Dieselben Stämme vermögen auch TNT reduktiv zu hydrieren, eine Abspaltung von Nitrit erfolgt jedoch nicht (Vorbeck et al. 1998).

6.2.5.3 Metabolisierung und Mineralisierung von TNT

TNT ist aufgrund seiner chemischen Eigenschaften weitgehend persistent gegenüber einem mikrobiellen Abbau. Der Elektronen ziehende Charakter der drei Nitrogruppen verhindert einen initial oxidativen (elektrophilen) Angriff am Ring. Deshalb ist die vorherrschende Reaktion die Reduktion der Nitrogruppen zu den entsprechenden Aminogruppen. Unter aeroben Bedingungen werden als Reduktionsprodukte oft 2-Hydroxylamino-4,6-dinitrotoluol (2-HADNT) und 4-Hydroxylamino-2,6-dinitrotoluol (4-HADNT), 2-Amino-4,6-dinitrotoluol (2-ADNT) und 4-Amino-2,6-dinitrotoluol (4-ADNT) sowie 2,4-Diamino-6-nitrotoluol (2,4-DANT) beschrieben. Nur unter anaeroben Bedingungen (Eh ≤ -200 eV) wird auch die dritte Nitrogruppe unter Bildung von Triaminotoluol reduziert (Blotevogel und Gorontzy 2000, Crawford 1995, Rieger und Knackmuss 1995). „Nitroreduktasen", die diese Reaktion katalysieren, sind ubiquitär bei Bakterien und höheren Organismen (Pilze, Pflanzen, Tiere) vorhanden (Preuß und Rieger 1995). Letztere haben Nitroreduktase-Aktivitäten als unspezifische Nebenaktivität anderer Enzyme, z.B. Succinat-Dehydrogenase aus Rinderherzen (Westfall 1943), Xanthin-Oxidase aus Kuhmilch (Michels und Gottschalk 1994, Tatsumi et al. 1981). Echte Nitroreduktasen kommen dagegen nur bei Bakterien vor und werden in Typ I (nicht sauerstoffempfindlich) und Typ II (sauerstoffempfindlich) unterschieden (Cerniglia und Somerville 1995).

Die Reduktion von TNT durch Mikroorganismen erfolgt aerob wie anaerob immer cometabolisch, d.h. nur in Gegenwart eines zum Wachstum verwertbaren Substrates, welches während der Umsetzung als Elektronendonor dient (Fritsche et al. 2001a). Bisher gibt es noch keinen überzeugenden Beweis für einen produktiven Abbau von TNT, obwohl dieser schon postuliert wurde (Duque et al. 1993).

Im Boden kann TNT unter anoxischen Bedingungen auch abiotisch mit reaktiven Fe(II)-Spezies vollständig zu TAT reduziert werden. Diese reaktiven Fe(II)-Spezies sind entweder durch mikrobielle Fe(III)-Reduktion, durch Adsorption von gelöstem Fe(II) an Fe(III)oxihydroxiden oder durch Reduktion von Fe(III) in Tonmineralen entstanden (Haderlein et al. 2000, Hofstetter 1999). Reduzierte organische Substanz kann ebenfalls als Reduktionsmittel für aromatische Nitrogruppen dienen, wobei die Reduktion der organischen Substanz durch die Aktivität Schwefel reduzierender Bakterien erfolgt (Haderlein und Schwarzenbach 1995).

Es wurden eine Reihe von abiotischen und biotischen Folgeprodukten nachgewiesen: Die reaktiven Zwischenstufen der Nitroso- und Hydroxylamino-Dinitrotoluole kondensieren unter aeroben Bedingungen spontan miteinander, so dass es zur Dimerisierung (Azoxy-Tetranitrotoluol) kommt, wenn sich diese Intermediate anreichern (Bruns-Nagel et al. 1998, Michels und Gottschalk 1995). Aminodinitrotoluol und Diaminonitrotoluol werden biologisch weiter transformiert. So ist die Acylierung (Formylierung und Acetylierung) der Aminogruppe beschrieben (Bruns-Nagel et al. 1998, Bruns-Nagel et al. 2000, Hawari et al. 1999, Michels und Gottschalk 1995), Oxidation und Methoxylierung der Methylgruppe (Vanderberg et al. 1995) sowie kovalente Bindung von 2,4-DANT an natürliche Huminstoffe (Held et al. 1997) und Huminstoff-Modellsubstanzen (Dawel et al. 1997). Allen gefundenen Metaboliten ist aber gemein, dass der aromatische Ring nach wie vor intakt ist und auch keine Vorstufen einer Ringspaltung (Catechole) gebildet werden, was belegt, dass der biologische Abbau von TNT eher zu einer Vielzahl von Transformationsprodukten als zur Mineralisation führt (Hawari et al. 2000).

Von besonderer Relevanz scheinen aber die (polaren) Metaboliten zu sein, die an der Methylgruppe oxidiert sind. Diese konnten sowohl in Bodenmaterial (Bruns-Nagel et al. 1999, Schmidt et al. 1998) als auch im Grundwasser (Godejohann et al. 1998) ehemaliger TNT-Produktionsstätten gefunden werden. Zu den polaren Metaboliten, die im Boden des ehemaligen Sprengstoffwerkes „Tanne" gefunden wurden, zählen 4-Amino-2,6-Dinitrobenzoesäure, Trinitrobenzylalkohol und 4-Amino-2,6-Dinitrobenzylalkohol (Dahn und Michels 2001).

Über die Herkunft der polaren Metaboliten muss weitgehend spekuliert werden. In der Vergangenheit wurden sie bei Überwachungsprogrammen vernachlässigt, obwohl oder gerade weil sie vergleichsweise gut wasserlöslich und damit mobil sind (Bruns-Nagel et al. 2000). Als bisher unerkannte Nebenprodukte der Produktion scheiden sie jedenfalls aus. Weil sie aber nicht aus der TNT-Produktion stammen und auch sehr mobil sind, scheinen nach wie vor biotische und/oder abiotische Prozesse abzulaufen, die zur Bildung polarer Metabolite führen. TNT-Derivate, die an der Methylgruppe oxidiert sind, lassen sich z.B. photochemisch erzeugen (Dillert et al. 1995, Dillert et al. 2001). Allerdings ist eine photochemische Oxidation als Grund für das Vorkommen polarer Metabolite in Bodenproben, die nicht von der Oberfläche stammen, eher unwahrscheinlich. Eine rein chemische Oxidation von TNT scheidet ebenfalls aus, weil dazu extreme Bedingungen (mehrstündiges Kochen in rauchender Chromschwefelsäure) notwendig sind. Es gibt aber auch Hinweise für die biologische Oxidation der Methylgruppe: Während der Kompostierung TNT-kontaminierter Böden (Bruns-Nagel et al. 2000) konnten polare Metabolite nachgewiesen werden, ebenso auch im Stoffwechsel eines *Mycobacterium-Stammes* (Vanderberg et al. 1995).

Dass TNT aber doch in beachtlichem Umfang mineralisiert werden kann, konnte anhand des Weißfäulepilzes *Phanerochaete chrysosporium* gezeigt werden (Fernando et al. 1990). Verantwortlich für diesen Abbau ist das sogenannte ligninolytische Enzymsystem (Bumpus und Tatarko 1994, Michels und Gottschalk 1994). Das ligninolytische Enzymsystem der Weißfäulepilze besteht unter anderem aus einer Reihe von extrazellulären Peroxidasen (Lignin-Peroxidase, manganabhängige Peroxidase) und Oxidasen (Laccase), die den Abbau des Holzbestandteils Lignin katalysieren. Der Stoffwechsel beginnt aber dennoch reduktiv, wobei der Pilz zunächst eine Nitrogruppe zu 4-ADNT bzw. 2-ADNT reduziert. Danach finden verschiedene Acylierungsreaktionen statt, die zu einer Vielzahl von formylierten und acetylierten Produkten führen (Hawari et al. 1999, Michels und Gottschalk 1995). Eines dieser formylierten Produkte, 2-Amino-4-formamido-6-nitrotoluol, konnte schließlich als Substrat der Lignin-Peroxidase identifiziert werden (Michels und Gottschalk 1995). Die anderen Produkte werden unter ligninolytischen Bedingungen ebenfalls abgebaut (Hawari et al. 1999). Die manganabhängige Peroxidase vermag 4-ADNT direkt zu mineralisieren, wie mit dem Lignin-Peroxidase-negativen Pilz *Nematoloma frowardii* gezeigt werden konnte (Scheibner et al. 1997a). Kürzlich konnte auch ein intrazelluläres, Cytochrom P-450-abhängiges Enzymsystem identifiziert werden, das an der Mineralisierung von TNT bei *Bjerkandera adusta* beteiligt ist (Eilers et al. 1999).

Die Verbreitung der Fähigkeit zur cometabolischen Mineralisation von TNT wurde in einem breit angelegten Labor-Screening-Programm mit über 91 Pilzstämme aus 32 Gattungen in Flüssigkultur getestet. Dabei zeigte sich, dass Holz zerstörende Basidiomyceten allgemein die Fähigkeit besitzen, über 10 % des eingesetzten

TNT zu mineralisieren (Scheibner et al. 1997b), Bodenschimmelpilze dagegen nicht. Eine gute Abbauleistung zeigten auch Streu zersetzende Basidiomyceten, die in der obersten Waldbodenschicht leben und damit für den Einsatz in der biologischen Bodensanierung geeigneter erscheinen als die Weißfäulepilze (Fritsche et al. 2001b).

6.2.5.4 Immobilisierung und Humifizierung von TNT

Da TNT allgemein nicht als C+E+N-Quelle dienen kann und Bakterien und Bodenschimmelpilze den Beweis eines direkten Abbaus durch Mineralisierung nicht erbringen können, blieben zunächst nur die Holz zerstörenden Pilze, um mit diesen ein Sanierungsverfahren auf Basis der Mineralisierung zu etablieren. Jedoch war die Mineralisation von TNT durch Pilze in Gegenwart von Boden vernachlässigbar gering, obwohl TNT in den Versuchen stark abnahm und die bekannten Metaboliten nicht akkumulierten (Scheibner et al. 1997b, Spreinat et al. 2001b). Wahrscheinlich ist aber im Boden die Mineralisierung nicht der primäre Indikator für einen erfolgreichen Abbau von TNT, da auch schwer abbaubare Naturstoffe wie z.B. Holzbestandteile (Lignin), Gerbstoffe, Harze, Wachse und Melanine im natürlichen System Boden von Mikroorganismen nicht direkt mineralisiert werden. Der Abbau erfolgt vielmehr indirekt über den Umweg der Bildung eines Kohlenstoff-Depots (Humifizierung) im Boden. Dieses Depot macht einen beträchtlichen Teil des gesamten Kohlenstoffvorrates aus und ist seinerseits wieder einem langsamen unspezifischen Abbau durch Mikroorganismen unterworfen, so dass über diesen Umweg auch persistente und toxische Naturstoffe entgiftet und in den Kohlenstoffkreislauf einbezogen werden (Diekert et al. 2001). Als Humifizierung von Schadstoffen bezeichnet man den Prozess der irreversiblen Festlegung der Schadstoff-Derivate in der organischen Bodenfraktion (Eschenbach et al. 2001). Die Vorstufe der Humifizierung ist die Immobilisierung der Schadstoffe an der Bodenmatrix. Tonminerale und die organische Bodenfraktion sind dabei die dominanten Sorbentien im Boden.

Die Wechselwirkung zwischen TNT und bestimmten Tonmineralen (Schichtsilikaten) beruht auf der Ausbildung von Elektronen-Donator-Akzeptor-Komplexen (EDA-Komplexe) durch eine Ladungsübertragung zwischen den freien π-Elektronen des Sauerstoffs von SiO_2 und dem elektronenarmen π-System am aromatischen Ring des TNT-Moleküls. Dadurch kann sich TNT koplanar an der siloxanen Oberfläche von Tonmineralen anlagern. Der Verteilungskoeffizient zwischen sorbierten und gelösten Phasen (K_d Adsorptionskonstante) hängt stark von den beteiligten Schichtsilikaten und den austauschbaren hydratisierten Kationen ab, wie Untersuchungen zur Sorption von TNT an reinen Tonen im Labor zeigen (Haderlein et al. 1996; s. Tab. 6-5).

Tab. 6-5. Adsorptionskonstanten (K_d-Werte) von TNT für homoionisch belegte monomineralische Tone (2- und 3-Schicht-Tonminerale) (Haderlein et al. 1996)

Tonmineral	Ca^{2+}-Ton K_d [l/kg]	K^+-Ton K_d [l/kg]
Kaolinit	0,3	1 800
Illit	1,2	12 500
Montmorillonit	1,7	21 500

An naturnahen Bodenmodellsubstanzen lassen sich diese Wechselwirkungen auch nachweisen, jedoch sind die gefundenen Adsorptionskonstanten ebenso schwach wie die Calcium-ionisierter monomineralischer Tone (Wolff-Boenisch et al. 1996). Reduzierte Metabolite sorbieren schwächer an monomineralische Tone als TNT, und die oben bereits vorgestellten polaren Metaboliten sorbieren überhaupt nicht an Tonminerale (Haderlein et al. 2000). Die Sorption von TNT, 2-ADNT und 4-ADNT an Tonminerale ist reversibel. Dagegen wurde gefunden, dass die TNT-Metabolite 2-HADNT, 4-HADNT und TAT irreversibel und DANT partiell irreversibel an Tonminerale sorbieren (Daun et al. 1998, Lenke et al. 2000).

Die Wechselwirkung zwischen TNT und organischer Substanz wurde anhand von Standardhuminsäuren (Daun et al. 1998, Li et al. 1997) und humosem Oberboden (Track 1997) untersucht. Ionische Wechselwirkungen mit Huminsäuren bewirken, dass mit steigendem pH-Wert und steigender Ionenstärke mehr TNT gebunden wird. Im Gegensatz dazu zeigen die reduzierten Metabolite – wie z.B. 2,6-Diamino-4-Nitrotoluol (2,6-DANT) – bezüglich des pH-Wertes ein genau entgegengesetztes Verhalten (Li et al. 1997). Von den reduzierten TNT-Metaboliten, insbesondere vom Triaminotoluol, wird nicht nur eine Festlegung an der anorganischen (s.o.), sondern auch an der organischen Bodenmatrix über kovalente C-N-Bindungen angenommen (Rieger und Knackmuss 1995).

Direkte Beweise für das beobachtete Auftreten von nicht extrahierbaren Rückständen, die kovalent an natürliche Huminstoffe gebunden sind, konnten über ^{15}N-NMR-Spektrokopie bereits mit [^{15}N]-Anilin an verschiedenen Fulvo- und Huminsäuren erbracht werden. Der Stickstoff der Aminogruppe wurde dabei fest in neu gebildete Heterozyklen eingebaut (Thorn et al. 1996). Kopplungsexperimente mit 2,4-DANT und Guajacol in Gegenwart einer pilzlichen Laccase ergaben die Bildung einer trimeren Verbindung aus zwei Guajacolmolekülen und einem Molekül DANT, dessen Struktur eindeutig als 5-(2-Amino-3-Methyl-4-Nitroanilino)-3,3'-Dimethoxy-4,4'-Diphenochinon bestimmt wurde (Dawel et al. 1997). Damit konnte erstmals die Struktur einer spezifischen Kopplung an Huminstoffmodellsubstanzen ermittelt werden.

6.2.5.5 Nachhaltigkeitsuntersuchungen an biologischen Sanierungsverfahren für TNT-kontaminierte Bodenmaterialien

Bei Experimenten mit radioaktiv markiertem TNT wurde immer wieder festgestellt, dass TNT und seine Metabolite unabhängig vom untersuchten Prozess schnell und in hohen Quantitäten irreversibel an die Bodenmatrix binden. Das konnte in einem anaerob/aeroben Bodensuspensionsverfahren (> 99 %; Achtnich et al. 1999), bei verschiedenen Kompostierungsvarianten (bis 80 %, wenn der Anteil Boden 25 % nicht überstieg, sonst deutlich höher (Drzyzga et al. 1999 und 1998, Übersicht in Bruns-Nagel et al. 2000)) und beim Einsatz von Pilzen (86 %) (Fritsche et al. 2000) gezeigt werden. Die Radioaktivität wurde jeweils in den wässrig und methanolisch extrahierbaren organischen Fraktionen des Bodens (Fulvosäuren, Huminsäuren und Huminen) bestimmt.

In letzter Zeit wurden die gebundenen Rückstände von TNT und Metaboliten an den organischen Bodenfraktionen näher charakterisiert. Dabei standen Untersuchungen zur Remobilisierung dieser Rückstände unter *worst case*-Bedingungen, zur Ökotoxikologie, zum Langzeitverhalten und zur Klärung der Bindungsverhältnisse im Vordergrund. In Deutschland wurden die Untersuchungen zuerst an einem anaerob/aeroben Bodensuspensionsverfahren durchgeführt und dann in einem anaerob/aeroben Kompostierungsverfahren, einem dynamischen Beetverfahren und einem Pilzverfahren. Da die Versuche mit markierten Ausgangssubstanzen durchgeführt werden mussten (^{14}C-TNT oder ^{15}N-TNT), war bei allen Untersuchungen die Übertragbarkeit der erhaltenen Ergebnisse auf die Sanierungspraxis wichtig. Dieses betraf einerseits das "Upscaling" vom Labor zum Praxismaßstab und andererseits das Verhalten der zugesetzten markierten Substanzen im Vergleich zur Originalkontamination (Tab. 6-6).

Ohne Beispiel ist die mit ^{14}C-TNT durchgeführte Simulation der drei Sanierungsverfahren im 2 t-Maßstab mit nachfolgenden Untersuchungen zur Remobilisierung und zum Langzeitverhalten (Hund-Rinke und Kördel 2001). Diese Größenordnung stellt eine Klammer zwischen den Versuchen im Labor und im Feld dar, da sie das Messen von Laborparametern (^{14}C-TNT, ^{14}CO$_2$) unter praxisnahen Bedingungen erlaubt. Es konnte gezeigt werden, dass der Abbau im 2 t-Maßstab ähnlich verlief wie im Großmaßstab und dass das zugesetzte TNT im Prozess wie die originäre Kontamination umgesetzt wurde. Während der nachfolgenden Untersuchungen zur Remobilisierung und zum Langzeitverhalten konnten keine nennenswerten Mengen an Radioaktivität eluiert oder extrahiert werden. Auch die ökotoxikologischen Untersuchungen lieferten ähnliche Befunde wie die maßstabsgerechte Erprobung (Dahn und Michels 2001).

Im Kleinmaßstab wurden die drei Verfahren simuliert, um mit Hilfe von ^{15}N-TNT Material für Strukturanalysen der gebundenen Rückstände zu erzeugen (Achtnich et al. 2001, Diekert et al. 2001, von Löw et al. 2001). Parallel dazu wurden Ansätze mit ^{14}C-TNT durchgeführt, um den Grad der Einbindung abschätzen zu können.

Die erfolgreiche Humifizierung konnte jeweils durch den Nachweis der kovalenten Einbindung gezeigt werden, die allerdings nicht quantifizierbar war (Knicker et al. 1999). Da aber auch durch drastische Extraktions- und Remobilisierungsbedingungen in keinem Fall TNT oder Metaboliten remobilisiert werden konnten, kann von einer quantitativen Festlegung ausgegangen werden, obwohl in geringem Umfang noch freie Nitrogruppen detektiert wurden. Die Einbindung von ^{15}N-TNT beim anaerob-aeroben Bodensuspensionsverfahren wurde ebenfalls untersucht (Knicker et al. 2001). Auch hier konnten kovalente Bindungen nachgewiesen werden.

Tab. 6-6. Untersuchungsparameter zum Nachweis der Nachhaltigkeit biologischer Sanierungsverfahren für TNT-kontaminierte Bodenmaterialien (Michels et al. 2001)

	Labor	Pilot	Maßstabsgerecht
Bodenmaterial			
Menge	0,002 t	2 t	70 t
Quelle	„Werk Tanne"	„Werk Tanne"	„Werk Tanne"
Dotierung	^{14}C-TNT bzw. ^{15}N-TNT	^{14}C-TNT	–
TNT-Gehalt	4 bis 8 g/kg	0,2 bis 0,3 g/kg	0,5 bis 1 g/kg
Chemische Analytik	Bodenparameter, Nitroaromaten	Bodenparameter, Nitroaromaten	Bodenparameter, Nitroaromaten
Massenbilanz (Festlegung)	^{14}C-Fraktionierung	^{14}C-Fraktionierung	–
Remobilisierung (Hund-Rinke und Kördel 2001)	*worst case*-Bedingungen	*worst case*-Bedingungen	–
Ökotoxikologie (Fleischmann und Wilke 2000)		Boden und Eluat	Boden und Eluat
Langzeitverhalten (Hund-Rinke und Kördel 2001)	–	Großlysimeter	–
Struktur-untersuchungen (Knicker 2000)	^{15}N-NMR	–	–
Literatur	Achtnich et al. 2001, Diekert et al. 2001, Geyer et al. 2000, von Löw et al. 2001	Hund-Rinke und Kördel 2001	Dahn und Michels 2001

Langzeituntersuchungen zeigten ebenfalls eine außerordentliche und irreversible Festlegung der Metaboliten (Achtnich und Lenke 2001). Ökotoxikologische Untersuchungen (Standardtest wie z.B. Fischtoxizität, Leuchtbakterientest, Aimes-Test) konnten keine Effekte nachweisen, die auf TNT oder seine Metaboliten zurückzuführen waren.

6.2.6 Ausblick

Es stehen heute vier verschiedene Verfahren für die biologische Sanierung TNT-kontaminierter Bodenmaterialien zur Verfügung, die auf dem Prinzip der Humifizierung von Schadstoffen beruhen:

- Anaerob/aerobes Bodensuspensionsverfahren des Fraunhofer Institutes für Grenzflächen- und Bioverfahrenstechnik, Stuttgart,
- Anaerob/aerobes Kompostierungsverfahren der Fa. Umweltschutz Nord, Ganderkesee,
- dynamisches Beetverfahren der Fa. Plambeck ContraCon, Cuxhaven,
- Pilzverfahren der Fa. AWIA Umwelt, Göttingen.

Zur Qualitätssicherung ist aber der Aufbau eines Kontrollprogramms nötig, dass nicht nur auf Basis der chemischen Analytik beruht. Um den Erfolg einer quantitativen Humifizierung sicherzustellen, wurde kürzlich ein Testpaket vorgeschlagen (Mahro 2000).

1. Die mit organischen Lösungsmitteln extrahierbare Schadstoffkonzentration sollte unter einem noch zu definierenden Grenzwert liegen.
2. Der Einsatz einer Testbatterie (z.B. je ein mechanischer, biologischer und chemischer Test) darf nicht zur Remobilisierung von freien Schadstoffen oder Metaboliten führen.
3. Boden und Extrakt oder Eluat dürfen sich in ihrer ökotoxikologischen Bewertung (durch Einsatz einer Ökotox-Testbatterie) nicht signifikant von einem unbelasteten Kontrollboden unterscheiden.

Die entsprechenden Methoden finden sich im neuen Leitfaden zur biologischen Bodensanierung (Michels et al. 2001).

Literatur

Achtnich, C., Lenke, H. (2001) Stability of immobilized 2,4,6-trinitrotoluene metabolites in soil under long-term leaching conditions. Environ. Toxicol. Chem. 20: 280–283

Achtnich, C., Peters, D., Lenke, H., Knackmuss, H.-J. (2001) Alternierender Anaerob-/Aerob-Prozeß: Analyse der Bindungsstruktur von metabolisiertem und humifiziertem TNT im Boden. In: Michels, J., Track, T., Gehrke, U., Sell, D. (Fachredaktion), Umweltbundesamt (Hrsg.) Leitfaden Biologische Verfahren zur Bodensanierung. Grün-Weiße Reihe des BMBF, Kap. 9.4.4

Achtnich, C., Sieglen, U., Knackmuss, H.-J., Lenke, H. (1999) Irreversible binding of biologically reduced 2,4,6-trinitrotoluene to soil. Environ. Toxicol. Chem. 18: 2416–2423

Alexander, M., Lustigman, B.K. (1966) Effect of chemical structure on microbial degradation of substituted benzenes. J. Agric. Food Chem. 14: 410–413

Ashby, J., Burlinson, P., Lefevre, A., Topham, J. (1985) Non-genotoxicity of 2,4,6-Trinitrotoluene (TNT) to the mouse bone marrow and the rat liver: implications for its carcinogenicity. Arch. Toxicol. 58: 9–14

Blotevogel, K.-H., Gorontzy, T. (2000) Microbial degradation of compounds with nitro-functions. In: Rehm, H.J., Reed, G., Pühler, A., Stadler, P. (Eds.) Biotechnology Vol. 11b, Environmental processes – soil decontamination, waste gas treatment, potable water preparation. VCH-Wiley, Weinheim, pp 274–294

Braedt, M., Hörseljau, H., Jacobs, F., Knolle, F. (1998) Die Sprengstoffabrik „Tanne" in Clausthal-Zellerfeld. Geschichte und Perspektive einer Harzer Rüstungsaltlast. Papierflieger, Clausthal-Zellerfeld

Bruns-Nagel, D., Steinbach, K., Gemsa, D., von Löw, E. (2000) Composting (Humification) of nitroaromatic compounds. In: Spain J.C., Hughes, J.B., Knackmuss, H.-J. (Eds.) Biodegradation of nitroaromatic compounds and explosives. CRC Press, Boca Raton

Bruns-Nagel, D., Drzyzga, O., Steinbach, K., Schmidt, T.C., von Löw, E., Gorontzy, T., Blotevogel, K.-H., Gemsa, D. (1998) Anaerobic/aerobic composting of 2,4,6-trinitrotoluene-contaminated soil in a reactor system. Environ. Sci. Technol. 32: 1676–1679

Bruns-Nagel, D., Schmidt, T.C., Drzyzga, O., von Löw., E., Steinbach, K. (1999) Identification of oxidized TNT metabolites in soil samples of a former ammunition plant. Environ. Sci. Pollut. Res. 6: 7–10

Bumpus, J.A., Tatarko, M. (1994) Biodegradation of 2,4,6-trinitrotoluene by *Phanerochaete chrysosporium*: identification of initial degradation products and the discovery of a TNT metabolite that inhibits lignin peroxidases. Curr. Microbiol. 28: 185–190

Cerniglia, C.E., Somerville, C.C. (1995) Reductive metabolism of nitroaromatic and nitropolycyclic aromatic hydrocarbons. In: Spain, J.C. (Ed.) Biodegradation of nitroaromatic compounds. Env. Sciences Res. Series, Vol. 49, Plenum Press, New York, pp. 99–115

Crawford, R.L. (1995) Biodegradation of nitrated munition compounds and herbicides by obligately anaerobic bacteria. In: Spain, J.C. (Ed.) Biodegradation of nitroaromatic compounds. Env. Sciences Res. Series, Vol. 49, Plenum Press, New York, pp. 87–98

Dahn, A., Michels, J. (2001) Biologische Bodensanierung in der Praxis. Erfahrungen am Beispiel der maßstabsgerechten Erprobung biologischer Sanierungsverfahren im „Werk Tanne". In: Michels, J., Track, T., Gehrke, U., Sell, D. (Fachredaktion), Umweltbundesamt (Hrsg.) Leitfaden Biologische Verfahren zur Bodensanierung. Grün-Weiße Reihe des BMBF, Kap. 7

Daun, G., Lenke, H., Reuss, M., Knackmuss, H.-J. (1998) Biological treatment of TNT-contaminated soil 1. Anaerobic cometabolic reduction and interaction of TNT and metabolites with soil components. Environ. Sci. Technol. 32: 1956–1963

Dawel, G., Kästner, M., Michels, J., Poppitz, W., Günther, W., Fritsche, W. (1997) Structure of laccase mediated product of coupling 2,4-diamino-6-nitrotoluene to guaiacol, a model for coupling of 2,4,6-trinitrotoluene metabolites to a humic organic soil matrix. Appl. Environ. Microbiol. 63: 2560–2565

Dickel, O., Knackmuss, H.-J. (1991) Catabolism of 1,3-dinitrobenzene by *Rhodococcus* sp. QT-1. Arch. Microbiol. 157: 76–79

Diekert, G., Geyer, R., Weiß, M., Kästner, M. (2001) Analyse der Bindungsstrukturen gebundener TNT-Rückstände im Boden nach biologischer Behandlung durch das Weißfäulepilzverfahren und Remobilisierungsversuche. In: Michels, J., Track, T., Gehrke, U., Sell, D. (Fachredaktion), Umweltbundesamt (Hrsg.) Leitfaden Biologische Verfahren zur Bodensanierung. Grün-Weiße Reihe des BMBF, Kap. 9.4.5

Dillert, R., Brandt, M., Fornefett, I., Siebers, U., Bahnemann, D. (1995) Photocatalytic degradation of trinitrotoluene and other nitroaromatic compounds. Chemosphere 30: 2333–2341

Dillert, R., Sagawe, G., Bahnemann, D. (2001) Naßchemische Behandlung von TNT-belasteten Prozeßwässern. In: Michels, J., Track, T., Gehrke, U., Sell, D. (Fachredaktion), Umweltbundesamt (Hrsg.) Leitfaden Biologische Verfahren zur Bodensanierung. Grün-Weiße Reihe des BMBF, Kap. 9.2.4

Dohnalek-Droste, A., Winterberg, R., Knabe, R., Schmidt, M. (2001) Irreversible Transformation und Immobilisierung von TNT zur Detoxifizierung kontaminierter Böden; Dynamisches Beetverfahren. In: Michels, J., Track, T., Gehrke, U., Sell, D. (Fachredaktion), Umweltbundesamt (Hrsg.) Leitfaden Biologische Verfahren zur Bodensanierung. Grün-Weiße Reihe des BMBF, Kap. 9.5.2

Drzyzga, O., Bruns-Nagel, D., Gorontzy, T., Blotevogel, K. H., von Löw, E. (1999) Anaerobic incorporation of the radiolabeled explosive TNT and metabolites into the organic soil matrix of contaminated soil after different treatment procedures. Chemosphere 38: 2081–2095

Drzyzga, O., Bruns-Nagel, D., Gorontzy, T., Blotevogel, K.H., Gemsa, D., von Löw, E. (1998) Incorporation of ^{14}C-labeled 2,4,6-trinitrotoluene metabolites into different soil fractions after anaerobic-aerobic treatment of soil/molasses mixtures. Environ. Sci. Technol. 32: 3529–3535

Duque, E., Haidour, A., Godoy, F., Ramos, J.L. (1993) Construction of a *Pseudomonas* hybrid strain that mineralizes 2,4,6-trinitrotoluene. J. Bacteriol. 175: 2278–2283

Ecker, S., Widmann, T., Lenke, H., Dickel, O., Fischer, P., Bruhn, C., Knackmuss, H.-J. (1992) Catabolism of 2,6-dinitrophenol by *Alcaligenes eutrophus* JMP134 and JMP222. Arch. Microbiol. 158: 149–154

Eilers, A., Rüngeling, E., Stündl, U.M., Gottschalk, G. (1999) Metabolism of 2,4,6-trinitrotoluene by the white rot fungus *Bjerkandera adusta* DSM 3375 depends on cytochrome *P*-450. Appl. Microbiol. Biotechnol. 53: 75–80

Eschenbach, A., Mescher, H., Wienberg, R., Mahro, B. (2001) Humifizierung von Schadstoffen. In: Michels, J., Track, T., Gehrke, U., Sell, D. (Fachredaktion), Umweltbundesamt (Hrsg.) Leitfaden Biologische Verfahren zur Bodensanierung. Grün-Weiße Reihe des BMBF, Kap. 2.2

Fernando, T., Bumpus, J.A., Aust, S.D. (1990) Biodegradation of TNT (2,4,6-trinitrotoluene) by *Phanerochaete chrysosporium*. Appl. Environ. Microbiol. 56: 1666–1671

Fleischmann, S., Wilke, B.-M. (2000) Ökotoxikologische Tests zur Bodenbewertung. Ergebnisse des Verbundes 4 „Ökotoxikologische Testbatterien". In: Michels, J., Gottschalk, G. (Hrsg.) pp. 156–174

Fritsche, W., Scheibner, K. Herre, A. (2001b) Bioremediation von TNT-belasteten Böden mit Pilzen; Untersuchungen zur Metabolisierung, Mineralisierung und Humifizierung. In: Michels, J., Track, T., Gehrke, U., Sell, D. (Fachredaktion), Umweltbundesamt (Hrsg.) Leitfaden Biologische Verfahren zur Bodensanierung. Grün-Weiße Reihe des BMBF, Kap. 9.2.7

Fritsche, W., Scheibner, K., Herre, A. (2001a) Biologische Sanierung von Rüstungsaltlasten. In: Michels, J., Track, T., Gehrke, U., Sell, D. (Fachredaktion), Umweltbundesamt (Hrsg.) Leitfaden Biologische Verfahren zur Bodensanierung. Grün-Weiße Reihe des BMBF, Kap. 9.2

Fritsche, W., Scheibner, K., Herre, A., Hofrichter, M. (2000) Fungal degradation of explosives: TNT and related nitroaromatic compounds. In: Spain, J.C., Hughes, J.B., Knackmuss, H.-J. (Eds.) Biodegradation of nitroaromatic compounds and explosives. CRC Press, Boca Raton, pp. 213–237

Geyer, R., Weiss, M., Kästner, M., Diekert, G. (2000) Analyse der Bindungsstrukturen gebundener Rückstände im Boden nach aerober biologischer Behandlung mit ligninolytischen Pilzen – Bildung und Remobilisierbarkeit nicht extrahierbarer Rückstände. In: Mahro, B., Mescher, H., Umweltbundesamt – Projektträger AWAS des BMBF (Hrsg.) Verbundvorhaben „Langzeit- und Remobilisierungsverhalten von Schadstoffen bei der biologischen Bodensanierung" – Beiträge beim 2. Statusseminar am 22.02. 2000 an der Hochschule Bremen. Grün-Weiße Reihe des BMBF, pp. 123–140

Godejohann, A., Preiss, K., Levsen, K.-M., Wollin, C., Mügge, K. (1998) Determination of polar organic pollutants in aqueous samples of former ammunition sites in Lower Saxony by means of HPLC/Photodiode Array Detection (HPLC/PDA) and Proton Nuclear Magnetic Resonance Spectroskopy (^{1}H-NMR). Acta hydrochim. hydrobiol. 26: 330–337

Haderlein, S.B., Hofstetter, T.B., Schwarzenbach, R.P. (2000) Subsurface chemistry of nitroaromatic compounds. In: Spain, J.C., Hughes, J.B., Knackmuss, H.-J. (Eds.) Biodegradation of nitroaromatic compounds and explosives. CRC Press, Boca Raton, pp. 311–356

Haderlein, S.B., Schwarzenbach, R.P. (1995) Environmental processes influencing the rate of abiotic reduction of nitroaromatic compounds in the subsurface. In: Spain, J.C. (Ed.) Biodegradation of nitroaromatic compounds. Environmental Science Research Series, Vol. 49, Plenum Press, New York, pp. 199–225

Haderlein, S.B., Weissmahr, K.W., Schwarzenbach, R.P. (1996) Specific adsorption of nitroaromatic explosives and pesticides to clay minerals. Environ. Sci. Technol. 30: 612–622

Haigler, B.E., Spain, J.C. (1993) Biodegradation of 4-nitrotoluene by *Pseudomonas* sp. strain 4NT. Appl. Environ. Microbiol. 59: 2239–2243

Haigler, B.E., Wallace, W.H., Spain, J.C. (1994) Biodegradation of 2-nitrotoluene by *Pseudomonas* sp. strain JS42. Appl. Environ. Microbiol. 60: 3466–3469

Hartter, D.R. (1985) The use and importance of nitroaromatic chemicals in the chemical industry. In: Rickert, D.E. (Ed.) Toxicity of Nitroaromatic Compounds. Chemical Industry Institute of Toxicology Series. Hemisphere Publishing Cooperation, Washington D.C., pp. 1–14

Hawari, J., Beaudet, S., Halasz, A., Thiboutot, S., Ampleman, G. (2000) Microbial degradation of explosives: biotransformation versus mineralization. Appl. Microbiol. Biotechnol. 54: 605–618

Hawari, J., Halasz, A., Beaudet, S., Ampleman, G., Thiboutot, S. (1999) Biotransformation of 2,4,6,-trinitrotoluene (TNT) with *Phanerochaete chrysosporium* in agitated cultures at pH 4.5. Appl. Environ. Microbiol. 65: 2977–2986

Held, T., Draude, G., Schmidt, F.R.J., Brokamp, A., Reis, K.H. (1997) Enhanced humification as an *in-situ* bioremediation technique for 2,4,6-trinitrotoluene (TNT) contaminated soil. Environ. Technol. 18: 479–487

Herre, A., Michels, J., Scheibner, K., Fritsche, W. (1997) Bioremediation of 2,4,6-trinitrotoluene (TNT) contaminated soil by a litter decaying fungus. In: Preprints of the fourth international *in-situ* and on-site bioremediation symposium. April 28 – May 01, 1997, New Orleans 2, pp. 493–498

Hofstetter, T.B. (1999) Reduction of polynitroaromatic compounds by reduced iron species – coupling biogeochemical processes with pollutant transformation. Dissertation ETH Zürich Nr. 13'140

Homburg, A. (1995) Entwicklung der Explosivstoffindustrie in Deutschland. In: Trimborn, F. (Hrsg.) Explosivstoffabriken in Deutschland. Ein Nachschlagewerk zur Geschichte der deutschen Explosivstoffindustrie. Verlag Locher, Köln

Hund-Rinke, K., Kördel, W. (2001) Biologische Bodensanierung – Beurteilung des Langzeitverhaltens/der Remobilisierung festgelegter Schadstoffe (PAK sowie TNT und Metabolite). In: Michels, J., Track, T., Gehrke, U., Sell, D. (Fachredaktion), Umweltbundesamt (Hrsg.) Leitfaden Biologische Verfahren zur Bodensanierung. Grün-Weiße Reihe des BMBF, Kap. 9.4.2

Kayed, A. (1989) Ergebnisse und Erfahrungen bei der Gefährdungsabschätzung für die Rüstungsaltlasten des ehemaligen Sprengstoffwerkes „Tanne" bei Clausthal-Zellerfeld. In: Der Niedersächsische Umweltminister (Hrsg.) Expertengespräch Rüstungsaltlasten 25./26. April 1989 in Hannover, pp. 249–259

Klausmeier, R.E., Osmon, J.L., Walls, D.R. (1973) The effect of trinitrotoluene on microorganisms. Dev. Ind. Microbiol. 15: 309–317

Knicker, H. (2000) Festkörper 15N-NMR spektroskopische Charakterisierung gebundener Transformationsprodukte von 2,4,6-Trinitrotoluol. In: Mahro, B., Mescher, H., Umweltbundesamt –

verhalten von Schadstoffen bei der biologischen Bodensanierung" – Beiträge beim 2. Statusseminar am 22.02. 2000 an der Hochschule Bremen. Grün-Weiße Reihe des BMBF, pp. 141–155

Knicker, H., Achtnich, C., Lenke, H. (2001) Solid-state nitrogen-15 nuclear magnetic resonance analysis of biologically reduced 2,4,6-trinitrotoluene in a soil slurry remediation. J. Environ. Qual. 30: 403–410

Knicker, H., Bruns-Nagel, D., Drzyzga, O., von Löw, E., Steinbach, K. (1999) Characterization of ^{15}N-TNT residues after an anaerobic/aerobic treatment of soil/molasses mixtures by solid state ^{15}N NMR spectroscopic parameters. Environ. Sci. Technol. 33: 343–349

Koss, G., Lommel, A., Ollroge, I., Tesseraux, I., Haas, R., Kappos, A.D. (1989) Zur Toxikologie der Nitrotoluole und weiterer Nitroaromaten aus rüstungsbedingten Altlasten. Bundesgesundhbl. 32: 527–536

Lemberg, R., Callahan, J.P. (1944) Metabolism of symetrical trinitrotoluene. Nature 154: 768–769

Lenke H., Pieper, D.H., Bruhn, C., Knackmuss, H.-J. (1992) Degradation of 2,4-dinitrophenol by two *Rhodococcus erythropolis* strains, HL 24-1 and HL 24-2. Appl. Environ. Microbiol. 58: 2928–2932

Lenke, H., Achtnich, C., Knackmuss, H.-J. (2000) Perspectives of bioelimination of polynitroaromatic compounds. In: Spain, J.C., Hughes, J.B., Knackmuss, H.-J. (Eds.) Biodegradation of nitroaromatic compounds and explosives. CRC Press, Boca Raton, pp. 91–126

Lenke, H., Knackmuss, H.-J. (1992) Initial hydrogenation during catabolism of picric acid by *Rhodococcus erythropolis* strains HL 24-2. Appl. Environ. Microbiol. 58: 2933–2937

Lenke, H., Warrelmann, J., Daun, G., Hund, K., Sieglen, U., Walter, U., Knackmuss, H.-J. (1998) Biological treatment of TNT-contaminated soil II: Biological induced immobilization of the contaminants and full-scale application. Environ. Sci. Technol. 32: 1964–1971

Lewis, A., Ederer, M.M., Crawford, R.L., Crawford, D.L. (1997) Microbial transformation of 2,4,6-trinitrotoluene J. Ind. Microbiol. Biotechnol. 18: 89–96

Li, A.Z., Marx, K.A., Walker, J., Kaplan, D.L. (1997) Trinitrotoluene and metabolites binding zu humic acid. Environ. Sci Technol. 31: 584–589

Mahro, B. (2000) Kein Hinweis auf Wiederfreisetzung von humifizierten PAK und TNT bei der biologischen Bodensanierung, ein Resumee der Arbeit des Teilverbundes 5. In: Mahro, B., Mescher H., Umweltbundesamt – Projektträger AWAS des BMBF (Hrsg.) Verbundvorhaben „Langzeit- und Remobilisierungsverhalten von Schadstoffen bei der biologischen Bodensanierung" – Beiträge beim 2. Statusseminar am 22.02. 2000 an der Hochschule Bremen. Grün-Weiße Reihe des BMBF, pp. 1–31

Mahro, B., Mescher, H., Umweltbundesamt – Projektträger AWAS des BMBF (Hrsg.) (2000) Verbundvorhaben „Langzeit- und Remobilisierungsverhalten von Schadstoffen bei der biologischen Bodensanierung" – Beiträge beim 2. Statusseminar am 22.02. 2000 an der Hochschule Bremen. Grün-Weiße Reihe des BMBF

Michels J., Gottschalk, G. (1995) Pathway of 2,4,6-trinitrotoluene (TNT) degradation by *Phanerochaete chrysosporium*. In: Spain, J.C. (Ed.) Biodegradation of nitroaromatic compounds. Env. Sciences Res. Series, Vol. 49, Plenum Press, New York, pp. 135–149

Michels, J., Gottschalk, G. (1994) Inhibition of the lignin peroxidase of *Phanerochaete chrysosporium* by hydroxylamino-dinitrotoluene, an early intermediate in the degradation of 2,4,6-trinitrotoluene. Appl. Environ. Microbiol. 60: 187–194

Michels, J., Track, T., Gehrke, U., Sell, D. (Fachredaktion), Umweltbundesamt (Hrsg.) (2001) Leitfaden Biologische Verfahren zur Bodensanierung. Grün-Weiße-Reihe des BMBF

Nishino, S.F., Paoli, G.C., Spain, J.C. (2000a) Aerobic Degradation of Dinitrotoluenes and Pathway for Bacterial Degradation of 2,6-Dinitrotoluene. Appl. Environ. Microbiol. 66: 2139–2147

Nishino, S.F., Spain, J.C. (1995) Oxidative Pathway for the Biodegradation of Nitrobenzene by *Comamonas* sp. Strain JS765. Appl. Envir. Microbiol. 61: 2308–2313

Nishino, S.F., Spain, J.C., He, Z. (2000b) Strategies for aerobic degradation of nitroaromatic compounds by bacteria: process discovery to field application. In: Spain, J.C., Hughes, J.B., Knackmuss, H.-J. (Eds.) Biodegradation of nitroaromatic compounds and explosives. CRC Press, Boca Raton, pp. 7–62

Osmon, J.L., Klausmeier, R.E. (1972) The microbial degradation of explosives. Development in Industrial Microbiology 14: 247–252

Preuß, A., Rieger, P.-G. (1995) Anaerobic transformation of 2,4,6-trinitrotoluene and other nitroaromatic compounds. In: Spain, J.C. (Ed.) Biodegradation of nitroaromatic compounds. Env. Sciences Res. Series, Vol. 49, Plenum Press, New York, pp. 69–85

Preuß, J. (1996) Alte Rüstungsstandorte – Erfassung und Bewertung von Umweltkontaminationen. Forschungsmagazin der Johannes-Gutenberg-Universität Mainz. 1: 35–51

Preuß, J., Haas, R. (1987) Standorte der Kampfstoffindustrie im ehemaligen Deutschen Reich. Geographische Umschau 39: 578–584

Preuß, J., Wiegandt, C.C. (1992) Rüstungsstandorte des deutschen Reiches auf dem Gebiet der Bundesrepublik Deutschland. Geographische Rundschau 44: 175–178

Reinhard, S., Feldmann, R. (1998) Von der Forschung in die Praxis. Umweltmagazin 12/1998: 48

Rhys-Williams, W., Taylor, S.T., Williams, P.A. (1993) A novel pathway for the catabolism of 4-nitrotoluene by *Pseudomonas*. J. Gen. Microbiol. 139: 1967–1972

Rieger P.-G., Knackmuss, H.-J. (1995) Basic knowledge and perspectives on biodegradation of 2,4,6-trinitrotoluene and related nitroaromatic compounds in contaminated soil. In: Spain, J.C. (Ed.) Biodegradation of nitroaromatic compounds. Env. Sciences Res. Series, Vol. 49, Plenum Press, New York, pp. 1–18

Rippen, G. (1999) Handbuch Umweltchemikalien. Stoffdaten, Prüfverfahren, Vorschriften. Loseblattsammlung, Stoffdaten, ecomed Verlag, Landsberg/Lech

Scheibner, K., Hofrichter, M., Fritsche, W. (1997a) Mineralization of 2-amino-4,6-dinitrotoluene by manganese peroxidase of the white-rot fungus *Nematoloma frowardii*. Biotechnol Lett. 19: 835–839

Scheibner, K., Hofrichter, M., Herre, A., Michels, J., Fritsche, W. (1997b) Screening for fungi intensively mineralizing 2,4,6-trinitrotoluene. Appl. Microbiol. Biotechnol. 47: 452–457. Published erratum appears in Appl. Microbiol. Biotechnol. 48: 431 (1997)

Schmidt T.C., Steinbach, K., von Löw, E., Stork, G. (1998) Highly polar metabolites of nitroaromatic compounds in ammunition waste water. Chemosphere 37: 1079–1091

Schmitz, M. (1995) Vorversuche zur Sanierung des Rüstungsaltlastenstandortes Hallschlag, TerraTech 6/95: 31–34

Schneider, K., Oltmanns, J., Hassauer, M., Schuhmacher, U.S. (2000) Ermittlung von Prüfwerten für ausgewählte rüstungsaltlastenspezifische Schadstoffe, 1998–1999. Im Auftrag des Umweltbundesamtes Berlin F+E-Vorhaben 298 76 251

Schneider, U. (1989) Erfahrungen aus systematischen Untersuchungen von Standorten ehemaliger Rüstungsbetriebe. In: Der Niedersächsische Umweltminister (Hrsg.) Expertengespräch Rüstungsaltlasten 25./26. April 1989 in Hannover, pp. 261–279

Smock, L.A., Stoneburner, D.L., Clark, J.R. (1976) The toxic effect of trinitrotoluene (TNT) and its primary degradation products on two speciec of algae and the faithed minnow. Water Research 10: 537–543

Spain J.C., Hughes, J.B., Knackmuss, H.-J. (Eds.) (2000) Biodegradation of nitroaromatic compounds and explosives. CRC Press, Boca Raton

Spain, J.C. (Ed.) (1995) Biodegradation of nitroaromatic compounds. Environmental Science Research Series, Vol. 49, Plenum Press, New York

Spain, J.C., Gibson, D.T. (1991) Pathway for biodegradation of *p*-nitrophenol in a *Moraxella* sp. Appl. Environ. Microbiol. 57: 812–819

Spanggord, R.J., Spain, J.C., Nishino, S.F., Mortelmans, K.E. (1991) Biodegradation of 2,4-dinitrotoluene by a *Pseudomonas* sp. Appl. Environ. Microbiol. 57: 3200–3205

Spiess, T., Desiere, F., Fischer, P., Spain, J.C., Knackmuss, H.-J., Lenke, H. (1998) A new 4-nitrotoluene degradation pathway in a *Mycobacterium* strain. Appl. Environ. Microbiol. 64: 446–452

Spreinat, A., Eilers, A., Sabbarth, N., Abken, H.-J. (2001a) Entwicklung eines Kompostierungsverfahrens mit Pilzen – Bilanzierung und Qualitätskontrolle. In: Michels, J., Track, T., Gehrke, U., Sell, D. (Fachredaktion), Umweltbundesamt (Hrsg.) Leitfaden Biologische Verfahren zur Bodensanierung. Grün-Weiße Reihe des BMBF, Kap. 9.2.6.

Spreinat, A., Abken, H.-J., Tölle, K. (2001b) Einstufiges Mietenverfahren für den biologischen Abbau von Amino- und Nitroaromaten mit Hilfe von Pilzen (Weißfäulepilzverfahren). In: Michels, J., Track, T., Gehrke, U., Sell, D. (Fachredaktion), Umweltbundesamt (Hrsg.) Leitfaden Biologische Verfahren zur Bodensanierung. Grün-Weiße Reihe des BMBF, Kap. 9.5.2

Sunahara, G.I., Dodard, S., Sarrazin, M., Paquet, L., Ampleman, G., Thiboutot, S., Hawari, J., Renoux, A.-Y. (1999) Ecotoxicological characterization of energetic substances using a soil extraction procedure. Ecotoxicol. Environ. Safety 43: 138–148

Tatsumi, K., Inoue, A., Yoshimura, H. (1981) Mode of reactions between xanthine oxidase and aromatic nitro compounds. J. Pharm. Dyn. 4: 101–108

Thieme, J., Haas, R., Kopecz, P. (1996) Bestandsaufnahme von Rüstungsaltlastverdachtsstandorten in der Bundesrepublik Deutschland, Teil II. UFOPLAN-Nr. 103 40 102, Berichtsnummer UBA-FB 90-030/1, UBA-Texte 25/96

Thomas. H., Gerth, A., Eulering, B., Böhler, A. (2001) Neue Erkenntnisse zur biologischen *In-situ*-Sanierung TNT-kontaminierter Böden. TerraTech 2/01: 52–54

Thorn, K.A., Pettigrew, P.J., Goldenberg, W.S., Weber, E.J. (1996) Covalent binding of aniline to humic substances. 2. ^{15}N-NMR studies on nucleophilic addition reactions. Environ. Sci. Technol. 30: 2764–2774

Track, T. (1997) Das Transportverhalten von 2,4,6-Trinitrotoluol (TNT) und 1,3-Dinitrobenzol (DNB) in der ungesättigten Bodenzone – Experimentelle Studien und Modelle. Dissertation, Fachbereich Geowissenschaften, Universität Mainz

Trimborn, F. (1995) Explosivstoffabriken in Deutschland. Ein Nachschlagewerk zur Geschichte der deutschen Explosivstoffindustrie. Verlag Locher, Köln

Umweltbundesamt, PT AWAS (Hrsg.) (2000) Modellhafte Sanierung von Altlasten am Beispiel des TNT-Sanierungsprojektes Stadtallendorf/Hessen. In: Modellhafte Sanierung von Altlasten MOSAL. Fachübergreifende Auswertung von Forschungsergebnissen. Probiotec GmbH (Redaktion und Bearbeitung). FKZ 1490900. CD-ROM

Vanderberg, L.A., Perry, J.J., Unkefer, P.J. (1995) Catabolism of 2,4,6-trinitrotoluene by *Mycobacterium vaccae*. Appl. Microbiol. Biotechnol. 43: 937–945

von Löw, E., Banholczer, A., Bruns-Nagel, D., Fründt, J., Gemsa, D. (2001) Dynamisches Beetverfahren: Analyse der Bindungsstrukturen nicht extrahierbarer TNT-Transformationsprodukte. In: Michels, J., Track, T., Gehrke, U., Sell, D. (Fachredaktion), Umweltbundesamt (Hrsg.) Leitfaden Biologische Verfahren zur Bodensanierung. Grün-Weiße Reihe des BMBF, Kap. 9.4.3

Vorbeck, C., Lenke, H., Fischer, P., Spain, J.C., Knackmuss, H.-J. (1998) Initial reductive reactions in aerobic microbial metabolism of 2,4,6-trinitrotoluene. Appl. Environ. Microbiol. 64: 246–252

Walter, U. Fischer, D. (2001) Humifizierende Dekontamination sprengstoffbelasteter Böden in einem Anaerob/Aerob-Verfahren. In: Michels, J., Track, T., Gehrke, U., Sell, D. (Hrsg.) Leitfaden Biologische Verfahren zur Bodensanierung. Grün-Weiße Reihe des BMBF, Kap. 9.5.1

Warrelmann, J., Koehler, H., Frische, T., Dobner, I., Walter, U., Heyser, W. (2000) Erprobung und Erfolgskontrolle eines Phytoremediationsverfahrens zur Sanierung Sprengstoff-kontaminierter Böden. Teil I: Konzeption und Einrichtung eines Freilandexperimentes. UWSF – Z. Umweltchem. Ökotox 12: 351–357

Warrelmann, J., Walter, U. (1997) Erprobung und Anwendung mikrobiologischer Verfahren bei der Sanierung von Rüstungsaltlasten. In: Franzius, V., Wolf, K., Brandt, E. (Hrsg.) Handbuch der Altlastensanierung. C.F. Müller Verlag, Heidelberg

Westfall, B.B. (1943) The reduction of symmetrical trinitrotoluene by a succinic dehydrogenase preparation. J. Pharmacol. Exp. Ther. 79: 23–26

Wolff-Boenisch, D., Track, T., Schenk, D., Oberhänsli, R. (1996) Sorptionsverhalten von 2,4,6-Trinitrotoluol und 1,3-Dinitrobenzol an unterschiedlichen Bodenmodellsubstanzen. Grundwasser 2/96: 63–68

Won, W.D., Disalvo, L.H., James, N.G. (1976) Toxicity and mutagenity of 2,4,6-trinitrotoluene and its microbial metabolites. Appl. Environm. Microbiol. 31: 76–80

Won, W.D., Heckly, R J., Glover, D.J., Hoffsommer, J.C. (1974) Metabolic disposition of 2,4,6-trinitrotoluene. Appl. Microbiol. 27: 13–66

Zeyer, J., Kearney, P.C. (1984) Degradation of *o*-nitrophenol and *m*-nitrophenol by a *Pseudomonas putida*. J. Agric. Food Chem. 32: 238–242

7 Prävention durch biotechnologische Prozessschritte und -verfahren

7.1 Einführung

Biotechnologische Prozesse sind keineswegs *„an sich"* umweltfreundlich, wenngleich sie natürliche Prozesse ausnutzen. Umgekehrt sind chemische Prozesse keineswegs *„an sich"* umweltbelastend, obwohl sich die „Feuer- und Schwert-Chemie" (Wandrey 1999) in der Vergangenheit diesen Ruf erworben hat.

Die großen Abwasserbelastungen führten zum Beispiel nach dem 1. Weltkrieg zum schnellen Ablösen der großtechnisch genutzten mikrobiologischen Aceton- und Butanolverfahren durch chemische Synthesen, die im Vergleich weniger belastetes Abwasser entstehen ließen und bessere Raum-Zeit-Ausbeuten aufwiesen. Auch das klassische Zitronensäureverfahren mit dem Pilz *Aspergillus niger* belastet die Umwelt durch Prozessschlämme und Abwasserverunreinigungen und wird aufgrund dessen in einigen Ländern mit hohen staatlichen Umweltauflagen nicht mehr praktiziert. Das ist aber auch der Grund dafür, dass die Produktion in Länder verlagert wurde, in denen derartige Auflagen nicht existieren.

Nach einer Studie der OECD (1998) ist im Hinblick auf die Vermeidung von Umweltbelastungen ein Verschieben der dafür vorwiegend praktizierten „sauberen" Technologien zu vermerken (Abb. 7-1).

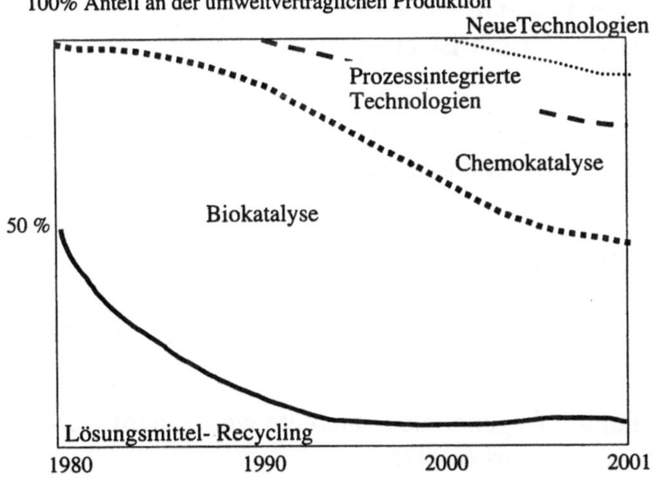

Abb. 7-1. Verschieben des relativen Anteils der genutzten „sauberen" Technologien in den letzten

Noch in den 70er Jahren war präventiver Umweltschutz im Produktionsprozess nahezu ausschließlich auf die Vermeidung oder das Recycling von umweltbelastenden Lösungsmitteln beschränkt. Die Biokatalyse ersetzte später eine Reihe von Prozessschritten wie z.B. in der Aminosäuresynthese die Anwendung des Cyanids. Neue chemische Katalysatoren können im Gegensatz zu den biokatalytischen Prozessen auch bei höheren Temperaturen oder in nichtwässrigen Lösungsmitteln arbeiten. Daher finden chemokatalytische Prozesse verstärktes Interesse. Der prozessintegrierte Umweltschutz ist heute bei der Neuentwicklung von Verfahren durch staatliche Auflagen und Regulative notwendigerweise zum Standard geworden. Der prozessintegrierte Umweltschutz ist häufig noch auf die Vermeidung von Abwasserbelastungen ausgerichtet, reicht aber in seiner Bedeutung sehr viel weiter und bezieht neue Technologien und Herangehensweisen mit ein. Es ist daher auch im internationalen Vergleich nicht immer einfach, den Stand der Entwicklung des Fachgebietes „Bioprävention" zu erfassen, da oftmals weder neue Verfahrensteilschritte als „Umwelttechnologie" ausgewiesen noch durch das Patentwesen als solche erfasst werden.

Die sich jetzt abzeichnenden neuen Technologien sind oftmals „Hybrid-Verfahren" von biologischen und chemischen Teilschritten. Sie finden in Reaktoren mit hoher Umsatzgeschwindigkeit und Umsatzdichte statt. Fermentoren für die Produktion von biologisch aktiven Verbindungen oder Zellkulturen, die weder einen hohen Energieeintrag benötigen noch besondere Ansprüche an Stoffübergänge stellen, lassen sich durch kompakte Membranreaktoren ersetzen. Diese nehmen oftmals weniger als ein Zehntel eines im Durchsatz vergleichbaren Rührreaktors ein. Damit sind diese in der komplexen Betrachtungsweise von der „Wiege bis zur Bahre" („cradle to grave") als sehr viel „umweltfreundlicher" zu betrachten: Für die Herstellung der neuen kompakten Reaktoren werden weniger Materialien und Energie benötigt. Auch im späteren Betrieb ist ein geringerer Energiebedarf zu verzeichnen.

In einer Einschätzung der ISEB (International Society of Environmental Biotechnology – Kyoto 2000) wird der Bioprävention eine Zukunft vorausgesagt, wenn es gelingt,

- „spezifischere" Prozesse mit weniger Nebenprodukten zu entwickeln,
- „spezifische" Produkte mit verringertem Reinigungsaufwand zu erzeugen,
- Prozesse mit Rohstoffen zu realisieren, die weniger „spezifisch" und damit variabel einsetzbar sind.

Die Biotechnologie hat Potenziale, um folgende neue Gebiete weiterzuentwickeln, die alle direkt oder indirekt Umweltrelevanz besitzen:

- gerichtete Evolution („directed evolution", protein design) zur Enzymentwicklung,
- Extremozyme (Enzyme, die aus Organismen isoliert wurden, die extreme Bedingungen wie hohe Temperaturen oder Schwermetallkonzentrationen tolerieren),
- kompatible Solute (Substanzen, die die osmotischen Verhältnisse der Zelle regulieren, z.B. Ectoine aus halophilen Organismen),
- Hybrid-Systeme (z.B. biotisch – abiotisch),
- Anwendung von Biokonsortien,
- Biodegradable Polymere mit besonderen Stoffeigenschaften,
- Prozesse für die Fixierung von CO_2, SO_2 und NO_X,
- Verwendung „sauberer" Energiequellen,
- Recycling-Systeme,
- Biofilme,
- Membranprozesse, insbesondere mit aktiven Transportmechanismen.

Um diese teilweise neuen Arbeitsgebiete zu etablieren, sind als unterstützende Faktoren anzusehen:

- Schaffung vorteilhafter ökonomischer Bedingungen,
- das Erkennen von neuen Marktfeldern oder Marktnischen,
- politischer Druck durch die Meinung der Bevölkerung,
- eine Politik, die auf die neuen Entwicklungen eingeht.

Beispiele für die erfolgreiche Anwendung der Biotechnologie nach dem heutigen Stand des Wissens sind in der erwähnten OECD-Studie (1998) und in den Einzelbeiträgen bei Heiden et al. (1999) zu finden. Sie werden im Folgenden ergänzt durch eigene Arbeiten.

7.2   Fallbeispiel 1: Enzymatische Herstellung von 7-Aminocephalosporansäure

7-Aminocephalosporansäure (7-ACS) ist ein ß-Lactam-Antibiotikum und wird weltweit aus dem fermentativ gewonnenen Cephalosporin C durch Abspaltung einer Seitenkette hergestellt. Diese Abspaltung kann auf chemischem Wege oder aber durch einen enzymatischen Schritt erfolgen. Da bei Letzterem der Gesamtprozess einfacher gestaltet werden konnte und zudem deutlich weniger Abprodukte anfallen, wurde ein technisches Verfahren entwickelt (Hoechst).

Beim chemischen Prozess wird das Cephalosporin C als Zink-Salz (CPC-Zn) isoliert. Bei der Freisetzung aus diesem Zinksalz entsteht ein Abwasser, das durch Phosphatfällung vom Zink befreit werden muss. CPC-Zn wird in Dichlormethan unter Zugabe einer Base gelöst und zum Schutz von funktionellen Gruppen mit Trimethylchlorsilan versetzt. Phosphorpentachlorid dient zur Aktivierung des silylierten Moleküles durch Bildung des Imidchlorides. Die Reaktion wird bei 0 °C durchgeführt. Bis zu diesem Zeitpunkt muss wasserfrei gearbeitet werden. Nach der Hydrolyse des Reaktionsgemisches wird die 7-ACS aus der wässrigen Phase isoliert. Diese organisch hoch belastete Phase muss kostenintensiv verbrannt werden, da die Inhaltsstoffe keine biologische Reinigung erlauben. Die Rückdestillation des Dichlormethans in einer zum Wiedereinsatz notwendigen Reinheit stellt besondere Anforderungen an die Trenntechnik und ist kostenintensiv.

Das biochemische Verfahren wird in zwei Schritten bei Raumtemperatur durchgeführt. CPC wird aus der Fermentationslösung aufgereinigt. Mittels einer D-Aminosäureoxidase wird die Seitenkette des CPC oxidativ desaminiert. Dabei wird α-Ketoadipinyl-7-ACS und H_2O_2 gebildet. Im Folgeschritt wird oxidativ decarboxyliert und Glutaryl-7-ACS erhalten. In einer zweiten Verfahrensstufe wird Glutaryl-7-ACS durch das Enzym Glutarylacylase gespalten und 7-ACS nach entsprechender Reinigung kristallin erhalten. Die Mutterlaugen lassen sich durch die Abbaubarkeit der Inhaltsstoffe biologisch in der zentralen Abwasseranlage reinigen. Abb. 7-2 veranschaulicht die Stoffströme auf der Grundlage von kalkuliertem 100 kg Produkt und zeigt deutlich den Vorteil des enzymatischen Verfahrens. Die im Abwasser erhöht anfallende organische Last ist biologisch gut abbaubar.

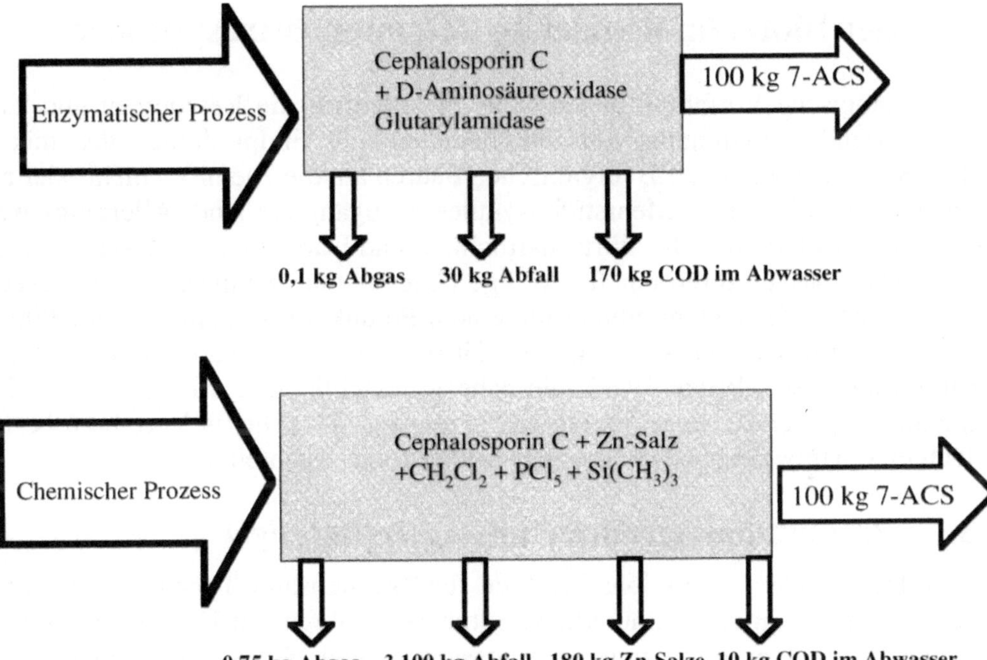

Abb. 7-2. Vergleich der Abfallmengen des enzymatischen und des chemischen Prozesses der Herstellung von 7- Aminocephalosporansäure (nach Bayer und Wullbrand 1999)

7.3 Fallbeispiel 2: Möglichkeiten der Prävention bei der biotechnologischen Zitronensäuresynthese

Biotechnologische Verfahren bieten sich vor allem für die Ressourcen und Umwelt schonende Gewinnung von Intermediaten und Endprodukten des mikrobiellen Stoffwechsels wie z.B. organischen Säuren an, die chemisch nicht oder nur unter hohem Aufwand in Mehrstufensynthesen zugänglich sind. Allerdings werden bislang aus Gründen der Wirtschaftlichkeit und Darstellbarkeit biotechnologische Produktionsverfahren nur für wenige Carbon- und Aminosäuren eingesetzt. Eine herausragende Stellung nimmt mit einem Produktionsumfang von 800 000 t/a die mikrobiologische Gewinnung von Zitronensäure (2-Hydroxylpropan-1,2,3-tricarbonsäure) ein (Wilke 1999), die nahezu ausschließlich nach dem seit 1924 bekannten *Aspergillus niger*-Verfahren gewonnen wird. Dieses Verfahren besitzt jedoch unter Umweltaspekten eine Reihe sehr großer Nachteile.

7.3.1 Produktionsverfahren mit *Aspergillus niger*

Als großtechnische Produktionsverfahren für Zitronensäure haben sich diskontinuierliche und bedingt kontinuierliche Submersverfahren mit Hochleistungsstämmen des Pilzes *Aspergillus niger* durchgesetzt, wobei Melasse und andere preiswerte kohlenhydrathaltige Abprodukte der Zuckerindustrie als Substrate dienen. Im klassischen Aspergillus-Prozess werden Zitronensäurekonzentrationen von 100 – 140 g/l bei Ausbeuten von 0,8 – 0,9 kg/kg in einer Kultivierungszeit von 5 bis 6 Tagen erzielt.

Die Bildung von Zitronensäure beginnt in der Phase eines limitierten Wachstums. Die Berücksichtigung folgender oftmals empirisch bestimmter Faktoren ist beim Einsatz von *Aspergillus niger* maßgeblich für eine hohe Produktausscheidung verantwortlich (Röhr et al. 1996, Stottmeister und Hoppe 1991, Crueger und Crueger 1989):

- Aktivierung der Pilzsporen in einem Vorfermenter;
- Nutzung möglichst weniger Vorkulturstufen, da *Aspergillus niger* genetisch instabil ist;
- Berücksichtigung der möglichen toxikologischen Wirkungen einzelner Aspergillus-Produktionsstämme. Diese Wirkung kann auch von Sporen ausgehen, die zur Animpfung benutzt werden;
- Notwendigkeit der Schwermetallentfernung aus dem Kultivationsmedium. Das betrifft besonders Mangan und Eisen, da *Aspergillus niger* eine hohe Empfindlichkeit gegenüber diesen Kationen aufweist. Wichtig ist eine exakte Einstellung der Zinkkonzentration;

- Notwendigkeit der Ausbildung einer bestimmten Wuchsform von *Aspergillus niger* (Pelletform), da nur diese hohe Zitronensäureausscheidungsraten zeigt;
- Materialberücksichtigung (Sonderstähle) für die Bioreaktoren, da bei einem pH-Wert von 1,6 – 2,2 in der Endphase der Fermentation hohe Metallabrasions-Raten auftreten können;
- Berücksichtigung der hohen Empfindlichkeit des Pilzes gegenüber Störungen in der Sauerstoffversorgung während der Fermentation. Es ist ein Mindestsauerstoffgehalt von 20 – 25 % der Luftsättigung für eine optimale Produktion notwendig.

7.3.2 Umweltprobleme des Aspergillus-Verfahrens

Den langjährigen Erfahrungen hinsichtlich einer sicheren Prozessführung stehen eine Reihe ökologischer Probleme gegenüber. Pro Tonne erzeugte Zitronensäure fallen z.B. im Standardprozess mit *Aspergillus niger* 2,5 t trockene Abprodukte (davon 60 % Gips) und 13 m³ organisch belastete Abwässer an (Röhr et al. 1996, Muttzall 1993). Bei verschiedenen Technologien können diese Zahlen schwanken (siehe Tab. 7-1).

Diese erheblichen Abproduktmengen, welche nur begrenzt verwertet werden können, resultieren aus folgenden Verfahrensschritten bzw. haben folgende Ursachen (Tsao et al. 1999, Röhr et al. 1996, Stottmeister u. Hoppe 1991):

- der Einsatz von Rüben- oder Zuckerrohrmelassen erfordert vor dem Bioprozess die Ausfällung der in der Melasse enthaltenen Schwermetalle durch Zusatz von ca. 20 kg/m³ Kaliumhexacyanoferrat;
- die Optimierung der industriellen Zuckergewinnungsprozesse führt in den industrialisierten Ländern zu einer Senkung des Gesamtzuckergehaltes der Melassen auf 35 – 40 % (Quentin-Melassen; bei früher verwendeten Melassen war der Zuckergehalt 50 % und höher). Damit kommt es zu einer relativen Anreicherung von Agrochemikalien und Pflanzenschutzmitteln;
- dem Bioprozess mit *Aspergillus niger* bei pH 2 schließt sich eine aufwendige Produktisolierung an (Fällung der Zitronensäure mit Kalk als Tricalciumcitrat bei pH 7; Rücklösung mit Schwefelsäure und anschließende Kristallisation), welche zum Anfall von verunreinigtem Gips und Abwässern führt;
- der verunreinigte Gips kann erst nach aufwändiger Reinigung in der Bauindustrie eingesetzt werden, gewöhnlich erfolgt Deponierung mit entsprechend hohen Entsorgungskosten.

Das klassische Zitronensäure-Verfahren mit *Aspergillus niger* ist eine weitest gehend optimierte Produktionstechnologie, so dass keine entscheidenden Impulse hinsichtlich einer Senkung der mit dem Verfahren verbundenen Umweltbelastun-

Das Produktionsschema ist in Abb. 7-3 dargestellt.

Tab. 7-1. Anonymisierte Abproduktdaten verschiedener Zitronensäurehersteller (1,2)

Abprodukt	Technologie	Menge pro Tonne Zitronensäure	Charakteristik (soweit gegeben)	Bemerkung
Pilzmycel	1	600 kg	30 % Trockenmasse	Genutzt als
	2	100 kg	100 % Trockenmasse	Viehfutter, Enzymgewinnung Chitingewinnung
Gips	1	2 400 kg	50 % Trockenmasse	Nach Reinigung
	2	3 100 kg		Anwendung im Bauwesen
Abwasser	1	18 m³	5 % Trockenmasse	
	2	45 m³	2,5 g CSB/l	
Schlempe		17 m³	40,0 g CSB/l	

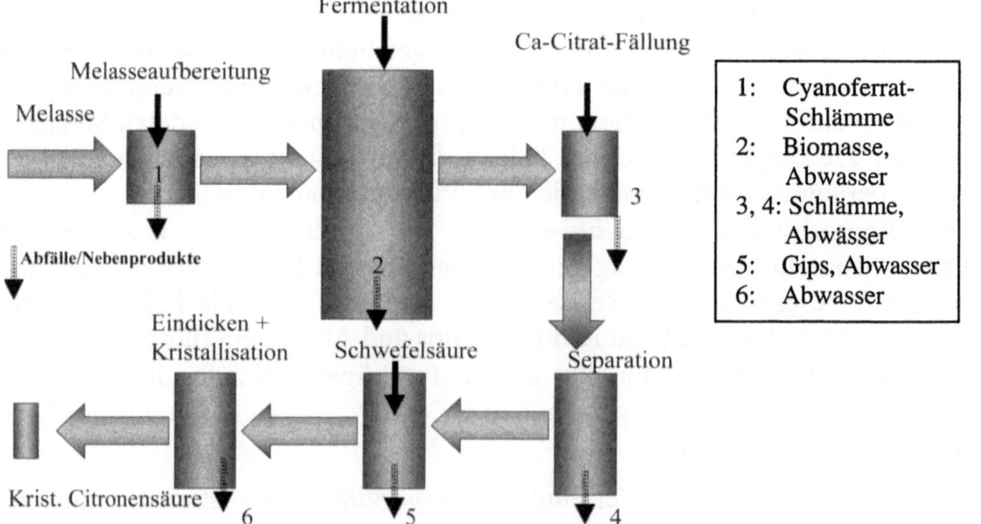

Abb. 7-3. „Klassisches" Zitronensäureverfahren mit *Aspergillus niger*

Lediglich der gegenwärtig untersuchte Einsatz von teueren kohlenhydrathaltigen Rohstoffen mit höherem Reinheitsgrad (Saccharose, Glucose, Stärkehydrolysate) anstelle von Melasse bietet das Potenzial für eine gewisse Umweltentlastung (Senkung der Hexacyanoferratgehalte in den Abprodukten, Vermeidung von Verfärbungen). Die Verwendung dieser Substrate führt aber meist zu einer Verschlechterung der Wirtschaftlichkeit des Prozesses.

7.3.3   Alternative Verfahren der Zitronensäurebildung mit Hefen

Mitte der 60er Jahre wurde gefunden, dass bestimmte Vertreter der Hefen *Candida sp.* aus Kohlenwasserstoffen nicht nur Einzellerprotein (SCP) produzieren, sondern auch Zitronensäure in hohen Konzentrationen ausscheiden können. Insbesondere *Yarrowia lipolytica* (früher auch als *Candida lipolytica, Saccharomycopsis lipolytica* bezeichnet) zeichnet sich durch eine hohe Vielfalt der für die Zitronensäurebildung utilisierbaren Substrate aus. Neben n-Alkanen (C9-C20-Fraktion) aus Erdöl können durch *Yarrowia lipolytica* auch Pflanzenöle, tierische Fette, Stärkehydrolysate, Glucose, Invertzucker, Ethanol und Glycerin verwertet werden, nicht aber Saccharose. Gegenüber dem Aspergillus-Verfahren besitzen Hefen damit eine größere Substratvarianz. Preisschwankungen für Rohstoffe können besser ausgeglichen werden. Damit wird eine der eingangs genannten Forderungen für neue Verfahren in idealer Weise erfüllt.

Mit *Yarrowia lipolytica* wurden bei Einsatz von n-Alkanen als Substrat zur Biomassebildung und zur Zitronensäureproduktion zu extrem hohen Produktkonzentrationen von 180 – 200 g/l Zitronensäure und Ausbeuten von 1,6 – 1,9 kg/kg erzielt. Der Prozess weist eine strikt getrennte Wachstums- und Produktbildungsphase auf (Demain 2000, Röhr 1998, Röhr et al. 1996, Stottmeister und Hoppe 1991, Stottmeister et al. 1982, Fukui und Tanaka 1981).

Als Vorteile und Besonderheiten der Zitronensäureproduktion mit Hefen sind herauszustellen:

- hohe genetische Stabilität der eingesetzten Produktionsstämme;
- *Yarrowia lipolytica* wird als nichtpathogen eingestuft (Barth und Gaillardin 1997);
- geringere Anfälligkeit als *Aspergillus niger* gegenüber Sauerstoffunterversorgung (Stottmeister et al. 1981);
- hohe Widerstandsfähigkeit der Hefezellen gegenüber mechanischen Scherkräften;
- Produktionstämme sind häufig thiaminauxotroph und benötigen daher keine komplexen Suppline wie Hefeautolysat oder Pepton zum Wachstum;
- Auslösung der Produktbildung entweder durch Stickstoff-, Phosphor- oder Schwefelexhaustion;

- die hohe Vielfalt der nutzbaren Substrate ermöglicht den Einsatz von Mischsubstraten und Substratwechsel zwischen Wachstums- und Produktionsphase, verbunden mit erhöhten Ausbeuten;
- pH-geregelter Fermentationsprozess bei pH 4 – 5, der keine vollständige Neutralisation der Kulturbrühe nach der Fermentation verlangt und eine Isolierung und Anreicherung der Zitronensäure über moderne Aufbereitungstechnologien wie z.B. Elektrodialyse mit bipolaren Membranen ermöglicht (Moresi und Sappino 2000, Novalic et al. 1996, 1995).

Vor allem im letztgenannten Aspekt liegt ein erhebliches Potenzial zur Umweltentlastung gegenüber der eingangs dargestellten konventionellen Produktisolierung beim klassischen Aspergillus-Prozess.

Bedingt durch die Erdölkrisen in den 70er Jahren des 20. Jahrhunderts und den damit verbundenen drastischen Preiserhöhungen für Rohöl wurden die teilweise bis zur Produktionsreife geführten Verfahren mit Hefen vorerst zurückgestellt. Zusätzlich bestanden Vorbehalte wegen des teilweise hohen Gehaltes an Nebenprodukten (Isozitronensäure) und der physiologischen Unbedenklichkeit von aus n-Alkanen gewonnener Zitronensäure (Wainwright 1995, Crueger und Crueger 1989). Isozitronensäure ist jedoch der Zitronensäure gegenüber gleichwertig und ein normaler Bestandteil der Fruchtsäuren. Sie dominiert z.B. im Falle der Brombeere gegenüber der Zitronensäure.

Yarrowia lipolytica ist – wie erwähnt – in der Lage, ein sehr breites Spektrum von Substraten sowohl zum Wachstum als auch zur Zitronensäuregewinnung anzuregen, würde aber die Vorteile eines physiologisch unbedenklichen reinen Substrates mit denen des Hefeprozesses verbinden.

Pflanzliche Öle und Fette, die ihrer chemischen Struktur nach überwiegend aus Triglyceriden bestehen, können von allen Zitronensäure bildenden Hefen verwertet werden, die befähigt sind, Fett spaltende Enzyme (Lipasen, EC 3.1.1.3.) zu bilden. Die Fette und Öle werden z.B. von *Yarrowia lipolytica* enzymatisch zu Fettsäuren und Glycerin gespalten und dann in der für n-Alkane bekannten Weise weiter zu Zitronensäure synthetisiert. In der Literatur werden nur wenige unsystematische Untersuchungen zur Biosynthese von Zitronensäure aus Pflanzenölen dargestellt. Dabei konnten ebenfalls wie bei Nutzung von n-Alkanen hohe Produktkonzentrationen von 150 g/l Zitronensäure und Ausbeuten bis 1,5 kg/kg erzielt werden (Good et al. 1985, Nagato et al. 1985, Hitachi Chem. Comp. 1976, Ikeno et al. 1975).

In Abb. 7-4 ist ein mögliches Prozessschema zur Verwendung von *Yarrowia lipolytica* dargestellt, das insbesondere durch die Verwendung der Elektrodialyse mit bipolaren Membranen – die wiederum erst durch den Einsatz der sauberen Substrate möglich wird – in der Aufarbeitung entscheidende Vorteile unter Umweltaspekten verspricht.

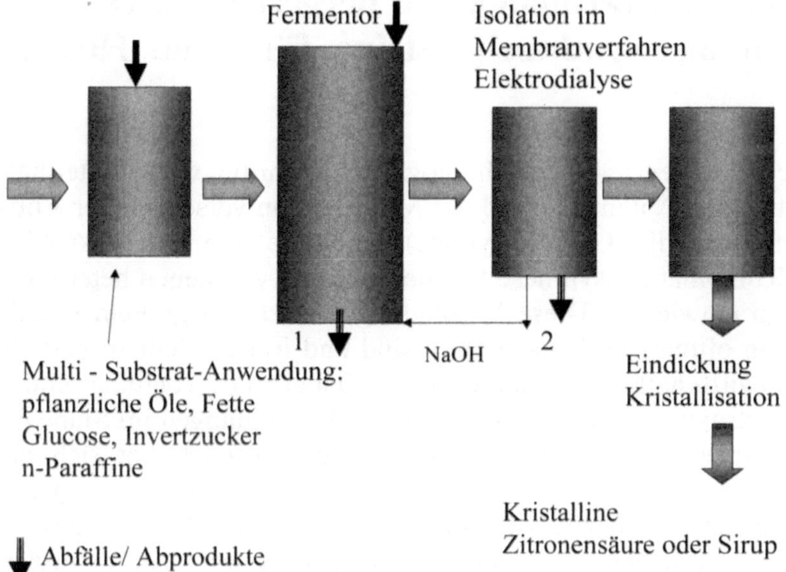

1. Abwasser, Biomasse (zur Enzymgewinnung z.B. Lipase)
2. Abwasser. Die im Prozess der Elektrodialyse entstehende Lauge kann zur Neutralisation der Fermentationslösung verwendet werden

Abb. 7-4. Verfahrensvorschlag der Zitronensäureherstellung mit *Yarrowia lipolytica*

7.4   Fallbeispiel 3: Mikrobiologisch hergestellte 2-Oxocarbonsäuren als Synthesebausteine für neue Heterocyclen

Die Kombination chemischer und biotechnologischer Schritte wird vorteilhaft z.B. bei der Produktion von Vitamin C und der Modifikation verschiedener Antibiotika durchgeführt (Penicillin, Oxytetracycline). Es wurde eine neue mikrobiologisch-chemische Kombinationssynthese für die Synthese von neuen heterocyclischen Verbindungen entwickelt. Diese Verbindungen sind von großem praktischen Interesse, da sie oftmals biologisch aktiv sind und in der Medizin und als Pestizide in der Landwirtschaft Verwendung finden. Dabei sollte von einer einfachen reaktiven Grundstruktur eine Vielzahl von neuen Verbindungen im Sinne eines Produktstammbaumes zugänglich werden. Als aussichtsreich bot sich die Gruppe der 2-Oxocarbonsäuren an. Diese sind zwar auf chemischem Weg zugänglich, benötigen jedoch dazu Vielfachschritte mit schlechten Ausbeuten. Der unvollständige Umsatz von Chemikalien, insbesondere Cyanid würde bei einer Vergrößerung des Labormaßstabes erhöhte Aufwendungen zur Wasserreinigung bedeuten und Überführungschancen verringern.

In der Natur kommen 2-Oxocarbonsäuren als Produkte des Stoffwechsels vor (Tab. 7-2). Ihre chemische Synthese ist nach den Schritten in Abb. 7-5 möglich.

Tab. 7-2. Natürliches Vorkommen von 2-Oxocarbonsäuren

Oxocarbonsäure	Formel R-CO-COOH; R:	Vorkommen und Anwendung
Glyoxylsäure	$H-$	• Hauptmetabolit im Glyoxylsäure-Zyklus • Frei in unreifen Früchten • Synthese von Allantoin
Brenztrauben-säure	CH_3-	• Zentral-Metabolit • Synthese von pharmazeutischen Verbindungen
2-Oxoglutar-säure	$HOOC-(CH_2)_2-$	• Metabolit im TCA-Zyklus • Aminosäure-Metabolismus • Chemische Synthese von Triazinen
2-Oxoglucon-säure	$CH_2OH-(CHOH)_3-$	• Chemische Konversion zu Isoascorbinsäure • Stabilisation von Eisen(III)-Verbindungen • Zement-Industrie • Chemische Synthese von Triazinen
2.5-Dioxo-gluconsäure	$CH_2OH-CO-(CHOH)_2-$	• Mikrobielle Derivatisierung zu 2-Oxogulonsäure (Vitamin C-Synthese)

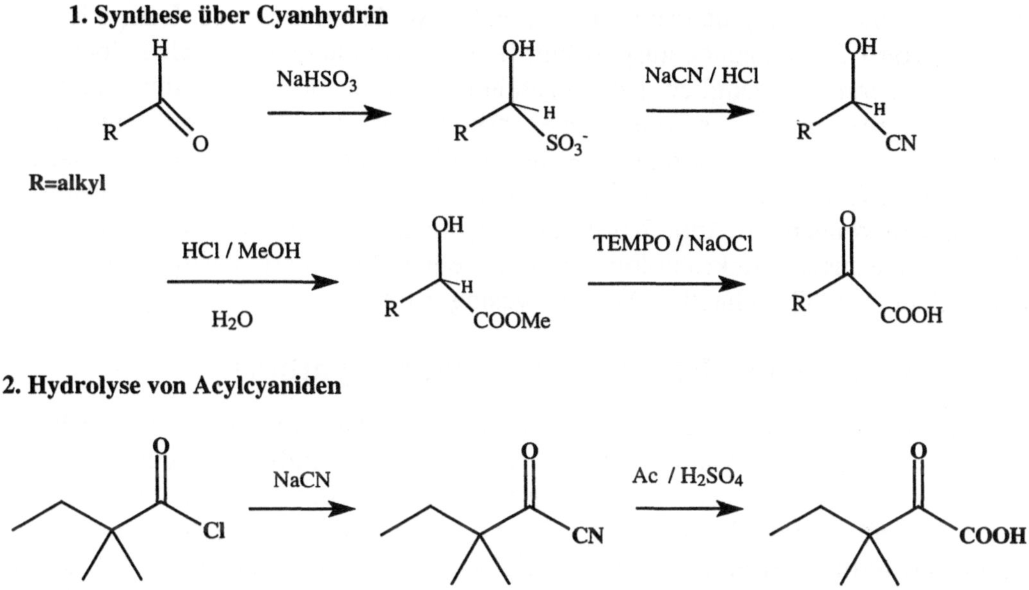

1. Synthese über Cyanhydrin

R=alkyl

2. Hydrolyse von Acylcyaniden

Abb. 7-5. Chemische Synthese von 2-Oxocarbonsäuren (Cooper et al. 1983, Krix 1995)
(TEMPO: Oxidationsreaktion mit Tetramethypiperidinium-N-oxid)

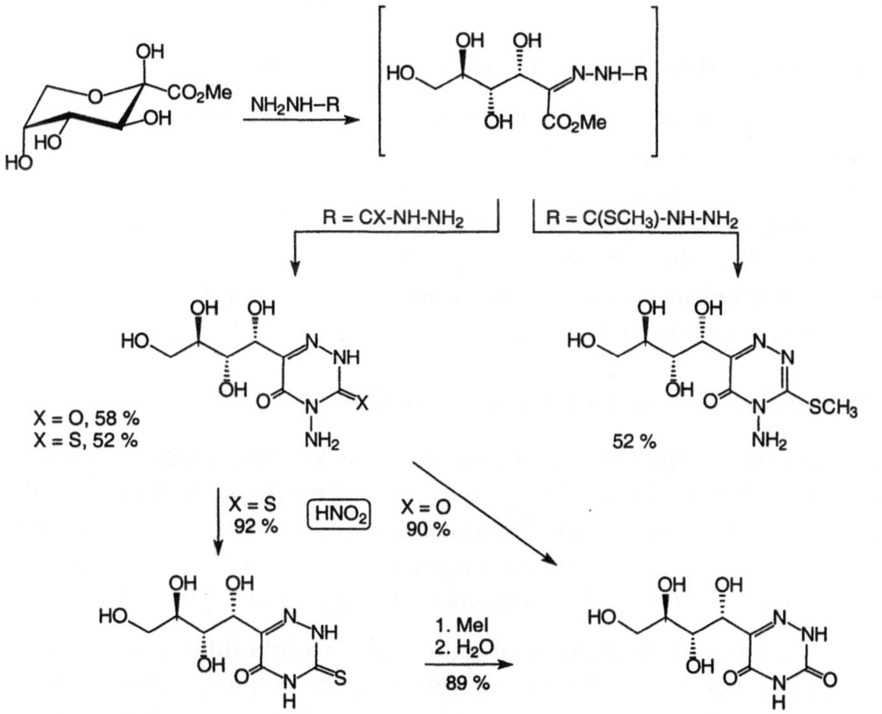

Abb. 7-6. Allgemeiner Syntheseweg von 1.2.4-Triazinonen aus 2-Oxocarbonsäuren

Es wurden die 2-Oxoglutarsäure und die 2-Oxogluconsäure als Beispiele zur Synthese von 1.2.4-Triazinen ausgewählt. Beide Verbindungen sind als Feinchemikalien kommerziell zugänglich, jedoch schränkt der Preis die Verwendung als Synthesechemikalie ein. Es wurden neue mikrobiologische Synthesen entwickelt (Weißbrodt et al. 1989, Stottmeister et al. 1990), die problemlos jede gewünschte Menge der 2-Oxosäuren zugänglich machen und Grundlage einer Maßstabsüberführung sein können. In Abb. 7-6 ist der allgemeine chemische Syntheseweg der 1.2.4-Triazine aus den mikrobiologisch hergestellten 2-Oxocarbonsäuren dargestellt (Kirrbach et al. 1992, Schnelle 1991, Schwesinger 1992).

7.4.1   Optimierung der 2-Oxoglutarsäure-Synthese

Yarrowia lipolytica H 222-27-11, ein genetisch modifizierter Zitronensäure-Bildner, synthetisiert 2-Oxoglutarsäure aus gereinigtem n-Paraffin mit einer Kettenlänge von C_{12}-C_{18} unter aeroben Bedingungen bei kontrollierter Thiamin- Limitation. Die Hefe scheidet bis zu 195 g/l 2-Oxoglutarsäure in die Fermentations-Lösung aus (Stottmeister et al. 1989). Die Substrat bezogene Ausbeute ist 90 %, die Produktivität wird mit 1,4 g/l h berechnet. Der Gehalt an anderen Carbonsäuren nach 150 Fermentationsstunden war geringer als 5 %, was die Spezifität des Prozesses beweist.

7.4.2   Optimierung der 2-Oxogluconsäure-Synthese

Gluconobacter oxydans CCM 1804 oder *Serratia marcescens* IMET 11312 wurden für eine effektive 2-Oxogluconsäureproduktion verwendet. Beide Stämme können Glucose oder bevorzugt Gluconsäure spezifisch zu 2-Oxogluconsäure oxidieren. Unerwünschte Nebenprodukte – wie bei Anwendung von anderen Verfahren – wie z.B. 5-Oxogluconsäure oder 2,5-Dioxogluconsäure werden nicht bestimmt. (Endkonzentration an 2-Oxogluconsäure bis zu 185 g/l, Substrat bezogene Ausbeute: 95 %, Produktivität: 5,1 g/l h) (Stottmeister et al. 1990).

7.4.3   Isolation der Fermentations-Produkte

Mit der Optimierung der Fermentation ist eine wichtige Voraussetzung geschaffen worden, einen ersten Schritt in der Folgekette so zu gestalten, dass er im Vergleich zu chemischen Synthesen mit Teilausbeuten bis zu 40 % konkurrenzlos besser ist. Die bekannten mikrobiologischen Synthesen wurden durch Anwendung genetischer Methoden bzw. neuer Prozesskombinationen weiter optimiert.

Bei allen biotechnologischen Verfahren ist jedoch die Aufarbeitung und Produktisolation ein wesentlicher Schritt bezüglich Energieaufwendung, Nebenproduktbildung und Abwasseranfall. Es gelang im vorliegenden Fall, die Produktisolation der 2-Oxocarbonsäuren mit einem ersten Syntheseschritt auf dem Wege zu dem Zielprodukt durch eine einfache Fällung (Hydrazonfällung) zu verbinden.

Beide 2-Oxocarbonsäure-Hydrazone wurden für die Synthese neuer, bisher nicht beschriebener Triazine benutzt. S- und N-Derivate lassen sich einfach herstellen und erlauben eine hohe Variabilität in der chemischen Struktur.

Es wurden über 30 neue Verbindungen zugänglich. Abb. 7-7 stellt das funktionelle Synthesediagramm dieser Verbindungen dar (Andersch et al. 1999a, b, c, Andersch und Sicker 1999).

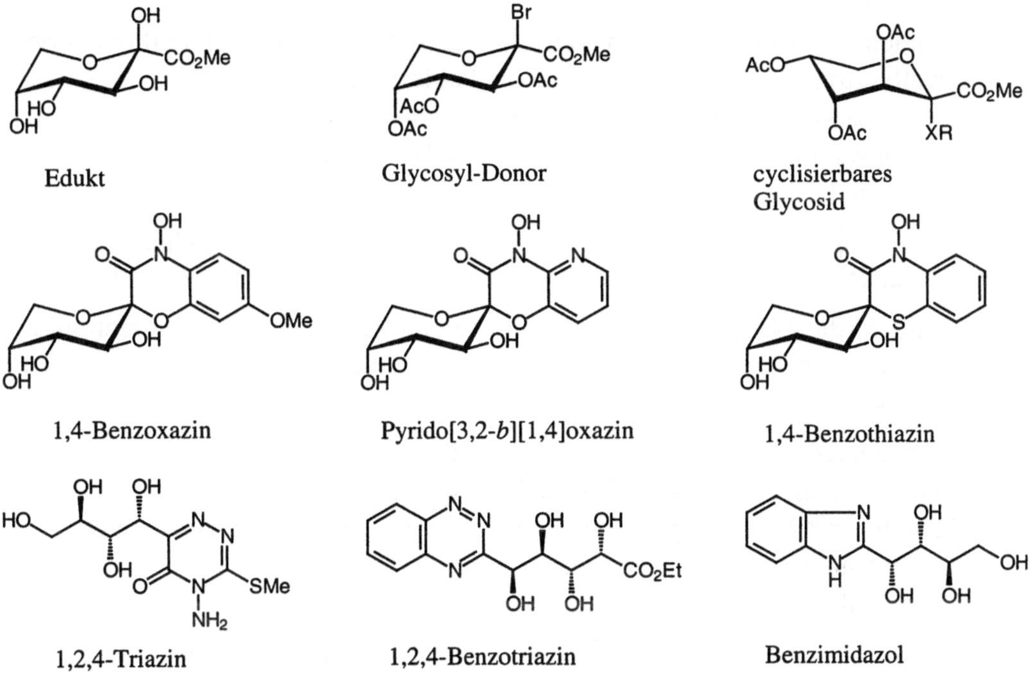

Abb. 7-7. Neue Verbindungen aus 2-Oxogluconsäure

7.5 Bewertung der Umweltverträglichkeit von biotechnologischen Prozessen: Biotechnologie für die Umwelt

In der mehrfach erwähnten OECD-Studie (1998) werden weitere Fallstudien aufgeführt und verschiedene Beispiele unter dem Aspekt der Nachhaltigkeit erläutert:

- Abwasserbehandlung im Vergleich der chemischen und biotechnologischen L-Carnitin-Herstellung,
- Vergleich alkalischer und enzymatischer Entfettung in der Galvanikindustrie,
- umweltverträgliche Chemikalien für die Papierindustrie,
- umweltverträgliche Produktion von Feinchemikalien,
- Enzymanwendung bei der Textil- und Lederherstellung,
- Enzyme in der Lebensmittel- und Futterindustrie.

Allerdings wird nur jeweils der einzelne Schritt, das einzelne Produkt oder Verfahren berücksichtigt. Eine komplexe Betrachtung sieht die Ökobilanzierung vor.

Im Bemühen, die Nachhaltigkeit und Umweltverträglichkeit von biotechnologischen Prozessen insgesamt nachzuweisen, werden die folgenden Einzelelemente herangezogen:

- Ökobilanzierung (LCA Life Cycle Assessment),
- Technikfolgenabschätzung (TA Technology Assessment),
- Umweltverträglichkeitsprüfung (EIA Environmental Impact Assessment),
- Stoffstromanalyse (MFA Mass Flow Analysis),
- Risikoanalyse (RA Risk Assessment).

Die Ökobilanzierung berücksichtigt den vollständigen Lebenszyklus einer industriellen Tätigkeit (OECD 1998). Für die Bewertung einer Ökobilanz müssen verschiedene Faktoren berücksichtigt werden:

- Festlegung des Untersuchungsrahmens und der Bilanzierungsziele,
- Wirkungsbilanz,
- Sachbilanz,
- Beurteilung der Umweltverträglichkeit,
- internationale Harmonisierung der Beurteilungsmethoden,
- Festlegung der Systemgrenzen für die Beurteilung der Umweltverträglichkeit.

Obwohl es dieses Bemühen seit vielen Jahren gibt, ist die Zahl der umfassend untersuchten Fallbeispiele nicht sehr groß. Meistens werden diese Studien von Firmen für ihre eigenen Produkte bzw. Verfahren in Auftrag gegeben.

In der OECD-Studie werden näher diskutiert:

- Vergleich des chemischen und des enzymatischen Reinigungsprozesses nach dem Färben bzw. Bleichen von Textilien (Novo, Nordisk A/S, Dänemark),
- Stonewashing von Jeans,
- Verminderung produktionsbedingter Abfälle (BASF),
- Ökoproduktivitätsindex von Novo Nordisk,
- Einsatz der DNA-Rekombinationstechnik zur Umweltentlastung (am Beispiel von Waschmittelproteasen),
- Bioethanolherstellung.

Zur Bewertung der Umweltauswirkung der heute genutzten drei Methoden für „stonewashed jeans" –

1. Bimsstein-Wäsche,
2. Faseraufrauhung durch die Kombination von Bimsstein-Wäsche und Cellulase-Zusatz,
3. Cellulase-Aufrauhung ("biostoning") –

werden z.B. herangezogen:

- Energiewert der Brennstoffe,
- Chemischer Sauerstoffbedarf des Abwassers,
- Belastung der Luft mit schädlichen Auswirkungen auf den Menschen,
- Versauerung von Gewässern,
- Eutrophierung von Gewässern,
- Belastung der Gewässer mit schädlichen Auswirkungen auf den Menschen,
- aquatische Ökotoxizität,
- Treibhauseffekt.

Die Einschätzung spricht für das Verfahren 3, das "biostoning". Dennoch wird realistisch eingeschätzt, das die Ablösung des traditionellen Verfahrens 1 nicht aufgrund der allgemeinen Umweltkriterien erfolgte, sondern vorrangig, weil es mit den ebenfalls entsprechend niederen Kosten verbunden war.

Damit dürften biotechnologische Verfahren immer dann eine Chance zur Ablösung bestehender Prozesse oder Produkte haben, wenn nicht nur allgemeine ökologische Vorteile nachgewiesen werden, sondern insbesondere wirtschaftliche Vorteile für ein neues Verfahren sprechen.

Literatur

Andersch, J., Sicker, D. (1999) Reductive cylization of carbohydrate 2-Nitrophenylhydrazones to chiral functionalised 1,2,4-Benzotriazines and Benzimidazoles. J. Heterocyclic Chem. 36: 589–594

Andersch, J., Sicker, D., Wilde, H. (1999a) Methyl D-arabino-hex-2-ulopyranosonate as a building

Andersch, J., Sicker, D., Wilde, H. (1999b) Synthesis of spiro[pyrido[3,2-b][1,4]oxazin-2,2´-pyrans] based upon methyl D-arabino-2-hexulosonate, J. Heterocyclic Chem. 40: 57–58

Andersch, J., Sicker, D., Wilde, H. (1999c) Synthesis of spiro[1,4-benzothiazin-2,2´-pyrans] starting from methyl D-arabino-2-hexulosonate. J. Heterocyclic Chem. 36: 457–460

Barth G., Gaillardin, C. (1997) Physiology and genetics of the dimorphic fungus *Yarrowia lipolytica.* FEMS Microbiology Reviews: 219–237

Bayer, T., Wulbrandt, D. (1999) Enzymatische Herstellung von 7-Aminocephalosporansäure. In: Heiden, S., Bock, A.K., Antranikian, G. (Hrsg.) Industrielle Nutzung von Biokatalysatoren – Ein Beitrag zur Nachhaltigkeit. Erich Schmidt Verlag Berlin

Cooper, A.J.L., Ginos, J.Z., Meister, A. (1983) Synthesis and properties of the α-keto acids. Chem. Rev. 83: 321–358

Crueger, W., Crueger, A. (1989) Biotechnologie-Lehrbuch der angewandten Mikrobiologie. Oldenbourg Verlag, München, Wien

Demain, A.L. (2000) Microbial biotechnology. Tibtech 18: 26–31

Fukui, S., Tanaka, A. (1981) Production of useful compounds from alkane media. In: Fiechter, A. (Ed.) Adv. Biochem. Eng./Biotechnol. Vol. 17, pp 1–31

Good, D.W., Droniuk, R., Lawford, G.R., Fein, J.E. (1985) Isolation and characterization of a *Saccharomycopsis lipolytica* mutant showing increasing production of citric acid from canola oil. Can. J. Microbiol. 31: 436–440

Hitachi Chem. Comp. (1976) Fermentative production of citric acid. Patentschrift, GB 1 456 784

Ikeno, Y., Masuda, K., Tanno, K., Oomori, I., Takahashi, N. (1975) Citric acid production from various raw materials by yeasts. J. Ferment. Technol. 53: 752–756

Kirrbach, S., Schnelle, R.R., Stottmeister, U., Hauptmann, S., Mann, G., Wilde, H., Sicker, D. (1992) Optimierte Synthesen für Methyl- und Natrium-2-oxo-D-gluconat als Synthesebausteine. J. Prakt. Chem. 334: 537–539

Krix, G. (1995) Thesis, Heinrich-Heine-Universität Düsseldorf, Mathematisch-Naturwissenschaftliche Fakultät

Moresi, M., Sappino, F. (2000) Electrodialytic recovery of some fermentation products from model solutions: techno-economic feasibility study. J. Membr. Sci. 164: 129–140

Muttzall, K. (1993) Einführung in die Fermentationstechnik. Behr's Verlag, Hamburg

Nagato, T., Matsumoto, T., Ichikawa, Y., Miura, T. (1985) Process of manufacturing citric acid by fermentation. Patentschrift GB 2143527

Novalic, S., Jagschits, F., Okwar, J., Kulbe, K.D. (1995) Behaviour of citric acid during electrodialysis. J. Membr. Sci. 108: 201–205

Novalic, S., Okwar, J., Kulbe, K.D. (1996) The characteristics of citric acid separation using electrodialysis with bipolar membranes. Desalination 105: 277–282

OECD (1998) Biotechnology for clean industrial products and processes. OECD Paris, Organisation for Economic Co-operation and Development, OECD Publications Paris Cedex 16, France

Röhr, M. (1998) A century of citric acid fermentation and research. Food Technol. Biotechnol. 36: 163–171

Röhr, M., Kubicek, C.P., Kominek, J. (1996) Citric acid. In: Rehm, H.J., Reed, G., Pühler, A., Stadler, P. (Eds.) Biotechnology, Vol. 6, VCH Weinheim, pp 91–131

Schnelle, R.R. (1991) Thesis, Universität Leipzig, Fakultät für Chemie und Mineralogie

Schwesinger, H. (1992) Thesis, Universität Leipzig, Fakultät für Chemie und Mineralogie

Stottmeister, U., Behrens, U., Göhler, W. (1981) Einfluß des Sauerstoffpartialdrucks auf die Citronensäuresynthese durch *Saccharomycopsis lipolytica* aus n-Paraffinen. Z. Allg. Mikrobiol. 21: 677–687

Stottmeister, U., Behrens, U., Weißbrodt, E., Barth, G., Franke-Rinker, D., Schulze, E. (1982) Nutzung von Paraffinen und anderen Nichtkohlenhydrat-Kohlenstoffquellen zur mikrobiellen

Stottmeister, U., Hoppe, K. (1991) Organische Genußsäuren. In: Ruttloff, R. (Ed.) Lebensmittel-technologie, Akademie-Verlag, Berlin

Stottmeister, U., Puschendorf, K., Weißbrodt, E., Barth, G., Weber, W., Richter, H.P., Düresch, R., Schmidt, J. (1990) Verfahren zur Gewinnung von 2-Oxogluconsäure mittels Bakterien, Pat. DD 278 362 A1 02.05.90

Stottmeister, U., Weißbrodt, E., Gey, M., Barth, G., Weber, W., Richter, H.P., Düresch, R., Schmidt, J. (1989) Verfahren zur Herstellung von 2-Oxoglutarsäure durch Hefen, Patent DD 267 999 A1 17.05.89

Tsao, G.T., Cao, N.J., Du, J., Gong, C.S. (1999) Production of multifunctional organic acids from renewable resources. In: Tsao, G.T. (Ed.) Adv. Biochem. Eng./Biotechnol. Vol. 65, Springer-Verlag Berlin Heidelberg New York, pp 243–280

Wainwright, M. (1995), Biotechnologie mit Pilzen. Eine Einführung. Springer-Verlag Berlin Heidelberg New York

Wandrey, C. (1999) Umweltentlastung durch biotechnologische Verfahren bei der Herstellung von Feinchemikalien. In: Heiden, S., Bock, A.K., Antranikian, G. (Hrsg.) Industrielle Nutzung von Biokatalysatoren – Ein Beitrag zur Nachhaltigkeit. Erich Schmidt Verlag Berlin

Weißbrodt, E., Gey, M., Barth, G., Weber H., Stottmeister U., Düresch R., Richter H.P. (1989) Patent DD 267 999 A1 17.05.89, Verfahren zur Herstellung von 2-Oxoglutarsäure durch Hefen

Wilke, D. (1999) Chemicals from biotechnology: molecular plant genetics will challenge the chemical and fermentation industry. Appl. Microbiol. Biotechnol. 52: 135–145

8 Ausblick

Auf die Probleme der Umweltbiotechnologie als im „Spannungsfeld von reaktiven und präventiven Umweltkonzepten" befindlich wurde bereits 1995 hingewiesen (Voß 1995). Es wird u.a. die Frage aufgeworfen, ob eine immer effektivere Technologieentwicklung biotechnologischer Reinigungsverfahren die Entwicklung eines „end of the pipe-Denkens" fördern könnte und die angestrebte komplexe Betrachtungsweise eines prozessintegrierten Umweltschutzes hemmt. Im Resümee einer Tagung zum Thema wird auf die wichtige Rolle des Faktors Zeit hingewiesen und darauf orientiert, völlig neue Wege zu suchen, die sich von traditionellen Herangehensweisen lösen.

Aus den Programmen der internationalen Tagungen und den Publikationen der letzten Jahre zum Fachgebiet Umweltbiotechnologie sind Tendenzen zu erkennen, die die von Voß (1995) getroffenen Schlussfolgerungen teilweise beinhalten und darüber hinausgehend eine zukünftige Entwicklung voraussagen lassen.

Der „Umweltgedanke" zieht sich interdisziplinär durch alle biologisch und biotechnisch orientierte Disziplinen und ist – im Sinne der vorangestellten Kapitel – übergeordnetes Allgemeingut der unterschiedlichsten Anwendungen geworden. Es ist eine „Biotechnologie für die Entlastung der Umwelt" im Entstehen.

Der Präventiv-Gedanke wird in den angewandten Umweltwissenschaften zunehmend wichtiger (prozessintegrierter Umweltschutz). Der Verfahrens-Ingenieur sollte darüber hinausgehend neue Prozesse von vornherein so gestalten, dass eine komplexe Betrachtung von Herstellung, Nutzung und Entsorgung verwirklicht wird. Diese im englischen Sprachgebrauch als „life cycle assessment" oder „cradle to grave" bezeichnete Betrachtungsweise scheint logisch und selbstverständlich zu sein, ist es aber leider nicht. Ökonomische Kalkulationen sprechen dagegen und sind aus der punktuellen Betrachtung einer spezifischen Produktion oft auch schwer zu widerlegen. Wenn sich jedoch zunehmend die Erkenntnis durchsetzt und auch mit nachvollziehbaren Beispielen belegt wird, dass die komplexe, Umfeld und Wirkungen einbeziehende Betrachtungsweise letztendlich ökonomischer ist, ist die Grundlage gelegt worden, neue umweltfreundliche Produkte und Verfahren zu entwickeln, die Bestand haben (Nachhaltigkeit).

Der erste Schritt dazu ist die Sachkenntnis mit einer realistischen Einschätzung von Leistung und Leistungsgrenzen biotechnologischer Prozesse und Verfahren.

Zur Bioprävention können nach biotechnologischen Prozessen hergestellte umweltfreundliche Produkte oder die Anwendung biotechnologischer Prinzipien zur Verringerung von Abwasserbelastungen oder Emissionen in chemischen Verfah-

verkürzten Synthesewegen ohne schädliche Lösungsmittel und toxische Reaktionspartner sind zur Bioprävention zu zählen.

Der Einteilung des Programms des ISEB-Symposiums 2000 in Kyoto ist eine die Gesamtentwicklung treffende Übersicht aktueller Themenkomplexe zu entnehmen:

Umweltbiotechnologie, Bioremediation, natürlicher Rückhalt und Abbau:

- Metabolismus und Eliminierung von Stickstoff und Phosphor *(Metabolism and removal of N and P)*,
- Biodegradation von chlorierten organischen Verbindungen *(Biodegradation of chlorinated organic compounds)*,
- Biodegradation von Bohrschlämmen *(bioremediation of oil spills)*,
- Schwermetall-Beseitigung *(heavy metal elimination)*,
- Abwasser-Behandlung *(waste water treatment)*,
- Phytoremediation *(phytoremediation)*,
- Natürlicher Rückhalt und Abbau *(natural attenuation and remediation)*,
- Biomonitoring *(biomonitoring)*,
- biologische Abbau-Prozesse unter anaeroben Bedingungen (alternative Elektronen-Akzeptoren) *(biocleaning under anaerobic conditions)*,
- Behandlung fester Abfälle *(solid waste treatment)*,
- Immunoassays – Biosensoren *(immunoassay – biosensors)*,
- Metabolismus hormonell wirksamer Chemikalien *(metabolism of endocrine disrupting chemicals)*.

Bioprävention im 21. Jahrhundert:

- „Saubere" Technologien *(clean technologies)*,
- Leistung von Mischpopulationen *(bioconsortia)*,
- Fixierung von CO_2, SO_x und NO_x *(fixation of CO_2, SO_2, NO_x)*,
- erneuerbare Rohstoffe *(renewable resources)*,
- Hybrid-Systeme *(hybrid systems)* ,
- saubere Energie *(clean energy)*,
- biodegradable Polymere *(biodegradable polymers)*,
- Recycling-Systeme *(recycling systems)*.

Eine bedeutende Rolle wird für die nächste Zukunft den staatlichen Regulationen zugeschrieben. Um Ökosysteme umfassend zu charakterisieren, sind neue analytische Methoden notwendig. Die komplexe Risikoeinschätzung bedarf weiterer Entwicklungsarbeit. Diese Herausforderungen sind nur in internationaler Kooperation zu lösen.

Mit der Auswahl der Schwerpunkte wurde in den vorangestellten Kapiteln auf diese Entwicklung Rücksicht genommen und letztlich der Titel des vorliegenden Buches gewählt.

Literatur

Voß, R. (1995) Schlussbemerkungen: Dilemmata der Umweltbiotechnologie mit Auswegen. Umweltbiotechnologie im Spannungsfeld von reaktiven und präventiven Umweltkonzepten IRI; TVFF Technikvorsorge und Folgenforschung Band 2, Verlag Dr. Köster Berlin, pp 83–86

9 Monographien und Lehrbücher

Abluft und Abgas
Reinigung und Überwachung
Norbert Ebeling
Reihe: Praxis des technischen Umweltschutzes
Josef Kwiatkowski und Claus Bliefert (Hrsg.) Wiley-VCH Weinheim, New York,
Chichester, 1999

Angewandte Umwelttechnik
Ein einführender Überblick für Techniker in Ausbildung und Praxis
Gerd Falkenhain, Wiljo Fleischhauer
Cornelsen Girardet, 1996

Biologische Bodenreinigung
Ein Leitfaden für die Praxis
Johannes Hoffmann und Heike Viedt
Springer Berlin Heidelberg New York 1998

Biotechnologie-Gentechnik
Chance für neue Industrien
Thomas von Schell, Hans Mohr (Hrsg.)
Springer Berlin Heidelberg New York 1994

Biotechnology
Environmental Processes II. H.J. Rehm, G. Redd (Eds.) Volume 11b
Jürgen Klein (Vol. Ed.)
Wiley-VCH Weinheim, New York, Chichester 2000

Biotechnologie im Umweltschutz
Bioremediation: Entwicklungsstand – Anwendungen – Perspektiven
Stefanie Heiden
Erich Schmidt Verlag Berlin 1999

Bioremediation of Contaminated Soils
Donald L. Wise, Debra J. Trantolo, Edward J. Cichon, Hilary I. Inyang, Ulrich
Stottmeister
Marcel Dekker, Inc. New York, Basel 2000

Bioremediation Engineering
Design and Application
John T. Cookson, Jr.
McGraw-Hill, Inc. New York 1995

Biodegradation and Bioremediation
Martin Alexander
Academic press San Diego, New York, Boston 1994

Chemie und Biologie der Altlasten
Herausgegeben von der Fachgruppe Wasserchemie in der GDCh
Wiley-VCH Weinheim, New York, Basel 1996

Environmental Contamination
Studies in Environmental Science 55
Jean Pierre Vernet
Elsevier Science Publishers B.V. Amsterdam 1993

Environmental Biotechnology
Principles and Applications
M. Moo-Young, W.A. Anderson, A.M. Chakrabarty
Kluwer Academic Publishers Dordrecht, Boston, London 1996

Environmental Biotechnology
Series in Chemical Engineering
Christopher F. Forster, D.A. John Wase
Ellis Horwood Chichester 1987

Groundwater and Subsurface Remediation
Research Strategies for *in-situ*-Technologies
Helmut Kobus
Springer Berlin Heidelberg New York 1996

Grundwissen zur mikrobiellen Biotechnologie
Grundlagen, Methoden, Verfahren und Anwendungen
Andreas Leuchtenberger
Reihe: Chemie in der Praxis
Teubner Stuttgart, Leipzig 1998

***In-situ*-Sanierung von Böden**
Resümee und Beiträge des 11. DECHEMA-Fachgesprächs Umweltschutz
G. Kreysa, J. Wiesner
DECHEMA, Frankfurt am Main 1996

Pharmaceuticals in the Environment
Sources, Fate, Effects and Risks
Klaus Kümmerer
Springer Berlin Heidelberg New York 2001

Mikrobieller Schadstoffabbau
Ein interdisziplinärer Ansatz
Christa Knorr, Thomas von Schell (Hrsg.)
Vieweg Braunschweig/Wiesbaden 1997

Production Integrated Environmental Protection and Waste Management
The article production integrated enviromental protection
Claus Christ
Wiley-VCH Weinheim, New York, Chichester 1999

Umweltschutztechnik
Eine Einführung
Ulrich Förstner
4. überarb. und erw. Aufl., Springer Berlin Heidelberg New York 1993

Remediation Engineering of Contaminated Soils
Donald L. Wise, Debra J. Trantolo, Edward J, Cichon, Hilary I. Inyang, Ulrich Stottmeister
Marcel Dekker, Inc. New York, Basel 2000

RÖMPP Lexikon **Biotechnologie und Gentechnik,** 2. Auflage
Wolf-Dieter Deckwer, A. Pühler, Rolf D. Schmid
Thieme Stuttgart, New York 1999

Schadstoffe im Boden
Eine Einführung in die Analytik und Bewertung
Jörg Lewandowski, Stepan Leitschuh, Volker Koß
Springer Berlin Heidelberg New York 1997

Schadstoffe in der Umwelt
Chemische Grundlagen zur Beurteilung von Luft-, Wasser- und Bodenverschmutzungen
Brian J. Alloway, D.C. Ayres
Spektrum, Akad. Verlag Heidelberg, Berlin, Oxford 1996

Springer **Umweltlexikon,** 2. Auflage
M. Bahadir, H. Parlar, M. Spiteller (Hrsg.)
Springer Berlin Heidelberg New York 2000

Streß in limnischen Ökosystemen
Neue Ansätze in der ökotoxikologischen Bewertung von Binnengewässern
Ch.E.W. Steinberg, R. Brüggemann, K. Kümmerer, M. Ließ, St. Pflugmacher, G.-P. Zauke (Hrsg.)

Sediments and Toxic Substances
Environmental Effects and Ecotoxity
W. Calmano, U. Förstner
Springer Berlin Heidelberg New York 1996

Umweltbiotechnologie
C.G. Ottow und W. Bidlingmeyer (Hrsg.)
G. Fischer, Stuttgart Jena, Ulm1997

Umweltbiotechnologie
Grundlagen, Anwendungen und Perspektiven
Thomas Raphael
Springer Berlin Heidelberg New York 1997

10 Auswahl europäischer Umweltforschungseinrichtungen mit biotechnologischer Kompetenz

10.1 Außeruniversitäre Forschung in Deutschland

* Stiftung Alfred-Wegener-Institut für Polar- und Meeresforschung (AWI), Bremerhaven
  http://www.awi-bremerhaven.de/
* Gesellschaft für biotechnologische Forschung mbH (GBF), Braunschweig
  http://www.gbf-braunschweig.de/
* GKSS-Forschungszentrum Geesthacht GmbH, Geesthacht
  http://www.gkss.de/
* GSF-Forschungszentrum für Umwelt und Gesundheit GmbH, Neuherberg
  http://www.gsf.de/
* Forschungszentrum Jülich GmbH (FZJ), Jülich
  http://www.kfa-juelich.de/
* Forschungszentrum Karlsruhe GmbH (FZK), Karlsruhe
  http://www.fzk.de/
* Fraunhofer-Institut für Umweltchemie und Ökotoxikologie (IUCT), Schmallenberg
  http://www.iuct.fhg.de/
* Max-Planck-Institut für Biogeochemie, Jena
  http://www.bgc-jena.mpg.de/
* Max-Planck-Institut für chemische Ökologie, Jena
  http://www.ice.mpg.de/
* Max-Planck-Institut für Limnologie, Plön
  http://www.mpil-ploen.mpg.de/
* Max-Planck-Institut für Meteorologie, Hamburg
  http://www.mpimet.mpg.de/
* Max-Planck-Institut für terrestrische Mikrobiologie, Marburg
  http://www.uni-marburg.de/mpi/
* Zentrum für Agrarlandschafts- und Landnutzungsforschung e.V. (ZALF), Müncheberg
  http://www.zalf.de/
* Potsdam-Institut für Klimafolgenforschung e.V. (PIK), Potsdam
  http://www.pik-potsdam.de/

- Institut für Gewässerökologie und Binnenfischerei (IGB) im Forschungsverbund Berlin e.V., Berlin
  http://www.igb-berlin.de/

- Institut für Ostseeforschung (IOW), Rostock
  http://www.io-warnemuende.de/

- Institut für Meereskunde an der Universität Kiel (IfM), Kiel
  http://www.ifm.uni-kiel.de/

- Institut für Troposphärenforschung (IfT), Leipzig
  http://www.tropos.de/

- Wuppertal Institut für Klima, Umwelt, Energie, Wuppertal
  http://www.wupperinst.org/

- ESWE,Institut für Wasserforschung und Wassertechnologie GmbH, Wiesbaden
  http://www.uni-mainz.de/~eswe/

- FAL Bundesforschungsanstalt für Landwirtschaft Braunschweig
  http://www.fal.de

- BBA Biologische Bundesanstalt für Land- und Forstwirtschaft Braunschweig und Berlin
  http://www.bba.de

- UFZ Umweltforschungszentrum Leipzig-Halle GmbH, Sektionen Sanierungsforschung
  http://www.ufz.de/spb/san/index.html

  Umweltmikrobiologie
  http://www.ufz.de/spb/mikro/index.html

  UbZ Umweltbiotechnologisches Zentrum
  http://www.ufz.de/spb/ubz/index.html

10.2   Universitäre Forschung in Deutschland

- Bayreuther Institut für terrestrische Ökosystemforschung (BITÖK), Universität Bayreuth
  http://www.bitoek.uni-bayreuth.de/Organisation/MIK/DE.html

- Institut für Ökologie und Biologie, TU Berlin
  http://www.tu-berlin.de/fb7/ioeb/

- Forschungszentrum Waldökosysteme (FZW), Universität Göttingen

- Universitätszentrum für Umweltwissenschaften (UZU), Universität Halle-Wittenberg
  http://www.uzu.uni-halle.de/

- Wissenschaftliches Zentrum für Umweltsystemforschung (USF), Universität-GHS Kassel
  http://www.usf.uni-kassel.de/usf/

- Ökologie-Zentrum Kiel, Universität Kiel
  http://www.ecology.uni-kiel.de/

- Institut für Umweltsystemforschung, Universität Osnabrück
  http://www.usf.uni-osnabrueck.de/usf/

- UFT Zentrum für Umweltforschung und Umwelttechnologie der Universität Bremen
  http://www.uft.uni-bremen.de/

- Interdisziplinäres Ökologisches Zentrum (IÖZ), TU Freiberg
  http://www.ioez.tu-freiberg.de/

- Institut für Ökologie, Universität Greifswald
  http://www.uni-greifswald.de/~ifoehidd/index.htm

- Zentrum für Meeres- und Klimaforschung (ZMK), Universität Hamburg
  http://www.uni-hamburg.de/Wiss/SE/ZMK/index.html

- Institut für Chemie und Biologie des Meeres (ICBM), Universität Oldenburg
  http://www.icbm.de/index.html

- Zentrum für Umweltwissenschaften (ZfU), Universität Potsdam
  http://zfu.uni-potsdam.de/

10.3 Umweltforschungsinstitute in Europa

Belgien

- Instituut Voor Natuurbehoud (Institut für Naturschutz), Brüssel
  http://www.instnat.be/

- ISSeP,Institut Scientifique de Service Public (Wissenschaftsinstitut für öffentliche Dienste), Lüttich
  http://www.issep.be/

Bulgarien

- Bulgarian Academy of Sciences, Central Laboratory of General Ecology (Bulgarische Akademie der Wissenschaften, Zentrallabor für Allgemeine Ökologie), Sofia
  http://www.ecolab.bas.bg/

- Bulgarian Academy of Sciences, Institute of Water Problems
  (Bulgarische Akademie der Wissenschaften, Institut für Wasserprobleme), Sofia
  http://www.iwp.bas.bg/

Dänemark

- NERI – Danmarks Miljøundersøgelser (Dänisches Umweltforschungsinstitut), Roskilde
  http://www.dmu.dk/forside_en.asp
- Forskningscentret for Skov & Landskab (Forschungszentrum für Wald und Landschaft), Hørsholm
  http://www.fsl.dk/eng/index.htm
- Risø National Laboratory (Forschungszentrum Risø), Roskilde
  http://www.risoe.dk/
- DHI – Water & Environment (Dansk Hydraulisk Institut, Dänisches Hydraulisches Institut), Hørsholm
  http://www.dhi.dk/index.htm

Estland

- SEI-Tallin – Stockholm Environment Institute, Tallinn (Umweltinstitut Stockholm -Außenstelle Tallinn), Tallinn
  http://www.seit.ee/index.php3

Finnland

- SYKE – Suomen Ympäristökeskus (Finnisches Umweltinstitut), Helsinki
  http://www.vyh.fi/eng/fei/fei.html
- METLA – Metsäntutkimuslaitos (Finnisches Waldforschungsinstitut), Helsinki
  http://www.Metla.fi/

Frankreich

- C.I.R.E.D. – Centre International de Recherche sur l'Environnement et le Développement (Internationales Forschungszentrum für Umwelt und Entwicklung), Nogent sur Marne
  http://www.centre-cired.fr/home/home_en.htm
- Ifen – Institute français de l'environnement (Franz. Umweltinstitut), Orléans
  http://www.ifen.fr/
- BRGM – Bureau des Recherches Geologique et Miniers (Agentur für geologische und Bergbauforschung), Orléans
  http://www.brgm.fr/

- ADEME – Agence de l'Environnement et du Menagement de l'Energie
  (Agentur für Umwelt und Energiemanagement), Paris
  http://www.ademe.fr/anglais/vadefault.htm

- CNRSSP – Centre National de Recherche sur les Sites et Sols Pollués (Nationales Forschungszentrum für kontaminierte Standorte und Böden), Douai
  http://www.cnrssp.org/

- INERIS – Institut National de l'Environnement Industriel et des
  Risques (Nationales Institut für Industrierisiken), Verneuil-en-Halatte
  http://www.ineris.fr/en/index.htm

Großbritannien

- CEH – Centre for Ecology and Hydrology (Zentrum für Ökologie und
  Hydrologie), Huntingdon
  http://www.ceh-nerc.ac.uk/

Italien

- Joint Research Center, Environment Institute (Umweltinstitut der EU), Ispra
  http://www.ei.jrc.it/

- Istituto Italiano di Idrobiologoa (Italienisches Institut für Hydrobiologie),
  Verbania Pallanza
  http://www.iii.to.cnr.it/start/defaultuk.htm

- Istituto di Ricerca sulle acque (Institut für Gewässerforschung), Rom
  http://www.irsa.rm.cnr.it/

- Istituto per la Genesi ed Ecologia del Suolo (Institut für die Genese und
  die Ökologie des Bodens), Florenz
  http://www.area.fi.cnr.it/iges/default_en.htm

- Istituto di Ricera per il Monitoraggio degli Agroecosistemi (Institut für das
  Monitoring von Agrarökosystemen), Sassari
  http://www.istea.bo.cnr.it/error404.html

Niederlande

- ALTERRA – Green World Research Centre (ALTERRA-Forschungszentrum), Wageningen
  http://www.alterra.wageningen-ur.nl/english/

- TNO Milieu, Energie en Procesinnovatie (TNO-Institut für Umwelt, Energie
  und Prozessinnovation), Apeldoorn
  http://www.mep.tno.nl/homepage_eng_mep.html

- Rijksinstituut voor Integraal Zoetwaterbeheer en Afwalwaterbehandeling (Königliches Institut für Binnenwassermanagement und Abwasserbehandlung), Lelystad
  http://www.minvenw.nl/rws/riza/home/index_uk.html

- Waterloopkundig Laborartorium Delft (WL Delft Hydraulics, Laboratorium für Gewässerkunde Delft), Delft
  http://www.wldelft.nl/

- Rijksinstituut voor Volksgezondheid en Milieu (Königliches Institut für Volksgesundheit und Umwelt), Bilthoven
  http://www.rivm.nl/index_en.html

Norwegen

- Senter for Jordfaglig Milijoførskning (Zentrum für Boden- und Umweltforschung), Ås
  http://www.jordforsk.no/

- NIVA – Norsk institutt for vannforskning (Norwegisches Institut für Gewässerforschung), Oslo
  http://www.niva.no/engelsk/welcome.htm

- NISK – Norsk institutt for skogforskning (Norwegisches Institut für Waldforschung), Ås
  http://www.nisk.no/in_english/default.cfm?p_ID=6

- Fridtjof Nansen Institutt (Fridtjof-Nansen-Institut), Lysaker
  http://www.fni.no/

- CICERO – Center for International Climate and Environmental Research (Zentrum für internationale Klima- und Umweltforschung), Oslo
  http://www.cicero.uio.no/index_e.asp

- NINA – Norsk institutt for naturforskning (Norwegisches Institut für Naturforschung), Trondheim
  http://www.ninaniku.no/org/prosjekt/intproj/NINA/NINA.htm

Österreich

- Österreichisches Forschungs- und Prüfzentrum Arsenal GmbH, Wien
  http://www.arsenal.ac.at/leistungen/products_services/uf.htm

- Joanneum Research Institut für Umweltgeologie und Ökosystemforschung, Graz
  http://www.joanneum.ac.at/umw

- Institut für ökologische Wirtschaftsforschung, Wien
  http://www.ioew.at/ioew/

- Österreichische Akademie der Wissenschaften, Institut für Limnologie, Mondsee
  http://www.oeaw.ac.at/limno/

Polen

- Polska Akademia Nauk, Instytut Ochrony Przyrody (Polnische Akademie der Wissenschaften, Institut für Naturschutz), Krakau
  http://botan.ib-pan.krakow.pl/przyroda/incpas.htm

Portugal

- ICN – Instituto da Conservaçao da Natureza (Institut für Umweltschutz), Lissabon
  http://www.icn.pt/index.htm
- INAG – Instituto da Água (Wasserinstitut), Lissabon
  http://www.inag.pt/

Schweden

- Stockholm Environment Institute (Umweltinstitut Stockholm), Stockholm
  http://www.sei.se/
- IVL – Svenska Miljöinstitutet (IVL-Institut für Umweltforschung), Stockholm
  http://www.ivl.se/en/
- IMM – Karolinska Institutet för miljömedicin (Karolinska-Institut für Umweltmedizin), Stockholm
  http://www.imm.ki.se/
- Skogforsk Institutet (Waldforschungsinstitut), Uppsala
  http://eng.skogforsk.se/scripts/start.pl?Netscape

Schweiz

- Eidgenössische Forschungsanstalt für Wald, Schnee und Landschaft (WSL), Birmensdorf
  http://www.wsl.ch/
- Eidgenössische Anstalt für Wasserversorgung, Abwasserreinigung und Gewässerschutz (EAWAG), Dübendorf
  http://www.eawag.ch/
- Eidgenössische Forschungsanstalt für Agrarökologie und Landbau (FAL), Zürich
  http://www.sar.admin.ch/fal/docu/index_d.html

Slowakei

- Slovanska Akademia Vied, Ustav Krajinnej Ekologie (Slowakische Akademie der Wissenschaften, Institut für Landschaftsökologie), Bratislava
  http://nic.savba.sk/sav/inst/uke/ile-main.html

- Slovanska Akademia Vied, Ustav Hydrologie (Slowakische Akademie der Wissenschaften, Hydrologisches Institut), Bratislava
  http://nic.savba.sk/sav/inst/uh/index.html

- Lesníckky Výskumný Ústav Zvolen (Waldforschungsinstitut), Zvolen
  http://www.fris.sk/

- Slovanska Akademia Vied, Ustav Ekologie Lesa (Slowakische Akademie der Wissenschaften, Institut für Waldökologie), Zvolen
  http://sav.savzv.sk/english/index.html

Slowenien

- NIB – National Institute of Biology (Nationales Institut für Biologie), Ljubljana
  http://www.nib.si/

- Gozdarski Inštitut Slovenije (Slowenisches Waldinstitut), Ljubljana
  http://www.gozdis.si/index.htm

- ERICo Velenje – Inštitut za ekološke raziska (Institut für Umweltforschung), Velenje
  http://www.erico.si/

Spanien

- CCMA – Centro de Ciencias Medioambientale (Zentrum für Umweltwissenschaften), Madrid
  http://www.ccma.csic.es/

- EEZA – Estacion Experimental de Zonas Aridas (Experimentalstation für Trockengebiete), Almería
  http://www.eeza.csic.es/

- IRNAS – Instituto de Recursos Naturales y Agrobiología de Sevilla (Institut für natürliche Ressourcen und Agrobiologie Sevilla), Sevilla
  http://www.irnase.csic.es/

- IRNASA – Instituto de Recursos Naturales y Agrobiología de Salamanca (Institut für natürliche Ressourcen und Agrobiologie Salamanca), Salamanca
  http://www.irnasa.csic.es/

- IPE – Instituto Pirenaico de Ecologia (Pyrenäen-Institut für Ökologie), Zaragoza
  http://www.ipe.csic.es/
- Estacion Biologica de Doñana (Biologische Station Doñana), Sevilla
  http://www.ebd.csic.es/

Tschechische Republik

- Česky ekologický ústav (Tschechisches Umweltinstitut), Prag
  http://www.ceu.cz/novell/en/
- Akademie věd České Republiky, ústav ekologie krajiny (Akademie der Wissenschaften der Tschechischen Republik, Institut für Landschaftsökologie), Česke Budějovice
  http://www.uek.cas.cz/home_en.htm
- Akademie věd České Republiky, Hydrobiologicky ústav (Akademie der Wissenschaften der Tschechischen Republik, Institut für Hydrobiologie), Česke Budějovice
  http://www.hbu.cas.cz/
- Akademie věd České Republiky, ústav pudni biologie (Akademie der Wissenschaften der Tschechischen Republik, Institut für Bodenbiologie), Česke Budějovice
  http://www.jcu.cz/~upb/index.htm
- Akademie věd České Republiky, ústav geoniky (Akademie der Wissenschaften der Tschechischen Republik, Institut für Geonik), Brno – bearbeitet vor allem Themen der Umweltgeographie und Landschaftsökologie
  http://www.geonika.cz/geonikaE.html

Ukraine

- Nationale Akademie der Wissenschaften der Ukraine, Institut für Probleme des Naturschutzes und der Ökologie, Dnjepropetrowsk
  http://www.nas.gov.ua/d/d5/nas_d5i13.html
- Nationale Akademie der Wissenschaften der Ukraine, Institut für Hydrobiologie, Kiew
  http://www.nas.gov.ua/d/d10/nas_d10i6.html
- Nationale Akademie der Wissenschaften der Ukraine, Ökologisches Institut der Karpathen, Lviv
  http://www.nas.gov.ua/d/d10/nas_d10i2.html

Ungarn

- VITUKI – Vízgazdálkodási Tudományos Kutató Részvénytársaság (VITUKI-Forschungszentrum für Wasserressourcen), Budapest
  http://www.datanet.hu/hydroinfo/vituki/index.htm

- Magyar Tudományos Akadémia, Ökológiai és Botanikai Kutatóintéezetének honlapján (Ungarische Akademie der Wissenschaften, Institut für Ökologie und Botanik), Vácrátót
  http://www.botanika.hu/

- Magyar Tudományos Akadémia, Balatoni Limnolóogiai Kutatóintéezet (Ungarische Akademie der Wissenschaften, Limnologisches Forschungs-Institut des Plattensees), Tihany
  http://tres.blki.hu/

Weißrussland

- IPNRUE – Nationale Akademie der Wissenschaften, Institut für die Probleme der Nutzung natürlicher Ressourcen und Ökologie, Minsk
  http://www.ecology.ac.by/

Weitere Umweltlinks

- Bundesumweltministerium
  http://www.bmu.de/fset1024.php

- Umweltbundesamt
  http://www.umweltbundesamt.de/

- Deutsches Umweltinformationsnetz
  http://www.gein.de/

- UNEP The United Nations Environment Programme
  http://www.unep.org/

- UNESCO United Nations Educational, Scientific and Cultural Organization
  http://www.unesco.org/

- International Geosphere Biosphere Programme (IGBP)
  http://www.igbp.kva.se/cgi-bin/php/frameset.php

- European Environment Agency (EEA)
  http://www.eea.eu.int/

- The Regional Environmental Centre for Central and Eastern Europe
  http://www.rec.org/

- EnviroLink Network
  http://envirolink.netforchange.com/
- Earthwatch Institute
  http://www.earthwatch.org/
- ENVIRO-NET
  http://www.enviro-net.com/
- Green NET
  http://www.gn.apc.org/
- GNET – The Global Network of Environment and Technology
  http://www.gnet.org/
- US-EPA Environmental Protection Agency
  http://www.epa.gov/
- Environmental Data Services
  http://www.ends.co.uk/
- UK ENVIRONMENT AGENCY
  http://www.environment-agency.gov.uk/
- ISEB International Society for Environmental Biotechnology
  http://cape.uwaterloo.ca/research/iseb.htm

Allgemeine Information Stichwort „Umweltbiotechnologie"

- http://www.google.de/search?q=Umweltbiotechnologie&hl=de&lr=&ie=UTF-8&oe=UTF-8&start=20&sa=N

Sachregister

Adaptation 15, 21, 72, 79, 185, 195, 199, 205, 236

Adenosintriphosphat (ATP) 38, 51, 56, 70, 79, 92, 95, 133
-bildung 92, 133

Adsorption 113, 121*f*, 154, 163, 170, 172, 174, 190, 194, 225, 261, 281, 283*f*, 290

Agar 32*ff*, 40*f*, 259

Aktivierungsenergie 67

Aktivkohle 102, 121, 140, 170, 172, 174, 177, 275

Algen 32, 91, 93, 214, 244, 277

Alkene 156

Altlasten 36, 126, 153*ff*, 179*ff*, 233, 236, 269, 273*f*, 289*ff*, 320

Ammonium 97*ff*, 103, 131, 156, 197*ff*, 204*f*, 234, 254*f*, 280

Ammoniumoxidation 91, 97*f*, 103*f*, 205*f*, 232, 235

Ammoniumoxidierer 97*f*, 150, 199*f*

anaerober Prozess 51, 77*f*, 87*ff*, 92*ff*, 131*ff*, 135, 146, 150*f*, 155, 157, 162*ff*, 171, 174, 191, 204, 233, 253, 277, 280*f*, 285*ff*, 291*f*, 294, 316

Anaerobier 77*f*, 135

Animpfbiomasse 48

Animpfung 34, 102, 106, 112, 131, 171, 218, 221, 264, 301

Anpassung 21, 26, 72*ff*, 88, 120, 122, 159, 163, 179, 224

Anpassungsphase 48, 60

Anreicherungskultur 48

Archaebakterien 89

Aromaten 89, 131, 176, 273*f*, 276, 278*ff*, 287, 291, 293

Aromatenabbau 72

aromatische Verbindungen 150, 156, 165

Atmung 56, 58, 77*ff*, 144, 155, 197

Atmungskette 95

Attenuation 15*f*, 153*ff*, 182, 235, 316

Atrazin 181, 230

Aufwuchsfläche 193

Ausbeute 56, 60, 138, 295, 300, 303*f*, 306, 308

Autoxidation 140

Bakterien 19, 29*ff*, 38*f*, 41, 46, 72, 74*ff*, 79, 88, 90*f*, 93*f*, 97*ff*, 102, 105, 110*f*, 122*f*, 131*ff*, 140*f*, 146*f*, 149, 171, 198*f*, 201, 203*f*, 212*ff*, 216*ff*, 221*f*, 225, 227, 244*ff*, 249, 253, 258, 277, 280*f*, 284, 287, 313
- methanogene 92, 132*ff*, 140, 155

Barrieren, reaktive 63, 163, 174

batch-Kultivierung 60*f*, 190, 231, 265

Belebtschlammverfahren 18, 94, 96, 107, 109*ff*, 114, 123, 127, 144

Belebungsbecken 113, 115, 120*ff*

Belüftung 46, 59*f*, 62*f*, 94, 105, 107, 115*ff*, 121*ff*, 140, 149, 158*ff*, 163, 176, 224, 246*f*, 250*ff*, 264
- blasenfreie 52

Bioakkumulation 162, 193*f*

Biofilm 18, 21, 31, 43, 51, 93, 102*f*, 105*f*, 109, 125*f*, 133, 145*ff*, 150,

155, 157, 176, 188, 191, 212, 216*f*,
219, 223, 231, 255, 258, 217
Sulfatreduktion 146, 164, 176

Teilungsrate 49, 65
Tenside 157, 160, 184, 215, 260
Thiobacilli 75, 155, 213, 215, 217*ff*,
221*ff*, 234
Tributylin 181
Trinitrotoluol 156, 273, 275, 277,
290, 293*f*
Tropfkörper 18, 104*ff*, 126*f*, 142,
145, 149
Trübung 41, 60

UASB (upflow anaerobic sludge
blanket) -Verfahren 136*f*
Übergangsphase 48
Überschussschlamm 105, 114, 122,
137, 140, 142, 148

Verdopplungszeit 50, 65
Verdünnungsrate 60, 65
Versauerung 217, 221, 311
Verweilzeit 65, 123, 129, 138*f*, 144,
172, 203

Vinylchlorid 63, 154, 167, 177
Vorklärung 104, 122, 127

Wachstums- und Absterbekurve 47*ff*,
60
Wachstumsphase 48
Wachstumsrate 49, 56, 65, 112,
201*ff*, 255, 273
- spezifische 49*f*, 65
Wachstumszyklus
Wasserlöslichkeit 155*f*, 170
Wasserstoffdonor/-donator 99
Weißfäulepilz 248, 250, 254*f*, 259,
263, 277*f*, 282*f*, 288, 293
Wurzelraumanlage 20, 196, 234

Xenobiotica 21, 103, 120, 129, 140

Zellmembran 46, 76, 79, 87, 211
Zellteilung 46*f*, 112
Zellteilungsfunktion 47
Zellwand 76, 132, 214
Zitronensäure 75, 211, 225, 295,
301*ff*, 304*f*, 308
Zweifilmtheorie 57

Anlagen für Biologische Verfahrenstechnik

Bio-Ingenieurtechnik GmbH ist spezialisiert auf Forschungsprojekte und innovative Gesamtlösungen auf dem Gebiet der Life Sciences. Für die Bereiche biologische Verfahrenstechnik und Umweltschutz entwickeln hochqualifizierte Mitarbeiter ressourcenschonende Verfahren zur Herstellung organischer Substanzen mit Hilfe nachwachsender Rohstoffe. Von der Forschung in eigenen Laboratorien bis hin zur Konstruktion bietet das Leipziger Unternehmen die komplette Realisierung umweltschonender

Anlagen zur Herstellung von:

- Carbonsäuren
  z.B. Essigsäure, Citronensäure, Milchsäure
- Aminosäuren
  z.B. Lysin, Glutaminsäure
- biologisch abbaubarem Kunststoff
- Provitaminen und Vitaminen
  z.B. Vitamin C
- Enzymen

Komplettlösungen im Bereich Umwelttechnik:

- Biofilter
- Kompostierungsanlagen
- Abwasserreinigungsanlagen

Tauchstrahl Fermentor 2200m^3

Pflanzen-Kläranlage

Bio-Ingenieurtechnik GmbH • Hans-Weigel-Straße 2 • 04319 Leipzig • Deutschland
info@bioingenieur.de • www.bioingenieur.de • Tel.: +49 (0) 341 / 2575 –420 • Fax: +49 (0) 341 / 2575 –400